普通高等教育"十五"国家级规划教材

材 料 力 学

（第二版）

孙国钧　　赵社戍　编著

上海交通大学出版社

内容提要

本书的内容包括变形固体力学的基本概念,例如承载细长杆件的内力分析、应力分析、应变分析、线弹性材料的应力-应变关系、外力功与应变能、虚功原理等;承受拉压、扭转和弯曲的杆件的应力、应变和变形的计算;脆性材料和塑性材料的强度理论和承力杆件强度设计的基本方法;压杆的临界力和稳定性计算;以及奇异函数法、纤维复合材料的应力-应变关系、简单静不定问题的求解、复合梁的弯曲、非对称梁的弯曲、剪切中心、单位载荷法和构件的疲劳强度等专题。

本书强调变形体力学的基本概念及其在杆件力学分析中的应用,通过大量的例题和习题来深化对概念的理解,论述系统,内容丰富,可供高等院校理工科师生和工程技术人员参考。

图书在版编目(CIP)数据

材料力学/孙国钧,赵社戌编著.—2版.—上海:上海交通大学出版社,2015(2019 重印)

ISBN 978-7-313-12330-5

Ⅰ.①材⋯ Ⅱ.①孙⋯②赵⋯ Ⅲ.①材料力学 Ⅳ.①TB301

中国版本图书馆 CIP 数据核字(2015)第 052444 号

材 料 力 学

(第二版)

编   著:孙国钧 赵社戌

出版发行:上海交通大学出版社   地   址:上海市番禺路 951 号

邮政编码:200030   电   话:021 - 64071208

印   制:当纳利(上海)信息技术有限公司   经   销:全国新华书店

开   本:787mm×1092mm 1/16   印   张:23.5

字   数:577 千字

版   次:2006 年 8 月第 1 版 2015 年 3 月第 2 版   印   次:2019 年 1 月第 3 次印刷

书   号:ISBN 978-7-313-12330-5/TB

定   价:48.00 元

第一版前言

材料力学是机械土木类工程专业的一门重要基础课。对材料力学教材有两方面的要求：①给初学者提供变形体力学的基础知识；②以工程设计为目的，提供通常称为"材料力学方法"的一系列分析方法。在 20 世纪前期和中期，力学问题的分析主要依靠推导公式和手算来完成。材料力学知识在解决工程实际问题中起着重要作用。然而，自铁摩辛柯在 1930 年出版"Strength of Materials"的大半个世纪以来，力学学科与其他科学技术领域一样得到迅猛的发展。特别是计算机的普及和计算力学软件的普遍应用，为工程项目的设计和研究提供了先进的精确的工具。顺应这种变化，国内外材料力学教材的取向和内容也悄然以不同方式发生着各种各样的变化。至于要不要变，怎么去变，教材的编纂者各具己见。

我们认为，正是由于 CAD/CAM 和计算机辅助分析软件的广泛应用，对工程师和研发人员的应用力学知识提出了更高的要求。作为固体力学的入门课程，应该加强对力学基本概念的阐述，并使其为后续力学课程提供较扎实的、连贯的基础。同时应该让学生掌握材料力学的各种分析方法和近似方法的应用。

本书的第 1 章是绪论。第 2 至第 4 章先讲杆件的内力分析(内力表达式、内力图、内力的微分关系)，应力分析(应力单元体、平面应力、应力的坐标变换、主应力、应力圆)，应变分析(应变的坐标变换、应变圆、应变-位移关系)，应力应变关系(材料拉伸压缩时的力学性能，广义胡克定律)。这几章强调力学基础知识，符号系统与弹性力学一致。第 5 章讲轴向拉压问题(拉压应力与变形、拉压强度条件、拉压静不定、热应力与装配应力)。第 6 章讲强度理论。第 7、第 8、第 9 章讲扭转和弯曲。由于应力和强度的一般理论已建立，拉压、弯、扭以及组合变形的问题都可以作为一般理论的特殊情况来理解。第 10 至第 12 章讲稳定、能量法和疲劳。课文中带"＊"的内容可供教师选用。

本书的编写得到洪嘉振教授和董正筑教授的热情鼓励和支持，王元淳教授和张剑副教授的热情帮助，在此向他们表示衷心的感谢。

书中存在的不足之处，敬请批评指正。

编　者

2006 年 1 月

第二版前言

本书第二版保持了第一版的特色：①教材的编写次序将杆件内力分析、应力变换应变变换分析等固体力学基础知识放在前面先讲，然后讲拉压、扭转、弯曲和组合变形以及压杆稳定和能量法。教学实践表明，这样的安排加强了对力学基本概念的阐述，适合课时精简，能在较少课时内讲授原来需要较多课时的内容。②剪力、切应力符号规定与弹性力学一致，使分析更具系统性。第二版对第一版主要在3个方面做了增补和修改：①第1至第11章后面增加了思考题。②鉴于众多材料力学教材关于剪力和切应力的符号规定不一致，附录 D 增加了剪力、切应力和切应变符号规定的比较。③增加了习题参考答案(附录 F)。

书中存在的不足之处，敬请批评指正。

编　者
2014 年 6 月

目　　录

第1章

绪　　论

1.1　材料力学的任务

力学是最古老的物理学分支之一。从历史上可以追溯到公元前 287～212 年阿基米德发现的浮力和杠杆原理。自 18 世纪以来,力学得以不断发展,其基本理论日臻完善,并在工程实际中得到了广泛的应用。力学造就了伽利略、牛顿、达朗贝尔、拉格朗日、拉普拉斯、欧拉、爱因斯坦等最伟大的科学家。20 世纪以来,科学技术尤其是计算机技术的迅猛发展赋予了力学新的生命力,产生了计算力学、断裂力学、复合材料力学、细观力学等许多新的分支。力学仍然是目前发展最活跃的学科之一。

力学是关于力和运动的科学,研究物体在力作用下的运动,以及力与运动的关系。固态物体的运动大体分成两类:一类是物体整体位置随时间的变化,例如内燃机的连杆运动,它的一端做移动,另一端做圆周运动,这是整体的运动;另一类是物体局部形状的变化,例如活塞拉动连杆时,连杆的长度会增加,推动连杆时其长度会缩短,这是局部的变化。通常称物体形状的改变为变形(deformation)。力学主要分支之一的固体力学(solid mechanics)主要研究固态物体的变形,而不考虑其整体运动。因此,固体力学研究问题的三个基本内容是:①对于力的研究;②对于变形的研究;③对力和变形之间关系的研究。

对于处于静力平衡的物体,其力必须满足平衡(equilibrium)条件;变形必须满足几何协调(geometric compatibility)条件;力和变形的关系则由物体材料的力学性质(mechanical property)所决定。力的平衡关系、变形几何协调关系以及力与变形之间的物理关系是固体力学的三个基本关系。固体力学的发展中有两条主流:其一以牛顿力学为主导,即以三个基本关系为基础建立微分方程,通过求解微分方程来解决力学问题;其二以拉格朗日力学为主导,考虑到当物体受到外载荷作用而产生变形时,载荷作用点产生一定位移,在此过程中,外载荷做功,同时物体内将存储一定的变形能,这一主流以能量和能量极值原理为基础直接求解力学问题。

机械或工程结构的组成部分称为零件或构件,统称为构件(member)。有许多构件在机械或结构中起承受和传递力的作用。电动机的轴将电磁驱动力传递给传动轮,带动其他机械做功;汽车的发动机,由活塞将燃油产生的推力,通过连杆、曲轴、齿轮和传动轴传递给驱动轮,再由地面的摩擦反作用力推动汽车前进;框架结构房屋的屋面、楼面和墙面的各种载荷(load),通过屋面板、楼面板和墙传递给框架梁和柱,再将力传递给地基。在载荷作用下,构件的内部通过固体的分子、原子的相互作用将力传递,产生了内力,同时构件的形状和尺寸发生一定的改变,即产生了变形。内力和变形都是由载荷产生的材料的力学效应,或称为力学响应(mechanical response)。

由于材料的力学效应达到一定极限值以后,使构件失去正常工作能力的现象称为失效(failure)。分析构件力学效应的目的是防止构件失效,且能经济地使用材料,使构件满足设计要求。具体地讲,为了使构件能正常工作,通常要使它们满足下列三个方面的要求:

(1) 应该满足材料强度(strength)的要求。不同的材料有不同的抵抗破坏的能力及不同的破坏机理。同一种材料在不同环境、不同工作条件下的破坏机理和形式也不尽相同。按不同要求设计的构件,如起重机的吊索,起重臂的桁架,机器、运载车辆和船舶的传动轴,建筑物的梁、柱等,在所处的工作条件和环境下,在规定的使用寿命期间不应该发生断裂破坏。构件必须具有足够的抵抗破坏的能力,即必须有足够的强度。

(2) 应该满足构件刚度(stiffness)的要求。有些构件虽然满足强度要求,但过大的变形也将使它不能正常工作。如图1-1(a)所示的两根齿轮传动轴,由于轴抵抗变形的能力不足引起过大的弯曲变形,导致齿轮之间不正常的啮合及轴与轴承间不正常的配合,从而使机械不能正常运行,并加剧各构件间的磨损。所以还应要求构件的变形在一定的限度内,也就是构件应具有一定的抵抗变形的能力,即必须有足够的刚度。

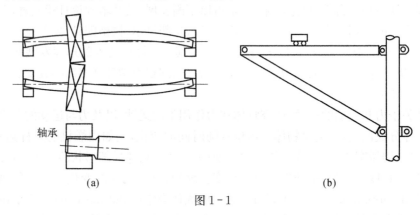

轴承

(a)

(b)

图 1-1

(3) 应该满足对构件稳定性(stability)的要求。材料力学主要研究压杆的稳定性。细长的杆件在轴向压力作用下的失效,往往是稳定性起控制作用,即该类构件会产生失稳。所谓失稳是指杆件在轴向压力增加到某一数值时,杆件的平衡状态发生突变,使杆件从原来的稳定平衡状态,突变到不稳定平衡状态,也称其发生屈曲(buckling),从而使构件失去正常工作的能力。如图1-1(b)所示桁架的横梁上有起吊重物的小车行走,支撑横梁的斜杆就是受压杆件,在轴压力达到临界值时它会失稳,导致整个结构失去承重能力。设计中应使该类杆件具有抵抗失稳的能力,即必须有足够的稳定性。

材料力学(mechanics of materials)是固体力学的入门课程。学习固体力学分析问题的基本方法,利用力学原理来分析杆(bar)、梁(beam)、轴(shaft)这一类构件或简单结构的内力、变形等力学行为,建立失效准则(failure criterion)并据此对构件进行设计,使它们能满足强度、刚度和稳定性要求,这就是材料力学的基本任务。

1.2　变形固体的基本假设

在外力作用下产生变形的固体构件,统称为变形固体。在进行力学分析前,由于问题

的复杂性,需要将变形固体抽象为一种理想的模型。在材料力学中对变形固体作如下基本假设:

(1) 均匀性和连续性假设。假设材料为各处性质相同的连续体。各种工程材料有不同的构成结构,微观上材料并不均匀,也不完全连续。例如,金属材料由许多称为晶粒的微单元构成,晶粒之间存在界面、间隙和夹杂等(见图1-2)。宏观材料包含着无数随机排列的微单元,材料的力学性质是局部的微单元组合性质的统计平均值。所以从宏观上可以认为材料是均匀的连续物体。

(2) 各向同性假设。假设材料在各个方向上具有完全相同的力学性质,这种材料称为各向同性(isotropic)材料。金属材料单晶的力学性质具有方向性,但许多晶粒随机排列的结果,从宏观上看,是各向同性的。许多工程材料,如金属材料、塑料、玻璃等,都可认为是各向同性材料。

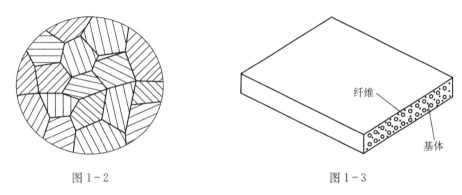

图1-2　　　　　　　　　　　　　　图1-3

还有一些工程材料,如木材、长纤维复合材料,是各向异性(anisotropic)材料。这些材料在顺纤维方向和垂直于纤维方向,材料的力学性质有很大差别(见图1-3)。本书主要研究各向同性材料,仅在第4章对单向纤维增强复合材料的力学行为作简单介绍。

(3) 小变形条件。所谓小变形指的是构件的变形远小于构件的原始尺寸。材料力学课程在大部分情况下都将研究限于小变形范围之内。这是缘于下列三方面的考虑:①大部分承力的工程构件在工作条件下产生的变形,与构件的原始尺寸相比很小。在研究构件的平衡和运动时,可以略去微小变形的影响,按照构件变形前的原始形状和尺寸做分析。②在小变形条件下,变形与载荷成线性关系。例如,梁的变形分析采用线性几何关系时,梁的位移与载荷呈线性关系,因此可以用叠加原理计算位移,使计算简化。如果梁的变形很大,接近梁截面尺寸的量级时,则几何关系需要用非线性分析。非线性分析比线性分析要复杂得多。③在小变形条件下,很多材料的物性呈线性弹性关系,或者可以用线弹性来近似,即除变形与载荷成线性关系外,当载荷卸去后变形可以恢复。

1.3　材料力学的研究对象

工程结构和机器通常由一些形状规则的构件组成,可以按其几何特征予以分类。对不同类的构件,研究其力学行为的方法不同。本节将简要介绍构件的分类,以便对课程的主要研究对象有初步的了解。

工程中一类常见构件的几何特征是其长度方向的尺寸比横向尺寸大很多,如图1-4所示。杆、柱、梁和轴等都属于这类构件,通常称这类构件为杆件。

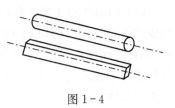

图1-4

另一类常见构件是板和壳,分别如图1-5(a)和图1-5(b)所示,其主要几何特征是某方向的尺寸比其他两个方向的尺寸小很多。若构件三个方向的尺寸相差不大,则称其为块体构件,如图1-6所示。

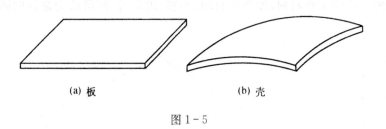 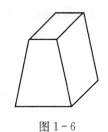

(a) 板   (b) 壳

图1-5   图1-6

如前所述,材料力学主要研究杆件一类构件的受力和变形。对于板、壳和块体的力学行为将在力学其他分支课程中研究。描述杆件的几何要素为其横截面和轴线,前者定义为沿垂直于杆长度方向的截面,而后者则为杆件所有横截面形心的连线,两者相互垂直。如杆件的轴线为直线,称其为直杆;如杆件的轴线为曲线,则称其为曲杆。对横截面大小和形状不变的杆件,称其为等截面杆;反之称为变截面杆,包括截面突变和渐变两类。材料力学的基本理论主要建立在等直杆(等截面直杆)的基础上。

1.4　分离体、分离体图及内力

对于一个可变形物体或系统,要研究其整体或一部分的力学行为,首先要将其与周围物体分离开来,在分离点或分离面上用集中力和力偶矩来代替其他物体或物体的其他部分对其的作用。这一分离出来的物体或系统称为分离体(free body)。表示作用在分离体上的所有外力,包括分离点或分离面上其他部分物体对该分离体的约束力所形成的平衡力系的图,称为分离体图(free body diagram)。分离体可以是一幢摩天大楼(在底部与基础分离)、一跨桥梁(在桥墩处与支座分离)、一根梁(在支承处与支座分离)等等,或用假想截面将物体截开所得到的一部分物体,也可以是物体中的一个微单元(infinitesimal element)。微单元通常为过一点的边长为无穷小的六面体,在二维和一维问题中则分别为微面单元和微线单元。

如图1-7(a)所示物体,若研究对象为$m-m$截面左侧的部分,可沿该截面将其从整个物体中分离出来,获得分离体。如图1-7(b)所示,在假想截开的$m-m$截面上,应存在着右侧部分材料对其作用的分布力p。这一分布力系是内部作用力,将其向截面内某点简化后获得合力和合力矩,记为F和M_O,通常称该合力和合力矩为截面上的内力。图1-7(c)称为截面左侧分离体的分离体图。

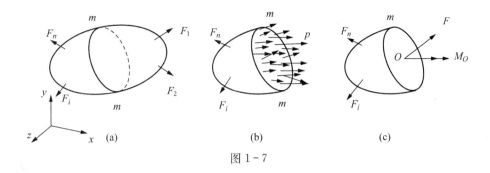

图 1-7

1.5 应力与应变

1.5.1 应力

用一假想的截面将一个受力物体截开[见图 1-8(a)]，由于截面两侧材料的相互作用，截面上存在着分布力。绕截面上任意一点 A 取一个微小的面积 ΔA，其外法向为 n，这个微小面积上有作用力 ΔF。随着面积 ΔA 的减小，其上的分布力将趋于均匀。作用在绕点 A 的无穷小面积 ΔA 上或点 A 上的应力(stress)定义为

$$p_n = \lim_{\Delta A \to 0} \frac{\Delta F}{\Delta A} \tag{1-1}$$

式(1-1)中的下标表示截面的法线方向为 n。矢量 p_n 的方向一般与 n 不重合。应力的单位是单位面积上的力，基本单位是帕斯卡(Pa)，应力常用的单位是兆帕(10^6 Pa)，记为 MPa。应力的大小与该截面的法线方向 n 有关，它表示在该点处截面一侧的材料与另一侧的材料之间的相互作用的强弱程度和方向。

如图 1-8(b)所示，应力 p_n 可以分解为沿截面法向和切向的两个分量，沿截面法向的分量称为正应力(normal stress)，常用 σ 表示；沿截面切向的分量称为切应力(shear stress)，常用 τ 表示。显然，

$$p_n = \sqrt{\sigma^2 + \tau^2} \tag{1-2}$$

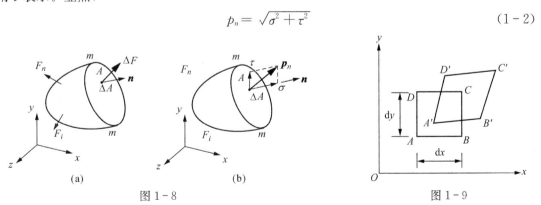

图 1-8   图 1-9

1.5.2 应变

应变表示 A 点附近的局部形状的变化。图 1-9 是两维应变的示意图。在 x-y 平面内

取出一个微单元,变形前是矩形 $ABCD$,受载后单元体的每一点都发生了位移,变形后的单元体成为四边形 $A'B'C'D'$。其中包含了微单元的刚性移动、转动以及微单元的线度尺寸改变、形状改变。后两项变化称为应变。由于微单元的尺寸足够小,可以认为在微单元内变形是均匀的。一般情况下,应变在物体内部分布是不均匀的,即它们是空间位置的函数。

1.5.3 正应力与正应变

如图 1-10(a)所示,横截面积为 A 的等截面圆杆两端受轴向力 F 作用。如果 F 为拉力,称杆件为拉杆;F 为压力,则称为压杆。研究表明:杆在这两种受力情况下,在离端部有一定距离的横截面上只有正应力,而且在截面上均匀分布。假设横截面上正应力为 σ,根据轴向的平衡条件,截面上正应力的合力的大小等于 F,即有

$$\sigma = \frac{F}{A} \tag{1-3}$$

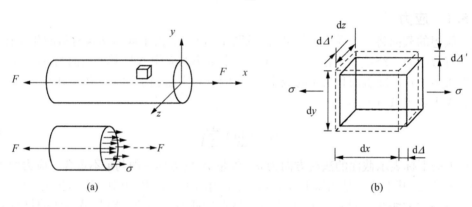

图 1-10

在杆的内部沿与坐标平面平行的方向截取边长为 dx,dy,dz 的正六面体微单元作为分离体[见图 1-10(b)],则在与 x 轴垂直的两个侧面上有正应力 σ,其他侧面上没有应力作用。这种情况称为单向应力(uniaxial stress)。对于拉杆,应力方向与截面的外法向一致,规定此时的应力为正,称为拉应力(tensile stress)。对于压杆,应力方向与截面的外法向相反,规定此时的应力为负,称为压应力(compressive stress)。

在拉应力作用下微单元体将沿轴向伸长,假设伸长量为 $d\Delta$。那么伸长量与原长度之比是杆的轴向变形程度的度量,用符号 ε 表示,则

$$\varepsilon = \frac{d\Delta}{dx} \tag{1-4}$$

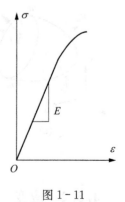

图 1-11

称 ε 为正应变(normal strain)。拉应力使微单元伸长,规定相应的正应变为正;压应力使微单元缩短,规定相应的正应变为负。

通过试验测量拉、压杆的应力与应变,将结果记录下来并用曲线表示(见图 1-11)。发现许多材料在试验初始阶段的变形,卸载后可以恢复,即为弹性变形。而且应力与应变成比例关系,其斜率可以表示为

$$E = \frac{\sigma}{\varepsilon} \tag{1-5}$$

这是表示材料性质的一个重要的物理量,称为弹性模量(elastic modulus)。弹性模量的单位也是 Pa,常用单位是吉帕(10^9 Pa),记为 GPa。方程(1-5)表示的应力-应变关系称为胡克定律(Hooke's law)。

材料在单向应力条件下沿轴向伸长的同时,它沿侧向(y 方向和 z 方向)发生收缩,假定收缩量为 $d\Delta'$ [见图 1-10(b)],则侧向的应变为

$$\varepsilon' = \frac{-d\Delta'}{dx} \tag{1-6}$$

实验证明,侧向应变与轴向应变之比

$$\mu = -\frac{\varepsilon'}{\varepsilon} \tag{1-7}$$

为一材料常数,称为泊松比(Poisson's ratio)。

1.5.4 切应力和切应变

如图 1-12(a)所示,当一个薄壁圆截面杆两端截面内受一对方向相反的力偶矩 T 作用时,用一横截面截取左边部分为分离体。薄壁杆的横截面上将只有沿圆周方向的切应力存在。根据平衡条件,截面上的切应力形成的合力矩大小也为 T,与端点作用的力偶矩 T 平衡。

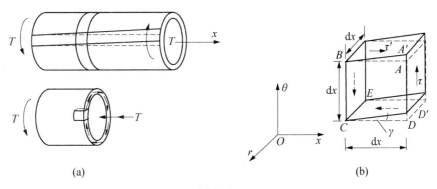

(a)   (b)

图 1-12

假设圆截面杆沿径向、周向和轴向的坐标为 r, θ 和 x。在薄壁内部沿与坐标平面平行的方向截取边长为 dx 的正六面体微单元[见图 1-12(b)]作为分离体,研究表明在微单元体的轴向的两个侧面上有切应力 τ 存在,周向的两个侧面上有切应力 τ' 存在。根据对 CE 边取矩的平衡条件 $\sum m_{CE} = 0$,即

$$\tau \cdot (dx \cdot dx) \cdot dx - \tau' \cdot (dx \cdot dx) \cdot dx = 0$$

得到

$$\tau' = \tau \tag{1-8}$$

可见在微单元互相垂直的截面上切应力相等,方向同时指向或同时离开截面的交线。此关系称为切应力互等。这种应力状态称为纯剪切(pure shear)。切应力的正、负号规定将在第 3 章给出。

在切应力作用下,原来成直角的两棱柱边 CB 和 CD 成了锐角 $\angle BCD'$。直角的改变量为 γ,称为切应变(shear strain)。切应变的单位是弧度(rad)。

同样,通过试验可以发现,在切应力-切应变曲线的初始阶段(见图 1-13),切应力与切应变也成比例关系,其比例系数

$$G = \frac{\tau}{\gamma} \qquad (1-9)$$

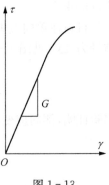

称为材料的剪切模量(shear modulus)。上式所示的切应力-切应变关系称为剪切胡克定律。

应变描述材料的局部变形,局部变形的累加(积分)构成了杆件的整体变形。例如对受拉杆件,将各处沿轴向的变形累加(积分),形成杆件的伸长变形(tensile deformation)。受压的杆则形成压缩变形(compressive deformation)。

图 1-13

1.6 静定和静不定问题

在本节,我们用一个简单的例题来引进静定和静不定的概念。如图 1-14(a)所示的弹簧,在力 F 的作用下,从原长 l 变为长度 l',伸长量为 $\Delta l = l' - l$。Δl 称为弹簧的变形。假定伸长量与力成正比,比例系数 $k = \frac{F}{\Delta l}$,k 称为弹簧刚度系数(spring stiffness),是弹簧的主要特性。上式表示弹簧的力和变形之间的关系。假设连接弹簧右端的刚性滑块只能在滑道中沿水平方向平移,滑块与滑道之间没有摩擦。根据滑块在水平方向的平衡条件,可知弹簧承受的拉力等于 F。

例 1-1 如图 1-14(b)所示为两个刚度不同的弹簧并联的情形,它们的刚度系数分别为 k_1 和 k_2。由于滑块在滑道中平移,所以两个弹簧的伸长量相同,都等于 Δl。试求变形后两个弹簧承受的拉力 F_1 和 F_2。

解:根据滑块水平方向的平衡可知

$$F = F_1 + F_2 \qquad (a)$$

这是平衡方程(equilibrium equation)。由于只有一个平衡方程,有两个未知力,这个问题的未知力数目大于平衡方程的数目,单靠平衡条件无法求解,需要补充条件才能求出这两个力。下面从几何关系来分析。两个弹簧的伸长分别为

$$\Delta l_1 = \frac{F_1}{k_1}, \quad \Delta l_2 = \frac{F_2}{k_2} \qquad (b)$$

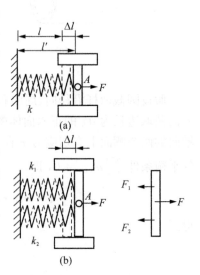

上两式是每个弹簧的力和伸长之间的物理关系(physical relation)。由于两个弹簧的伸长量都等于 Δl,即

图 1-14

$$\Delta l_1 = \Delta l_2 = \Delta l \qquad\qquad (c)$$

式(c)表示变形的几何关系(geometric relation),或称变形协调关系(compatibility relation of deformation)。将式(b)代入式(c)得到关于 F_1 和 F_2 的补充方程为

$$\frac{F_1}{k_1} = \frac{F_2}{k_2} \qquad\qquad (d)$$

方程(a)和(d)联立求解可以得到

$$F_1 = \frac{k_1}{k_1 + k_2} F, \quad F_2 = \frac{k_2}{k_1 + k_2} F$$

从上式可以看到,两个弹簧承担的力与它们的刚度成正比。而总伸长

$$\Delta l = \Delta l_1 = \Delta l_2 = \frac{F}{k_1 + k_2}$$

这个简单问题的求解过程,涉及力的平衡关系式(a),变形的协调关系式(c),以及两个弹簧的物理关系式(b)。它演示了 1.1 节所述固体力学三个基本原理的应用。

当未知力的数目超过平衡方程数目时,通过平衡条件无法求出所有的力,这种问题称为静不定问题(statically indeterminate problem)。上述例题就是静不定问题。这样的问题需要通过几何关系、物理关系建立补充方程来求解。一个问题,如果未知力数目与平衡方程数目相等,通过平衡方程就能求解所有的力,则称为静定问题(statically determinate problem)。如图 1-14(a)所示的问题,仅用平衡条件就可以确定弹簧的拉力,所以是静定问题。应该指出,在这个问题中,无论弹簧的受力与变形呈线性关系还是呈非线性关系,甚至超越了弹性变形,弹簧受力都等于 F,与弹簧的材料性质无关。

思考题

1-1 什么是材料的强度?什么是构件的刚度和稳定性?

1-2 固体力学研究的物体必须满足的 3 个基本关系是什么?

1-3 什么是构件?承力构件起什么作用?在载荷作用下承力构件产生什么效应?

1-4 材料力学课程的基本任务是什么?

1-5 材料力学课程对变形固体作了什么基本假设?均匀的材料一定是各向同性的吗?

1-6 什么是分离体?为什么要截取分离体?

1-7 什么是应力,什么是正应力和切应力?什么是应变,什么是正应变和切应变?

1-8 什么是内力?内力和应力有什么联系?

1-9 什么是弹性模量?什么是剪切模量?

1-10 静不定问题与静定问题的区别是什么?

第2章
静定系统的内力

这一章讨论静定系统细长构件(杆、梁、轴、刚架等)传递的力和力矩。由于不同的载荷形式和支承方式,杆件截面上产生不同性质的内力:轴力、剪力、弯矩和扭矩。通过截取分离体的方法,利用平衡条件可以求出截面上的内力,并获得内力沿轴向坐标 x 的变化规律,即内力方程,由此可以绘制杆件的内力图。内力的微分方程建立了内力之间、内力与载荷之间的关系,这些关系有助于绘制内力图。内力分析的目的是找到内力最大值所在的截面,即"危险截面",为进行杆件的强度分析提供依据。而内力方程还将用于杆件变形的计算。

2.1 常见的承力构件与支承

工程结构和机器通常由一些形状规则的构件组成,其中每一构件具有一定的承力功能。本节将对常见构件的几何特征和承力功能、载荷形式及约束给予简要分类和阐述。

2.1.1 常见的承力杆件

如图 2-1(a)~(f)所示,分别是从工程结构或机器中分离出来的杆、柱、梁、悬索和轴构件。根据其设计要求、自身特性及支撑情况等,构件可以承受拉力[见图 2-1(a),(e)]、压力[见图 2-1(b),(c)]和横向载荷[见图 2-1(d)],或者传递力偶矩[见图 2-1(f)]。

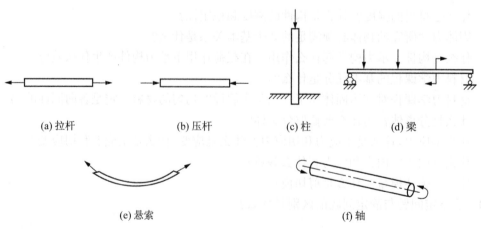

(a) 拉杆　　　　(b) 压杆　　　　(c) 柱　　　　(d) 梁

(e) 悬索　　　　　　　　(f) 轴

图 2-1

如前所述,材料力学主要研究杆件一类构件的受力和变形。对于板、壳和块体的力学行为将在力学其他分支课程中研究。根据杆件承力类型的不同,常采用不同的横截面形状,如图 2-2 所示,其中空心圆形、角形、槽形和工字形截面,其壁的厚度远小于截面其他的尺寸,可称为薄壁杆(thin-walled bar)。工程中,这些薄壁杆件被称为型材。如果构件的长度比横向最大尺寸大 5 倍以上,就可以看成是细长构件(slender member)。后面的论述将证明,对于细长构件,用材料力学的工程近似方法进行力学分析,得到的结果有相当高的精确度。有些结构,例如高层建筑的总高度比楼面尺寸大很多,飞机机翼的长度比截面尺寸大得多。这些结构也具有细长构件的特征,在初步分析或近似分析中可以作为杆件考虑。

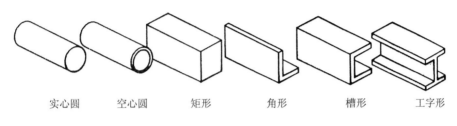

实心圆　　空心圆　　矩形　　角形　　槽形　　工字形

图 2-2

2.1.2　载荷的形式

作用于杆件上的外力按作用方式可以分为表面力(surface force)和体积力(body force)。表面力通过外界的物体与杆件表面的接触将力传递给杆件。例如,一根基础梁上砌筑着一堵墙[见图 2-3(a)],墙体对梁的作用可以用梁的上表面上的分布力 q 来表示,q 是一种表面力。一般情况下 q 是梁的轴向坐标 x 的函数 $q = q(x)$[见图 2-3(b)]。称 $q(x)$ 为分布载荷(distributed load)。如果 q 在其分布长度内为常数,则称为均布载荷(uniformly distributed load)。压力容器内部的气体或液体对容器壁的作用力也是表面力。作用在杆件内部各个质点上的力称为体积力。重力、电磁力、惯性力都是体积力。

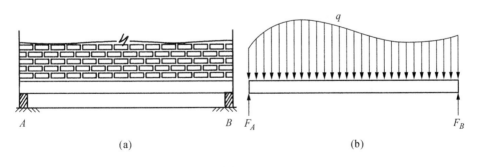

(a)　　　　　　　　　　　　　　(b)

图 2-3

如图 2-4(a)所示的梁 AB 中点 C 的上方放置了另一根梁,后者对前者的作用力分布在两者接触的范围内[见图 2-4(b)],由于该范围的尺寸相对于 AB 梁的长度而言很小,它对 AB 梁的作用可以用分布力的合力 F 代替,称这个力 F 为集中力(concentrated force)。支座 A 和支座 B 处的反力 F_A 和 F_B 也是梁 AB 与支座垫块接触面上分布力的合力。在内力分析时,可将集中力和支座反力表示为如图 2-4(c)所示的形式。

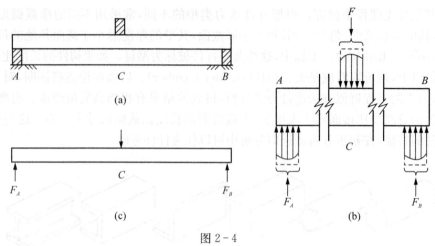

图 2-4

载荷还可能以力偶(couple)的形式施加在杆件上。如图 2-5 所示,一对距离为 h 的力 F 可以简化为作用在杆件轴线上的力偶矩(moment of couple):$M = Fh$。

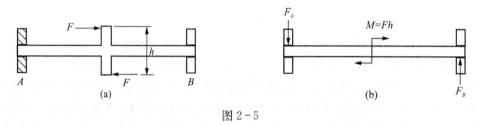

图 2-5

按载荷随时间变化的情况,可以分为静载荷(static load)和动载荷(dynamic load)。加载缓慢进行、加载后大小不变的载荷称为静载荷。而大小随时间明显变化的载荷称为动载荷。汽车在高低不平的路面上行驶时车的轮轴上经受的载荷,气流作用在飞机机翼上的载荷,建筑物经受的风载荷,地震载荷,物体撞击构件时的作用力都是动载荷。构件材料在静载荷和动载荷作用下的力学响应有很大差别,需要采用不同的方法进行分析。

采用国际单位制,力的单位为牛顿,记为 N。工程中还常用千牛顿,记为 kN,$1 \text{ kN} = 10^3 \text{ N}$。

2.1.3　支座与约束反力

我们研究的对象经常是一根杆件或数根杆件组成的系统。将一根杆件或者一个杆件系统从结构中或总系统中分离出来,它与结构其他部分或与其他系统连接处简化为支座(support),其他部分对它的作用称为约束(constraint),其作用力称为约束力(constraint force),也可称为约束反力(constraint reaction force)。约束力对杆件的作用与载荷对杆件的作用都是外部的作用,即约束力和载荷都是外力(external force)。

以梁为例,设梁在平面内(记为 x-y 面)承受外载荷,则仅考虑支座对梁在该面内的约束和约束反力。常见有三种形式的支座:固定支座(fixed support)、定铰支座(unmovable pin support)和动铰支座(movable pin support)。固定支座的典型例子是嵌固在墙内的梁端形成的支座。如图 2-6(a)所示,这种支座约束了三个自由度,即约束了梁端截面在 x 和 y 方向的移动以及在 x-y 面内的转动。如此,该端截面 x 和 y 方向的位移 u 和 v 为零,转角 θ 为零。

相应地,在支承处有二个未知约束反力 F_x, F_y 和一个未知约束反力矩 M。定铰支座如图 2-6(b)所示,在支座处梁端可以自由转动,支座约束了梁端 x 和 y 方向的两个移动自由度,即 u 和 v 为零,转角 θ 未知。相应的未知支座约束力为 F_x 和 F_y,支座力矩 $M=0$。图 2-6(c)为动铰支座,它只约束了杆端 y 方向的移动自由度($v=0$),x 方向位移 u 和转角 θ 未知待定。支座约束反力 F_x 为零,约束力矩 M 为零,约束反力 F_y 未知。如果是没有约束的自由端,则三个约束反力为零,三个位移量待定。

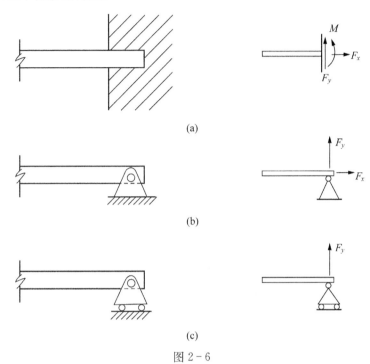

图 2-6

表 1-1　支座位移与约束反力

位　置	位　移			支座约束反力		
	u	v	θ	F_x	F_y	M
(a) 固定支座	0	0	0	✓	✓	✓
(b) 定铰支座	0	0	✓	✓	✓	0
(c) 动铰支座	✓	0	✓	0	✓	0
(d) 自由端	✓	✓	✓	0	0	0

以上三种支座和自由端的位移和支座约束反力情况列于表 1-1,表中符号 ✓ 表示对应项为未知量。

2.2　力系的平衡条件

材料力学着重研究处于静力平衡的杆件的力学行为。物体处于平衡状态时,其整体及从中分离出来的任意部分均处于平衡状态。由此可建立前述三大基本关系中的平衡条件,其理论基础是静力学中关于力系的简化与平衡力系的主要定理。这一节对静力学作一简要回顾。

各个力的作用线分布在同一平面上的力系称为平面力系(plane force system)。应用力向一点平移的方法,可以将力系内各个力 F_1,F_2,$\cdots$,F_i,$\cdots$,F_n 向平面内任一点 O 平移,将平面力系简化为一个主矢(principal vector)F_R 和一个主矩(principal moment)M_O[见图 2-7(a)]。主矢为各个力的矢量和:

$$F_R = \sum F_i \tag{2-1}$$

或者用分量的形式写成

$$F_{Rx} = \sum F_{ix} \tag{2-2a}$$

$$F_{Ry} = \sum F_{iy} \tag{2-2b}$$

主矩 M_O 等于各力对 O 点力矩的代数和:

$$M_O = \sum m_O(F_i) \tag{2-3}$$

应用力向一点平移的方法,可以将过 O 点的主矢和主矩进一步简化为过 O' 点的一个力。如图 2-7(b)所示,过 O 点作与 F_R 大小相等方向相反的力 F'。使距离 $OO' = M_O/F_R$,然后过 O' 作 $F = F_R$,这样得到的力 F[见图 2-7(c)]与原力系等效,称为平面力系的合力(resultant force)。平面力系的合力对于平面内任一点之矩等于该力系中各个力对于同一点之矩的代数和。这就是平面力系的合力矩定理(theorem of resultant moment)。

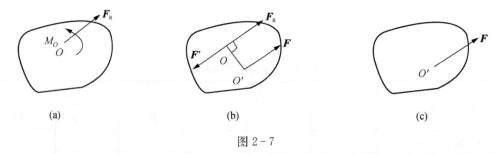

图 2-7

平面力系平衡的充分必要条件是,平面力系向任一点简化得到的主矢为零,主矩也为零。给定直角坐标系下,平衡条件用分量的形式可以表示为

$$\sum F_{ix} = 0 \tag{2-4a}$$

$$\sum F_{iy} = 0 \tag{2-4b}$$

$$M_O = \sum m_O(F_i) = 0 \tag{2-4c}$$

与平面力系类似,应用力向一点平移的方法,空间力系的各个力 F_1,F_2,$\cdots$,F_i,$\cdots$,F_n 向任一点 O 平移后得到一个主矢 F_R 和一个主矩 M_O:

$$F_R = \sum F_i \tag{2-5a}$$

$$M_O = \sum m_i = \sum m_O(\boldsymbol{F}_i) \qquad (2-5b)$$

空间力系平衡的充分必要条件是，力系向任何一点简化得到的主矢为零，主矩也为零。用分量的形式可以表示为

$$\sum F_{ix} = 0 \qquad (2-6a)$$

$$\sum F_{iy} = 0 \qquad (2-6b)$$

$$\sum F_{iz} = 0 \qquad (2-6c)$$

$$\sum m_x(\boldsymbol{F}_i) = 0 \qquad (2-6d)$$

$$\sum m_y(\boldsymbol{F}_i) = 0 \qquad (2-6e)$$

$$\sum m_z(\boldsymbol{F}_i) = 0 \qquad (2-6f)$$

其中 m_x，m_y，m_z 分别为力对 x，y，z 轴之矩。对于空间力系也有合力矩定理，即合力对任何一点(轴)之矩等于力系中各力对同一点(轴)之矩的矢量和(代数和)。

　　式(2-4)和式(2-6)对一切处于平衡状态的物体均适用。用这些方程对分离体进行平衡分析，可获得作用在分离体上所有的力之间应该满足的平衡方程。用分离体图进行平衡分析是力学的一个基本方法。

　　应该指出，对静力学中研究的刚体，以上力系的等效简化不影响其力学响应，且可以随意使用力的平移原理。但对变形体，其力学响应与力的性质、作用方式及作用位置等密切相关，一般不能随意进行力的等效简化。不过在建立处于平衡状态的变形体的平衡方程的过程中，纯粹是研究力之间的关系，仍可将物体视为刚体处理。

　　例 2-1　如图 2-8(a)所示 AB 梁，A 端为定铰支座，B 端为动铰支座。梁上作用有集中力 $F = 10\ \text{kN}$，均布力 $q = 5\ \text{kN/m}$，力偶矩 $M = 10\ \text{kN} \cdot \text{m}$。长度 $a = 1\ \text{m}$，梁的重量忽略不计，求其支座反力。

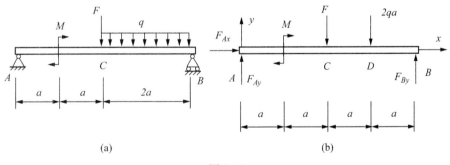

图 2-8

　　解：将整个梁 AB 作为分离体，按前节分析，A 端有两个约束反力 F_{Ax} 和 F_{Ay}，B 端有约束反力 F_{By}。考虑平衡条件时，均布力 q 的作用可以用作用于 CB 段中点的等效合力 $2qa$ 来代替。如图 2-8(b)所示为分离体图，根据平衡条件，有

$$\sum F_x = 0, \quad F_{Ax} = 0$$

$$\sum m_A(F) = 0, \quad F_{By} \cdot 4a - 2qa \cdot 3a - 2Fa - M = 0$$

$$\sum F_y = 0, \ F_{Ay} + F_{By} - F - 2qa = 0$$

解得

$$F_{Ax} = 0, \ F_{By} = 15 \text{ kN}, \ F_{Ay} = 5 \text{ kN}$$

同理,当约束反力求出后,可以从梁中取出任何部分,获得其分离体图,用平衡条件求出分离面上的内力。

2.3 杆件横截面上的内力

为了确定杆件横截面上的力和力矩,可以在杆件需要分析的地方用假想的截面将其截开。然后将截取的一部分作为分离体,应用力的平衡条件,可以求出截面上的力和力矩。其过程可归纳为以下三个步骤:

(1) 在杆件需要求内力的截面处,假想用一截面把杆件分为两个部分,保留其中任一部分作为研究对象,即分离体。

(2) 将另一部分对保留部分的作用力用截面上的内力来代替。

(3) 对保留部分(分离体)建立平衡方程式,确定截面上的内力。

用假想截面截取部分构件作为分离体来确定截面上的内力的方法也称为截面法。这种方法对任何处于平衡状态的受力构件均适用。

如图 2-9 所示,一根杆件在任意外力系(包括约束反力)作用下处于平衡状态。为了显现某截面上的内力,在该处用一个假想的截面将此杆件分为 I 和 II 两个部分。取部分 I 为分离体,如图 2-10(a) 所示,II 对 I 的作用表现为截面上的分布力系,将其向截面上某一点(通常为形心 O)简化得到主矢 $\boldsymbol{F}$ 和主矩 $\boldsymbol{M}_O$[见图 2-10(b)]。内力的本意是指截面两侧材料互相的作用力,也就是截面上的分布力。然而,在后续课程中,将分布力的主矢 $\boldsymbol{F}$ 和主矩 $\boldsymbol{M}_O$ 定义为截面上的内力。

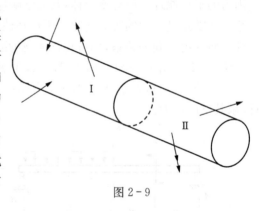

图 2-9

在截面上建立 xyz 坐标系,x 轴与杆件的轴向一致,y-z 坐标面与截面重合。规定截面外法向与 x 轴正方向一致时,称其为正 x 面,截面外法向与 x 轴方向相反时,则称为负 x 面。如此,矢量 $\boldsymbol{F}$ 和 $\boldsymbol{M}_O$ 沿坐标轴方向各可以分解为三个分量。$\boldsymbol{F}$ 的三个分量记为 F_{xx},F_{xy} 和 F_{xz}。F_{xx} 是沿 x 轴向的分量,称为轴力(axial force)。F_{xy} 和 F_{xz} 分别为沿 y 方向和 z 方向的切向分量,称为剪力(shear force)。这些分量下标的第一个符号 x 表示它们是 x 面上的内力分量,第二个下标表示分量沿坐标轴的方向。同样,主矩 $\boldsymbol{M}_O$ 也可分解为分量 M_{xx},M_{xy} 和 M_{xz}。其中 M_{xx} 称为扭矩(torsional moment),M_{xy} 和 M_{xz} 称为弯矩(bending moment)。如图 2-10(b)所示用矢量形式表示内力分量,双箭头表示力矩矢量,力矩对截面的作用由右手螺旋法则确定。如图 2-10(c)所示将截面上的弯矩和扭矩用力偶矩的符号表示。归纳下来截面上内力分量为:

F_{xx}——轴力。沿杆轴线方向作用,使杆件伸长或缩短。通常也用 F_N 表示。

F_{xy},F_{xz}——剪力。作用在截面的切线方向,使杆件截面产生相对于相邻截面的错动。通常也用 F_S 表示。

M_{xx}——扭矩。作用在截面内,使杆件绕轴线扭转。通常也用 T 或者 M_x 表示。

M_{xy},M_{xz}——弯矩。作用在垂直于截面的 $x-y$ 或 $y-z$ 面内,使杆件产生弯曲。通常也用 M 或者 M_y,M_z 表示。

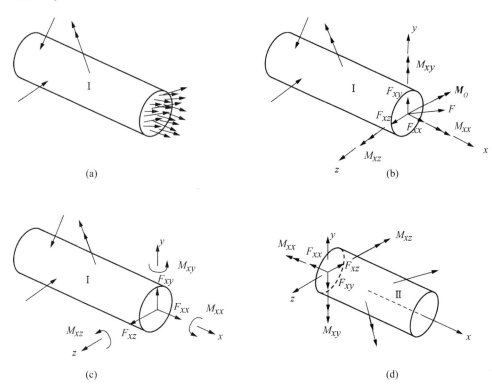

图 2 - 10

如图 2 - 10(b)所示,这些内力分量方向均沿坐标轴正向。

若取部分 Ⅱ 为分离体,图 2 - 10(d)显示了在同一截面上的内力分量。这是同一截面的另一侧,其外法向与 x 轴反向,所以是负 x 面。其上的力和力矩表示部分 Ⅰ 对部分 Ⅱ 的作用。按照同一截面两侧的力和力矩互为作用力和反作用力的事实,该侧截面上的力和力矩的方向均指向负轴向。

为了使取部分 Ⅰ 和取部分 Ⅱ 作为分离体得到的内力具有一致的正、负号,规定:正坐标面上方向沿坐标轴正向、负坐标面上方向沿坐标轴负向的内力(轴力、剪力、扭矩和弯矩)为正的内力。反之,为负的内力。如此,如图2 - 10(b),(d)所示截面上的力和力矩都是正的内力。

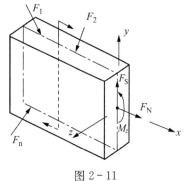

图 2 - 11

在很多情况下,所有外力都作用在同一平面内。如图 2 - 11 所示,外力 F_1,F_2 等都作用在 $x-y$ 平面内,则截面上只有轴力 F_N、剪力 F_S、力矩 M_z,也都位于 $x-y$ 平面内,形成平面平衡力系。实际中,许多受力杆件可简化为这种情况。

为了方便记忆,也可以从变形来判断内力分量的正、负号。如图 2-12(a),(b),(c)所示,取杆件坐标系的 y 轴向上,x 轴向右。在所切横截面的内侧截取微段,规定使微段伸长的轴力为正,使其缩短的轴力为负[见图 2-12(a)];使微段有逆时针转动趋势的剪力为正,反之为负[见图 2-12(b)];使水平微段弯曲成凹形的弯矩为正,使其弯曲成凸形的弯矩为负[见图 2-12(c)]。扭矩仍以力偶矩矢量指向截面的外法向为正[见图 2-12(d)]。

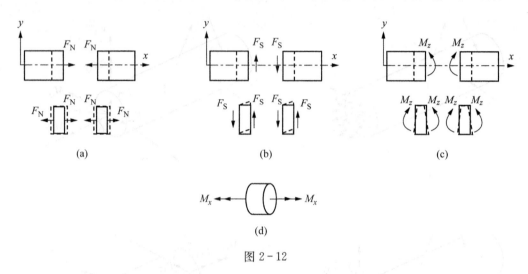

图 2-12

清楚了截面上内力的形式和性质之后,在选取合适的分离体并获得分离体图后,就可方便地利用平衡条件式(2-4)(平面力系)或式(2-6)(空间力系)求解这些内力。

例 2-2 如图 2-13(a)所示的悬臂梁,在点 A 受集中力 F 作用,右端为固定支承。试求横截面 m-m 上的内力。

解:为了求截面 m-m 处的内力,取该截面左侧部分为分离体,在截面 m-m 的形心 o 假设有轴力 F_x,剪力 F_y,以及弯矩 M 作用。图 2-13(b)为分离体图。对分离体图应用平衡条件,

$$\sum F_x = 0, \qquad F\cos\alpha + F_x = 0$$

$$\sum F_y = 0, \qquad -F\sin\alpha + F_y = 0$$

$$\sum m_o(F) = 0, \qquad F\sin\alpha \cdot a + M = 0$$

可以求出截面上的内力为

$$F_x = -F\cos\alpha, \quad F_y = F\sin\alpha, \quad M = -Fa \cdot \sin\alpha$$

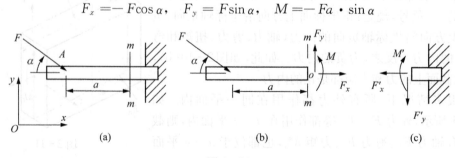

图 2-13

应该注意,在求得的截面内力结果中的负号表示该力(力偶矩)的实际方向与图上假设的方向相反。

事实上,如图 2-13(c)所示,在 $m-m$ 截面的另一侧,也就是余下部分的截面上有 x 和 y 方向的力 F_x',F_y' 和力偶矩 M' 作用。它们分别与 F_x,F_y 和 M 大小相等,方向相反。是作用力和反作用力关系。同时可以发现,从力的角度来看,截面右侧物体对分离体提供的约束与固支端提供的约束是一样的。

例 2-3　一个杆系结构,如果在杆件连接处都是铰连接,或可以简化为铰接,这种结构称为桁架(truss)。桁架的杆件只传递轴向力。若桁架中各杆及其上的载荷均位于同一平面内,则称其为平面桁架。图 2-14(a)为各杆长度均为 5 m 的平面桁架,A 端支承在定铰支座上,B 端支承在动铰支座上。求桁架 BC 杆和 CD 杆的轴力。

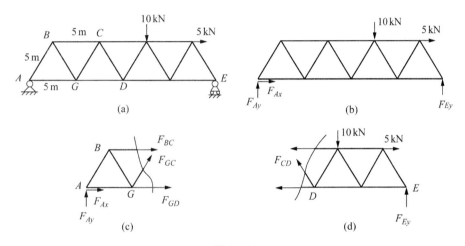

图 2-14

解:(1) 首先求支座反力,可以将整个桁架作为分离体。设支座 A 处 x 和 y 方向的约束力分别为 F_{Ax} 和 F_{Ay},支座 E 处 y 方向约束力为 F_{Ey}。图 2-14(b)为分离体图。由平衡条件

$$\sum m_A(F) = 0, \quad F_{Ey} \cdot 20\,\text{m} - 5\,\text{kN} \cdot 4.33\,\text{m} - 10\,\text{kN} \cdot 12.5\,\text{m} = 0$$

$$\sum F_x = 0, \quad F_{Ax} + 5\,\text{kN} = 0$$

$$\sum F_y = 0, \quad F_{Ay} + 7.33\,\text{kN} - 10\,\text{kN} = 0$$

得到

$$F_{Ey} = 7.33\,\text{kN}, \quad F_{Ax} = -5\,\text{kN}, \quad F_{Ay} = 2.67\,\text{kN}$$

(2) 求 BC 杆的轴力。截取如图 2-14(c)所示部分为分离体。这样的截面涉及三根杆,有三个未知力。因为有两根杆的轴力都通过节点 G,通过对 G 点取矩建立平衡方程,这样可以避免另两个未知力的出现,即由

$$\sum m_G(F) = 0, \quad -F_{BC} \cdot 4.33\,\text{kN} - F_{Ay} \cdot 5\,\text{kN} = 0$$

可得

$$F_{BC} = -3.08 \text{ kN}$$

同理,为求 CD 杆轴力,取如图 2-14(d)所示部分为分离体。由

$$\sum F_y = 0, \quad F_{CD}\cos 30° + F_{Ey} - 10 \text{ kN} = 0$$

得到

$$F_{CD} = 3.08 \text{ kN}$$

实际中,经常遇到杆件上作用有分布载荷的情况。如例 2-1 中所述,分离体上作用有分布载荷,在求支座反力时,需要将分布载荷等效为集中载荷来处理。这就需要预先计算等效合力的大小和作用位置。为方便应用,这里给出任意分布载荷的等效计算方法。

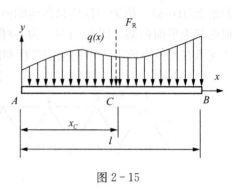

图 2-15

如图 2-15 所示,AB 梁上作用有沿 x 轴向任意分布的载荷 $q(x)$,现求 $q(x)$ 的合力 F_R 及合力的作用位置 x_C。因为在坐标 x 处梁的微分长度 dx 上的作用力为 $q(x)dx$,则其合力 F_R 的值等于这些微分长度上力的积分:

$$F_R = \int_0^l q(x)dx \tag{2-7}$$

另外,根据合力矩定理,这些微段上的力对 A 点的力矩之和等于其合力 F_R 对 A 点之矩,所以

$$F_R \cdot x_C = \int_0^l x \cdot q(x)dx = \int_0^l q(x)xdx$$

由此可以确定合力作用点的坐标

$$x_C = \frac{\int_0^l q(x)xdx}{\int_0^l q(x)dx} = \frac{S_y}{F_R} \tag{2-8}$$

其中称 $S_y = \int_0^l q(x)xdx$ 为图形 $q(x)$ 对 y 轴的面积矩。事实上 x_C 就是载荷图 $q(x)$ 所围面积形心的位置。对均匀分布载荷,显然,合力作用位置在分布范围的中心处。

例 2-4 如图 2-16(a)所示,简支梁 AB 上作用有沿 x 轴向线性分布的载荷 $q(x) = \dfrac{q_0 x}{l}$,试计算 1-1 横截面上的内力。

解:(1)取全梁为分离体,按式(2-7)和(2-8),分布载荷合力的大小

$$F_R = \int_0^l q(x)dx = \int_0^l q_0\frac{x}{l}dx = \frac{1}{2}q_0 l$$

合力作用点在载荷曲线下面积的形心处,即 $x_C = \dfrac{2}{3}l$,如图 2-16(b)所示。用合力 F_R 代替分布力 $q(x)$,容易求出支座反力

$$F_{Ay} = \frac{F_R}{3} = \frac{q_0 l}{6}, \quad F_{By} = \frac{2F_R}{3} = \frac{q_0 l}{3}$$

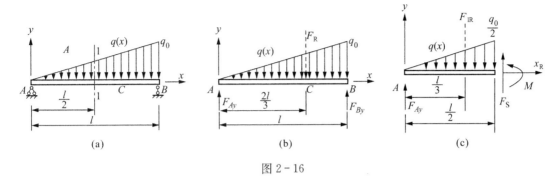

图 2 - 16

（2）沿 1－1 截面假想截开，取左段为分离体，如图 2－16(c) 所示。同理，其上分布载荷合力的大小

$$F_{1R} = \frac{1}{2} \cdot \frac{q_0}{2} \cdot \frac{l}{2} = \frac{q_0 l}{8}$$

合力作用点在距左端 $\frac{l}{3}$ 处。

假设杆的 1－1 截面上的内力为 F_S 和 M。对截面形心取力矩，合力矩等于零，以及垂直方向合力等于零，得到

$$\sum m_O(F) = 0, \qquad M + F_{1R} \cdot \left(\frac{l}{2} - \frac{l}{3} \right) - F_{Ay} \cdot \frac{l}{2} = 0$$

$$\sum F_y = 0, \qquad F_S - F_{1R} + F_{Ay} = 0$$

截面上的内力为

$$F_S = -\frac{1}{24} q_0 l, \quad M = \frac{1}{16} q_0 l^2$$

2.4　内力方程与内力图

一般情况下，随杆横截面位置的不同，其上的内力也不相同。内力沿杆件的轴线按一定的规律变化，或者讲内力是杆轴线坐标 x 的函数，称此函数为杆件的内力方程。用截面法可以方便地确定内力方程，从而可以确定最大内力产生的位置。另外，在后面的章节中，内力方程也将用于求杆件的变形。

内力沿杆轴线 x 的分布构成了杆的内力图（轴力图、剪力图、弯矩图和扭矩图）。在规定的坐标系中，按内力方程可绘制出内力图，从图上可以更直观地了解内力的变化及其最大值所在截面的位置，内力最大的截面往往是构件受力最大、最容易发生破坏的地方，通常称为危险截面（critical cross section）。

例 2－5　如图 2－17(a) 所示的简支梁，右端为动铰支座，支承在 $45°$ 的斜面上。在离左端距离为 a 的地方作用有垂直向下的集中力 F。求梁的剪力、弯矩和轴力方程，并作内力图。

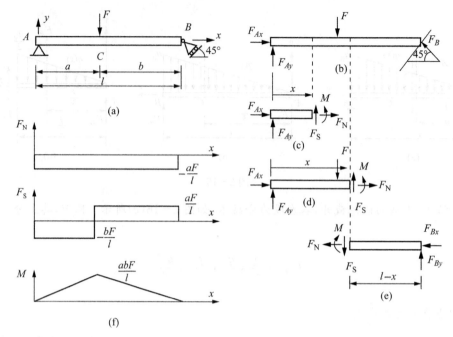

图 2-17

解:(1) 计算支座反力。先将整个梁作为分离体,选取坐标系如图 2-17(b)所示。梁右端的支座反力 F_B 的方向垂直于斜面。左端的支座反力为 F_{Ax} 和 F_{Ay}。根据平衡条件:

$$\sum m_A = 0, \quad -F \cdot a + F_B \sin 45° \cdot l = 0$$

$$\sum F_x = 0, \quad F_{Ax} - F_B \cos 45° = 0$$

$$\sum F_y = 0, \quad F_{Ay} - F + F_B \sin 45° = 0$$

解得

$$F_B = \frac{\sqrt{2}a}{l}F, \quad F_{Ax} = \frac{a}{l}F, \quad F_{Ay} = \left(1 - \frac{a}{l}\right)F = \frac{b}{l}F$$

(2) 求内力方程。在集中力作用处,用截面法求得其左侧和右侧截面上的内力(剪力),会发现具有一差值,其大小等于该集中力的值,即剪力在该截面上产生突变。因而内力方程在其左侧段和右侧段不能用同一规律表达。同理,集中力偶作用处的左侧段和右侧段、分布载荷作用段和没有分布载荷作用段的内力方程也不同。如此,在求内力方程时,要分段分别考虑。

AC 段($0 \leqslant x \leqslant a$):如图 2-17(c)所示,在距 A 为 x 处作截面,取左边部分杆件为分离体。在截面上假设内力分量 F_N,F_S 和力矩 M,利用力平衡条件:

$$\sum F_x = 0, \quad F_N + F_{Ax} = 0$$

$$\sum F_y = 0, \quad F_S + F_{Ay} = 0$$

及对截面中心 O 取力矩:

$$\sum m_O = 0, -F_{Ay}x + M = 0$$

求得

$$F_N = -F_{Ax} = -\frac{a}{l}F, \quad F_S = -F_{Ay} = -\frac{b}{l}F, \quad M(x) = F_{Ay}x = \frac{b}{l}Fx$$

结果表明轴力 F_N 和剪力 F_S 在 AC 段为常数。而弯矩 $M(x)$ 是 x 的线性函数。

CB 段（$a \leqslant x \leqslant l$）：当 $x \geqslant a$ 时，可以截取如图 2-17(d)所示的分离体。CB 段的内力方程可以通过这个分离体的平衡条件求出：

$$\sum F_x = 0, \quad F_N + F_{Ax} = 0$$
$$\sum F_y = 0, \quad F_S + F_{Ay} - F = 0$$
$$\sum m_o = 0, \quad -F_{Ay}x + F(x-a) + M = 0$$

得到

$$F_N = -F_{Ax} = -\frac{a}{l}F, \quad F_S = F - F_{Ay} = \frac{a}{l}F, \quad M(x) = F_{Ay}x - F(x-a) = \frac{l-x}{l}aF$$

CB 段的内力也可以从 B 端起截取长度为 $l-x$ 的分离体来计算。从右端截取的分离体不包含外力 F，计算较为简单。如图 2-17(e)所示，由分离体的三个平衡条件得到

$$\sum F_x = 0, \quad -F_N - F_{Bx} = 0$$
$$\sum F_y = 0, \quad -F_S + F_{By} = 0$$
$$\sum m_o = 0, \quad -M(x) + F_{By}(l-x) = 0$$

求得与上面相同结果：

$$F_N = -F_{Bx} = -\frac{a}{l}F, \quad F_S = F_{By} = \frac{a}{l}F, \quad M(x) = F_{By}(l-x) = \frac{l-x}{l}aF$$

从以上结果可见，沿梁全长轴力 F_N 为常数，它是由 B 端 45° 斜支承的水平反力引起的。垂直方向的两个支承反力 $F_{Ay} = bF/l$，$F_{By} = aF/l$ 是按杠杆原理分配的与 F 相平衡的力。弯矩最大值在 C 点，该处截面是危险截面。

（3）作轴力、剪力和弯矩图。选取平行于梁轴线的横坐标轴 x 及表示内力的纵坐标轴，按所求得的方程绘制各段内力图，如图 2-17(f)所示。

上面用截面法来建立杆件的内力方程。事实上，可以用更直接的方法来写出内力方程。分离体截面另一侧材料对分离体的作用相当于固支端的作用，因为它在截面上给分离体提供了三个约束力（限于平面平衡力系）：轴力、剪力和弯矩。因此，可以将分离体看作是在截面处固支的物体，求出其反力，即为其内力。

如图 2-18(a)所示，分离体截面左侧段上，向下的集中力 F 在截面上引起正的剪力 $F_S = F$ 和负的弯矩 $M = -F\xi$，其中 ξ 为力 F 的作用点到截面的距离；向上的集中力 F 引起负的剪力 $F_S = -F$，正的弯矩 $M = F\xi$。如图 2-18(b)所示，一段集度为 q 的均布力，分布长度为 ξ，其作用等效于作用于分布区间中点、大小为 $q\xi$ 的集中力，所以向下作用的均布力在截面上引起正的剪力 $F_S = q\xi$，和负弯矩 $M = -q\xi^2/2$，向上作用的均布力在截面上引起负的剪力 $F_S = -q\xi$，正的弯矩 $M = q\xi^2/2$。如图 2-18(c)所示，一个顺时针方向的力偶矩 M^* 在截面上引起正的弯矩 $M = M^*$，而一个逆时针方向的力偶矩 M^* 将引起负的弯矩 $M = -M^*$。相应的剪力

图和弯矩图画在分离体的下侧。在承受多种载荷作用时,截面上的内力可以叠加。当截取的分离体位于截面右侧时可以用类似的办法求截面上的内力。

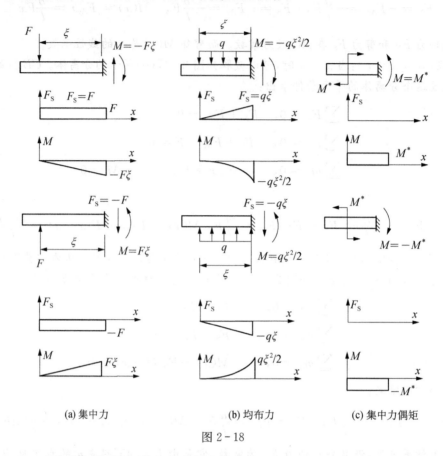

(a) 集中力　　　　　(b) 均布力　　　　　(c) 集中力偶矩

图 2 - 18

例 2 - 6　受均布载荷 q 作用的简支梁(见图 2 - 19),长度为 l,不计梁自重,用截面法求剪力和弯矩沿轴线分布的表达式,并作剪力图、弯矩图。

解:易见梁的支座反力 $F_{Ay} = F_{By} = ql/2$。从左端到坐标为 x 的截面处截取的分离体表明,x 截面上的内力由左端支座反力 F_{Ay} 及均布力 q 产生。应用上面所述规律,可直接写出内力方程如下:

$$F_S(x) = -F_{Ay} + qx = -\frac{ql}{2} + qx$$

$$M(x) = F_{Ax}x - \frac{qx^2}{2} = \frac{qx}{2}(l - x)$$

$F_S(x)$ 是一直线方程,$M(x)$ 是一抛物线方程,它们的图形如图 2 - 19 所示。弯矩的最大值产生在梁的中点 $x = l/2$ 处,其大小为 $M_{max} = ql^2/8$。

同理,也可以取截面右侧部分为分离体,直接写

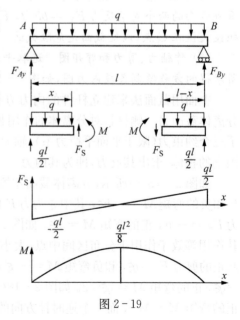

图 2 - 19

出内力方程

$$F_S(x) = F_{By} - q(l-x) = -\frac{ql}{2} + qx$$

$$M(x) = F_{Ay}(l-x) - \frac{q}{2}(l-x)^2 = \frac{qx}{2}(l-x)$$

得到与取左侧段为分离体相同的结果。

2.5　内力与载荷集度间的微分关系

内力与载荷集度之间存在着一定的微分关系。内力沿杆轴线的分布规律可以通过对载荷集度进行积分求出。如此,提供了求解内力的一种方法。这种微分关系也可以用于绘制内力图或校核所作内力图的正确性。

2.5.1　轴力与轴向分布力间的微分关系

如图 2-20 所示的等截面杆件,沿其轴线受轴向分布力 $f(x)$ 作用。沿轴线取出长度为 $\mathrm{d}x$ 的微单元作为分离体,对应位置为 x 的截面上有轴力 F_N,则 $x + \mathrm{d}x$ 截面上轴力为 $F_N + \mathrm{d}F_N$。由 x 方向的力的平衡条件

$$F_N(x) + \mathrm{d}F_N(x) + f(x)\mathrm{d}x - F_N(x) = 0$$

可以得到轴力与轴向分布力间的微分关系如下:

$$\frac{\mathrm{d}F_N(x)}{\mathrm{d}x} = -f(x) \tag{2-9}$$

在分布力作用段上,对上式进行积分,并利用端部的力的边界条件确定积分常数,可以确定该段内任意截面上的轴力 $F_N(x)$。

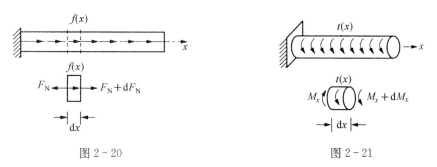

图 2-20　　　　　　　　　　　　　　　　图 2-21

2.5.2　扭矩与分布扭矩间的微分关系

如果等截面杆仅受扭矩作用,如图 2-21 所示,设杆上受分布扭矩为 $t(x)$。同样,取出长度为 $\mathrm{d}x$ 的微单元作为分离体,其截面上的内力如图中所示,根据对 x 轴取矩的平衡条件

$$M_x(x) + \mathrm{d}M_x(x) + t(x)\mathrm{d}x - M_x(x) = 0$$

得到

$$\frac{\mathrm{d}M_x(x)}{\mathrm{d}x} = -t(x) \tag{2-10}$$

此即扭矩与分布力矩间的微分关系。通过对它的积分并利用力的边界条件,可以得到分布力段内扭矩沿 x 轴的分布规律。

2.5.3 剪力、弯矩和分布力之间的微分关系

假设梁段上有分布力 $q(x)$ 作用(见图 2-22,规定向上的 $q(x)$ 为正)。现取长度为 $\mathrm{d}x$ 的梁单元作为分离体。设单元左侧截面上有剪力 F_S 和弯矩 M,则单元右侧截面上的剪力和弯矩在此基础上有一增量,即为 $F_S+\mathrm{d}F_S$ 和 $M+\mathrm{d}M$。假设 $\mathrm{d}x$ 足够小,分布力的作用可以用通过作用于单元中点 o 的合力 $q(x)\mathrm{d}x$ 代替。则单元体的平衡条件为

$$\sum F_y = 0$$

$$F_S(x) + \mathrm{d}F_S(x) + q(x)\mathrm{d}x - F_S(x) = 0$$

$$\sum m_o = 0$$

$$M(x) + \mathrm{d}M(x) + [F_S(x) + \mathrm{d}F_S(x)]\frac{\mathrm{d}x}{2}$$

$$+ F_S(x) \cdot \frac{\mathrm{d}x}{2} - M(x) = 0$$

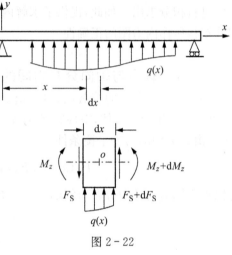

图 2-22

忽略二阶微分量 $\mathrm{d}F_S(x) \cdot \mathrm{d}x = -q(x) \cdot \mathrm{d}x \cdot \mathrm{d}x$,整理得到

$$\frac{\mathrm{d}F_S(x)}{\mathrm{d}x} = -q(x) \tag{2-11}$$

$$\frac{\mathrm{d}M(x)}{\mathrm{d}x} = -F_S(x) \tag{2-12}$$

这就是将载荷集度 $q(x)$ 与剪力 $F_S(x)$、弯矩 $M(x)$ 联系起来的微分关系。式(2-11)和式(2-12)表明:剪力沿轴线的变化率在某截面处的值与该截面处分布力之负值相等;而弯矩沿轴线的变化率在某截面处的值与该截面处的剪力之负值相等。通过对上述方程积分并利用力的边界条件,可以解出 $F_S(x)$ 和 $M(x)$。

例 2-7 用平衡微分关系求解例 2-6(见图 2-19)。

解:简支梁受均布载荷作用,由于载荷方向向下,以 $-q$ 代替式(2-11)中的 q,得到

$$\frac{\mathrm{d}F_S}{\mathrm{d}x} + (-q) = 0$$

进行积分得到

$$F_S = qx + C_1$$

式中 C_1 为待定的积分常数。将上式代入式(2-12),得到

$$\frac{\mathrm{d}M}{\mathrm{d}x} + qx + C_1 = 0$$

积分上式得到

$$M(x) = -\frac{1}{2}qx^2 - C_1 x + C_2$$

同理，C_2 为另一待定的积分常数。利用梁 A、B 两端面弯矩为零的边界条件，即

$$M(x)\,|_{x=0} = 0,\ M(x)\,|_{x=l} = 0$$

得到

$$C_2 = 0,\quad C_1 = -\frac{ql}{2}$$

如此得到与前例相同的结果：

$$F_S(x) = qx - \frac{ql}{2},\quad M(x) = \frac{ql}{2}x - \frac{1}{2}qx^2$$

现在的问题是，假如梁上有集中力或力偶矩作用，如何进行积分？后面一节讲到奇异函数后就可以解决了。

2.5.4　利用微分关系绘制内力图

对给定 $q(x)$ 的杆段（一端坐标值为 a，另一端为 b，假设 $a < b$），沿杆段对方程（2-11）积分可得

$$F_S(b) - F_S(a) = -\int_a^b q(x)\mathrm{d}x \quad (a < b) \tag{2-13}$$

可见杆上任意两截面之间剪力的增量等于两截面之间的分布力之积分的负值。如果两截面之间没有分布力，则剪力保持为常数。如果有一个集中力 F（规定向上为正），那么剪力在集中力作用处产生突变，其突变值等于 $-F$。实际上，集中力 F 是微小杆段上分布载荷的等效合力，若设微小杆段为 $\Delta x (\Delta x \to 0)$，则可认为其上的分布载荷是均匀的，即 $q = F/\Delta x$，如此，在式（2-13）中，积分上、下限分别取 a 和 $a + \Delta x$（相当于从截面的一侧到另一侧），就得到剪力突变的结果。

同理，沿杆段对方程（2-12）积分可得

$$M(b) - M(a) = -\int_a^b F_S(x)\mathrm{d}x \quad (a < b) \tag{2-14}$$

可见杆上任意两截面之间弯矩的增量等于两截面之间的剪力之积分的负值。如果两截面之间有一个集中力偶矩 M_0 作用（规定逆时针方向为正），则在该处弯矩图有一个突变，其增量为 $-M_0$。在剪力为零的区段，弯矩保持为常数。剪力为常数的区段，弯矩是线性变化的。如果剪力是坐标 x 的线性函数，则弯矩是 x 的二次函数。假如杆件的端部是铰支座或是自由端，并且没有力偶矩作用，则端点的弯矩必为零。如果杆件的中间有铰连接，则在连接铰处弯矩也必须为零。

将式（2-11）代入式（2-12）得到

$$\frac{\mathrm{d}^2 M}{\mathrm{d}x^2} = q(x) \tag{2-15}$$

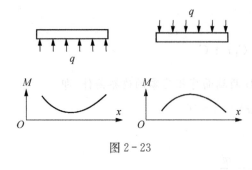

图 2-23

由此可知,在 q 为正值的区段,弯矩曲线的曲率为正,弯矩曲线呈凹形;在 q 为负值的区段,弯矩曲线的曲率为负,弯矩曲线呈凸形(见图 2-23)。

为了便于利用上述规律作剪力、弯矩图,将其归纳如下:

(1) $q=0$, $F_S=C$ 为常数,F_S 图为水平线;M 图为斜直线,$F_S=C(C>0)$ 时,M 图的斜率为负,$F_S=C(C<0)$ 时,M 图的斜率为正。

(2) $q=C$ 为常数,F_S 图为斜直线,M 图为抛物线。$q=C(C>0)$ 时,F_S 图的斜率为负,M 图为凹的抛物线。$q=C(C<0)$ 时,F_S 图的斜率为正,M 图为凸的抛物线。

(3) 从集中力 F 作用处的左侧到右侧截面,F_S 图有突变,突变量为 $-F$,此处 M 图保持连续,但其斜率发生间断。

(4) 从集中力偶矩 M_O 作用处的左侧到右侧截面,F_S 图无变化,M 图有突变,突变量为 $-M_O$。

(5) 如果在某截面处 $F_S=0$,则在该处 M 图的斜率为零,也就是弯矩取极值。由于在集中力和集中力偶矩作用处,截面上的弯矩图分别产生拐折和突变,弯矩在该截面处也可能取极值。

如此,作内力图时,可先将每一段两端面的内力值确定,再利用上述规律将区间内内力图画出。

例 2-8 如图 2-24 所示的简支梁 AB,梁长度为 l,在 B 端受集中力偶矩 M_O 作用,试画梁的剪力图与弯矩图。

解:(1) 求支座反力。

$$\sum m_A=0, \quad F_{By}=\frac{M_O}{l}$$

$$\sum F_y=0, \quad F_{Ay}=\frac{M_O}{l}$$

(2) 作剪力、弯矩图。利用截面法,首先求出端部 A,B 内侧截面的内力值。通过截取图示长度为 $dx(dx\rightarrow 0)$ 的分离体,由其平衡条件可知

A 内侧截面上:$F_S=F_{Ay}=M_O/l$, $M=0$

B 内侧截面上:$F_S=F_{By}=M_O/l$, $M=-M_O x/l$

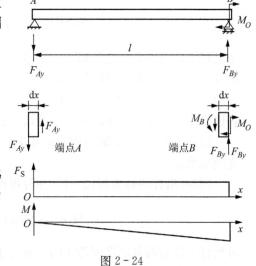

图 2-24

由于 AB 梁上的分布力为零,所以剪力图为一水平线,弯矩图为斜率等于 $-M_O/l$ 的直线。如图 2-24 所示,最大弯矩产生在集中力偶矩作用处,即 B 截面上。最大弯矩值为 $|M|_{max}=M_O$。

例 2-9 根据内力的微分关系,分析例 2-6(见图 2-19)的简支梁受均布载荷时梁的剪力与弯矩。

解:梁的左端面和右端面内侧上的剪力分别为 $-ql/2$ 和 $ql/2$。根据微分关系式(2-11)可知,F_S 是斜率为 q 的直线,在梁的中点处剪力为零。因为分布力为负值所以弯矩图为向上凸的抛物线。梁两端的弯矩为零,梁中点(剪力为零处)弯矩达最大值:

$$M_{\max} = \left(\frac{ql}{2}\right) \cdot \frac{l}{2} - \frac{q}{2} \cdot \left(\frac{l}{2}\right)^2 = \frac{ql^2}{8}$$

例 2-10　外伸梁的尺寸及所受载荷如图 2-25(a)所示。(A)试根据内力的微分关系画出剪力图与弯矩图;(B)用截面法分段写出弯矩方程。

解: A:(1) 求支座反力(详细式子略)。

$$\sum m_B = 0, \quad F_{Ay} = 3 \text{ kN}$$

$$\sum F_y = 0, \quad F_{By} = 2 \text{ kN}$$

(2) 分段作剪力图[见图 2-25(b)]。C 截面内侧的剪力为 $F_{SC}^+ = F = 2 \text{ kN}$,$CA$ 段上无分布力,剪力图为水平线。A 截面上剪力突变,即从其左侧到右侧,剪力由 $F_{SA}^- = 2 \text{ kN}$ 突变到 $F_{SA}^+ = F_{SA}^- - F_{Ay} = -1 \text{ kN}$,$AD$ 段上无分布力,剪力图也为水平线。DB 段载荷均匀分布,剪力图为斜直线,其斜率为 $-(-q) = 1 \text{ kN/m}$。D 点无集中力,所以此处剪力连续。由 $F_{SD}^+ = -1 \text{ kN}$ 及 $F_{SB}^- = F_{By} = 2 \text{ kN}$ 确定两点。直线连接这两点得到该段剪力图。

(3) 分段作弯矩图[见图 2-25(c)]。CA 段和 AD 段由于剪力为常数,M 图线性变化。C 端为自由端,弯矩为零。A 截面上弯矩 $M_A = -F \cdot 2 \text{ m} = -4 \text{ kN} \cdot \text{m}$。$D$ 左侧截面的弯矩 $M_D^- = -F \cdot 5 \text{ m} + F_{Ay} \cdot 3 \text{ m} = -1 \text{ kN} \cdot \text{m}$,用直线连接由此三个值确定的点,获得该两段的弯矩图。

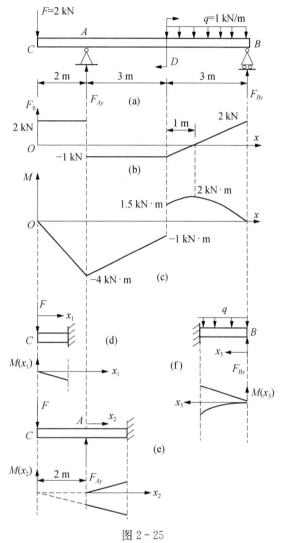

图 2-25

DB 段弯矩图为上凸的抛物线,D 截面上作用有集中力偶矩,弯矩将产生突变,其右侧截面上弯矩 $M_D^+ = M_D^- + M = 1.5 \text{ kN} \cdot \text{m}$。该段内对应于 $F_S = 0$ 处弯矩达到极大值,由剪力图可知该值产生在距离 B 点 2 m 处,其大小为 $M_1 = F_{By} \cdot 2 \text{ m} - q \cdot (2 \text{ m})^2/2 = 2 \text{ kN} \cdot \text{m}$。支座 B 处弯矩为零。曲线连接由此三个值确定的点,获得该段的弯矩图。

由所作内力图可知,最大弯矩产生在 A 截面上,其值为 $|M|_{\max} = 4 \text{ kN} \cdot \text{m}$。

B:有些问题的求解,根据支座和载荷的分布,需要分段建立局部坐标,写出弯矩的表达式。如图 2-25(d)所示,CA 段的弯矩,可以以 C 点为局部坐标 x_1 的原点,用截面法写出弯矩方程

$$M(x_1) = -Fx_1$$

如图 2-25(e)所示，AD 段的弯矩，可以以 A 点为局部坐标 x_2 的原点写出弯矩方程

$$M(x_2) = F_{Ay}x_2 - F(x_2 + 2)$$

如图 2-25(f)所示，BD 段的弯矩，可以以 B 点为局部坐标 x_3 的原点写出弯矩方程

$$M(x_3) = F_{By}x_3 - \frac{1}{2}qx_3^2$$

如图 2-25(d)～(f)所示，如果截面上弯矩由多个载荷引起，可以对应每一载荷画出弯矩曲线。

例 2-11 如图 2-26(a)所示组合梁，由悬臂梁 AD 与简支梁 DB 通过中间铰连接而成。铰 D 上有集中力 $F = 2$ kN 作用，梁 AD 的中点 C 有力偶矩 $M^* = 10$ kN·m 作用，梁 DB 上有均布力 $q = 1$ kN/m 作用。(A)试根据内力的微分关系作剪力图和弯矩图；(B)用截面法写出弯矩方程。

解：A：(1) 求支座反力。将 AD 梁，DB 梁和铰 D 分别作为分离体考虑它们的平衡。

① 梁 DB 与均布载荷作用的简支梁受力情况相同，在 D 端和 B 端分别受向上的 1 kN 力支承。

② D 铰受梁 DB 传来的力（1 kN）和 F 力（2 kN）向下的作用，所以梁 AD 在 D 端应向铰提供 3 kN 向上的力来平衡这两个力。

③ 梁 AD 的 D 端受铰 D 传来的向下的 3 kN 力的作用。其固支端 A 的剪力和弯矩通过平衡关系确定为

$$F_{SA} = -3 \text{ kN}, \quad M_A = 4 \text{ kN·m}$$

(2) 作剪力、弯矩图。如图 2-26(b)所示，梁 AD 上分布力为零，所以剪力为常数，其值 $F_{SA} = -3$ kN。D 点有集中力 $F = 2$ kN 作用，所以剪力图向上跳跃了 2 kN。梁 DB 有分布力 $q = -1$ kN/m，所以剪力图是斜率为 1 kN/m 的直线，B 端的剪力是 $F_{SB} = F_{By} = 1$ kN。

如图 2-26(c)所示，由于梁 AD 的剪力为常数（-3 kN），所以 AD 段的弯矩是斜率

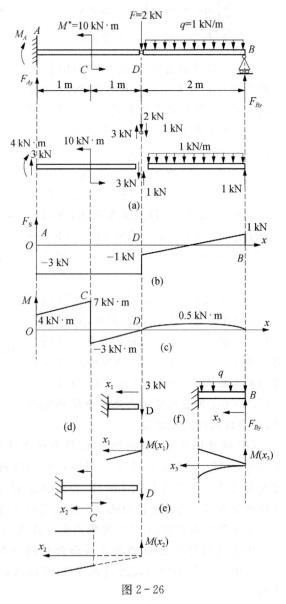

图 2-26

为 3 kN·m/m 的斜直线，但是在 C 点有集中力矩 $M^* = 10$ kN·m 的作用，所以弯矩图在 C 点向下跳跃 10 kN·m。在 D 点弯矩为零，这与铰连接的条件一致。DB 段弯矩图为向上突起的

抛物线，这一段弯矩的最大值为 $0.5\,\mathrm{kN \cdot m}$，位于 DB 段的中点。

从图中可以看出，全梁上最大弯矩产生在 C 的左侧截面上，大小为 $M_{\max} = 7\,\mathrm{kN \cdot m}$。

B：如图 $2-26(\mathrm{d})$ 所示，CD 段的弯矩，可以以 D 点为局部坐标 x_1 的原点写出弯矩方程

$$M(x_1) = -3 \cdot x_1 \;\mathrm{kN \cdot m}$$

如图 $2-26(\mathrm{e})$ 所示，AC 段的弯矩，可以以 C 点为局部坐标 x_2 的原点写出弯矩方程

$$M(x_2) = [10 - 3 \cdot (x_2 + 1)] \;\mathrm{kN \cdot m}$$

如图 $2-26(\mathrm{f})$ 所示，DB 段的弯矩，可以以 B 点为局部坐标 x_3 的原点写出弯矩方程

$$M(x_3) = F_{By} x_3 - \frac{1}{2} q x_3^2$$

对应于各载荷的弯矩曲线画在分离体图的下侧。

*2.6　奇异函数

由前面一节知，若梁上仅有 $q(x)$ 作用，可以通过对微分关系式 $(2-11)$ 和式 $(2-12)$ 积分求出其剪力和弯矩方程。但是，当梁上有集中载荷或力偶矩作用时，对全梁进行积分将会遇到困难，一般要以集中载荷作用处为分段点进行分段积分。为避免分段带来的繁琐，这里将引进一个数学工具，使这类问题同样可以简便地在全梁上求积分。

用符号 $\langle\rangle$ 定义如下的函数

$$\langle x-a \rangle^n = \begin{cases} 0 & -\infty < x < a \\ (x-a)^n & a < x < \infty \end{cases} \tag{2-16}$$

其中 $n = 0, 1, 2, \cdots$。尖括号表达式的值，在 $x < a$ 时为零；当 $x \geqslant a$ 时，其值为 $(x-a)^n$。规定幂次数 $n \geqslant 0$ 时，可将函数式 $(2-16)$ 视为通常函数来进行积分运算，即

$$\int_{-\infty}^{x} \langle x-a \rangle^n \mathrm{d}x = \frac{1}{n+1} \langle x-a \rangle^{n+1} \quad (n \geqslant 0) \tag{2-17}$$

定义 $n=0$ 时，$\langle x-a \rangle^0$ 为单位阶跃函数（Heaviside 函数）。即

$$\langle x-a \rangle^0 = \begin{cases} 0 & -\infty < x < a \\ 1 & a \leqslant x < \infty \end{cases} \tag{2-18}$$

定义 $n=-1$ 时 $\langle x-a \rangle_{-1}$ 为单位脉冲函数，物理上称为 Diracδ 函数。定义 $n=-2$ 时 $\langle x-a \rangle_{-2}$ 为单位偶极函数（unit doublet）。这三个函数之间的关系可以表示为

$$\int_{-\infty}^{x} \langle x-a \rangle_{-2} \mathrm{d}x = \langle x-a \rangle_{-1} \tag{2-19}$$

$$\int_{-\infty}^{x} \langle x-a \rangle_{-1} \mathrm{d}x = \langle x-a \rangle^0 \tag{2-20}$$

满足如上规定的这一族函数称为奇异函数（singularity function）。图 $2-27$ 中左边一列

所示为 $n=-2$ 至 $n=2$ 按幂次数上升的次序排列的奇异函数的图形。若视 $q(x)$ 为广义载荷,可将集中偶矩、集中力和均布力作为 $q(x)$ 的特殊形式,分别用单位偶极函数、单位脉冲函数和单位阶跃函数来表示。图 2-27 中右边一列是用奇异函数表示的广义载荷,图中载荷方向均假设为正的方向。

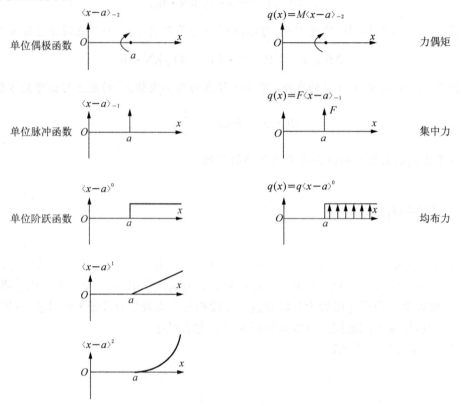

图 2-27

　　如此,将梁上的各类载荷用广义载荷写成统一的一个表达式,按上述积分规则便可在全梁上进行简单的积分运算,从而获得其内力方程。值得注意,在图中选定的坐标系下,a 表示载荷(集中力偶矩、集中力和均布力始、终点)作用位置坐标,从梁的一端起建立广义载荷的表达式,而梁另一端的载荷不计入其中。

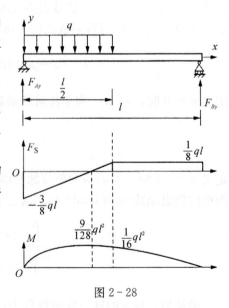

　　例 2-12　如图 2-28 所示的简支梁左半边受均布载荷 q 的作用。试用奇异函数表示梁上的载荷,并通过积分求剪力、弯矩方程。

　　解:(1) 很明显,支座反力为

$$F_{Ay} = \frac{3}{8}ql, \quad F_{By} = \frac{1}{8}ql$$

图 2-28

　　(2) 利用奇异函数将载荷用广义分布力表示为

$$q(x) = F_{Ay}\langle x\rangle_{-1} - q\langle x\rangle^0 + q\langle x - \frac{l}{2}\rangle^0$$

$$= \frac{3}{8}ql\langle x\rangle_{-1} - q\langle x\rangle^0 + q\langle x - \frac{l}{2}\rangle^0 \qquad (a)$$

注意上述表达式中,第一项表示集中力 F_{Ay} 作用在 $x=0$ 处;第二项表示均布力从 $x=0$ 处开始作用,q 向下为负;然而,从 $x=l/2$ 开始均布力中止,所以加上第三项 $q\langle x - \frac{l}{2}\rangle^0$,表示从 $x=l/2$ 开始有向上的均布力 q 作用,与第二项的作用相抵,使得实际上右半段梁上的分布力为零。将上式积分可以得到剪力的表达式

$$F_S(x) = -\int q(x)\mathrm{d}x = -\frac{3}{8}ql\langle x\rangle^0 + q\langle x\rangle^1 - q\langle x - \frac{l}{2}\rangle^1 \qquad (b)$$

注意这里不必加积分常数,因为 A 端的剪力已作为已知值代入,剪力的左端边界条件已满足。上式再积分可以得到弯矩的表达式

$$M(x) = -\int F_S(x)\mathrm{d}x = \frac{3}{8}ql\langle x\rangle^1 - \frac{q}{2}\langle x\rangle^2 + \frac{q}{2}\langle x - \frac{l}{2}\rangle^2 \qquad (c)$$

作为检验,将 $x=l$ 代入式(b)和(c),得

$$F_S(l) = -\frac{3}{8}ql + ql - \frac{ql}{2} = \frac{ql}{8} = F_{By}$$

$$M(l) = \frac{3}{8}ql^2 - \frac{ql^2}{2} + \frac{ql^2}{8} = 0$$

可见它们满足右端力的边界条件。按奇异函数的取值规定,上述结果也可写成常规函数形式

$$0 \leqslant x < \frac{l}{2}: \quad F_S(x) = -\frac{3}{8}ql + qx,\ M(x) = \frac{3}{8}qlx - \frac{q}{2}x^2$$

$$\frac{l}{2} \leqslant x \leqslant l: \quad F_S(x) = \frac{1}{8}ql,\ M(x) = \frac{1}{8}ql(l-x)$$

事实上,利用奇异函数的表达形式,剪力和弯矩方程式(b)和式(c)也可直接写出来。又如,例题 2-10(见图 2-25)的剪力、弯矩可以写成

$$F_S(x) = F\langle x-0\rangle^0 - F_{Ay}\langle x-2\rangle^0 + q\langle x-5\rangle^1$$

$$M(x) = -F\langle x-0\rangle^1 + F_{Ay}\langle x-2\rangle^1 + M\langle x-5\rangle^0 - \frac{q}{2}\langle x-5\rangle^2$$

2.7　刚架和曲杆的内力

在工程实际中,常常需要将一些直杆刚性地连接起来,形成刚架(frame)。杆件之间的刚性连接处称为刚节点(rigid joint)。当刚架受力而变形时,认为节点处杆件之间的夹角保持不变。这种节点与铰节点不同,它既可以传递力,又可以传递力矩(铰节点不能传递力矩)。当刚

架的所有杆件都在同一平面内,载荷也作用在此面内时称为平面刚架(plane frame)。

刚架杆横截面上可能存在轴力、扭矩、剪力和弯矩。对于轴力、扭矩和剪力,仍按前述方法规定其正负号(即轴力、扭矩矢量方向与截面外法线方向一致为正,反之为负;剪力使微段有逆时针转动的趋势时为正,反之为负)。由于刚架不只有水平杆,还会有竖杆和斜杆,因此弯矩的正负号需要在各杆件建立局部坐标系来确定,弯矩方程可以按局部坐标来写。另一习惯方法是,统一约定弯矩图画在杆件变形时凹面一侧(材料受压侧)。使用这一惯例时弯矩图不需标示出正、负。应该指出,由微分关系得到的内力变化规律在此仍适用。

对于曲杆,横截面上的内力情况如同刚架,因此,内力的正、负及内力图的绘制也采用上述规定和方法。

例 2 - 13　如图 2 - 29(a)所示平面刚架由竖杆 AB 和横杆 BC 在 B 点刚性连接而成。试分析刚架的内力,并作内力图。

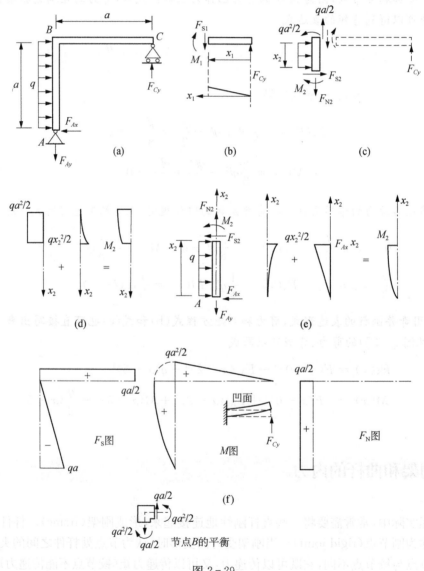

图 2 - 29

解：(1) 求支座反力。以整个刚架为分离体，取平衡获得反力。

$$\sum F_x = 0, \ F_{Ax} = qa$$

$$\sum m_A = 0, \ F_{Cy} = \frac{1}{2}qa$$

$$\sum F_y = 0, \ F_{Ay} = \frac{1}{2}qa$$

(2) 求内力。杆 BC 的内力可以从 C 端开始截取长度为 x_1 的分离体[见图 2-29(b)]，用截面法写出剪力和弯矩方程

$$F_{S1} = F_{Cy} = \frac{1}{2}qa, \ M_1 = F_{Cy}x_1 = \frac{1}{2}qax_1 \quad (0 \leqslant x_1 \leqslant a)$$

求杆 AB 的内力时，可以将 C 点的支座反力 F_{Cy} 等效为作用在 B 点的轴力 $F_{Cy} = qa/2$ 和弯矩 $F_{Cy} \cdot a = qa^2/2$，然后从 B 端开始截取长度为 x_2 的分离体[见图 2-29(c)]，AB 杆截面上的轴力、剪力和弯矩分别为

$$F_{N2} = F_{Cy} = \frac{1}{2}qa, \ F_{S2} = -qx_2, \ M_2 = F_{Cy}a - \frac{1}{2}qx_2^2 = \frac{1}{2}qa^2 - \frac{1}{2}qx_2^2 \quad (0 \leqslant x_2 \leqslant a)$$

杆 AB 的弯矩图，可以将 B 端力偶矩 $qa^2/2$ 和分布力 q 两项载荷在截面上产生的弯矩图叠加来得到[见图 2-29(d)]。杆 AB 也可以从 A 端开始截取长度为 x_2 的分离体，如图 2-29(e) 所示，按平衡条件分别求得截面上的轴力、剪力和弯矩

$$F_{N2} = F_{Ay} = \frac{1}{2}qa, \ F_{S2} = qx_2 - F_{Ax} = q(x_2 - a), \ M_2 = F_{Ax}x_2 - \frac{1}{2}qx_2^2 = qax_2 - \frac{1}{2}qx_2^2$$

杆 AB 的弯矩图，可以将 A 端支座反力 F_{Ax} 和分布力 q 产生的弯矩图叠加来得到[见图 2-29(e)]。

整个刚架的轴力、剪力和弯矩如图 2-29(f) 所示。轴力和剪力的正负号可以直接在图上标注，弯矩图通常画在杆件变形后的凹面一侧。例如 BC 杆，变形后上表面为凹面，所以将弯矩图画在杆轴线的上方。AB 杆的弯矩图由两项载荷的弯矩叠加得到。

例 2-14　如图 2-30(a)所示空间折杆 $ABCD$，AB，BC 和 CD 段长度为 a，b，c，分别平行于 y，x 和 z 轴。在 D 端有外力 F 作用，方向与 y 轴平行。试作内力分析。

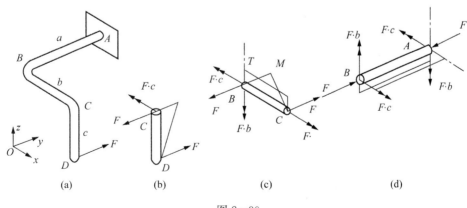

图 2-30

解：(1) 将 CD 段作为分离体，由图 $2-30$(b)可见，C 端的弯矩为 $F \cdot c$，CD 段弯矩线性分布，剪力 $F_S = F$ 为常数。为保持图面清晰，轴力和剪力没有画在图上，弯矩图画在杆件变形的凹面(将 C 端固定，CD 杆向 y 轴正向弯)。

(2) CD 段 C 端的弯矩传递到 BC 段成为作用于 BC 段的扭矩[见图 $2-30$(c)]，同时传递了力 F。所以 BC 段有扭矩 $T = F \cdot c$，线性分布的弯矩(最大值为 $F \cdot b$)，以及剪力 $F_S = F$。弯矩图画在 y 轴正向一侧。

(3) BC 段的 B 端传递给 AB 杆有轴力 $F_N = -F$，对 x 轴的弯矩 $F \cdot c$，对 z 轴的弯矩 $F \cdot b$。同理，将两方向弯矩图分别画在 AB 杆下侧和 x 轴正向一侧。

例 2-15 如图 $2-31$ 所示开口圆形曲杆的轴线的半径为 R，在切口处受一对 F 力作用。写出曲杆的内力方程。

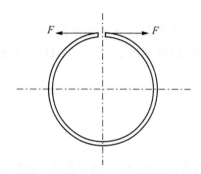 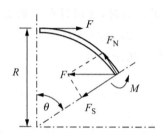

图 2-31

解：如图所示，从开口处起，截取一段夹角为 θ 的弧形曲杆为分离体。根据分离体的平衡，截面处存在合力 F 和力矩 $M = FR(1-\cos\theta)$，与外力平衡。合力 F 可以分解为轴向分量 F_N 和切向分量 F_S。容易写出轴力、剪力和弯矩的方程为

$$F_N = -F\cos\theta, \quad F_S = -F\sin\theta, \quad M = FR(1-\cos\theta)$$

例 2-16 如图 $2-32$ 所示为一端固定的水平放置的四分之一圆弧形细长曲杆，其半径为 R。曲杆的自由端受垂直方向的力 F 作用，写出曲杆的内力方程。

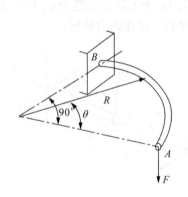 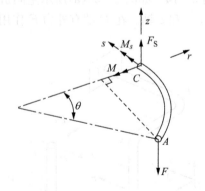

图 2-32

解：如图所示，自 A 点起在角度 θ 处截取一段曲杆为分离体。在截面中心建立坐标系，r 为径向坐标，s 为周向坐标，z 为垂直方向的坐标。由 z 方向力的平衡可知，截面上有沿 z 方向

的剪力为

$$F_S = F$$

外力 F 对 r 轴和对 s 轴的力矩，分别由截面上的弯矩 M 和扭矩 M_s 来平衡，利用平衡条件分别求得

$$M = FR\sin\theta$$
$$M_s = FR(1 - \cos\theta)$$

结束语

利用截面法取得分离体，根据平衡条件来求杆件截面上的内力是获得内力方程和内力图的基础，也是本章的核心内容。由载荷集度和内力之间微分关系得到的杆件内力的变化规律，可以方便、快捷地绘制出内力图。求内力方程和作内力图的主要目的在于确定出危险截面的位置，以及相应的最大内力值。应该注意，因为本章研究的都是静定力系的问题，在所有问题的求解过程中，只涉及平衡方程的应用，始终没有提及受载物体由什么材料制成。对某一受力构件，不管其材料是钢材、木材或者是钢筋混凝土，分析结果都是一样的。由于只需求解截面上的合力，所以与截面的形状也无关。

思考题

2 - 1 剪力、弯矩与分布载荷集度三者之间的微分关系是如何建立起来的？

2 - 2 在横向集中力与集中力偶作用处，梁的剪力图与弯矩图有什么变化？

2 - 3 确定梁上弯矩取极值的截面位置的方法有哪些？ 在梁上弯矩由正(负)向负(正)过渡的点被称为反弯点，试问如何确定反弯点的位置？

2 - 4 如果在梁的简支端、中间铰、自由端或中间支座等地方，有或者没有集中力偶作用时，能否直接判断其截面上的弯矩？

2 - 5 梁上载荷突变处是否存在内力与载荷之间的微分关系？

2 - 6 若梁结构对称，载荷也对称，则剪力、弯矩图各有什么特点？ 若梁结构对称，载荷反对称，则剪力、弯矩图又各有什么特点？ 两种情况下，是否梁对称面上的剪力、弯矩值一定等于零？

2 - 7 带有中间铰的梁或平面刚架，中间铰处的内力有何特点？

2 - 8 平面刚架节点两侧的内力有什么联系？ 节点上如果有集中力或集中力偶作用时又如何？

习题

2-1 如图 2-33 所示的刚架，在 AB 段受三角形分布的载荷作用，在 B 点载荷集度 $q_0 = 1\ \text{kN/m}$，长度 $a = 1\ \text{m}$。求支座反力。

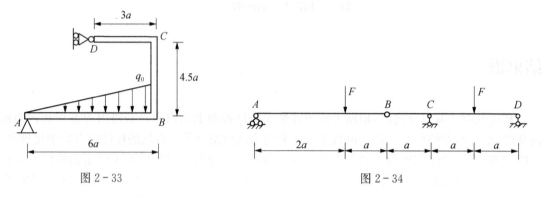

图 2-33   图 2-34

2-2 铰接梁的尺寸及载荷如图 2-34 所示，B 为中间铰。求支座反力和中间铰两侧面上的内力。

2-3 如图 2-35 所示悬臂梁 AB，试求(1)支座反力；(2)1-1，2-2，3-3 截面上的内力。

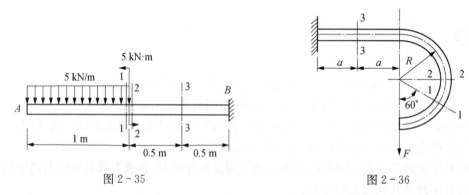

图 2-35   图 2-36

2-4 如图 2-36 所示为一端固支的半圆弧杆，自由端受 F 力作用。求截面 1-1，2-2，3-3 上的内力。

2-5 塔式桁架的受力与支承如图 2-37 所示。若已知载荷 F 和尺寸 a，h。试求 1，2，3 杆的内力。

2-6 构架 ABC 由 AB，AC 和 DG 三杆组成，受力及尺寸如图 2-38 所示。DG 杆上的销子 E 可在 AC 杆的槽内滑动(不计摩擦)。求 AB 杆上 A，D 和 B 点所受的力。

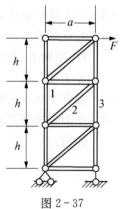

图 2-37

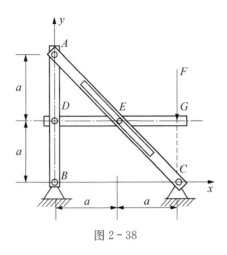

图 2 - 38

2 - 7　如图 2 - 39 所示杆系结构在 C，D，E，G，H 处均为铰接。C，D 铰分别设置在 AH 杆和 BH 杆的下侧。已知 $F = 100$ kN，求杆 1～5 所受的轴向力。

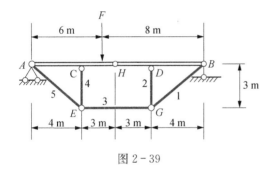

图 2 - 39

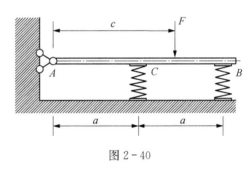

图 2 - 40

2 - 8　如图 2 - 40 所示刚性梁 AB，A 端铰接，在 B 点和 C 点用两个弹簧常数均为 k 的弹簧支承。试问力 F 应作用在什么位置才能使系统的弹簧常数(定义为 F 除以 F 作用点的挠度)为 $\dfrac{20}{9}k$？

2 - 9　如图 2 - 41 所示刚性梁 ABC 在点 A 处用一弹性铰支承，铰的弹簧常数为 k_3。在点 B 处用两个串联的弹簧支承，其弹簧常数分别为 k_1 和 k_2。一个力 F 可以施加到梁上距点 A 为一可变的距离 x 处。假定梁是没有重量的。试确定：(1)用力 F，弹簧常数 k_1，k_2 和 k_3 以及变量 x 表示的支承 B 处作用在梁上的力。(2)用 F，k_1，k_2，k_3 和变量 x 表示的梁在 A 点的角位移 θ_A。

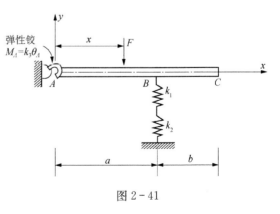

图 2 - 41

2-10 一等直杆及其受力情况如图 2-42 所示。试作此杆的内力图。

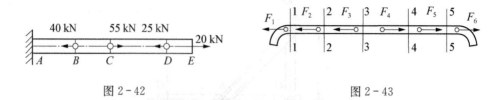

图 2-42

图 2-43

2-11 两组人员拔河比赛,某瞬时作用于绳子上的力如图 2-43 所示。已知 $F_1 = 0.4$ kN, $F_2 = 0.3$ kN, $F_3 = 0.35$ kN, $F_4 = 0.35$ kN, $F_5 = 0.25$ kN, $F_6 = 0.45$ kN。试求横截面 1-1,2-2,3-3,4-4,5-5 上的内力。

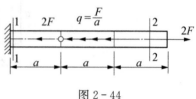

图 2-44

2-12 试求如图 2-44 所示等直杆横截面 1-1,2-2 上的内力,并作内力图。已知 $F = 100$ kN, $a = 1$ m。

2-13 电车架空线立柱结构如图 2-45 所示,假设杆 AB 与杆 BC 在 B 处为固定连接。(1)若在 A 处作用有沿 z 方向的力 F,试问 AB 和 BC 两杆各产生什么基本变形形式,并求截面 1-1 和截面 2-2 上的内力。(2)若在 A 处作用有沿 y 方向(垂直于 AB)的力 F,试问 AB 和 BC 两杆各产生什么基本变形形式,并求截面 1-1 和截面 2-2 上的内力。

2-14 如图 2-46 所示一环形夹具,由两个半薄壁圆筒组成,内部受均布载荷 p 作用,若圆筒直径为 D,沿轴线方向圆筒的长度为 b,试求左右螺栓所受的内力。

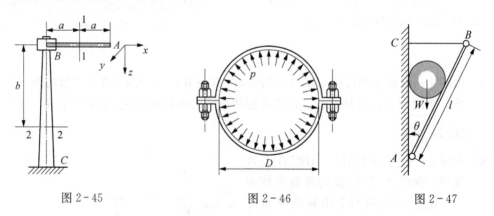

图 2-45

图 2-46

图 2-47

2-15 如图 2-47 所示外径为 d 的圆管,放在垂直壁 AC 与杆 AB 之间,杆在 A 端铰支,B 端用水平绳索 BC 拉住。已知 $l = 4d$,$\theta = 30°$,圆管重 $W = 300$ N,绳索的极限拉力为 $F_0 = 305$ N,不计杆重和圆管与杆、壁间的摩擦,试问绳索会否被拉断?

2-16 空气泵操纵杆如图 2-48 所示。所受力 $F_1 = 8.5$ kN,试求截面 1-1 上的内力。

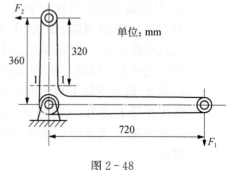

图 2-48

2-17 试求如图 2-49 所示各梁在指定横截面 1，2，3 上的内力，并用分离体的平衡关系分段写出内力方程。

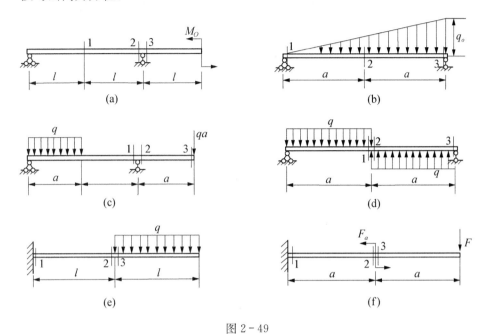

图 2-49

2-18 试写出如图 2-50 所示各梁的内力方程，并作出内力图。

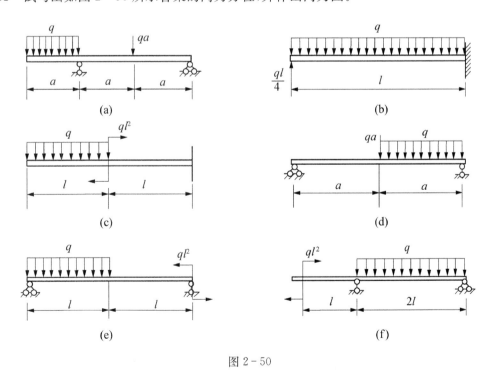

图 2-50

2-19 利用剪力、弯矩与荷载集度之间的微分关系作出如图 2-51 所示各梁的内力图，并写出内力方程。

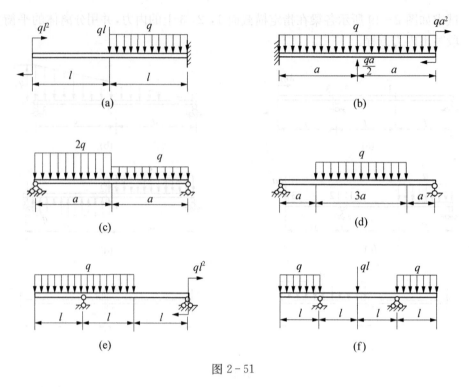

图 2-51

2-20 试用奇异函数写出题 2-19 的内力方程。

2-21 如图 2-52(a)所示简支梁,承受三角形分布载荷,载荷集度的最大绝对值为 q_0。试利用奇异函数法求出弯矩 $M(x)$ 的方程。

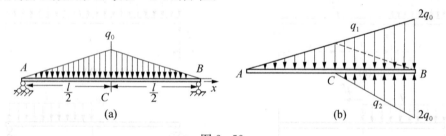

图 2-52

提示:如图 2-52(b)所示,三角形分布载荷可用线性分布载荷 q_1 与 q_2 表示,其载荷集度的变化率分别为

$$\kappa_1 = \frac{-2q_0 - 0}{l} = -\frac{2q_0}{l}, \quad \kappa_2 = \frac{2q_0 - 0}{\frac{l}{2}} = \frac{4q_0}{l}$$

由此得到截面 x 处的载荷集度分别为

$$q_1(x) = \kappa_1 x, \quad q_2(x) = \kappa_2 \left(x - \frac{l}{2}\right)$$

2-22 试作如图 2-53 所示具有中间铰的梁的内力图。

2-23 如图 2-54 所示一个体重为 W 的人,走在两端简单搁置在河两岸的木板桥上,问当此人走到桥上何处时最可能有断桥的危险?

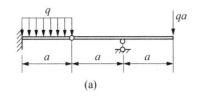

(a)

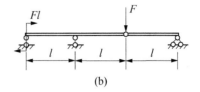

(b)

图 2-53

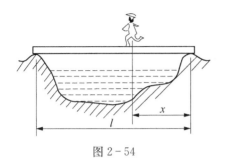

图 2-54

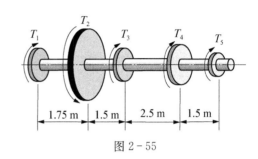

图 2-55

2-24 如图 2-55 所示传动轴,转速为 $n = 200$ r/min,轴上主动轮 2 的输入功率为 $P_2 = 60$ kW,从动轮 1,3,4,5 的输出功率分别为 $P_1 = 18$ kW,$P_3 = 12$ kW,$P_4 = 22$ kW,$P_5 = 8$ kW。扭矩 T,功率 P 和每分钟转数 n 之间有关系:$\{T\}_{\text{kN·m}} = 9.549 \dfrac{\{P\}_{\text{kW}}}{\{n\}_{\text{r/min}}}$。

(1)试作该轴的扭矩图。(2)如将轮 2 与轮 3 位置对换,试分析对轴的受力是否有利。

2-25 如图 2-56 所示一钻探机的功率 $P = 10$ PS(PS 为 PS,1 PS $= 0.736$ kW),转速为 $n = 180$ r/min,钻杆入土深度 $l = 40$ m,假设土壤对钻杆的阻力矩 $\overline{m}$ 沿杆长度均匀分布,试作该钻杆的内力图。$\{T\}_{\text{kN·m}} = 9.549 \dfrac{\{P\}_{\text{kW}}}{\{n\}_{\text{r/min}}}$。

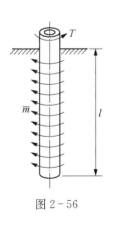

图 2-56

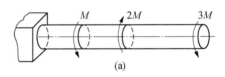

(a)

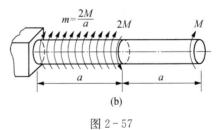

(b)

图 2-57

2-26 试绘制如图 2-57 所示各杆的内力图。

2-27 如图 2-58 所示吊车梁,梁上小车的每个轮子对梁的作用力均为 F,问:(1)小车移动到何处时,梁内的弯矩最大? 该最大弯矩等于多少? (2)小车移动到何处时,梁内的剪力最大? 该最大剪力等于多少?

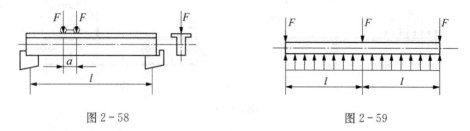

图 2-58   图 2-59

2-28 木梁浮在水面上,承受载荷如图 2-59 所示,已知 $F = 20\,\mathrm{kN}$, $l = 12\,\mathrm{m}$。试求梁内的最大剪力和最大弯矩值。

2-29 如图 2-60 所示吊装一根等截面混凝土梁,如梁的重量沿长度方向均匀分布,集度为 q,试问起吊时起吊位置 x 应为多少最为合理?

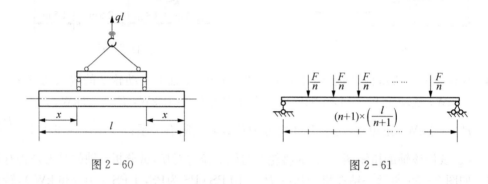

图 2-60   图 2-61

2-30 如图 2-61 所示梁上作用有 n 个间距相等的集中力,每个力的大小为 $F_i = F/n$,即总载荷大小为 F。试写出梁中最大弯矩的一般表达式。并与该梁承受均布载荷 $q = F/l$ 时的最大弯矩比较。

2-31 作如图 2-62 所示斜梁的内力图。

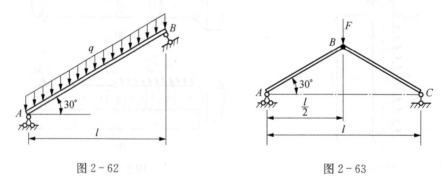

图 2-62   图 2-63

2-32 作如图 2-63 所示折杆 ABC 的内力图。

2-33 如图 2-64 所示梁上作用有集度为 $m = m(x)$ 的分布力偶矩,试建立 m、剪力 F_s、弯矩 M_z 之间的微分关系。

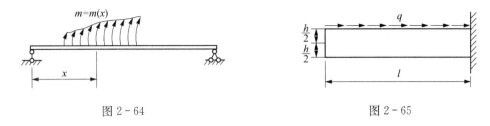

图 2-64

图 2-65

2-34 如图 2-65 所示悬臂梁上表面承受均匀分布力 q 作用,试作该梁的内力图。

2-35 作如图 2-66 所示各刚架的内力图,并分段写出内力方程。

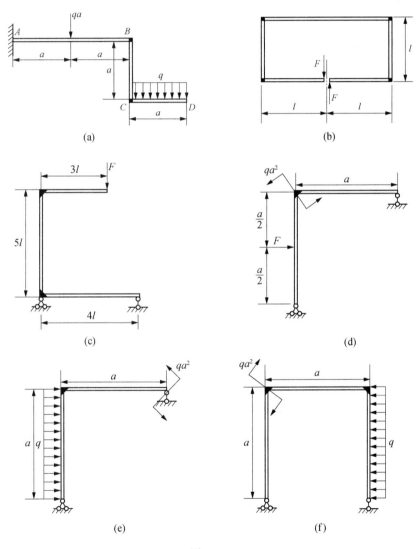

图 2-66

2-36 试作如图 2-67 所示圆弧形曲杆的内力图。

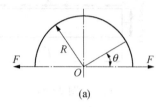

图 2-67

2-37 如图 2-68 所示独轮车过跳板,车重为 W。若跳板的 B 端由固定铰支座支撑,试从弯矩方面考虑活动铰支座 A 在什么位置时,跳板的受力最合理。

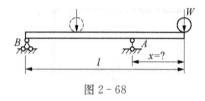

图 2-68

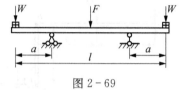

图 2-69

2-38 如图 2-69 所示工人在木板中点工作,为了使木板中的弯矩最小,把砖块堆放在板的两端,试问:这种做法是否正确? 若两端堆放同等重量的砖块,试问砖堆重量 W 为多少时,板中的最大弯矩为最小?

2-39 三角形桁架受力如图 2-70 所示。试求杆 AD,BE 和 CH 的内力。三角形 ABC 和 DEH 均为正三角形,边长分别为 a 和 b。

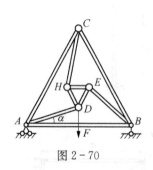

图 2-70

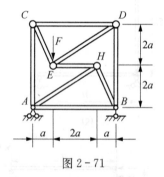

图 2-71

2-40 试求如图 2-71 所示桁架中杆 AC 和杆 EH 的内力。

2-41 一根沿 x 轴的细长直杆,仅承受沿杆的长度而平行于 yz 平面的集中载荷。试证明 M_y 和 M_z 的弯矩图必定由若干在载荷作用点处相连的直线段组成,而且这两个弯矩分量的最大值总是发生在载荷作用点处。如果将杆件某一段的弯矩表示为 $M_y = Ax + B$, $M_z = Cx + D$,那么对于合弯矩 $M = \sqrt{M_y^2 + M_z^2}$,必定有 $d^2 M/dx^2 \geqslant 0$,因此,合弯矩曲线是凹曲线或者直线。

2-42 试计算如图 2-72 所示两种半径为 R 的密圈螺旋弹簧的剪力、弯矩和扭矩。

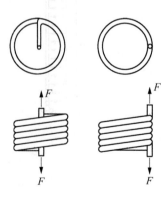

图 2-72

2 – 43 如图 2 – 73 所示，轴 AD 支承在轴承 A，D 内，在 B，C 处装有皮带轮，轮 B 的直径为 16 cm，轮 C 的直径为24 cm。该轴在转速为 1 750 r/min 时的功率为 25 kW，调节皮带的拉力使得 $T_1/T_2 = T_3/T_4 = 3$，试画出轴 AD 的剪力、弯矩和扭矩图，标出危险截面的内力值。

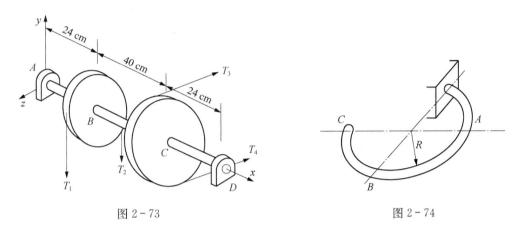

图 2 – 73　　　　　　　　　　　　　图 2 – 74

2 – 44 如图 2 – 74 所示一根金属杆，一端固定，弯成半径为 R 的 270° 圆弧形，圆弧置于水平面内。试求当重物 W 挂在 A，B，C 处时，杆内最大弯矩和扭矩的大小和位置。

第3章
应力和应变

前面一章我们利用分离体的平衡条件,给出了求解静定杆件系的内力的方法。杆件截面上的内力是截面上分布力的合力。一般情况下,截面上力的分布是不均匀的。也就是说,不仅内力是轴向坐标 x 的函数,同一截面上的分布力也是沿截面切向坐标的函数。为了分析结构的强度和破坏,仅知道"危险截面"的位置还是不够的,需进一步确定截面上应力处于临界状态的"危险点"。为了研究材料内部各点的受力状态和变形状态,必须研究各点处的应力和应变。这一章的任务是推导应力分量随坐标变换时的变换公式;推导应变与位移的几何关系以及应变分量随坐标变换时的变换公式。以便深入地理解应力和应变的概念。

3.1 应力

如图 3-1(a)所示,考虑一个处于平衡状态的物体。通过 O 点作平行于 y-z 坐标平面的截面,取左半边物体作为分离体。这个截面的外法线方向平行于 x 轴,称为正 x 面。假设 O 点的应力为 $\boldsymbol{p}$,将它以矢量形式表示为

$$\boldsymbol{p} = p_x \boldsymbol{i} + p_y \boldsymbol{j} + p_z \boldsymbol{k} \tag{3-1}$$

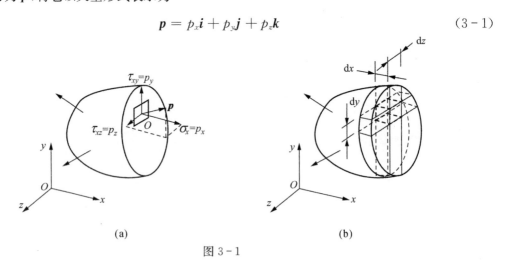

图 3-1

现在改用下列符号表示其分量:

$$\sigma_{xx} = p_x, \ \tau_{xy} = p_y, \ \tau_{xz} = p_z \tag{3-2}$$

每一个应力分量有两个下标,其中第一个下标用来指明应力作用的面,第二个下标指明应力分量所指的方向。应力分量 σ_{xx} 为正应力。第一个下标 x 表示作用面为 x 面,第二个下标 x 表示

方向与 x 轴一致。符号 σ_{xx} 也可简记为 σ_x。与作用面相切的另外两个应力分量为切应力。第一个下标 x 表示作用面为 x 面,第二个下标表示应力分量的方向,方向沿 y 轴向的切应力记为 τ_{xy},方向沿 z 轴向的切应力记为 τ_{xz}。

应力分量符号规定是:在正的坐标面上,正的应力分量指向坐标轴的正方向,在负的坐标面上,正的应力分量指向坐标轴的负方向。

用同样的方法,围绕 O 点可以用六个截面截取一个微小的正六面体[见图 3-1(b)]。这个六面体称为微单元。微单元事实上也是一个分离体。如图 3-2 所示为微单元的放大图。在六面体的每一个侧面都有三个应力分量:一个正应力分量,两个切应力分量。假设 O 点处于微单元的中心。如果这个微单元足够小,那么单元内应力可以认为是均匀的;同时可以认为,图 3-2 中 $ABCD$ 面的三个应力分量就是通过 O 点的正 x 面上的应力分量,$EFGH$ 面上的三个应力分量就是通过 O 点的负 x 面上的应力分量。其他坐标面的情况依此类推。

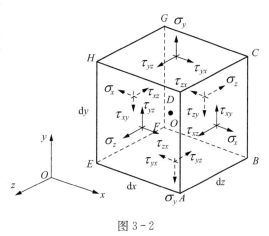

图 3-2

如图 3-2 所示的微单元上标的都是应力分量的正方向。以 $ABCD$ 面上的切应力 τ_{xy} 为例,它是作用在正 x 面上的应力,取向与 y 轴正方向一致,所以是正的切应力。$EFGH$ 面上的切应力 τ_{xy},是作用在负 x 面上的应力,取向与 y 轴相反,所以也是正的切应力。可以将它们看作是通过 O 点的正 x 面和负 x 面上的一对力,大小相等,方向相反,是作用力和反作用力。类似地,在正 y 面和负 y 面上的应力的三个分量为 σ_y, τ_{yx}, τ_{yz}。在正 z 面和负 z 面上应力的三个分量为 σ_z, τ_{zx}, τ_{zy}。

每个面上都有一个正应力和两个切应力。那么,O 点的应力状态取决于九个应力分量,可以用矩阵形式表示为

$$\begin{bmatrix} \sigma_x & \tau_{xy} & \tau_{xz} \\ \tau_{yx} & \sigma_y & \tau_{yz} \\ \tau_{zx} & \tau_{zy} & \sigma_z \end{bmatrix} \qquad (3-3)$$

矩阵的三行分别表示作用在 x 面,y 面和 z 面上的三个应力分量。然而这九个分量不全独立,例如,考虑对线段 EF 的力矩平衡:

$$\sum m_{EF} = 0$$
$$(\tau_{xy}\,\mathrm{d}y\mathrm{d}z)\mathrm{d}x = (\tau_{yx}\,\mathrm{d}x\mathrm{d}z)\mathrm{d}y$$

可以得到

$$\tau_{yx} = \tau_{xy} \qquad (3-4a)$$

同理可以证明

$$\tau_{zx} = \tau_{xz} \qquad (3-4b)$$

$$\tau_{zy} = \tau_{yz} \qquad\qquad (3-4c)$$

上述三个式子表达了切应力互等定理。所以式(3-3)的矩阵中只有六个独立的应力分量:σ_x,σ_y,σ_z,τ_{xy},τ_{yz},τ_{zx}。

3.2 平面应力

在许多场合下,受力物体的应力状况比图 3-2 所表示的要简单。一个典型的例子是如图 3-3 所示薄板,所有的力都作用在板的中面内。如果将板的中面作为 xy 平面,由于薄板的厚度很小,可以认为各应力分量沿厚度 z 方向是常数,也就是应力沿 z 方向均匀分布。由于薄板的表面没有切向面力作用,根据切应力互等定理可知 $\tau_{xz} = \tau_{zx} = \tau_{yz} = \tau_{zy} = 0$。薄板的表面也没有法向面力作用,所以正应力 $\sigma_z = 0$。如图 3-4(a)所示为这种状态下的微单元,只有应力分量 σ_x,σ_y,τ_{xy} 和 τ_{yx} 存在,其他应力分量为零。四个应力分量可以写成如下的矩阵形式:

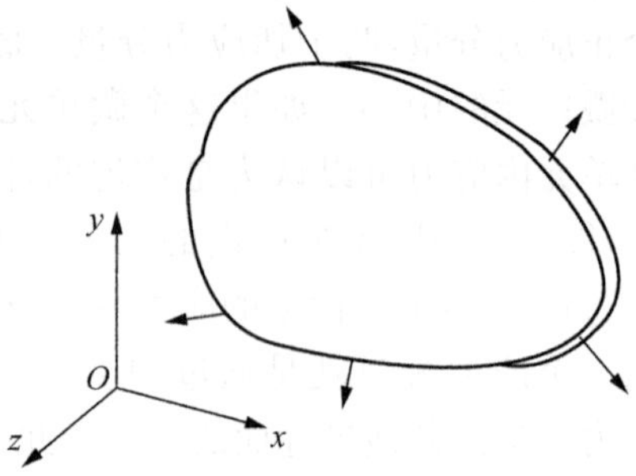

$$\begin{bmatrix} \sigma_x & \tau_{xy} \\ \tau_{yx} & \sigma_y \end{bmatrix} \qquad (3-5)$$

图 3-3

这种受力状态称为平面应力状态(state of plane stress)。根据切应力互等定理,$\tau_{yx} = \tau_{xy}$,所有实际上只有三个独立的应力分量。它们是 x,y 坐标的函数,与 z 坐标无关。平面应力可以用两维的投影图表示[见图 3-4(b)]。

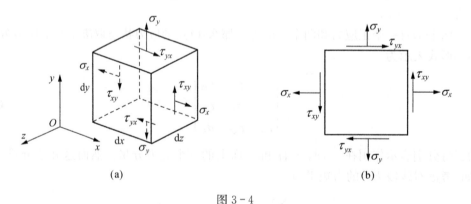

(a)   (b)

图 3-4

3.3 平面应力在任意斜截面上的应力分量

对于平面应力,如果坐标面上的应力分量 σ_x,σ_y 和 τ_{xy} 已知,如何求得任意斜截面上的应力?平面应力状态下的微单元体如图 3-5 所示,它沿 x 和 y 轴的边长分别为 $\mathrm{d}x$ 和 $\mathrm{d}y$,z 方

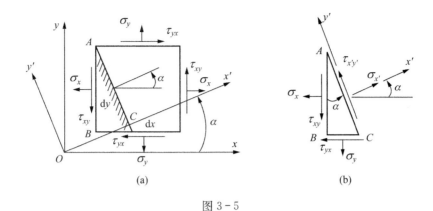

图 3 - 5

向的厚度为 1。设 AC 为外法线方向与 x 轴成 α 夹角的截面,逆时针方向的转角为正。建立一个新的坐标系 $Ox'y'$,使 x' 轴与斜截面的外法向一致,即 Ox' 轴与 Ox 轴的夹角为 α。截取三角形棱柱体单元 ABC 为分离体。利用 x' 和 y' 方向的力的平衡条件,可以建立关系:

$$\sum F_{x'} = \sigma_{x'} \, \overline{AC} \cdot 1 - (\sigma_x \overline{AB} \cdot 1)\cos\alpha - (\tau_{xy} \overline{AB} \cdot 1)\sin\alpha$$
$$- (\sigma_y \overline{BC} \cdot 1)\sin\alpha - (\tau_{xy} \overline{BC} \cdot 1)\cos\alpha = 0$$
$$\sum F_{y'} = \tau_{x'y'} \, \overline{AC} \cdot 1 + (\sigma_x \overline{AB} \cdot 1)\sin\alpha - (\tau_{xy} \overline{AB} \cdot 1)\cos\alpha$$
$$- (\sigma_y \overline{BC} \cdot 1)\cos\alpha + (\tau_{xy} \overline{BC} \cdot 1)\sin\alpha = 0$$

上面两个式子可以简化为

$$\sigma_{x'} = \sigma_x \cos^2\alpha + \sigma_y \sin^2\alpha + 2\tau_{xy}\sin\alpha\cos\alpha \tag{3-6a}$$

$$\tau_{x'y'} = (\sigma_y - \sigma_x)\sin\alpha\cos\alpha + \tau_{xy}(\cos^2\alpha - \sin^2\alpha) \tag{3-6b}$$

如果用 $\alpha + 90°$ 代替上式中的 α,那么可以得到 y' 面上的正应力

$$\sigma_{y'} = \sigma_x \sin^2\alpha + \sigma_y \cos^2\alpha - 2\tau_{xy}\sin\alpha\cos\alpha \tag{3-6c}$$

上述三个式子可以用矩阵形式写成

$$\begin{Bmatrix} \sigma_{x'} \\ \sigma_{y'} \\ \tau_{x'y'} \end{Bmatrix} = [T] \begin{Bmatrix} \sigma_x \\ \sigma_y \\ \tau_{xy} \end{Bmatrix} \tag{3-7}$$

其中变换矩阵

$$[T] = \begin{bmatrix} l^2 & m^2 & 2ml \\ m^2 & l^2 & -2ml \\ -ml & ml & l^2 - m^2 \end{bmatrix} \tag{3-8}$$

式中

$$l = \cos\alpha, \ m = \cos(90° - \alpha) = \sin\alpha$$

式(3-6)也可以表示为

$$\sigma_{x'} = \sigma_{\alpha} = \frac{\sigma_x + \sigma_y}{2} + \frac{\sigma_x - \sigma_y}{2}\cos 2\alpha + \tau_{xy}\sin 2\alpha \qquad (3-9a)$$

$$\tau_{x'y'} = \tau_{\alpha} = -\frac{\sigma_x - \sigma_y}{2}\sin 2\alpha + \tau_{xy}\cos 2\alpha \qquad (3-9b)$$

$$\sigma_{y'} = \sigma_{\alpha+90°} = \frac{\sigma_x + \sigma_y}{2} - \frac{\sigma_x - \sigma_y}{2}\cos 2\alpha - \tau_{xy}\sin 2\alpha \qquad (3-9c)$$

上式建立了任意斜截面上应力分量 $\sigma_{x'}$，$\sigma_{y'}$，$\tau_{x'y'}$（见图 3-6）与原坐标面上应力分量 σ_x，σ_y，τ_{xy} 之间的关系。在平面应力状态下，如果两个互相垂直的面上的应力分量已知，那么任意方向的截面上的应力分量都可以求出。上式所表示的应力分量随坐标变换而变化的规律表明，应力是张量（tensor）。矢量也可以用它的分量随坐标变换而变化的规律来定义。事实上，矢量是一阶张量，应力是二阶张量。附录 A 给出了张量的简单介绍，可以作为补充知识选读。从式(3-9)还可得到如下关系：

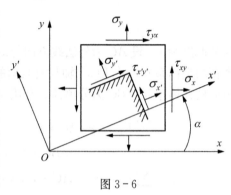

图 3-6

$$\sigma_{x'} + \sigma_{y'} = \sigma_x + \sigma_y = C \qquad (3-10)$$

式中 C 为常数。

上式表明，单元体互相垂直的两个表面上正应力之和是一常量 C。

用 $\alpha \pm 90°$ 代替式(3-9b)中的 α，可以发现，在与 x' 面相垂直的截面上的切应力 $\tau_{\alpha\pm90°} = -\tau_{\alpha}$，就是说，相互垂直的截面上的切应力符号相反。这是否与切应力互等定律相矛盾？事实上，τ_{α} 是以 α 轴为横轴的坐标系里的切应力，$\tau_{\alpha\pm90°}$ 是以 $\alpha \pm 90°$ 轴为横轴的坐标系里的切应力，它们不属于同一坐标系。所以这两个量符号相反与切应力互等定律不矛盾。

3.4　主应力和主平面

随着截面角度 α 的变化，正应力 $\sigma_{x'}$ 是变化的。为了求出 $\sigma_{x'}$ 的极值，可以将它对 α 求导，并令此导数为零：

$$\frac{\mathrm{d}\sigma_{x'}}{\mathrm{d}\alpha} = -(\sigma_x - \sigma_y)\sin 2\alpha + 2\tau_{xy}\cos 2\alpha = 0$$

于是得到

$$-\frac{\sigma_x - \sigma_y}{2}\sin 2\alpha + \tau_{xy}\cos 2\alpha = 0$$

将上式与式(3-9b)中 $\tau_{x'y'}$ 的表达式相比较,可以发现上式左边正好等于 $\tau_{x'y'}$。所以可以推断,使正应力取极值的截面上切应力为零。切应力为零的截面定义为主平面(principal plane)。主平面外法向对应的轴称为应力主轴(principal axis for stress)。将平面应力状态的最大正应力和最小正应力记为 σ^{I} 和 σ^{II}。它们所对应的截面就是主平面。主平面上的正应力称为主应力(principal stress)。上式还可用以确定主平面法向与 x 轴向所成的角度 α_0:

$$\tan 2\alpha_0 = \frac{2\tau_{xy}}{\sigma_x - \sigma_y} \tag{3-11}$$

或者

$$\alpha_0 = \frac{1}{2}\arctan\frac{2\tau_{xy}}{\sigma_x - \sigma_y}$$

这就是说,当 $\alpha = \alpha_0$ 或 $\alpha_0 \pm 90°$ 时,斜截面上正应力达到极值,并且切应力为零。该截面即为主平面。主平面是两个互相垂直的平面。将 $2\alpha_0$ 代入式(3-9),可求得主应力的值为

$$\sigma^{\mathrm{I} \cdot \mathrm{II}} = \frac{\sigma_x + \sigma_y}{2} \pm \sqrt{\left(\frac{\sigma_x - \sigma_y}{2}\right)^2 + \tau_{xy}^2} \tag{3-12}$$

为了求切应力的极值,将切应力 $\tau_{x'y'}$ 对 α 求导,并且令导数为零:

$$\frac{\mathrm{d}\tau_{x'y'}}{\mathrm{d}\alpha} = -(\sigma_x - \sigma_y)\cos 2\alpha - 2\tau_{xy}\sin 2\alpha = 0$$

可以得到

$$\tan 2\alpha_S = -\frac{\sigma_x - \sigma_y}{2\tau_{xy}} \tag{3-13}$$

因为 α_S 和 $\alpha_S + 90°$ 都能满足上式,因此切应力取极值的两个截面互相垂直。将上式求得的角度代入切应力的表达式,得到切应力的极值为

$$\tau^{\mathrm{I} \cdot \mathrm{II}} = \pm\sqrt{\left(\frac{\sigma_x - \sigma_y}{2}\right)^2 + \tau_{xy}^2} \tag{3-14}$$

将 $2\alpha_S$ 代入式(3-9a,c)可知,最大切应力所在截面上的正应力

$$\sigma_{x'} = \sigma_{y'} = \frac{\sigma_x + \sigma_y}{2} \tag{3-15}$$

将式(3-11)与式(3-13)比较可见,$2\alpha_S$ 与 $2\alpha_0$ 的正切值互成负倒数,所以

$$2\alpha_S = 2\alpha_0 \pm 90°, \text{或} \alpha_S = \alpha_0 \pm 45°$$

上式表明最大切应力所在截面与主平面成 $45°$ 夹角。

平面应力状态的单元体,z 面上的正应力为零,切应力也为零。所以 z 面也是主平面,而且面上的主应力为零。从三向应力状态来考虑,应该有三个主应力。我们规定三个主应力以代数值的大小排列,依次记为 σ_1,σ_2,σ_3。如果式(3-12)求出的 σ^{I},σ^{II} 均为正,那么三个主应力为 $\sigma_1 = \sigma^{\mathrm{I}}$,$\sigma_2 = \sigma^{\mathrm{II}}$,$\sigma_3 = 0$;如果 $\sigma^{\mathrm{I}} > 0$,$\sigma^{\mathrm{II}} < 0$,那么三个主应力为 $\sigma_1 = \sigma^{\mathrm{I}}$,$\sigma_2 = 0$,$\sigma_3 = \sigma^{\mathrm{II}}$;如果 σ^{I},σ^{II} 均为负,那么三个主应力为 $\sigma_1 = 0$,$\sigma_2 = \sigma^{\mathrm{I}}$,$\sigma_3 = \sigma^{\mathrm{II}}$。

例 3-1 已知平面应力单元体的 $\sigma_x = 10\,\mathrm{MPa}$，$\sigma_y = -2\,\mathrm{MPa}$，$\tau_{xy} = -3\,\mathrm{MPa}$〔见图 3-7(a)〕，求相对于 $x\text{-}y$ 坐标面顺时针方向旋转 25° 的 $x'\text{-}y'$ 坐标面上的应力。计算主应力，并求主应力作用面的方向、最大切应力以及所在截面的方向。

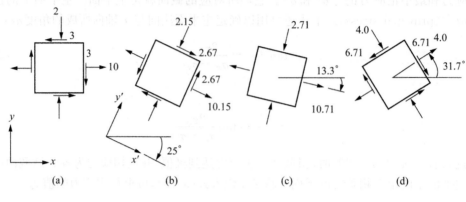

图 3-7

解：(1) 求 $-25°$ 斜截面上的应力。

根据式(3-9)，有

$$\sigma_{x'} = \frac{10-2}{2} + \frac{10+2}{2}\cos(-50°) + (-3)\sin(-50°) = 10.15\,\mathrm{MPa}$$

$$\tau_{x'y'} = -\frac{10+2}{2}\sin(-50°) + (-3)\cos(-50°) = 2.67\,\mathrm{MPa}$$

$$\sigma_{y'} = \frac{10-2}{2} - \frac{10+2}{2}\cos(-50°) - (-3)\sin(-50°) = -2.15\,\mathrm{MPa}$$

如图 3-7(b) 所示为 $x'\text{-}y'$ 坐标面上应力。

(2) 求主应力。

根据式(3-12)，有

$$\sigma^{\mathrm{I\cdot II}} = \frac{\sigma_x+\sigma_y}{2} \pm \sqrt{\left(\frac{\sigma_x-\sigma_y}{2}\right)^2 + \tau_{xy}^2} = \frac{10-2}{2} \pm \sqrt{\left(\frac{10+2}{2}\right)^2 + (-3)^2} = \begin{cases} 10.71 \\ -2.71 \end{cases}\mathrm{MPa}$$

根据式(3-11)，有

$$\tan 2\alpha_0 = \frac{2(-3)}{10+2}, \quad 2\alpha_0 = -26.6°,\ 153.4°, \quad \alpha_0 = -13.3°,\ 76.7°$$

如图 3-7(c) 所示为主应力大小和方向。主应力为 $\sigma_1 = 10.71\,\mathrm{MPa}$，$\sigma_2 = 0$，$\sigma_3 = -2.71\,\mathrm{MPa}$。

(3) 如图 3-7(d) 所示，最大切应力处于与主应力成 $\pm 45°$ 的截面上，也就是与 x 方向成 31.7° 和 121.7° 的面上。其值可由式(3-14)求出：

$$\tau^{\mathrm{I\cdot II}} = \pm\sqrt{\left(\frac{\sigma_x-\sigma_y}{2}\right)^2 + \tau_{xy}^2} = \pm\sqrt{\left(\frac{10+2}{2}\right)^2 + (-3)^2} = \pm 6.71\,\mathrm{MPa}$$

最大切应力所在截面的正应力为 $\dfrac{\sigma_x+\sigma_y}{2} = 4.0\,\mathrm{MPa}$。

以上的求解过程中, α_0 有两个解, 如何来判断哪一个角度对应于最大正应力, 哪一个角度对应的是最小正应力呢? 下面将做出分析。将式(3-9a)对 α 求二阶导数, 得到

$$\frac{\mathrm{d}^2\sigma_{x'}}{\mathrm{d}\alpha^2} = -2\cos 2\alpha(\sigma_x - \sigma_y) - 4\tau_{xy}\sin 2\alpha \tag{a}$$

由式(3-11)可知

$$\sin 2\alpha_0 = \frac{2\tau_{xy}}{\sqrt{(\sigma_x - \sigma_y)^2 + 4\tau_{xy}^2}}, \quad \cos 2\alpha_0 = \frac{\sigma_x - \sigma_y}{\sqrt{(\sigma_x - \sigma_y)^2 + 4\tau_{xy}^2}}$$

代入式(a), 得到

$$\left.\frac{\mathrm{d}^2\sigma_{x'}}{\mathrm{d}\alpha^2}\right|_{\alpha=\alpha_0} = -2\cos 2\alpha_0\left(\sigma_x - \sigma_y + \frac{4\tau_{xy}^2}{\sigma_x - \sigma_y}\right) \tag{b}$$

由上式可见, 当 $\sigma_x > \sigma_y$ 时, 正值的 $\cos 2\alpha_0$ 使 $\sigma_{x'}$ 的二阶导数小于零, 这表明 $-\frac{\pi}{2} \leqslant 2\alpha_0 \leqslant \frac{\pi}{2}$ 时($2\alpha_0$ 在 Ⅰ, Ⅳ 象限时), 主应力取极大值。当 $\sigma_x < \sigma_y$ 时, 正值的 $\cos 2\alpha_0$ 使 $\sigma_{x'}$ 的二阶导数大于零, 这表明 $-\frac{\pi}{2} \leqslant 2\alpha_0 \leqslant \frac{\pi}{2}$ 时, 主应力取极小值。回顾例3-1, 因为 $\sigma_x > \sigma_y$, $2\alpha_0 = -26.6°$ 在第 Ⅳ 象限, 所以 $\alpha_0 = -13.3°$ 对应的是最大正应力。

3.5　平面应力的莫尔圆表示

由式(3-9)表示的应力变换, 也可以用图解法进行。假定某点的平面应力状态如图 3-6 所示。x' 轴与 x 轴的夹角为 α。式(3-9a, b)可以写成

$$\sigma_{x'} - \frac{\sigma_x + \sigma_y}{2} = \frac{\sigma_x - \sigma_y}{2}\cos 2\alpha + \tau_{xy}\sin 2\alpha$$

$$\tau_{x'y'} = -\frac{\sigma_x - \sigma_y}{2}\sin 2\alpha + \tau_{xy}\cos 2\alpha$$

上面式子的两边平方后相加, 得到

$$\left(\sigma_{x'} - \frac{\sigma_x + \sigma_y}{2}\right)^2 + \tau_{x'y'}^2 = \left(\frac{\sigma_x - \sigma_y}{2}\right)^2 + \tau_{xy}^2$$

上式中的 σ_x, σ_y 和 τ_{xy} 是已知量。如果记

$$a = \frac{\sigma_x + \sigma_y}{2}, \quad R = \sqrt{\left(\frac{\sigma_x - \sigma_y}{2}\right)^2 + \tau_{xy}^2}$$

那么有

$$(\sigma_{x'} - a)^2 + \tau_{x'y'}^2 = R^2$$

这是一个圆的方程。其圆心在$(a, 0)$，半径为R。图解法的步骤如下：

（1）建立$\sigma-\tau$坐标系，τ坐标向下为正（见图 3-8）。

（2）确定圆心的坐标为$O(a, 0)$。确定坐标为$X(\sigma_x, \tau_{xy})$的点X。以O为圆心，OX为半径作圆，这个圆称为莫尔应力圆（Mohr's circle for stress）。X点的坐标代表x面上的两个应力分量。

（3）将半径OX绕圆心逆时针转2α度，在圆周上确定点$X'(\sigma_{x'}, \tau_{x'y'})$，这点的横坐标值$\sigma_{x'}$，纵坐标值$\tau_{x'y'}$就是所求的$\alpha$截面上的正应力和切应力。

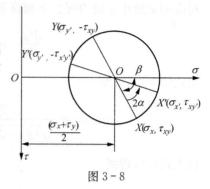

图 3-8

证明： 假定OX与σ轴的夹角为β，从图 3-8 可见

$$\sigma_{x'} = \frac{\sigma_x + \sigma_y}{2} + R\cos(\beta - 2\alpha) = \frac{\sigma_x + \sigma_y}{2} + R(\cos\beta\cos 2\alpha + \sin\beta\sin 2\alpha)$$

因为$R\cos\beta = \dfrac{\sigma_x - \sigma_y}{2}$，$R\sin\beta = \tau_{xy}$，所以得到

$$\sigma_{x'} = \frac{\sigma_x + \sigma_y}{2} + \frac{\sigma_x - \sigma_y}{2}\cos 2\alpha + \tau_{xy}\sin 2\alpha$$

这正是x'面上的正应力的表达式，又

$$\tau_{x'y'} = R\sin(\beta - 2\alpha) = R(\sin\beta\cos 2\alpha - \cos\beta\sin 2\alpha)$$

$$= -\frac{\sigma_x - \sigma_y}{2}\sin 2\alpha + \tau_{xy}\cos 2\alpha$$

此式也正好与x'面上的切应力公式一致。可见单元体上夹角为α的两个截面上的正应力和切应力值，相当于应力圆上夹角为2α的两个点的横坐标和纵坐标值。应力圆上点的坐标与斜截面上的正应力和切应力一一对应。

（4）半径OX向反方向延伸，与圆周交于点$Y(\sigma_y, -\tau_{xy})$，因为它与X点的圆心角为$180°$，所以它代表从x面转过$90°$的y面上的应力。类似地，点$Y'(\sigma_{y'}, -\tau_{x'y'})$代表从$x'$面转过$90°$的$y'$面上的应力。

例 3-2 如图 3-9（a）所示为处于平面应力状态某点的应力：$\sigma_x = 40\ \text{MPa}$，$\sigma_y = -20\ \text{MPa}$，$\tau_{xy} = 30\ \text{MPa}$。试用解析法和图解法计算主应力的大小及所在截面方向，最大切应力的大小和所在截面方向，以及该截面上的正应力。

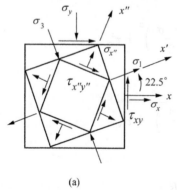

(a)

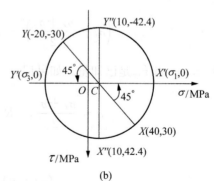

(b)

图 3-9

解:(1) 解析法

$$\begin{matrix} \sigma^{\text{I}} \\ \sigma^{\text{II}} \end{matrix} = a \pm R = \frac{\sigma_x + \sigma_y}{2} \pm \sqrt{\left(\frac{\sigma_x - \sigma_y}{2}\right)^2 + \tau_{xy}^2} = \frac{40 - 20}{2} \pm \sqrt{\left(\frac{40 + 20}{2}\right)^2 + 30^2}$$

$$= 10 \pm 30\sqrt{2} = \begin{matrix} 52.43 \\ -32.43 \end{matrix} \text{MPa}$$

$$\alpha_0 = \frac{1}{2}\arctan\left(\frac{2\tau_{xy}}{\sigma_x - \sigma_y}\right) = \frac{1}{2}\arctan(1.0) = \frac{45°, -135°}{2} = 22.5°, -67.5°$$

最大切应力

$$\tau^{\text{I}} = \sqrt{\left(\frac{\sigma_x - \sigma_y}{2}\right)^2 + \tau_{xy}^2} = \sqrt{\left(\frac{40 + 20}{2}\right)^2 + 30^2} = 30\sqrt{2} \text{ MPa} = 42.43 \text{ MPa}$$

该截面上的正应力

$$\sigma = \frac{\sigma_x + \sigma_y}{2} = 10 \text{ MPa}$$

(2) 图解法[见图3-9(b)]

x 面的应力 $\sigma_x = 40$ MPa，$\tau_{xy} = 30$ MPa，对应于应力圆上点 $X(40, 30)$。y 面的应力 $\sigma_y = -20$ MPa，$\tau = -30$ MPa，对应于应力圆上的点 $Y(-20, -30)$。应力圆的圆心为

$$C\left(\frac{\sigma_x + \sigma_y}{2}, 0\right) = C(a, 0) = C(10, 0)$$

半径为 $R = \sqrt{\left(\frac{\sigma_x - \sigma_y}{2}\right)^2 + \tau_{xy}^2} = \sqrt{\left(\frac{40 + 20}{2}\right)^2 + 30^2} = 30\sqrt{2}$ MPa $= 42.43$ MPa

从应力圆上 X 点逆时针转 $45°$ 到达 σ 轴与应力圆的交点 X'，该点的横坐标就是主应力 σ^{I}。从 Y 点逆时针转 $45°$ 到 Y' 点，该点的横坐标就是主应力 σ^{II}。在单元体上从正 x 面逆时针转 $22.5°$ 到达 σ^{I} 的主平面，$\sigma^{\text{I}} = a + R = 52.43$ MPa，顺时针转 $67.5°$ 到达 σ^{II} 的主平面，$\sigma^{\text{II}} = a - R = -32.43$ MPa。

最大切应力所在的 x'' 轴与主应力方向成 $45°$。正 x'' 面上最大切应力

$$\tau^{\text{I}} = R = 30\sqrt{2} \text{ MPa} = 42.43 \text{ MPa}$$

最大切应力所在截面的正应力为 $\sigma_{x''} = a = 10$ MPa。

例3-3 图3-10所示是三种经常遇到的平面应力状态。它们是(1)单向拉伸(压缩)应力状态；(2)纯剪切应力状态；(3)拉(压)剪复合应力状态。分别作出它们的应力圆，求出主应力的大小和截面方向，以及最大切应力。

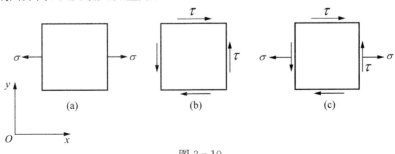

图3-10

解：图 3-11(a)，(b)，(c) 分别画出了这三种应力状态的应力圆。

(1) 单向拉伸应力状态，已知 $\sigma_x = \sigma$，$\sigma_y = \tau_{xy} = 0$，主应力 $\sigma_1 = \sigma_x = \sigma$，$\sigma_2 = \sigma_3 = 0$。由应力圆可见，从正 x 面转 $\pm 45°$ 的截面上切应力达到极值，其幅值为 $\sigma/2$。该截面上的正应力都是 $+\sigma/2$。

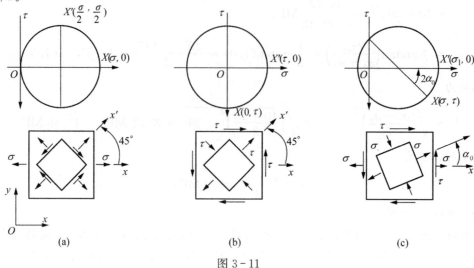

图 3-11

(2) 纯剪切应力状态，已知 $\sigma_x = \sigma_y = 0$，$\tau_{xy} = \tau$。由应力圆可见，从正 x 面转 $\pm 45°$ 的截面为主平面，主应力为 $\sigma_1 = \tau$，$\sigma_2 = 0$，$\sigma_3 = -\tau$。

(3) 拉剪复合应力状态，已知 $\sigma_x = \sigma$，$\sigma_y = 0$，$\tau_{xy} = \tau$。

$$\left.\begin{matrix}\sigma_1\\\sigma_3\end{matrix}\right\} = \left.\begin{matrix}\sigma^{\mathrm{I}}\\\sigma^{\mathrm{II}}\end{matrix}\right\} = \frac{\sigma_x + \sigma_y}{2} \pm \sqrt{\left(\frac{\sigma_x - \sigma_y}{2}\right)^2 + \tau_{xy}^2} = \frac{\sigma}{2} \pm \sqrt{\left(\frac{\sigma}{2}\right)^2 + \tau^2}, \ \sigma_2 = 0$$

$$\alpha_0 = \frac{1}{2}\arctan\frac{2\tau_{xy}}{\sigma_x - \sigma_y} = \frac{1}{2}\arctan\frac{2\tau}{\sigma}$$

$$\tau^{\mathrm{I}} = \sqrt{\left(\frac{\sigma_x - \sigma_y}{2}\right)^2 + \tau_{xy}^2} = \sqrt{\left(\frac{\sigma}{2}\right)^2 + \tau^2}$$

这三种基本的应力状态在后续课程中经常遇到，应熟悉它们的应用。

例 3-4 如图 3-12 所示，在处于平面应力状态下的某受力物体边缘截取一棱柱形单元体，已知 $\sigma = 50\,\mathrm{MPa}$，斜面 a 上不受力。求切应力 τ 以及主应力的大小和方向。

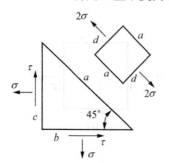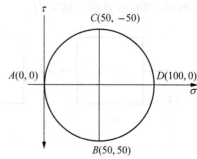

图 3-12

解:棱柱体的斜面上应力为零,相应于应力圆的 A 点。从单元体的 a 面逆时针转过 $45°$ 到达 b 面,相应于应力圆上从 A 点逆时针转 $90°$ 的点 $B(50,50)$。可见 b 面上切应力 $\tau=50$ MPa。从应力圆可知主平面为 a 面以及与 a 面垂直的 d 截面,主应力 $\sigma_1=2\sigma=100$ MPa,$\sigma_2=\sigma_3=0$。事实上,单元体处于 $45°$ 斜方向的单向拉伸应力状态。

3.6 静定应力问题

在弹性力学中,应力分量的数目总是多于平衡方程的数目,弹性力学问题需要引进几何协调方程才能求解。从这个意义上讲应力分析是静不定问题。然而,有些问题,例如细长的轴力杆、薄壁圆管、薄壁压力容器等,可以通过应力在截面上均匀分布的假设使问题大大简化,使得仅利用平衡条件就可求出应力。这类问题姑且称其为"静定应力问题"。由于仅用到平衡关系,所以这类问题的解与材料性质无关。

例 3-5　如图 3-13 所示,一个以角速度 ω 旋转的圆环,密度为 ρ,截面的厚度为 t,宽度 h。截面尺寸与环的中心线半径 r 相比很小。求截面上的应力。

解:因为截面尺寸与半径相比很小,假定截面上没有切应力,正应力 σ_θ 在截面上均匀分布,并忽略径向正应力 σ_r。设圆环单元体的惯性力为 dF,那么,根据径向力的平衡:

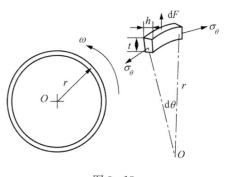

图 3-13

$$dF = (\rho \cdot t \cdot h \cdot rd\theta) \cdot \omega^2 r = 2\sigma_\theta \cdot t \cdot h \cdot \sin\left(\frac{d\theta}{2}\right)$$

所以　　　　　　　　$\sigma_\theta = \rho r^2 \omega^2$

例 3-6　如图 3-14(a)所示的圆筒形薄壁压力容器,内部储存压力气体,气体的压力为 p。圆筒的中面的直径为 D,容器壁的厚度为 t,忽略容器的自重。试分析容器壁横截面上和纵截面上的应力。

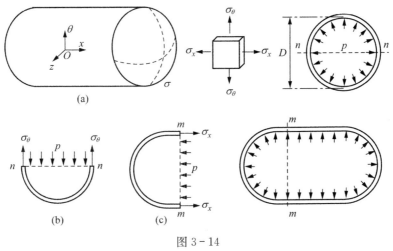

图 3-14

解： 在圆筒壁的中面建立局部坐标系：x 轴沿筒的轴向，θ 轴沿圆周方向，z 轴沿圆筒壁中面的外法向。在 x 方向截取单位长度的筒体，并且用通过圆心的 $n-n$ 面截取下半部筒体，连同内部的气体一起作为分离体[见图 3-14(b)]。因为筒体壁很薄，假设筒壁截面上正应力沿厚度均匀分布。根据垂直方向的平衡条件

$$p(D-t) \cdot 1 = 2\sigma_\theta t \cdot 1$$

所以

$$\sigma_\theta = \frac{p(D-t)}{2t} \tag{3-16a}$$

或者近似地取

$$\sigma_\theta = \frac{pD}{2t} \tag{3-16b}$$

再用垂直于 x 轴的 $m-m$ 面截取左半部筒体连同内部的气体为分离体[见图 3-14(c)]。同样假设筒壁的 x 截面上正应力 σ_x 沿壁厚方向均匀分布，那么根据 x 方向力的平衡，有

$$p\frac{\pi(D-t)^2}{4} = \pi Dt\sigma_x$$

所以

$$\sigma_x = \frac{(D-t)^2 p}{4Dt} \tag{3-17a}$$

或者近似地取

$$\sigma_x = \frac{pD}{4t} \tag{3-17b}$$

在筒的内壁表面作用着气体压力 p。因为 $D \gg t$，从式（3-16）和式（3-17）可见 p 比 σ_x，σ_θ 都要小得多，所以沿壁厚方向的应力 σ_z 可以忽略不计。认为筒体上任何一点（不包括两个端面）都处于沿轴向和周向双向拉伸的应力状态。周向应力 σ_θ 大约是轴向应力 σ_x 的两倍。

例 3-7 一根薄壁圆管两端受扭矩 T 的作用（见图 3-15），试求横截面上的应力。

解： 如图 3-15 所示，截取一段薄壁圆管作为分离体，端部的扭矩 T 由横截面上的切应力来平衡。由于管壁很薄，假设切应力 τ 沿圆周方向，并且沿壁厚方向均匀分布。由于此问题是关于 x 轴的轴对称问题，所以切应力沿周向也均匀分布。根据力矩的平衡条件可知

$$T = \int_0^{2\pi} r \cdot \tau \cdot tr\mathrm{d}\theta = 2\pi r^2 t\tau$$

所以

$$\tau = \frac{T}{2\pi r^2 t} \tag{3-18}$$

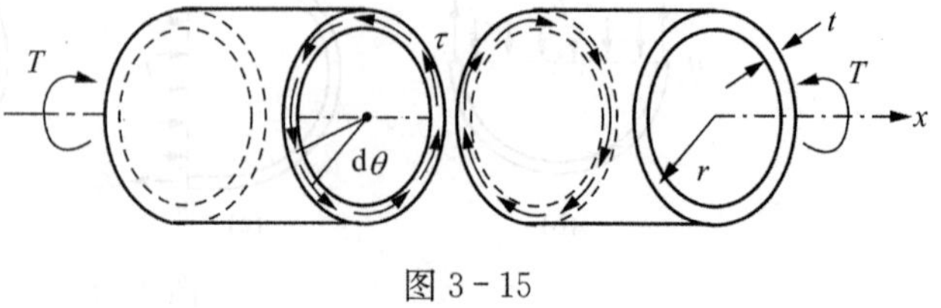

图 3-15

例 3-8 一个两端开口的薄壁圆柱体(见图 3-16),中面的半径 $r = 10$ cm,壁厚 $t = 0.1$ cm。其内壁受径向压力 p 作用,两端受轴向力 F 作用。在圆柱壁的中面建立局部坐标系, x'-θ' 坐标与 x-θ 坐标成 $30°$。$\sigma_{x'}$ 和 $\sigma_{\theta'}$ 的值已知。在下列两种情况下求 p 和 F 的值,并求 $\tau_{x'\theta'}$。

(1) $\sigma_{x'} = 150$ MPa, $\sigma_{\theta'} = 50$ MPa;

(2) $\sigma_{x'} = 150$ MPa, $\sigma_{\theta'} = 150$ MPa。

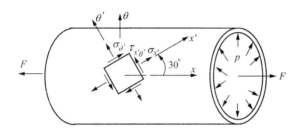 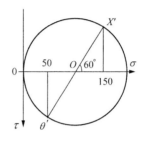

图 3-16

解: θ 方向的应力可以用例 3-6 同样的方法求得

$$\sigma_\theta = \frac{pr}{t} \tag{a}$$

假设 σ_x 沿薄壁截面均匀分布。根据 x 方向轴向力的平衡,可知

$$\sigma_x = \frac{F}{2\pi rt} \tag{b}$$

由于 x 面和 θ 面上没有切应力,所以 σ_x 和 σ_θ 是主应力。可以用应力圆来分析。

(1) 应力圆的原点为 $(a, 0)$, $a = (\sigma_{x'} + \sigma_{\theta'})/2 = 100$ MPa。设应力圆上与 $\sigma_{x'}$ 对应的点为 X',OX' 与 σ 轴的夹角为 $60°$,所以点 X' 的坐标为 $(150, \quad 50\sqrt{3})$。

$$\tau_{x'\theta'} = -50\sqrt{3} \text{ MPa}$$

从应力圆上可见 $\sigma_x = 200$ MPa, $\sigma_\theta = 0$,所以

$$F = 2\pi rt\sigma_x = 2 \times \pi \times 0.1 \text{ m} \times 0.001 \text{ m} \times 200 \times 10^6 \text{ Pa} = 125.66 \text{ kN}$$

$$p = 0$$

(2) 假定应力圆原点为 $(a, 0)$,半径为 R,那么应该有

$$\tau_{x\theta} = -\frac{\sigma_{x'} - \sigma_{\theta'}}{2}\sin(-60°) + \tau_{x'\theta'}\cos(-60°) = 0$$

$$R = \sqrt{\left(\frac{\sigma_{x'} - \sigma_{\theta'}}{2}\right)^2 + \tau_{x'\theta'}^2}$$

既然现在 $\sigma_{x'} = \sigma_{\theta'} = 150$ MPa, $\tau_{x\theta} = 0$。可见 $\tau_{x'\theta'} = 0$,应力圆半径 $R = 0$。即应力圆退化为一个点 $(150, 0)$。所以 $\sigma_x = \sigma_\theta = 150$ MPa。此时

$$F = 2\pi rt\sigma_x = 2 \times \pi \times 0.1 \text{ m} \times 0.001 \text{ m} \times 150 \text{ MPa} = 94.25 \text{ kN}$$

$$p = \frac{\sigma_\theta t}{r} = 150 \times 10^6 \text{ Pa} \times \frac{0.001 \text{ m}}{0.1 \text{ m}} = 1.5 \text{ MPa}$$

事实上,这种应力状态下任一斜截面上的切应力都等于零,即任一斜截面都是主平面。由式(3-9)易见,如果某处的应力在两个互相正交的截面上的正应力相等,切应力为零,即两个主应力相等,那么该处的任何斜截面上正应力都等于这一数值,切应力为零。即任一截面都为主平面。

3.7　三向应力圆及最大切应力

如图 3-17(a)所示是处于 $Oxyz$ 坐标系的平面应力状态下的某一微单元。假定通过坐标变换已经找到了主应力 σ_1 和 σ_2,1 面和 2 面为相应的主平面。因为 z 面上的正应力和切应力都为零,所以 z 面也是主平面。现在假设 z 面上正应力不为零,其值为 σ_3,切应力仍为零。现在该单元体处于三向应力状态。图中阴影所标的平面为平行于 σ_3 方向的斜截面。由于 σ_3 与 x-y 平面垂直,它不会影响三角形棱柱体在 x-y 平面的平衡,因此平面应力的坐标变换公式(3-9)仍然适用。如图 3-17(a)所示斜截面上的正应力和切应力构成了 σ_1 与 σ_2 之间的应力圆[见图 3-17(d)]。从 σ_1 方向转 $\pm45°$ 的斜截面上切应力有最大值 $\tau_{1,2}$[见图 3-18(a)]。

$$\tau_{1,2} = \frac{\sigma_1 - \sigma_2}{2}$$

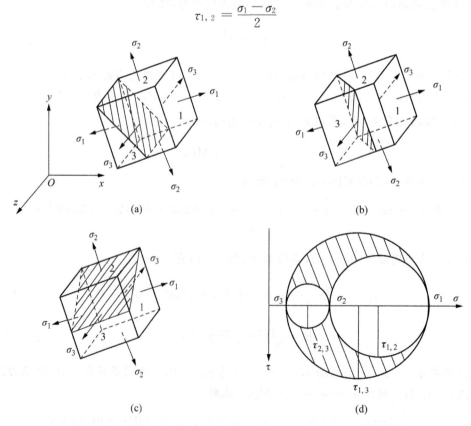

图 3-17

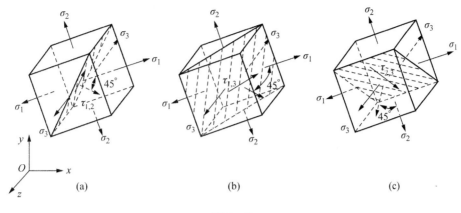

图 3 - 18

类似地,可以考虑以 σ_1 和 σ_3 为主应力的平面内应力的变换[见图 3 - 17(b)]。作平行于 σ_2 方向的斜截面。对于斜截面上的正应力和切应力,可以用 σ_1 与 σ_3 之间的应力圆表示[见图 3 - 17(d)]。从 σ_1 方向转 $\pm 45°$ 的斜截面上切应力有最大值 $\tau_{1,3}$[见图 3 - 18(b)]。

$$\tau_{1,3} = \frac{\sigma_1 - \sigma_3}{2}$$

如果以 σ_2 和 σ_3 为主应力[见图 3 - 17(c)],还可以进行以 σ_2 和 σ_3 为主应力的平面内的应力变换。作平行于 σ_1 方向的斜截面。对于斜截面上的正应力和切应力,可以用 σ_2 与 σ_3 之间的应力圆表示[见图 3 - 17(d)]。从 σ_2 方向转 $\pm 45°$ 的斜截面上切应力有最大值 $\tau_{2,3}$[见图 3 - 18(c)]。

$$\tau_{2,3} = \frac{\sigma_2 - \sigma_3}{2}$$

因此,从三向应力状态来看,单元体的最大正应力、最小正应力和最大切应力分别是

$$\sigma_{\max} = \sigma_1, \quad \sigma_{\min} = \sigma_3, \quad \tau_{\max} = \frac{\sigma_1 - \sigma_3}{2} \tag{3 - 19}$$

前面将 $\sigma_3 = 0$ 时 $x-y$ 平面内的应力变换称为平面应力状态。有趣的是,平面应力并不意味着只有在法线处于 $x-y$ 平面内的截面上才有应力。事实上,当 σ_1 和 σ_2 同时为正值时,或同时为负值时,最大切应力发生在与 1-2 平面成 $45°$ 夹角的截面上[见图 3 - 18(b)]。此时的最大切应力应该是

$$\tau_{\max} = \frac{\sigma_1 - \sigma_3}{2} = \frac{\sigma_1 - 0}{2} = \frac{\sigma_1}{2}$$

或

$$\tau_{\max} = \frac{\sigma_1 - \sigma_3}{2} = \frac{0 - \sigma_3}{2} = -\frac{\sigma_3}{2}$$

如前所述,我们规定主应力 σ_1,σ_2,σ_3 按代数值大小次序排列,即 $\sigma_1 > \sigma_2 > \sigma_3$。在平面应力状态下,$xy$ 平面内有两个主应力,z 面上正应力和切应力都为零,所以三个主应力中至少有

一个为零。不等于零的两个主应力有三种可能性(见图 3-19):

    (1) $\sigma_1 > \sigma_2 > \sigma_3 = 0$, z 面上的主应力为 $\sigma_3 = 0$[见图 3-19(a)];

    (2) $\sigma_1 > \sigma_2 = 0 > \sigma_3$, z 面上的主应力为 $\sigma_2 = 0$[见图 3-19(b)];

    (3) $\sigma_1 = 0 > \sigma_2 > \sigma_3$, z 面上的主应力为 $\sigma_1 = 0$[见图 3-19(c)]。

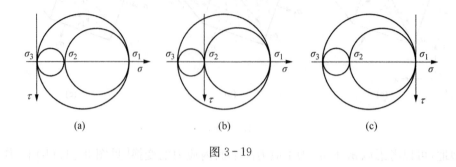

图 3-19

3.8 空间任意斜截面上的应力

现在的问题是,在 $Oxyz$ 直角坐标系中(见图 3-20),如果一点附近的三个互相垂直的坐标面上的六个应力分量 σ_x, σ_y, σ_z, τ_{xy}, τ_{yz}, τ_{zx} 已知,如何求任意的法线方向为 $\boldsymbol{n}$ 的斜截面上的应力。我们可以在单元体上用 $\boldsymbol{n}$ 法向的斜截面截取一个四面体 $FEBG$。斜截面外法向与坐标轴的方向余弦记为

$$\cos(\boldsymbol{n}, x) = l, \quad \cos(\boldsymbol{n}, y) = m, \quad \cos(\boldsymbol{n}, z) = n$$

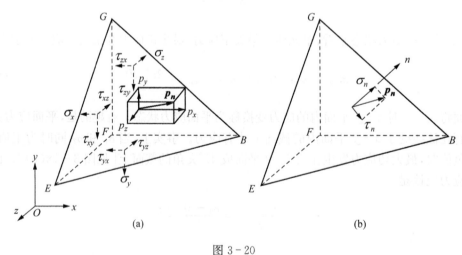

图 3-20

设此斜截面 EBG 的面积为 $\mathrm{d}A$,则四面体的各个坐标面的面积分别为

$$S_{\triangle FEG} = \mathrm{d}A \cdot l, \quad S_{\triangle FEB} = \mathrm{d}A \cdot m, \quad S_{\triangle FBG} = \mathrm{d}A \cdot n$$

斜截面上的应力可以表示为

$$\boldsymbol{p_n} = p_x \boldsymbol{i} + p_y \boldsymbol{j} + p_z \boldsymbol{k} \qquad (3-20)$$

根据静力平衡条件

$$\sum F_x = 0, \ p_x \mathrm{d}A = \sigma_x \mathrm{d}A \cdot l + \tau_{yx} \mathrm{d}A \cdot m + \tau_{zx} \mathrm{d}A \cdot n$$

所以

$$p_x = \sigma_x l + \tau_{yx} m + \tau_{zx} n \qquad (3-21a)$$

同理可得

$$p_y = \tau_{xy} l + \sigma_y m + \tau_{zy} n \qquad (3-21b)$$

$$p_z = \tau_{xz} l + \tau_{yz} m + \sigma_z n \qquad (3-21c)$$

斜截面上全应力的幅值为

$$p_n^2 = p_x^2 + p_y^2 + p_z^2$$

全应力的分量 p_x, p_y, p_z 在法向 $\boldsymbol{n}$ 的投影之和等于 $\boldsymbol{p_n}$ 在 $\boldsymbol{n}$ 方向的分量,即为正应力 σ_n,所以

$$\sigma_n = p_x l + p_y m + p_z n = \sigma_x l^2 + \sigma_y m^2 + \sigma_z n^2 + 2\tau_{xy} lm + 2\tau_{yz} mn + 2\tau_{xz} ln \qquad (3-22)$$

斜截面上的切应力

$$\tau_n = \sqrt{p_n^2 - \sigma_n^2} \qquad (3-23)$$

如果六个应力分量 σ_x、σ_y、σ_z、τ_{xy}、τ_{yz}、τ_{zx} 已知,那么任何 $\boldsymbol{n}$ 方向截面上的正应力 σ_n 和切应力 τ_n 都可以求出,也就是说这一点的应力状态就完全确定。

事实上,在一般应力状态下,每一点处都存在三个互相垂直的切应力为零的平面,即为主平面。这三个平面的法向即为应力主轴方向。

3.9 应变分析

对于变形体,在外力作用下产生的变形分析与应力分析同样重要。对于形状复杂的构件,其应力分析很难用解析方法进行,需要使用各种数值方法,如有限元方法等求解。应力分析的另一途径是用实验方法进行。直接测量受载物体的应力有困难,但物体表面的应变是可以测量的。应力和应变的关系可以利用下一章要讲的广义胡克定律进行变换。所以,应变分析是实验应力分析的前提。

当有外力作用在一个物体上时,物体的各点会移动。一个点相对于一个参考坐标系的移动称为位移(displacement)。以二维的情形为例(见图 3-21),物体中的一点,原位置为 $P(x, y)$,加载后的位置为 $P'(x', y')$。矢量

$$\boldsymbol{\delta} = u(x, y)\boldsymbol{i} + v(x, y)\boldsymbol{j} \qquad (3-24)$$

称为点 P 的位移。式中 u 和 v 是 $\boldsymbol{\delta}$ 在 x 和 y 方向的分量:

$$u(x, y) = x' - x, \ v(x, y) = y' - y \qquad (3-25)$$

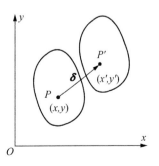

图 3-21

一般情况下物体各点的位移都不相同。位移包括了物体的两部分运动:刚体位移和变形。物体作为整体的移动和绕定点的转动称为刚体运动,物体内部各点的相对运动称为变形。变形使物体的形状和尺寸发生变化。

应力表示物体内部某一点附近力的传递状态,应变则表示某一点附近的局部形状变化。一般情况下,应变在物体内部分布不是均匀的,即它们是空间位置的函数。如图 3-22 所示,在 $x-y$ 平面内取出一个微单元,变形前是矩形 $OABC$,变形后成为四边形 $O'A'B'C'$ 了。由于微单元的尺寸可以足够小,可以认为在微单元内变形是均匀的。定义沿 x 和沿 y 方向的相对伸长(缩短)为正应变:

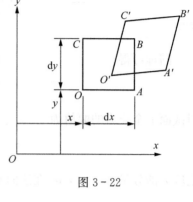

图 3-22

$$\varepsilon_x = \lim_{dx \to 0} \frac{O'A' - OA}{OA} \qquad (3-26a)$$

$$\varepsilon_y = \lim_{dy \to 0} \frac{O'C' - OC}{OC} \qquad (3-26b)$$

切应变为 x 和 y 方向原来互相垂直的两条线段 OA 和 OC 之间角度改变的正切。对于微小的切应变,可以直接用角度的改变来定义切应变:

$$\gamma_{xy} = \lim_{\substack{dx \to 0 \\ dy \to 0}} (\angle AOC - \angle A'O'C') = \lim_{\substack{dx \to 0 \\ dy \to 0}} \left(\frac{\pi}{2} - \angle A'O'C' \right) \qquad (3-27)$$

上式表示的切应变称为工程切应变。当 $\angle A'O'C'$ 是锐角时,γ_{xy} 为正。正应变也称为线应变,切应变也称为角应变。上面是在 $x-y$ 平面内的正应变和切应变。对于 $x-z$ 平面内和 $y-z$ 平面内的正应变和切应变可以作同样的定义。因此,在三维空间,一点的应变由六个分量来描述:ε_x,ε_y,ε_z,γ_{xy},γ_{yz},γ_{xz}。

3.10　平面应变　应变与位移的关系

假定应变只在 $x-y$ 平面内发生,非零的应变分量只有 ε_x,ε_y 和 γ_{xy}。这种状态称为平面应变。在这种情形下,所有的应变分量都与 z 坐标无关。

考虑一个原来边长为 dx 和 dy 的矩形微单元(见图 3-23)。微单元的四个顶点 O,A,B 和 C,经过变形后分别到达 O',A',B' 和 C' 点。在 x 方向,O 点的位移是 u,A 点在 x 方向的位移比 O 点多一个增量 $\frac{\partial u}{\partial x} dx$。$x$ 方向的正应变按定义应该为线段 OA 的改变量与原长度的比值,即线段在 x 方向的相对伸长:

$$\varepsilon_x = \lim_{dx \to 0} \frac{O'A' - OA}{OA} = \lim_{dx \to 0} \frac{\left(u + \frac{\partial u}{\partial x} dx \right) - u}{dx} = \frac{\partial u}{\partial x}$$

同理,在 y 方向原长度为 $\mathrm{d}y$ 的线段 OC,变形后成为线段 $O'C'$。C 点在 y 方向的位移比 O 点增加 $\dfrac{\partial v}{\partial y}\mathrm{d}y$。$y$ 方向的正应变按定义应该为线段 OC 的改变量与原长度的比值,即线段在 y 方向的相对伸长:

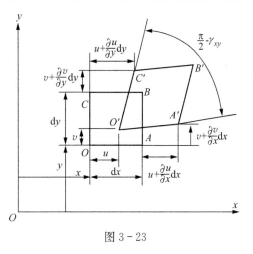

$$\varepsilon_y = \lim_{\mathrm{d}y\to 0}\frac{O'C'-OC}{OC} = \lim_{\mathrm{d}y\to 0}\frac{\left(v+\dfrac{\partial v}{\partial y}\mathrm{d}y\right)-v}{\mathrm{d}y} = \frac{\partial v}{\partial y}$$

变形前,OA 与 OC 是在点 O 处互相垂直的两条线段,变形后它们的夹角成为 $\angle A'O'C'$。切应变按定义应该为这两条原来垂直的线段之间角度的改变,即

图 3-23

$$\gamma_{xy} = \lim_{\substack{\mathrm{d}x\to 0\\ \mathrm{d}y\to 0}}\left(\frac{\pi}{2}-\angle A'O'C'\right) = \lim_{\substack{\mathrm{d}x\to 0\\ \mathrm{d}y\to 0}}\left[\frac{\dfrac{\partial v}{\partial x}\mathrm{d}x}{\mathrm{d}x}+\frac{\dfrac{\partial u}{\partial y}\mathrm{d}y}{\mathrm{d}y}\right] = \frac{\partial v}{\partial x}+\frac{\partial u}{\partial y}$$

所以得到

$$\varepsilon_x = \frac{\partial u}{\partial x} \tag{3-28a}$$

$$\varepsilon_y = \frac{\partial v}{\partial y} \tag{3-28b}$$

$$\gamma_{xy} = \frac{\partial v}{\partial x}+\frac{\partial u}{\partial y} \tag{3-28c}$$

这就是直角坐标系中的应变-位移关系。根据切应变的定义可知,$\gamma_{yx}=\gamma_{xy}$。在平面应变情况下,三个应变分量 ε_x,ε_y,γ_{xy} 确定了一点的应变状态。容易证明,在一般应变状态下,三维的应变-位移关系为

$$\varepsilon_x = \frac{\partial u}{\partial x},\quad \varepsilon_y = \frac{\partial v}{\partial y},\quad \varepsilon_z = \frac{\partial w}{\partial z}$$

$$\gamma_{xy} = \frac{\partial v}{\partial x}+\frac{\partial u}{\partial y},\quad \gamma_{xz} = \frac{\partial w}{\partial x}+\frac{\partial u}{\partial z},\quad \gamma_{yz} = \frac{\partial w}{\partial y}+\frac{\partial v}{\partial z} \tag{3-29}$$

例 3-9　假如经过仔细的测量,得到平面应变物体的位移可以表示为

$$u(x,\,y) = a\left(\frac{x^3}{3}+xy^2\right)-by+c,\quad v(x,\,y) = a\frac{y^3}{3}+bx+d$$

式中 a,b,c 和 d 是常数。求物体的应变的表达式。

解:根据直角坐标系应变-位移关系得到

$$\varepsilon_x = \frac{\partial u}{\partial x} = a(x^2+y^2),\quad \varepsilon_y = \frac{\partial v}{\partial y} = ay^2,\quad \gamma_{xy} = \frac{\partial v}{\partial x}+\frac{\partial u}{\partial y} = 2axy$$

3.11　平面应变的坐标变换

这一节将讨论平面应变的分量随坐标方向变化时的变换公式。如图 3-24 所示,将 x-y 坐标系逆时针旋转 α 角,得到 x'-y' 坐标系。在新坐标系中位移分量用 u',v' 来表示,那么新坐标系中的位移与应变之间的几何关系可以写成

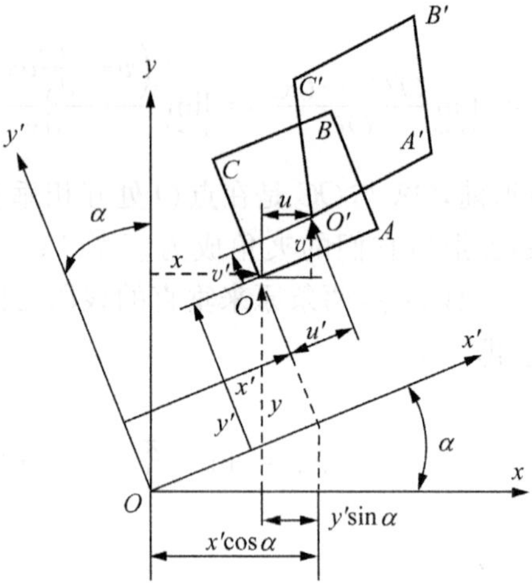

$$\varepsilon_{x'} = \frac{\partial u'}{\partial x'}$$

$$\varepsilon_{y'} = \frac{\partial v'}{\partial y'}$$

$$\gamma_{x'y'} = \frac{\partial v'}{\partial x'} + \frac{\partial u'}{\partial y'}$$

根据几何相容性条件,要求 u',v' 是位置的连续函数。

利用复合函数偏导数求导的法则可以得到

图 3-24

$$\varepsilon_{x'} = \frac{\partial u'}{\partial x'} = \frac{\partial u'}{\partial x}\frac{\partial x}{\partial x'} + \frac{\partial u'}{\partial y}\frac{\partial y}{\partial x'}$$

$$\varepsilon_{y'} = \frac{\partial v'}{\partial y'} = \frac{\partial v'}{\partial x}\frac{\partial x}{\partial y'} + \frac{\partial v'}{\partial y}\frac{\partial y}{\partial y'}$$

$$\gamma_{x'y'} = \frac{\partial v'}{\partial x'} + \frac{\partial u'}{\partial y'} = \left(\frac{\partial v'}{\partial x}\frac{\partial x}{\partial x'} + \frac{\partial v'}{\partial y}\frac{\partial y}{\partial x'}\right) + \left(\frac{\partial u'}{\partial x}\frac{\partial x}{\partial y'} + \frac{\partial u'}{\partial y}\frac{\partial y}{\partial y'}\right)$$

从图 3-24 的几何关系可以得到原坐标系与新坐标系之间的坐标变换关系为

$$x = x'\cos\alpha - y'\sin\alpha$$

$$y = x'\sin\alpha + y'\cos\alpha$$

位移的变换关系为

$$u' = u\cos\alpha + v\sin\alpha$$

$$v' = -u\sin\alpha + v\cos\alpha$$

将这些关系代入上式并进行简化,可以得到

$$\varepsilon_{x'} = \frac{\varepsilon_x + \varepsilon_y}{2} + \frac{\varepsilon_x - \varepsilon_y}{2}\cos 2\alpha + \frac{\gamma_{xy}}{2}\sin 2\alpha \tag{3-30a}$$

$$\frac{\gamma_{x'y'}}{2} = -\frac{\varepsilon_x - \varepsilon_y}{2}\sin 2\alpha + \frac{\gamma_{xy}}{2}\cos 2\alpha \tag{3-30b}$$

$$\varepsilon_{y'} = \frac{\varepsilon_x + \varepsilon_y}{2} - \frac{\varepsilon_x - \varepsilon_y}{2}\cos 2\alpha - \frac{\gamma_{xy}}{2}\sin 2\alpha \tag{3-30c}$$

引进记号

$$\varepsilon_{xy} = \frac{\gamma_{xy}}{2} \tag{3-31}$$

于是上面的坐标变换公式可以写成

$$\varepsilon_{x'} = \frac{\varepsilon_x + \varepsilon_y}{2} + \frac{\varepsilon_x - \varepsilon_y}{2}\cos 2\alpha + \varepsilon_{xy}\sin 2\alpha \tag{3-32a}$$

$$\varepsilon_{y'} = \frac{\varepsilon_x + \varepsilon_y}{2} - \frac{\varepsilon_x - \varepsilon_y}{2}\cos 2\alpha - \varepsilon_{xy}\sin 2\alpha \tag{3-32b}$$

$$\varepsilon_{x'y'} = -\frac{\varepsilon_x - \varepsilon_y}{2}\sin 2\alpha + \varepsilon_{xy}\cos 2\alpha \tag{3-32c}$$

或者用矩阵形式写成

$$\begin{Bmatrix} \varepsilon_{x'} \\ \varepsilon_{y'} \\ \varepsilon_{x'y'} \end{Bmatrix} = [T]\begin{Bmatrix} \varepsilon_x \\ \varepsilon_y \\ \varepsilon_{xy} \end{Bmatrix} \tag{3-33}$$

式中

$$[T] = \begin{bmatrix} l^2 & m^2 & 2ml \\ m^2 & l^2 & -2ml \\ -ml & ml & l^2 - m^2 \end{bmatrix}$$

$$l = \cos\alpha, \quad m = \cos(90° - \alpha) = \sin\alpha$$

与平面应力状态下的应力分量变换公式(3-7)相比较后可以发现,应变分量随坐标转动的变换公式与应力分量的变换公式具有完全相同的形式。事实上,应变也是二阶张量,而 ε_{xy} 是应变张量的分量。在平面应变情况下,应变张量可以表示为

$$\begin{bmatrix} \varepsilon_x & \varepsilon_{xy} \\ \varepsilon_{yx} & \varepsilon_y \end{bmatrix} \tag{3-34}$$

推广到一般的三维应变情况,一点的应变可以由六个应变分量确定,而应变张量可以用矩阵表示为

$$\begin{bmatrix} \varepsilon_x & \varepsilon_{xy} & \varepsilon_{xz} \\ \varepsilon_{yx} & \varepsilon_y & \varepsilon_{yz} \\ \varepsilon_{zx} & \varepsilon_{zy} & \varepsilon_z \end{bmatrix} \tag{3-35}$$

3.12 应变圆与主应变

从应变分量的坐标变换式(3-32)可以发现它与应力的坐标变换式(3-9)有完全相同的形式。因此,与应力圆类似,将 ε_x, ε_y, ε_{xy} 作为已知量,我们也可以在 $(\varepsilon_x, \varepsilon_{xy})$ 平面上构造应变圆。从式(3-30)消去参数 α,可以得到

$$(\varepsilon_{x'} - a)^2 + (\varepsilon_{x'y'})^2 = R^2 \tag{3-36}$$

式中
$$a = \frac{\varepsilon_x + \varepsilon_y}{2}$$

$$R = \sqrt{\left(\frac{\varepsilon_x - \varepsilon_y}{2}\right)^2 + (\varepsilon_{xy})^2}$$

以 $C(a, 0)$ 为应变圆圆心，以 R 为应变圆半径，点 $(\varepsilon_{x'}, \varepsilon_{x'y'})$ 的轨迹构成了应变圆（见图 3-25）。容易证明，若应变圆上的点 $X(\varepsilon_x, \varepsilon_{xy})$ 的坐标表示单元体 x 方向的正应变和切应变，则 $X'(\varepsilon_{x'}, \varepsilon_{x'y'})$ 表示单元体逆时针转 α 角的 x' 方向上的正应变和切应变。应变圆上 CX' 与 CX 的夹角为 2α，对应于 x' 方向与 x 方向的夹角为 α。与应力变换的情况一样，存在互相垂直的两个轴向，它们在变形后仍然互相垂直，沿这两个轴向只有正应变，没有切应变。这两个轴称为应变主轴（principal axis for strain）。对应的正应变值为最大和最小正应变，称为主应变（principal strain），它们分别等于

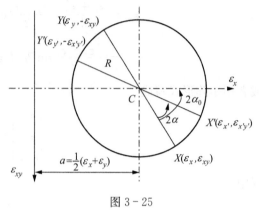

图 3-25

$$\varepsilon^{\mathrm{I}} = a + R = \frac{\varepsilon_x + \varepsilon_y}{2} + \sqrt{\left(\frac{\varepsilon_x - \varepsilon_y}{2}\right)^2 + (\varepsilon_{xy})^2} \tag{3-37a}$$

$$\varepsilon^{\mathrm{II}} = a - R = \frac{\varepsilon_x + \varepsilon_y}{2} - \sqrt{\left(\frac{\varepsilon_x - \varepsilon_y}{2}\right)^2 + (\varepsilon_{xy})^2} \tag{3-37b}$$

从 x 方向到最大正应变所在方向的角度 α_0 可由下式求得：

$$\tan 2\alpha_0 = \frac{2\varepsilon_{xy}}{\varepsilon_x - \varepsilon_y} \tag{3-38}$$

从应变圆可知，最大切应变的方向与主应变方向成 $\pm 45°$ 角，最大切应变为

$$\varepsilon_{xy\max} = \pm\sqrt{\left(\frac{\varepsilon_x - \varepsilon_y}{2}\right)^2 + \varepsilon_{xy}^2} \tag{3-39}$$

3.13 应变的测量

在实验应力分析中，电测法是广泛应用的方法之一。电阻应变片（strain gauge）利用电阻丝伸长（缩短）时电阻会改变的原理，可以用来精确测量正应变。将电阻片贴在构件需要测定应变的表面，当材料发生应变时，电阻丝随材料表面一起伸长或缩短，这会改变应变片的电阻，通过电桥可以精确测量电阻的变化。这种变化经换算就可得到应变。关于应力电测法的原理和测量技术，可以参阅材料力学实验的有关教材。

用电阻应变片难以直接测得切应变。在构件主应力方向未知的情况下，通常需要测出三个不同方向上的正应变，然后将其换算成 ε_x，ε_y，γ_{xy}。如图 3-26(a) 所示，假设在三个不同的

方向 α_a，α_b，α_c 上已通过应变片测得正应变 ε_a，ε_b，ε_c。根据式(3-30)，它们与 ε_x，ε_y，γ_{xy} 的关系可以表示为

$$\varepsilon_a = \frac{\varepsilon_x + \varepsilon_y}{2} + \frac{\varepsilon_x - \varepsilon_y}{2}\cos 2\alpha_a + \frac{\gamma_{xy}}{2}\sin 2\alpha_a$$

$$\varepsilon_b = \frac{\varepsilon_x + \varepsilon_y}{2} + \frac{\varepsilon_x - \varepsilon_y}{2}\cos 2\alpha_b + \frac{\gamma_{xy}}{2}\sin 2\alpha_b$$

$$\varepsilon_c = \frac{\varepsilon_x + \varepsilon_y}{2} + \frac{\varepsilon_x - \varepsilon_y}{2}\cos 2\alpha_c + \frac{\gamma_{xy}}{2}\sin 2\alpha_c \tag{3-40}$$

求解上述三个联立方程，可以得到 ε_x，ε_y，γ_{xy}。然后通过式(3-37)可以求出主应变。

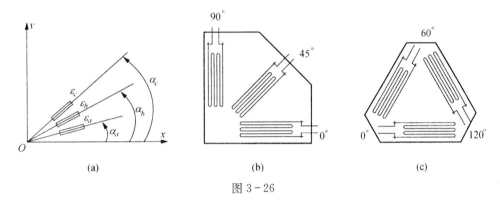

图 3-26

实践中将三个方向放置的应变片固定在一个薄膜基片上[见图 3-26(b)，(c)]，组成应变花(strain rosette)。图中所示为两种常用的应变花。

(1) 45°应变花[见图 3-26(b)]，由三个互成 45°夹角的应变片组成。三个应变片的方向为

$$\alpha_a = 0°，\quad \alpha_b = 45°，\quad \alpha_c = 90°$$

代入式(3-40)得到

$$\varepsilon_{0°} = \varepsilon_x，\quad \varepsilon_{45°} = \frac{\varepsilon_x + \varepsilon_y}{2} + \frac{\gamma_{xy}}{2}，\quad \varepsilon_{90°} = \varepsilon_y$$

求解上述方程得到

$$\varepsilon_x = \varepsilon_{0°}，\quad \varepsilon_y = \varepsilon_{90°}，\quad \gamma_{xy} = 2\varepsilon_{45°} - (\varepsilon_{0°} + \varepsilon_{90°})$$

然后从式(3-37)可以算出主应变

$$\left\{\begin{array}{c}\varepsilon^{\mathrm{I}} \\ \varepsilon^{\mathrm{II}}\end{array}\right\} = \frac{\varepsilon_{0°} + \varepsilon_{90°}}{2} \pm \frac{\sqrt{2}}{2}\sqrt{(\varepsilon_{0°} - \varepsilon_{45°})^2 + (\varepsilon_{45°} - \varepsilon_{90°})^2} \tag{3-41}$$

(2) 60°应变花[见图 3-26(c)]，由三个互成 60°夹角的应变片组成。有

$$\alpha_a = 0°，\quad \alpha_b = 60°，\quad \alpha_c = 120°$$

代入式(3-40)得到

$$\varepsilon_{0°} = \varepsilon_x，\quad \varepsilon_{60°} = \frac{1}{4}\varepsilon_x + \frac{3}{4}\varepsilon_y + \frac{\sqrt{3}}{4}\gamma_{xy}，\quad \varepsilon_{120°} = \frac{1}{4}\varepsilon_x + \frac{3}{4}\varepsilon_y - \frac{\sqrt{3}}{4}\gamma_{xy}$$

求解上述方程得到

$$\varepsilon_x = \varepsilon_{0°}, \quad \varepsilon_y = \frac{1}{3}(2\varepsilon_{60°} + 2\varepsilon_{120°} - \varepsilon_{0°}), \quad \gamma_{xy} = \frac{2}{\sqrt{3}}(\varepsilon_{60°} - \varepsilon_{120°})$$

然后从式(3-37)可以算出主应变

$$\begin{Bmatrix} \varepsilon^{\mathrm{I}} \\ \varepsilon^{\mathrm{II}} \end{Bmatrix} = \frac{\varepsilon_{0°} + \varepsilon_{60°} + \varepsilon_{120°}}{3} \pm \frac{\sqrt{2}}{3}\sqrt{(\varepsilon_{0°} - \varepsilon_{60°})^2 + (\varepsilon_{60°} - \varepsilon_{120°})^2 + (\varepsilon_{120°} - \varepsilon_{0°})^2} \quad (3-42)$$

结束语

应力是对受力物体内某一点附近的力传递状态的描述,应变是对一点附近局部变形状态的描述。本章通过微单元平衡分析得到平面应力状态下任意斜截面上的应力变换公式,由此可以求得主应力大小和方向。而主应力是构件强度设计的主要依据。对于复杂形状的构件,实验测量是对构件做应力分析的重要手段。然而,应力无法直接测量,而物体表面的应变可以用实验方法测量,而且可以通过应力-应变关系换算成应力。应变分析为应变测量和应力分析提供了基础。通过本章的学习,应该掌握平面应力状态下应力分量坐标变换和平面应变状态下应变分量坐标变换的解析法和莫尔应力圆方法,熟悉平面应力状态下面内主应力、主方向的确定,掌握三向应力圆的概念和最大切应力的概念。

思考题

3-1 什么是一点的应力状态? 什么是平面应力状态?

3-2 "构件中 A 点的正应力为 50 MPa,切应力为 30 MPa",这样的说法是否恰当? 应该怎样确切地描述一点的应力状态?

3-3 单元体两相对截面上的应力有怎样的关系? 在分析构件内应力分布规律时,要考虑单元体两相对截面的应力增量;而讨论一点沿不同方向的截面上应力变化时,可以不考虑这个增量,为什么?

3-4 什么是主平面? 什么是主应力? 主平面上切应力为零和正应力达到极值,这两者是必然同时存在的吗?

3-5 如何画三向应力状态的应力圆? 如何确定最大正应力与最大切应力?

3-6 三向应力圆在什么情况下:(1)成为一个圆;(2)成为一个点;(3)成为三个圆?

3-7 单向应力状态是几向应变状态? 单向应变状态是几向应力状态? 平面应力状态一般是几向应变状态? 在什么条件下平面应力状态同时也是平面应变状态?

3-8 应力圆或应变圆以及应力和应变的概念能否适用于非线性弹性变形或塑性变形的情况?

3-9 应变与应力一样,都是二阶张量,试述平面应变变换与平面应力变换有哪些共有的特性。

3-10 变形与位移有什么区别和联系? 构件的某一点处如果没有应变,该点就一定没有位移吗?

习题

3－1　已知应力状态如图 3－27 所示(应力单位:MPa),试用解析法求指定截面上的正应力和切应力。

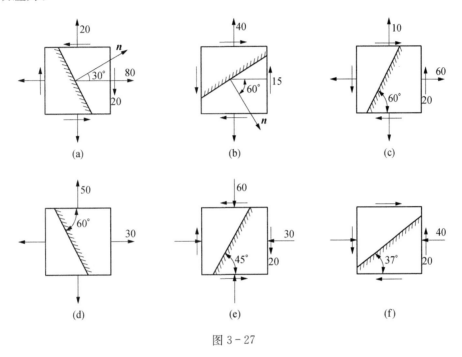

图 3－27

3－2　已知应力状态如图 3－28 所示(应力单位:MPa),试用图解法求指定截面上的正应力和切应力。

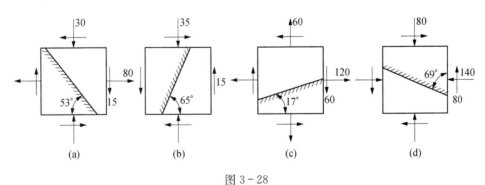

图 3－28

3－3　已知应力状态如图 3－29 所示(应力单位:MPa),试用解析法和图解法求主应力的数值及所在截面的方位,并在单元体中绘出。

3－4　已知应力状态如图 3－30 所示(应力单位:MPa),试绘出三向应力圆,求出主应力与最大切应力值。

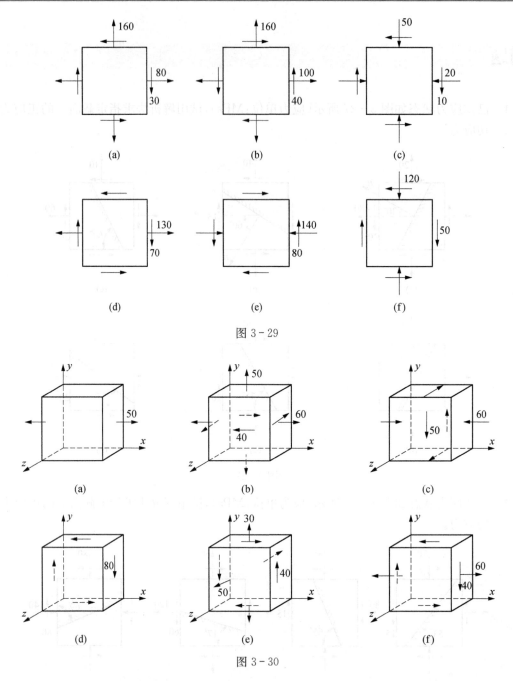

图 3-29

图 3-30

3-5 如图 3-31 所示单元体上的 $\sigma_x=60$ MPa,其 AB 面上无应力,试求 σ_y 及 τ_{xy}。

3-6 如图 3-32 所示受拉杆内两个相互垂直截面上的正应力分别为 $\sigma_\alpha=20$ MPa,$\sigma_\beta=60$ MPa,杆的横截面面积 $A=10$ cm²。试求:(1)力 F 的大小;(2)两已知应力截面与杆轴线间的夹角。

3-7 在平面应力状态的受力物体中切取一等边三角形单元,单元各面上的应力值如图 3-33 所示(单位:MPa)。试求其主应力及最大切应力的大小和截面位置。

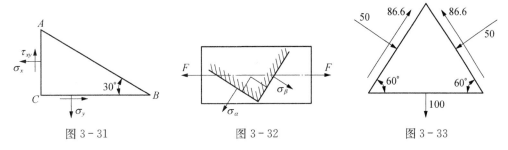

图 3 - 31　　　　　　　图 3 - 32　　　　　　　图 3 - 33

3 - 8 已知单元体的应力圆如图 3 - 34 所示(应力单位:MPa)。试作出主单元体的受力图,并指出与应力圆上 A 点相对应的截面位置(在主单元体图上标出)。主单元体是以主应力标示的单元体。

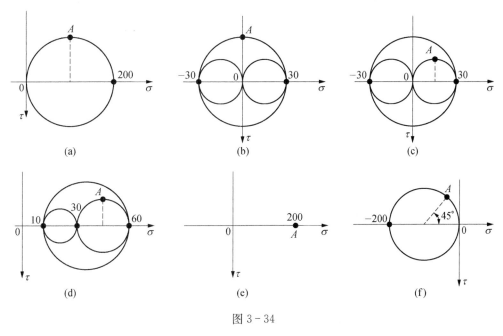

图 3 - 34

3 - 9 某构件上一点,在两种载荷分别作用下所引起的应力如图 3 - 35 所示。试求该点在两种载荷共同作用下的主应力和主方向。

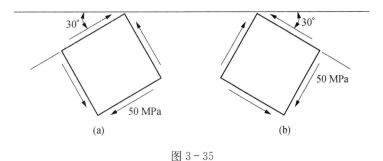

图 3 - 35

3 - 10 如图 3 - 36 所示双向拉伸应力状态,应力 $\sigma_x = \sigma_y = \sigma$。试证明任意斜截面上的正应力均等于 σ,而切应力为零。

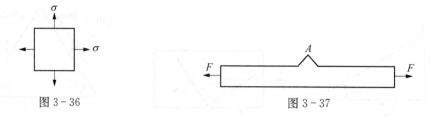

图 3 - 36   图 3 - 37

3－11 如图 3－37 所示受力板件,试证明 A 点处各截面的正应力与切应力均为零。

3－12 已知某点 A 处的截面 AB 与 AC 的应力如图 3－38 所示(应力单位为 MPa),试用图解法求主应力的大小及所在截面的方位。

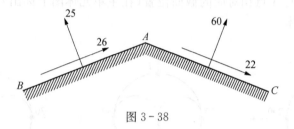

图 3 - 38

3－13 层合板构件中单元体受力如图 3－39 所示,各层板之间用胶粘接,接缝方向如图中所示。已知胶层切应力不得超过 1 MPa。试分析是否满足这一要求。

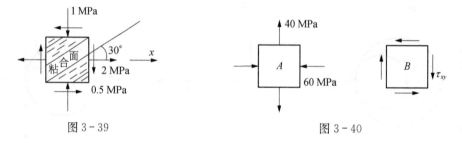

图 3 - 39   图 3 - 40

3－14 A,B 两点的应力状态如图 3－40 所示。已知两点处的主应力 σ_1 相同,求 B 点应力状态中的 τ_{xy}。

3－15 在受拉构件中两点 A,B 取出的单元体及其各面上的应力如图 3－41 所示,问该两点的应力状态是否相同? 为什么?

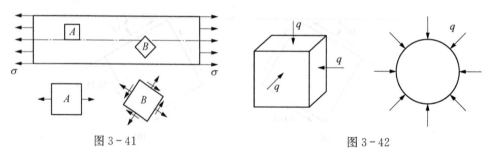

图 3 - 41   图 3 - 42

3－16 如图 3－42 所示球体和立方体,在其外表面上都受到均布压力 q 的作用。若(1)在两者中各任取一点,问这两点的应力状态是否相同? 主应力各为多大? (2)在两者中各任取一斜截面,两斜截面上的应力是否均匀分布而且大小相等?

3-17 平面应力状态下某点的应力如图 3-43 所示。用图解法求该点处的主应力值和主平面方位,并求此两截面间的夹角大小(单位:MPa)。

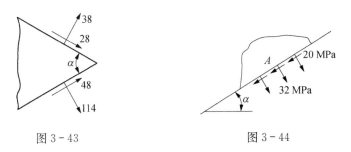

图 3-43　　　　　　　　　　　图 3-44

3-18 如图 3-44 所示结构构件中的一点 A 处,斜截面($\alpha = 35°$)上的应力 $\sigma = 32\,\text{MPa}$(拉)和 $\tau = 20\,\text{MPa}$(方向如图示),该点的铅垂面上的正应力为零。试求通过该点的水平截面上的正应力和切应力。

3-19 一个内半径为 r、厚度为 t 的半球形容器,以法兰盘支持,其内充满密度为 ρ 的液体,容器的截面如图 3-45 所示。试求在深度为 $y = r/2$ 处的应力(不计径向应力)。

3-20 试证明在一个半径为 r、厚度为 t,承受内压 p 的薄壁圆球体内,其主应力近似为

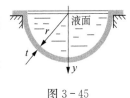

图 3-45

$$\sigma_r = 0, \quad \sigma_\theta = \sigma_\phi = \frac{pr}{2t}$$

3-21 一个 45° 的应变花的读数为 (1)$\varepsilon_{0°} = 100 \times 10^{-6}$,$\varepsilon_{45°} = 200 \times 10^{-6}$,$\varepsilon_{90°} = 900 \times 10^{-6}$;(2)$\varepsilon_{0°} = 1\,200 \times 10^{-6}$,$\varepsilon_{45°} = 400 \times 10^{-6}$,$\varepsilon_{90°} = 60 \times 10^{-6}$,试求应变花所在点的主应变。

3-22 在 $x\text{-}y$ 平面内的平面应变状态下,已知 $\varepsilon_x = 800 \times 10^{-6}$,$\varepsilon_y = 100 \times 10^{-6}$,$\gamma_{xy} = -800 \times 10^{-6}$,试求主应变的大小和方位。

3-23 如图 3-46 所示设在构件上某一点利用 45° 应变花分别测得其应变 $\varepsilon_{0°} = 50 \times 10^{-6}$,$\varepsilon_{45°} = -15 \times 10^{-6}$,$\varepsilon_{90°} = 2 \times 10^{-6}$,试确定该点处的主应变及其方向和最大切应变的大小。

3-24 如图 3-47 所示设在构件上某一点利用 60° 应变花分别测得其应变值为 $\varepsilon_{0°} = 374 \times 10^{-6}$,$\varepsilon_{60°} = -135 \times 10^{-6}$,$\varepsilon_{120°} = 227 \times 10^{-6}$,试确定该点处的主应变及其方向和最大切应变的大小。

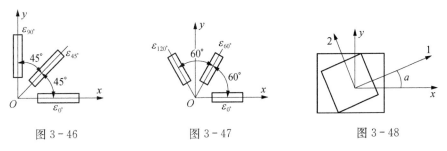

图 3-46　　　　　　　图 3-47　　　　　　　图 3-48

3-25 如图 3-48 所示已知构件内一点的主应变的大小及方向,应用解析法和图解法求解与

主方向 1 成 α 角方向的应变 ε_x，ε_y，γ_{xy}。

(1) $\varepsilon_1 = 74.1 \times 10^{-6}$，$\varepsilon_2 = -21.1 \times 10^{-6}$，$\alpha = 30°$。

(2) $\varepsilon_1 = 208 \times 10^{-6}$，$\varepsilon_2 = -49.5 \times 10^{-6}$，$\alpha = 30°$。

3 - 26 求下列平面应变状态的主应变和主方向：

(1) $\varepsilon_x = 0.000\,8$，$\varepsilon_y = 0.000\,4$，$\gamma_{xy} = 0.000\,2$。

(2) $\varepsilon_x = -0.001\,2$，$\varepsilon_y = 0.000\,8$，$\gamma_{xy} = 0.001\,0$。

(3) $\varepsilon_x = 0$，$\varepsilon_y = 0$，$\gamma_{xy} = 0.002\,4$。

3 - 27 如图 3 - 49 所示在构件表面的某点 O 处，用沿 $0°$，$60°$ 与 $120°$ 方位粘贴的三个应变片测得这三个方位的线应变分别为 $\varepsilon_0 = 300 \times 10^{-6}$，$\varepsilon_{60} = 200 \times 10^{-6}$ 与 $\varepsilon_{120} = -100 \times 10^{-6}$。试求该处的应变 ε_x，ε_y 和 γ_{xy} 及最大线应变 $\varepsilon_{\max}$。

3 - 28 如图 3 - 50 所示在构件表面的某点 O 处，用沿 $0°$，$45°$，$90°$ 与 $135°$ 方位粘贴的四个应变片测得这四个方位的线应变分别为 $\varepsilon_{0°} = 450 \times 10^{-6}$，$\varepsilon_{45°} = 350 \times 10^{-6}$，$\varepsilon_{90°} = 100 \times 10^{-6}$ 与 $\varepsilon_{135°} = 100 \times 10^{-6}$。试问上述测试结果在理论上是否可靠？

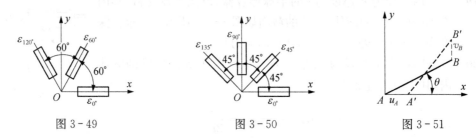

图 3 - 49　　　　　　　　图 3 - 50　　　　　　　　图 3 - 51

3 - 29 如图 3 - 51 所示 AB 杆，长度为 l，与 x 轴夹角为 θ。若 A，B 两端点分别有小的位移 u_A 和 v_B，使杆移动到 $A'B'$ 位置，试求该杆中的正应变。

3 - 30 如图 3 - 52 所示三角形平板，底边 BC 固定，顶点 A 产生水平位移为 $u_A = 5$ mm。求顶点 A 沿 x 方向的平均线应变 ε_x，沿 x' 方向的平均线应变 $\varepsilon_{x'}$ 及切应变 γ_{xy}（单位：mm）。

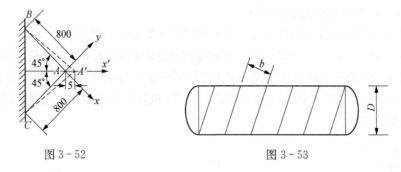

图 3 - 52　　　　　　　　　　　图 3 - 53

3 - 31 如图 3 - 53 所示，圆柱形压力容器由厚度为 t，宽度为 b 的钢板条焊接而成。如果要求焊缝承受的拉应力不超过材料本身最大拉应力的 80%，试问钢板最大容许宽度 b 为多大？

第4章
应力应变关系

前一章引进了应力和应变的概念以及应力分析和应变分析的公式。应力分析仅用到力的平衡概念,应变分析仅用到几何关系和位移的连续性。这些都没有涉及所研究物体的材料性质。本章开始将研究材料的性质。这些性质决定了各种材料特殊的应力-应变关系,显示出材料的力学性能。下面将着重描述低碳钢的力学性能,介绍各向同性材料的广义胡克定律。作为选读材料,将介绍各向异性的复合材料单层板的应力-应变关系。

4.1 低碳钢的拉伸试验

事实上,在第1章的绪论里已经提到过应力与应变之间的胡克定律。它描述了一类材料在小变形范围内,在简单拉伸(压缩)条件下所具有的线性弹性的力学性能。低碳钢 Q235 是工程上常用的金属材料。这一节着重介绍低碳钢的力学性能,然后简单介绍其他一些材料的性能。

有关材料性能的知识来自于宏观的材料试验,以及从这些试验得出的宏观的、唯象的理论。固体物理学家一直在从原子和分子量级上研究这些力学性能的微观基础。力学家也已开始从细观尺度来分析材料的力学性能,并已经取得了很大进展。材料力学作为固体力学的入门课程,将只限于材料的宏观力学性能的描述。

为了确定应力与应变关系,最常用的办法是用单向拉伸(压缩)试验来测定材料的力学性质。这种试验通常是在常温(室温)下对试件进行缓慢而平稳加载的静载试验。

4.1.1 低碳钢拉伸试验

按照国家标准"金属拉伸试验试样"(GB6397-86),将试件按规定做成标准的尺寸。如图 4-1 所示是一根中间直径为 d 的圆杆型试件,两端的直径比中间部分大,以便于在试验机夹头上夹持。试件中间取一段长度为 l 的等直部分作为标距。对圆截面标准试件,规定标距 l 与直径 d 的关系为 $l = 10d$,或 $l = 5d$,分别称为 10 倍试件和 5 倍试件。试件也可制成截面为矩形的平板型,平板试件的 10 倍与 5 倍试件

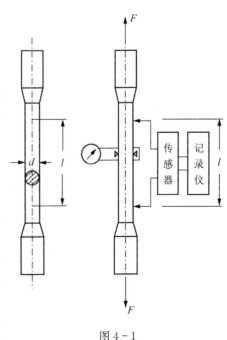

图 4-1

的标距分别为 $l = 11.3\sqrt{A}$ 和 $l = 5.65\sqrt{A}$，其中 A 为试件的横截面面积。在试件上安装测量伸长的传感器，然后开动试验机，缓慢加载。随着载荷 F 的增大，试件被逐渐拉长，产生伸长变形 Δl。通过力和变形传感器同时记录 F 和 Δl，作出试件的力-伸长曲线（force-elongation curve），或称为拉伸图（tensile diagram）。

在试件的标距内，材料处于单向拉伸应力状态，轴向应力 $\sigma = F/A$ 在截面上均匀分布。其中 A 是试件加载前的截面积。这一应力称为工程应力。轴向应变 $\varepsilon = \Delta l/l$。随着载荷的增加，试件的截面积在逐步减小，而应力 $\sigma_a = F/A_a$（A_a 为随加载而收缩的实际截面积）称为真应力（true stress）。

通常将试验测得的工程应力 σ 和应变 ε 绘制成应力-应变图（stress-strain diagram）。由于实际截面积在缩小，所以工程应力始终小于真应力。但在从开始加载的大部分过程中截面积 A 的变化很小，为了方便起见，我们用工程应力来绘制应力-应变关系曲线。

如图 4-2 所示是低碳钢的应力-应变图，它描述了试件从加载直到拉断的全过程的应力应变关系。从图上可见，整个过程可以分为四个阶段，体现了低碳钢材料的力学特性。

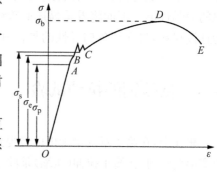

图 4-2

（1）弹性阶段。从开始加载到 A 点，OA 是一条直线，表明应力与应变成正比。这个阶段的应力应变关系可以表示成

$$\sigma = E\varepsilon \qquad (4-1)$$

其中比例常数 E 就是弹性模量。这一关系就是前面讲到的胡克定律。图上 A 点所对应的应力 σ_p，称为比例极限（proportional limit）。低碳钢的比例极限 $\sigma_p \approx 200\ \mathrm{MPa}$。超过 A 点后，应力-应变曲线开始偏离原来的直线路径。图上 AB 段呈现非线性关系。在点 B 以内的范围，试件的变形完全是弹性变形。也就是说，当卸载时，应力-应变曲线沿原路径返回，发生的变形可以全部恢复。超过 B 点后变形就不能完全恢复，材料将产生塑性变形（plastic deformation）。B 点对应的应力称为弹性极限（elastic limit），记为 σ_e。

并不是所有材料的应力-应变曲线从加载开始都有线性阶段。有些材料，比如橡胶，其应力-应变关系从一开始就呈非线性（见图4-3）。尽管低碳钢在弹性极限前的应力-应变曲线与橡胶的弹性曲线很不相同，但它们都是弹性变形，即是能够完全恢复原状的变形。

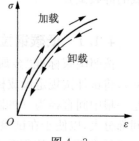

图 4-3

低碳钢的弹性极限与比例极限非常接近，以至于很难区分这两点。由于比例极限很接近弹性极限，所以应力-应变曲线有明显的线性弹性阶段，这类材料称为线弹性（linear-elastic）材料。如果比例极限远远低于弹性极限，在材料的弹性极限内应力-应变呈明显的非线性关系，这类材料称为非线性弹性（nonlinear-elastic）材料。

在试件拉伸的同时，其横向的尺寸，即试件的直径会减小。这一现象称为泊松效应。同样，如果试件受到轴向压缩，其侧向尺寸会增大。试件在轴向拉伸时侧向应变可以由试件直径的相对缩小来测量出，即 $\varepsilon' = -\Delta d/d$。负号表示这是收缩变形。在线性弹性阶段，我们发现侧

向应变与轴向应变成比例关系,可以表示为

$$\varepsilon' = -\mu\varepsilon \tag{4-2}$$

其中 ε 是轴向应变,ε' 是侧向应变,比例系数 μ 就是泊松比。工程材料的泊松比在 $0.2\sim0.5$ 之间。E 和 μ 是表征线弹性的、均质的、各向同性材料的基本材料常数。

(2) 屈服阶段。低碳钢的拉伸应力-应变图上从 B 点到 C 点出现应力值上下抖动,应变增加较快的一段曲线。这一阶段表明材料开始了非弹性行为。这种现象称为材料的屈服或流动 (yielding)。工程上常取应力值第一次返回的最低点应力为屈服强度(yield strength)或称为屈服极限、流动极限,记作 σ_s。这是表示材料性质的一个重要指标。低碳钢 Q235 的屈服极限 $\sigma_s \approx 235\ \text{MPa}$。

低碳钢材料屈服时,在抛光的试件表面能看到与试件轴向成 45° 的斜线,称为滑移线。我们知道单向拉伸时,与加力方向成 45° 的斜面上切应力最大,其值为 $\tau = \sigma/2$。对于低碳钢来说,切应力超过某极限值是引起晶格滑移的根本原因。而晶格之间的滑移导致材料产生不可恢复的塑性变形。

(3) 强化阶段。试验发现有些材料,如钢、铝、铜等,在超过屈服点后,为了继续增加变形,应力需要继续增加。材料又恢复了对变形的抵抗能力。这种现象称为材料的强化,这一阶段称为强化阶段。对低碳钢,如图 4-2 所示的 CD 阶段是强化阶段。在 D 点达到应力的最高点,该应力值称为材料的强度极限(ultimate strength),记为 σ_b。低碳钢的强度极限 $\sigma_b \approx 400\ \text{MPa}$。

超过了弹性极限后,材料就进入塑性变形阶段。在弹性阶段,完全卸载可以使试件完全恢复原状,没有残余变形。在塑性阶段卸载时,其卸载路径不是沿着原加载路径退回,而是沿着一条与初始线弹性部分平行的路径卸载。如图 4-4(a) 所示,加载时应力沿 OA 上升。假设 A 点已处于塑性阶段,从 A 点卸载,则应力将沿 AB 卸载到 B。OB 是不可恢复的永久变形,即塑性变形。从图上可见,BE 部分是已恢复的弹性应变。如果从 B 点开始第二次加载,应力将沿 BA 路径上升。BA 段将是弹性变形。如果在低于 A 点时卸载,应力将沿原路径回到 B 点。如果加载到 A 点后继续加载,从 A 点开始产生新的塑性变形。点 A 相当于第二次加载时的屈服点。它比初次加载时的屈服强度高。通过初次加载的塑性变形来提高材料的屈服强度,这一现象称为应变硬化(strain hardening)。工程中将钢筋等材料进行预拉伸,使材料的屈服强度提高,这种做法称为冷作硬化。经冷作硬化处理过的材料,断裂时的残余变形有所减小。

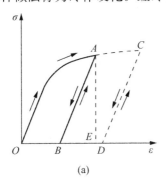
(a)

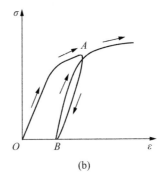
(b)

图 4-4

应该指出,从塑性区的 A 点卸载到 B 点,再从点 B 加载时,卸载与加载并不是精确地沿同一条路径走的。如图 4-4(b)所示,实际上有一个迟滞回路存在。这个回路包围的一小块面积表示损耗的能量。

（4）颈缩阶段。超过强度极限后应力将下降，直到最后试件断裂（见图 4-2 的 *DE* 段）。这一阶段试件截面积的减小不是在整个试件长度范围发生，而是试件的一个局部区域截面积急剧减小（见图 4-5）。这一现象称为"颈缩"（necking）。颈缩发生在试件较薄弱的部位。最后在颈缩部位试件断裂。

4.1.2 伸长率和收缩率

试件断裂后，残余的塑性变形可以由断裂后的标距长度 l_1 减去原长 l 得到。残余伸长量（$l_1 - l$）与原长度 l 之比定义为残余伸长率，简称伸长率（specific elongation），或称为延伸率。记为

图 4-5

$$\delta = \frac{l_1 - l}{l} \times 100\% \tag{4-3}$$

伸长率 δ 是衡量材料塑性性能的一个重要指标。低碳钢的伸长率为 $20\% \sim 30\%$。另一个衡量材料塑性性能的指标是截面收缩率，定义为

$$\psi = \frac{A - A_1}{A} \times 100\% \tag{4-4}$$

其中 A 是原截面面积，A_1 是试件拉断后，颈缩处最小截面的面积。低碳钢的截面收缩率约为 60%。

工程上根据材料塑性变形的能力，将材料分为延性材料（或称为塑性材料，ductile material）和脆性材料（brittle material）。通常将 $\delta > 5\%$ 的材料称为延性材料，如钢、铜、铝等；$\delta < 5\%$ 称为脆性材料，如铸铁、石料、混凝土等。应当注意。伸长率 δ 与弹性模量 E 没有直接的关系。δ 表示材料破坏前的变形能力，而 E 表示材料在弹性阶段抵抗变形的能力。不同成分的钢材，弹性模量大致相同，而它们的伸长率可以有很大的差别。

4.2 其他材料拉伸时的力学性能

4.2.1 其他塑性材料

其他许多金属材料的应力-应变图显示它们也有很好的塑性。其中 16 锰钢是常用的低合金钢。如图 4-6 所示，16 锰钢的应力-应变曲线与 Q235 钢很相似，其弹性模量与 Q235 钢几乎一样，它的抗拉强度 σ_b 和流动极限 σ_s 较 Q235 钢有明显的提高。

从图 4-6 可见，有些金属材料的应力-应变曲线没有明显的屈服阶段，也很难精确地确定比例极限或弹性极限。没有明显屈服阶段的材料，不存在屈服极限 σ_s。其他三个阶段仍然比较明显。

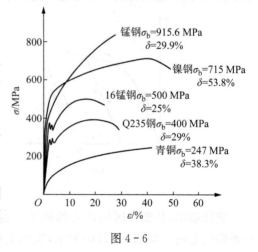

图 4-6

对这些材料,我国的标准规定,取对应于试件卸载后产生 0.2% 的残余应变的应力值,作为材料的屈服强度,称为名义屈服强度。具体的方法是(见图 4-7),从原点作应力-应变曲线的切线,在横轴上 $\varepsilon = 0.2\%$ 的 A 点开始,作与此切线的平行线,与应力-应变曲线相交与 B 点,对应的应力就是该材料的名义屈服强度,记为 $\sigma_{0.2}$。

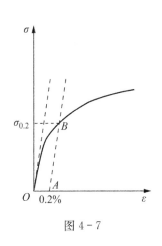
图 4-7

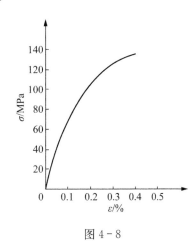
图 4-8

4.2.2　脆性材料

工程上常用的脆性材料有铸铁、混凝土、陶瓷等。在拉伸试验时,它们从开始受拉伸直至断裂,试件的变形都非常小。如图 4-8 所示是灰口铸铁的应力-应变曲线。由图可见在拉伸过程中没有屈服现象。试件断裂时变形很小,断裂后的横截面几乎没有什么变化。材料的伸长率很小,$\delta \approx 0.5\% \sim 0.6\%$。脆性材料一般拉伸强度很低,抗压强度比抗拉强度高得多。工程中主要应用其抗压性能。例如在钢筋混凝土构件中,混凝土主要用来承受压力,设计中甚至忽略其抗拉能力,只考虑其抗压能力。另一个重要特征是,脆性材料的断裂总是突然发生。不像塑性材料那样,断裂以前发生很大塑性变形,同时也可吸收很多能量,有破坏的前兆,提醒人们注意。因此,脆性材料不宜制作承受动载荷的重要部件。

需要指出的是,通常所说的延性材料和脆性材料,是按材料在常温下,以低应变率的拉伸试验所得的伸长率 δ 来区分的。实际上,材料的延性或脆性并非是固定不变的性质。在一定条件下(如温度、变形速度、应力状态等)材料性能是会变化的。例如,在常温下静载试验表现为延性的低碳钢,在低温下可以像铸铁一样呈现脆性。

4.3　压缩时材料的力学性能

压缩试验的金属试件通常做成短圆柱形,高度约为直径的 1.5～3.0 倍。这是为了避免试件在压缩时产生失稳。压缩试验同样可以得到材料的应力-应变曲线。

4.3.1　塑性材料

图 4-9 中的实线是低碳钢压缩时的应力-应变曲线,虚线是拉伸时的曲线。由图可见,当

应力小于屈服极限时,压缩的性质与拉伸时很相似。其比例极限、屈服极限、弹性模量都与拉伸试验时的值很接近。低碳钢压缩时也有屈服现象,但屈服阶段比较短暂。超过屈服极限后,圆柱形试件端面与试验机接触的表面由于受摩擦力作用,使试件的横向变形受阻,所以试件逐渐呈鼓形。随着载荷的增加,试件被压成饼状,但并不破坏,因此无法测出其抗压强度极限。

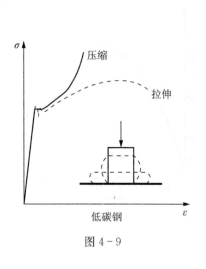

图 4-9

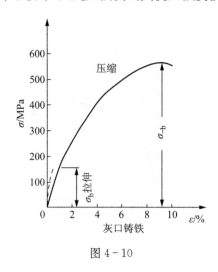

图 4-10

4.3.2 脆性材料

图 4-10 中的实线是灰口铸铁压缩时的应力-应变曲线。铸铁压缩时,应力应变曲线没有明显的直线部分,也没有屈服现象。铸铁试件受压时,随着压力的增加,试件呈鼓状。最后铸铁试件沿 $45°\sim55°$ 斜截面破坏[见图 4-11(a)]。破坏时的最大压应力称为抗压强度极限。脆性材料的抗压强度极限 σ_{-b} 比拉伸时的强度极限 σ_b 大得多。铸铁的抗压强度比抗拉强度大 2~4 倍。铸铁还有价廉、耐磨、浇铸性能好等优点,可用于制造机器的机座、机床床身等承压为主的构件。而石料的压缩破坏形式与铸铁不同[见图 4-11(b)],破坏时材料沿许多纵向截面裂开。

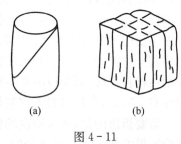

图 4-11

4.4 线弹性应力-应变关系与广义胡克定律

在材料的拉伸和压缩试验中,试件的被测试部分处于单向应力状态。通过实验测得轴向应力和轴向应变的关系曲线。现在的问题是,如果在一般应力状态下,应力与应变之间会有怎样的关系? 这一节将建立线弹性范围内各向同性材料所有六个应力分量与六个应变分量之间的关系。

一般应力状态下有三个正应力分量和三个切应力分量。一般的应变状态有三个正应变分量和三个切应变分量。如果每一个应力分量与每一个应变分量都成线性关系,那么共有六个方程,可以将六个应变分量用六个应力分量来表示。

4.4.1　广义胡克定律

如图 4-12 所示单元体,当只有沿 x 方向的正应力 σ_x 作用时,这个方向的正应变 ε_x 可以表示为

$$\varepsilon_x = \frac{\sigma_x}{E}$$

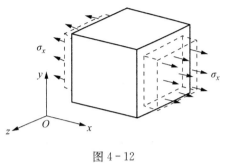

图 4-12

这是单向应力状态的胡克定律。对于各向同性材料,轴向拉伸时的侧向收缩应变在 y 方向和 z 方向是相等的,它们可以表示为

$$\varepsilon_y = \varepsilon_z = -\mu\varepsilon_x = -\mu\frac{\sigma_x}{E}$$

如果该单元体上还存在沿 y 方向的正应力 σ_y,以及沿 z 方向的正应力 σ_z 的作用,由于应力与应变成线性关系,所以某一方向的应变可以由各项应力在此方向的应变叠加产生。由 σ_y 产生的应变将是

$$\varepsilon_y = \frac{\sigma_y}{E}, \quad \varepsilon_x = \varepsilon_z = -\mu\varepsilon_y = -\mu\frac{\sigma_y}{E}$$

由 σ_z 产生的应变将是

$$\varepsilon_z = \frac{\sigma_z}{E}, \quad \varepsilon_x = \varepsilon_y = -\mu\varepsilon_z = -\mu\frac{\sigma_z}{E}$$

将以上三个正应力产生的应变叠加,可以得出三个正应变分量与三个正应力分量之间的关系为

$$\left.\begin{array}{l} \varepsilon_x = \dfrac{1}{E}[\sigma_x - \mu(\sigma_y + \sigma_z)] \\[2mm] \varepsilon_y = \dfrac{1}{E}[\sigma_y - \mu(\sigma_z + \sigma_x)] \\[2mm] \varepsilon_z = \dfrac{1}{E}[\sigma_z - \mu(\sigma_x + \sigma_y)] \end{array}\right\} \tag{4-5a}$$

与单向拉伸时正应力与正应变的关系类似,可以通过纯剪切试验得到切应力和切应变的关系。实验证明切应变与切应力也成正比关系,它们可以写成

$$\gamma = \frac{\tau}{G}$$

这里的 G 就是剪切模量,代表材料抵抗剪切变形的能力。在一般应力状态下,每一个切应变分量只与其相应的切应力分量有关,即

$$\gamma_{xy} = \frac{\tau_{xy}}{G}, \quad \gamma_{yz} = \frac{\tau_{yz}}{G}, \quad \gamma_{zx} = \frac{\tau_{zx}}{G} \tag{4-5b}$$

可以证明,各向同性材料在正应力作用下只能产生正应变,不会产生切应变。如图 4-13(a)

所示,从某一各向同性材料中取出一单元体。假如单元体在 x 方向的正应力作用下产生了切应变。那么将材料绕 x 轴转 180°后截取单元体,在同样的正应力作用下会产生一个符号相反的切应变[见图 4-13(b)]。既然材料是各向同性的,其应变应该与材料的取向无关,这样就论证了正应力作用下不应该产生切应变。

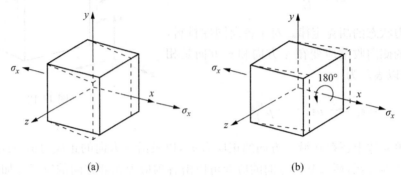

(a)   (b)

图 4-13

切应力只能引起相对应的切应变,不会产生正应变,这一点可以论证如下。如图 4-14 (a)所示,从各向同性材料中截取一单元体。假如在切应力 τ_{zx} 的作用下单元体产生了沿 z 方向的正应变,现在假定将材料绕 OA 轴[见图 4-14(b)]转动 180°后截取单元体,那么在切应力 τ_{zx} 的作用下应该产生 x 方向的正应变。这一结果与各向同性材料的在相同应力作用下的应变应该与材料取向无关的要求相矛盾。所以切应力不应该产生正应变。类似地利用对称性还可证明每一个切应力分量只能产生与其相应的切应变,不会产生其他方向的切应变。

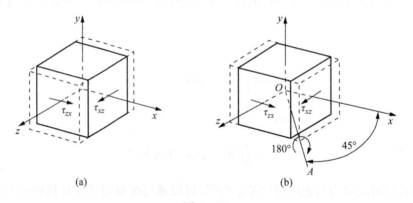

(a)   (b)

图 4-14

式(4-5)表示的六个应力-应变方程称为广义胡克定律(generalized Hooke's law)。关于切应力和切应变的三个方程也说明,切应力为零的方向上切应变也为零。也就是说,受载各向同性材料的任一点处的应变主轴与该点的应力主轴相重合。

4.4.2 材料常数之间的关系

各向同性材料只有两个独立的材料常数,所以材料常数 E,G 和 μ 之间有一定的关系。为此,考虑在 x-y 坐标系中处于纯剪切应力状态的一个单元体(见图 4-15)。根据胡克定律

$$\gamma_{xy} = \frac{\tau}{G}$$

该点的应力主轴在与 x 轴成 $45°$ 的 $1-2$ 方向。这里应力和应变的下标 1，2 仅表示它们是主轴 1，2 方向的量，主应力是

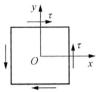 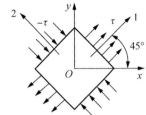

$$\sigma_1 = \tau, \quad \sigma_2 = -\tau$$

应用广义胡克定律，相应的主应变为

图 4 - 15

$$\varepsilon_1 = \frac{\sigma_1 - \mu\sigma_2}{E} = \frac{(1+\mu)\tau}{E}$$

$$\varepsilon_2 = \frac{\sigma_2 - \mu\sigma_1}{E} = -\frac{(1+\mu)\tau}{E}$$

另一方面，利用 1 轴到 x 轴的应变变换，可以得到

$$\gamma_{xy} = -(\varepsilon_1 - \varepsilon_2)\sin(-2\times45°) = \varepsilon_1 - \varepsilon_2 = \frac{2(1+\mu)}{E}\tau$$

γ_{xy} 的两个表达式必须相等，于是得到弹性模量 E、剪切模量 G 和泊松比 μ 之间的关系为

$$G = \frac{E}{2(1+\mu)} \tag{4-6}$$

4.4.3　体积弹性模量

将坐标轴方向取在应力主轴方向，原来边长为 $\mathrm{d}x$，$\mathrm{d}y$，$\mathrm{d}z$ 的微单元体，原体积为 $\mathrm{d}V = \mathrm{d}x\mathrm{d}y\mathrm{d}z$。在三个主应力作用下，其体积变为

$$\mathrm{d}V_1 = (1+\varepsilon_1)(1+\varepsilon_2)(1+\varepsilon_3)\mathrm{d}x\mathrm{d}y\mathrm{d}z$$

上式展开后略去高阶小量，得到

$$\mathrm{d}V_1 = (1+\varepsilon_1+\varepsilon_2+\varepsilon_3)\mathrm{d}V$$

由此得到体积的变化率为

$$\theta = \frac{\mathrm{d}V_1 - \mathrm{d}V}{\mathrm{d}V} = \varepsilon_1 + \varepsilon_2 + \varepsilon_3 \tag{4-7}$$

应用广义胡克定律可得

$$\theta = \frac{1-2\mu}{E}(\sigma_1 + \sigma_2 + \sigma_3) = \frac{\sigma_\mathrm{m}}{K} \tag{4-8}$$

式中

$$\sigma_\mathrm{m} = \frac{\sigma_1 + \sigma_2 + \sigma_3}{3} \tag{4-9}$$

称为平均应力；

$$K = \frac{E}{3(1-2\mu)} \tag{4-10}$$

称为体积模量(bulk modulus)。θ 也称为体积应变(bulk strain)。式(4-8)表明,单元体体积的改变只与平均应力有关。

例 4-1 如图 4-16 所示边长为 $a = 0.1$ m 的铝质立方块,无间隙地嵌入钢制凹槽内。由于钢块的体积大,其变形可以忽略不计。已知铝的弹性模量 $E = 71$ GPa,泊松比 $\mu = 0.3$。铝块的上表面受到垂直向下的均布力作用,其合力为 $F = 100$ kN。试求该铝块的主应力和最大切应力。

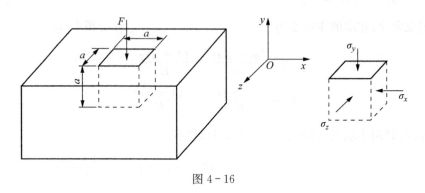

图 4-16

解:铝块在 y 方向受压,产生侧向膨胀的倾向,由于受钢壁的阻碍,使其在 x,z 方向的应变为零。根据广义胡克定律(4-5a):

$$\varepsilon_x = \frac{1}{E}[\sigma_x - \mu(\sigma_y + \sigma_z)] = 0 \tag{a}$$

$$\varepsilon_z = \frac{1}{E}[\sigma_z - \mu(\sigma_x + \sigma_y)] = 0 \tag{b}$$

根据 y 方向平衡条件可知

$$\sigma_y = -\frac{F}{a^2} = -\frac{100 \times 10^3 \text{ N}}{0.1^2 \text{ m}^2} = -10.0 \text{ MPa}$$

代入式(a)和(b),并求解,可得

$$\sigma_x = \sigma_z = \frac{\mu(1+\mu)}{1-\mu^2}\sigma_y = \frac{0.3 \times (1+0.3)}{1-0.3^2}(-10.0 \text{ MPa}) = -4.29 \text{ MPa}$$

按主应力的代数值排序,得到铝块的主应力为

$$\sigma_1 = \sigma_2 = -4.29 \text{ MPa}, \quad \sigma_3 = -10.0 \text{ MPa}$$

最大切应力为

$$\tau_{\max} = \frac{\sigma_1 - \sigma_3}{2} = 2.86 \text{ MPa}$$

例 4-2 如图 4-17 所示圆筒形薄壁压力容器,内部储存气体的压力为 p。圆筒的中面的直径为 $D = 800$ mm,容器壁的厚度为 $t = 5$ mm。忽略容器的自重。容器钢材的弹性模量 $E = 200$ GPa,泊松比 $\mu = 0.3$。从粘贴在筒表面沿周向的应变片测得 $\varepsilon_\theta = 600 \times 10^{-6}$。试求筒内气体的压力 p,以及筒的纵向应变 ε_x。

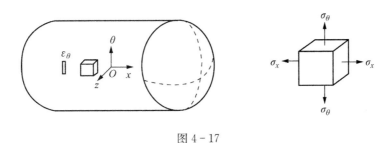

图 4 - 17

解：从第 3 章例题 3 - 6 的分析可知，筒壁的周向和轴向应力分别为 $\sigma_\theta = \dfrac{pD}{2t}$，$\sigma_x = \dfrac{pD}{4t}$，处于沿轴向和周向双向拉伸的应力状态。根据广义胡克定律

$$\varepsilon_\theta = \frac{1}{E}(\sigma_\theta - \mu\sigma_x) = \frac{pD}{4Et}(2 - \mu)$$

所以

$$p = \frac{4Et\varepsilon_\theta}{D(2-\mu)} = \frac{4 \times 200 \times 10^9\,\text{Pa} \times 0.005\,\text{m}}{0.8\,\text{m} \times (2-0.3)} \times 600 \times 10^{-6} = 1.76\,\text{MPa}$$

轴向应变

$$\varepsilon_x = \frac{1}{E}(\sigma_x - \mu\sigma_\theta) = \frac{pD}{4Et}(1 - 2\mu)$$

$$= \frac{1.76 \times 10^6\,\text{Pa} \times 0.8\,\text{m}}{4 \times 200 \times 10^9\,\text{Pa} \times 0.005\,\text{m}}(1 - 2 \times 0.3) = 140 \times 10^{-6}$$

例 4 - 3　钢制圆杆的直径 $d = 2\,\text{cm}$，上端固定，下端受拉力 F 的作用（见图 4 - 18）。假设圆杆中间部分截面上的应力均匀分布，处于单向拉伸状态。在圆杆表面测得与轴向成 30° 方向的应变为 $\varepsilon_{30} = 410 \times 10^{-6}$。钢的弹性模量 $E = 200\,\text{GPa}$，泊松比 $\mu = 0.3$。试求力 F 的大小。

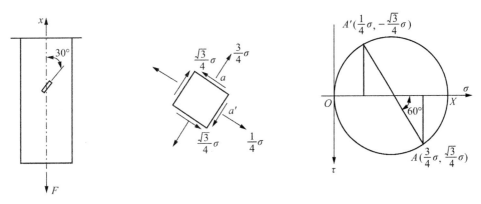

图 4 - 18

解：假定拉杆横截面上的正应力为 σ。作单向拉伸状态的应力圆。圆上的点 X 对应于圆杆 x 截面上的正应力 σ。法向与杆的轴向成 30° 的 a 截面与应力圆上的点 A 相对应。从应力圆可知，截面 a 的正应力和切应力分别为

$$\sigma_a = \frac{3}{4}\sigma, \ \tau_a = \frac{\sqrt{3}}{4}\sigma$$

与截面 a 垂直的截面 a' 上的正应力和切应力为

$$\sigma_{a'} = \frac{1}{4}\sigma \quad \tau_{a'} = -\frac{\sqrt{3}}{4}\sigma$$

根据广义胡克定律

$$\varepsilon_{30} = \frac{1}{E}(\sigma_a - \mu\sigma_{a'}) = \frac{1}{E}\left(\frac{3}{4}\sigma - \frac{1}{4}\mu\sigma\right)$$

$$\sigma = \frac{4E\varepsilon_{30}}{3-\mu} = \frac{4 \times 200 \times 10^9 \text{ Pa} \times 410 \times 10^{-6}}{2.7} = 121.5 \text{ MPa}$$

所以

$$F = \frac{\pi d^2}{4}\sigma = \frac{\pi \times 0.02^2 \text{ m}^2}{4} \times 121.5 \times 10^6 \text{ Pa} = 38.16 \text{ kN}$$

例 4 - 4 如图 4 - 19 所示，一个高度为 h，宽度为 b，长度为 l 的弹性正六面体，在外力作用以前正好嵌在相距 h 的两个刚性壁之间。以弹性体的中心为坐标原点建立坐标系。已知材料的弹性模量为 E，泊松比为 μ。当沿 x 方向有一对 F 力作用时，求物体的应力和应变。

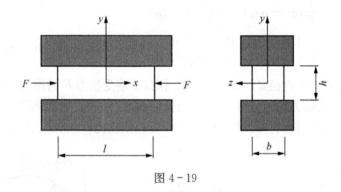

图 4 - 19

解：为了将问题简化为理想的模型，作如下的假设：

（1）x 方向的作用力 F 看作均匀分布在两个端面上的正应力；

（2）z 方向不受约束，所以 z 方向的正应力为零 $\sigma_z = 0$，物体处于 x-y 平面内的平面应力状态；

（3）在 y 方向受刚性壁的约束，所以假设 y 方向的应变为零 $\varepsilon_y = 0$，即在 x-z 平面内处于平面应变状态；

（4）忽略两刚性壁与物体间的摩擦力；

（5）物体与刚性壁的接触面上的正应力均匀分布。

由题意可知，$\sigma_x = -\dfrac{F}{bh}$， $\sigma_y = \text{constant}$， $\sigma_z = 0$， $\tau_{xy} = \tau_{yz} = \tau_{zx} = 0$。

从式（4 - 5）可知

$$\varepsilon_x = \frac{1}{E}(\sigma_x - \mu\sigma_y), \quad \varepsilon_y = \frac{1}{E}(\sigma_y - \mu\sigma_x), \quad \varepsilon_z = -\frac{1}{E}\mu(\sigma_x + \sigma_y)$$

$$\gamma_{xy} = \gamma_{yz} = \gamma_{zx} = 0$$

由于 $\varepsilon_y = 0$，所以

$$\sigma_y = \mu\sigma_x = -\mu\frac{F}{bh}$$

$$\varepsilon_x = \frac{1}{E}(\sigma_x - \mu\sigma_y) = \frac{(\mu^2 - 1)}{Ebh}F$$

$$\varepsilon_z = -\frac{1}{E}\mu(\sigma_x + \sigma_y) = \frac{\mu(1+\mu)}{Ebh}F$$

4.5　热应变

除了应力以外，温度的改变也能引起材料的变形。对于各向同性材料，温度的改变可以在各个方向上引起均匀的正应变，其数值为

$$\varepsilon_x^T = \varepsilon_y^T = \varepsilon_z^T = \alpha\Delta T \tag{4-11a}$$

式中的系数 α 是材料的热膨胀系数，上标 T 表示热应变（thermal strain）。$\Delta T = T - T_0$ 为温度的变化。对于各向同性材料，温度变化不会引起切应变，即

$$\gamma_{xy}^T = \gamma_{yz}^T = \gamma_{xz}^T = 0 \tag{4-11b}$$

在小变形情况下，热应变可以与应力引起的应变直接叠加，这样，各向同性材料在应力和温度作用下的热弹性应力应变关系可以写成

$$\left.\begin{aligned}\varepsilon_x &= \frac{1}{E}[\sigma_x - \mu(\sigma_y + \sigma_z)] + \alpha\Delta T \\[4pt] \varepsilon_y &= \frac{1}{E}[\sigma_y - \mu(\sigma_z + \sigma_x)] + \alpha\Delta T \\[4pt] \varepsilon_z &= \frac{1}{E}[\sigma_z - \mu(\sigma_x + \sigma_y)] + \alpha\Delta T\end{aligned}\right\} \tag{4-12a}$$

$$\gamma_{yz} = \frac{\tau_{yz}}{G}, \quad \gamma_{zx} = \frac{\tau_{zx}}{G}, \quad \gamma_{xy} = \frac{\tau_{xy}}{G} \tag{4-12b}$$

弹性体内一点处的总应变是应力引起的弹性应变和温度引起的热应变两部分之和。用 ε^e 表示由应力引起的弹性应变，ε^T 表示由温度引起的热应变。那么，总应变可以写成

$$\varepsilon = \varepsilon^e + \varepsilon^T \tag{4-13}$$

当材料在某一方向受到约束而不能产生应变时，该方向总应变为零。

静不定结构在温度变化时，由于材料的热膨胀受到约束，结构会产生热应力（thermal stress）。静定结构的构件能够自由伸缩，温度变化时不会产生热应力。

例 4-5　如图 4-20 所示两端固定的钢制蒸汽管道，长度为 l。钢的弹性模量 $E = 200\,\text{GPa}$，热膨胀系数 $\alpha = 12.5 \times 10^{-6}/℃$。安装时温度为 T_0，求温度升高 $\Delta T = 30℃$ 时管道内的热应力。

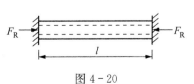

图 4-20

解：管道的温度应变

$$\varepsilon^{\mathrm{T}} = \alpha \Delta T$$

由于两端受约束，管道的总应变为零。根据式（4-13）得

$$\varepsilon^{\mathrm{e}} = \frac{\sigma}{E} = -\varepsilon^{\mathrm{T}} = -\alpha \Delta T$$

所以

$$\sigma = -\alpha \Delta T \cdot E = -12.5 \times 10^{-6} \times 30 \times 200 \times 10^{9}\,\mathrm{Pa} = -75\,\mathrm{MPa}$$

可见温度升高30℃时管道内已产生相当高的热应力。这个结果与管道的长度无关。但如果管道很长，可能引起失稳。工程中常在蒸汽管道中设置弯头，来避免产生过高的热应力。铁轨在两段连接处预留一定的间隙，房屋中间预留伸缩缝，这些措施都是为了减小对热膨胀的约束，降低热应力。

例4-6 一个正六面体钢块（见图4-21），体积为 $90 \times 50 \times 40\,\mathrm{mm}^3$。两端受固定的刚性物体阻碍。其右端正好与刚性体接触，左端离刚性体有 0.02 mm 间隙。钢块的上表面受均布力作用，合力值为 $F = 700\,\mathrm{kN}$。钢的弹性模量 $E = 207\,\mathrm{GPa}$，泊松比 $\mu = 0.3$，热膨胀系数 $\alpha = 11 \times 10^{-6}/℃$。当温度上升15℃时，求钢块的应力和体积的变化。

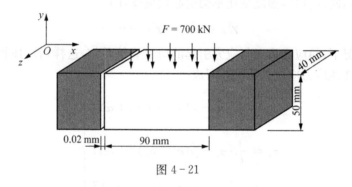

图 4-21

解：由题意知，

$$\sigma_y = -\frac{700 \times 10^3\,\mathrm{N}}{0.09 \times 0.04\,\mathrm{m}^2} = -194.4\,\mathrm{MPa},\ \sigma_z = 0$$

x 方向允许最大的伸长为 0.02 mm，先假设变形后钢块充满了间隙，即

$$\varepsilon_x = \frac{0.02\,\mathrm{mm}}{90\,\mathrm{mm}} = 222.2 \times 10^{-6}$$

这一应变由弹性应变和热应变两部分组成。根据式（4-13），

$$\varepsilon_x = \frac{1}{E}[\sigma_x - \mu(\sigma_y + \sigma_z)] + \alpha \Delta T$$

$$= \frac{\sigma_x - 0.3 \times (-194.4 \times 10^6 + 0)\,\mathrm{Pa}}{207 \times 10^9\,\mathrm{Pa}} + 11 \times 10^{-6} \times 15 = 222.2 \times 10^{-6}$$

所以 $\sigma_x = -46.48\,\mathrm{MPa}$。

计算结果 σ_x 为负值,即钢块在 x 方向受压,证明先前关于间隙被充满的假设是正确的。

为了求体积变化,需要知道另两个应变值:

$$\varepsilon_y = \frac{1}{E}[\sigma_y - \mu(\sigma_x + \sigma_z)] + \alpha \Delta T$$

$$= \frac{-194.4 \times 10^6 \text{ Pa} - 0.3 \times (-46.48 \times 10^6 + 0) \text{ Pa}}{207 \times 10^9 \text{ Pa}} + 11 \times 10^{-6} \times 15$$

$$= -707 \times 10^{-6}$$

$$\varepsilon_z = \frac{1}{E}[\sigma_z - \mu(\sigma_x + \sigma_y)] + \alpha \Delta T$$

$$= \frac{0 - 0.3 \times (-46.48 \times 10^6 - 194.4 \times 10^6) \text{ Pa}}{207 \times 10^9 \text{ Pa}} + 11 \times 10^{-6} \times 15$$

$$= 514 \times 10^{-6}$$

体积应变

$$\theta = \varepsilon_x + \varepsilon_y + \varepsilon_z = 29.5 \times 10^{-6}$$

所以钢块的体积变化为

$$\Delta V = V\theta = 90 \times 50 \times 40 \text{ mm}^3 \times 29.5 \times 10^{-6} = 5.31 \text{ mm}^3$$

* 4.6　复合材料的应力-应变关系

复合材料(composite material)是由两种或两种以上材料组合而成的材料。制成纤维形状的材料比块状的同一种材料的强度高得多。普通平板玻璃的强度很低,但玻璃纤维的强度高达 3 400～4 800 MPa,比普通钢的强度高 10 倍。纤维的直径很小,不能单独用纤维来承力,必须将大量的纤维埋到基体材料里才能做成承力构件。常用的纤维有玻璃纤维、石墨纤维、硼纤维等,常用的基体材料有环氧树脂、铝合金等。复合材料已广泛用于航空航天运载器、火箭、卫星、地面交通工具、舰船、潜艇、化工容器以及赛车、赛艇等各种工业和民用产品的制造。复合材料力学的研究已成为专门的学科。单向纤维增强复合材料(unidirectional fiber reinforced composites)是一种各向异性材料。这一节将简单介绍单向长纤维复合的单层板(lamina)的线弹性应力-应变关系。

4.6.1　单层板在材料主轴方向的应力-应变关系

如图 4-22(a)所示是单层的纤维增强板的示意图。实际的纤维直径是微米量级,而层板的厚度是毫米量级。所以层板仍然假设为均匀连续的正交异性材料。将坐标轴设置在三个正交的材料主轴方向:1 轴沿纤维方向,2 轴沿与纤维垂直的方向,3 轴沿板的厚度方向。注意这一节的上下标 1,2,3 不代表应力和应变主轴方向。假设单层板处于平面应力状态:

$$\sigma_3 = 0, \quad \tau_{13} = 0, \quad \tau_{23} = 0$$

正应力 σ_1 的作用会引起 1 轴方向的伸长应变和 2 轴方向的收缩应变,它们分别为[见

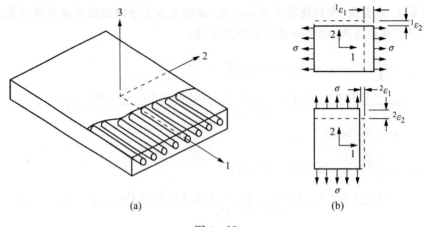

图 4 - 22

图 4 - 22(b)]

$$^1\varepsilon_1 = \frac{\sigma_1}{E_1}, \quad ^1\varepsilon_2 = -\mu_{12}\frac{\sigma_1}{E_1}$$

式中的上标 1 表示应力方向。同样,2 轴方向的正应力 σ_2 的作用会引起 2 轴方向的伸长应变和 1 轴方向的收缩应变

$$^2\varepsilon_2 = \frac{\sigma_2}{E_2}, \quad ^2\varepsilon_1 = -\mu_{21}\frac{\sigma_2}{E_2}$$

其中 E_1 和 E_2 分别为 1 轴和 2 轴方向的弹性模量,μ_{ij} 为 i 方向的应力作用时引起 j 轴方向应变的泊松比,即

$$\mu_{ij} = -\frac{\varepsilon_j}{\varepsilon_i} \tag{4-14}$$

所以,由 σ_1 和 σ_2 引起的在 1 轴和 2 轴方向的正应变分别为

$$\varepsilon_1 = \frac{\sigma_1}{E_1} - \mu_{21}\frac{\sigma_2}{E_2} \tag{4-15a}$$

$$\varepsilon_2 = \frac{\sigma_2}{E_2} - \mu_{12}\frac{\sigma_1}{E_1} \tag{4-15b}$$

在 1 - 2 平面内的切应变 γ_{12} 与切应力 τ_{12} 成线性关系:

$$\gamma_{12} = \frac{\tau_{12}}{G_{12}} \tag{4-15c}$$

式中 G_{12} 为 1 - 2 平面的剪切模量。将上述方程写成矩阵形式:

$$\begin{Bmatrix} \varepsilon_1 \\ \varepsilon_2 \\ \dfrac{\gamma_{12}}{2} \end{Bmatrix} = \begin{bmatrix} S_{11} & S_{12} & 0 \\ S_{21} & S_{22} & 0 \\ 0 & 0 & 2S_{66} \end{bmatrix} \begin{Bmatrix} \sigma_1 \\ \sigma_2 \\ \tau_{12} \end{Bmatrix} \tag{4-16}$$

式中

$$S_{11} = \frac{1}{E_1}, \quad S_{12} = -\frac{\mu_{21}}{E_2}, \quad S_{21} = -\frac{\mu_{12}}{E_1}, \quad S_{22} = \frac{1}{E_2}, \quad S_{66} = \frac{1}{G_{12}}$$

上式的 $[S_{ij}]$ 称为柔度矩阵。可以证明这是对称矩阵,即有

$$S_{21} = S_{12}, \quad 或 \frac{\mu_{12}}{E_1} = \frac{\mu_{21}}{E_2}$$

这样,表征单层板的应力-应变关系需要四个独立弹性系数:E_1,E_2,μ_{12},G_{12}。而泊松比 μ_{21} 可以从上式得到

$$\mu_{21} = \frac{E_2}{E_1} \mu_{12} \tag{4-17}$$

将式(4-16)求逆,可以得到应力用应变表达的关系式

$$\begin{Bmatrix} \sigma_1 \\ \sigma_2 \\ \tau_{12} \end{Bmatrix} = \begin{bmatrix} Q_{11} & Q_{12} & 0 \\ Q_{21} & Q_{22} & 0 \\ 0 & 0 & Q_{66} \end{bmatrix} \begin{Bmatrix} \varepsilon_1 \\ \varepsilon_2 \\ \gamma_{12} \end{Bmatrix} \tag{4-18}$$

式中 $[Q_{ij}]$ 称为刚度矩阵,其系数用工程常数可以表示为

$$Q_{11} = \frac{E_1}{1 - \mu_{12}\mu_{21}}$$

$$Q_{12} = Q_{21} = \frac{\mu_{12}E_2}{1 - \mu_{12}\mu_{21}} = \frac{\mu_{21}E_1}{1 - \mu_{12}\mu_{21}}$$

$$Q_{22} = \frac{E_2}{1 - \mu_{12}\mu_{21}}$$

$$Q_{66} = G_{12}$$

4.6.2 单层板在任意方向上的应力-应变关系

前面建立了沿材料主轴方向的应力-应变关系。但是实际应用中的复合材料层合板需要由许多层不同方向放置的单层板叠合而成,各单层板材料主轴方向与层合板的轴线方向(x-y 坐标方向)并不重合(见图4-23)。假定单层板的纤维方向与 x 轴成 α 角,现在需要建立 x-y 坐标方向的应力-应变关系。

由应力变换式(3-7)可知

$$\begin{Bmatrix} \sigma_1 \\ \sigma_2 \\ \tau_{12} \end{Bmatrix} = [T] \begin{Bmatrix} \sigma_x \\ \sigma_y \\ \tau_{xy} \end{Bmatrix} \tag{4-19}$$

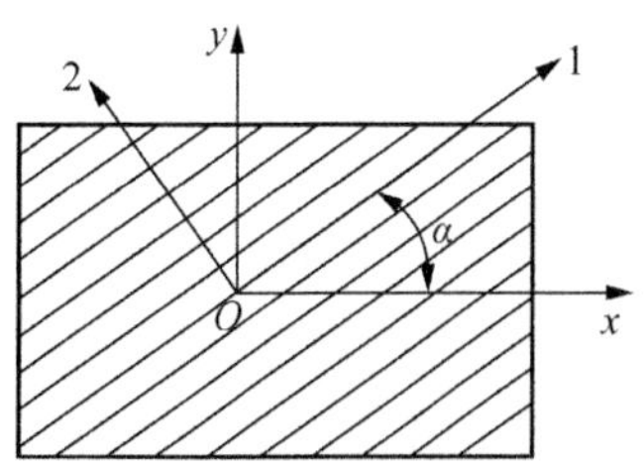

图 4-23

由应变变换式(3-33)可知

$$\left\{\begin{array}{c}\varepsilon_1\\\varepsilon_2\\\dfrac{\gamma_{12}}{2}\end{array}\right\}=[T]\left\{\begin{array}{c}\varepsilon_x\\\varepsilon_y\\\dfrac{\gamma_{xy}}{2}\end{array}\right\}\qquad\qquad(4-20)$$

式中

$$[T]=\begin{bmatrix}l^2 & m^2 & 2ml\\m^2 & l^2 & -2ml\\-ml & ml & l^2-m^2\end{bmatrix}$$

$$l=\cos\alpha,\quad m=\cos(90°-\alpha)=\sin\alpha$$

根据式(4-16)，材料主轴方向的应力-应变关系为

$$\left\{\begin{array}{c}\varepsilon_1\\\varepsilon_2\\\gamma_{12}\end{array}\right\}=[S]\left\{\begin{array}{c}\sigma_1\\\sigma_2\\\tau_{12}\end{array}\right\}$$

利用式(4-19)，式(4-20)和式(4-16)可以证明 $x-y$ 坐标系的应力-应变关系为

$$\left\{\begin{array}{c}\varepsilon_x\\\varepsilon_y\\\gamma_{xy}\end{array}\right\}=[\overline{S}]\left\{\begin{array}{c}\sigma_x\\\sigma_y\\\tau_{xy}\end{array}\right\}=\begin{bmatrix}\overline{S}_{11} & \overline{S}_{12} & \overline{S}_{16}\\\overline{S}_{12} & \overline{S}_{22} & \overline{S}_{26}\\\overline{S}_{16} & \overline{S}_{26} & \overline{S}_{66}\end{bmatrix}\left\{\begin{array}{c}\sigma_x\\\sigma_y\\\tau_{xy}\end{array}\right\}\qquad(4-21)$$

式中

$$\overline{S}_{11}=S_{11}l^4+(2S_{12}+S_{66})m^2l^2+S_{22}m^4$$

$$\overline{S}_{12}=(S_{11}+S_{22}-S_{66})m^2l^2+S_{12}(m^4+l^4)$$

$$\overline{S}_{22}=S_{11}m^4+(2S_{12}+S_{66})m^2l^2+S_{22}l^4$$

$$\overline{S}_{16}=(2S_{11}-2S_{12}-S_{66})ml^3-(2S_{22}-2S_{12}-S_{66})m^3l$$

$$\overline{S}_{26}=(2S_{11}-2S_{12}-S_{66})m^3l-(2S_{22}-2S_{12}-S_{66})ml^3$$

$$\overline{S}_{66}=2(2S_{11}+2S_{22}-4S_{12}-S_{66})m^2l^2+S_{66}(m^4+l^4)$$

由上式可见，当 $0°<\alpha<90°$ 时，柔度系数 $\overline{S}_{16}$ 和 $\overline{S}_{26}$ 不等于零，此时材料有拉剪耦合效应。如图 4-24(a)所示，在单向应力 σ_x 作用下，材料不仅有沿 x 方向轴向的伸长，而且有剪切变形产生。或者在纯剪切应力 τ_{xy} 作用下[见图 4-24(b)]，材料不仅有剪切变形，而且有轴向变形产生。这是复合材料有别于各向同性材料的很重要的特点。

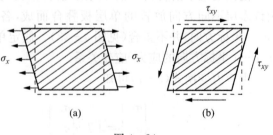

图 4-24

例 4-7 玻璃纤维/环氧树脂的材料常数为 $E_1=38.6\,\text{GPa}$，$E_2=8.27\,\text{GPa}$，$G_{12}=4.14\,\text{GPa}$，$\mu_{21}=0.26$。纤维与 x 轴成 30°。试分析：(1)正应力 $\sigma_x=100\,\text{MPa}$ 作用时的拉剪耦

合效应；(2)切应力 $\tau_{xy} = 100\,\mathrm{MPa}$ 作用时的拉剪耦合效应。

解：先计算材料主轴方向的柔度矩阵系数：

$$\alpha = 30°, \quad l = \cos\alpha = 0.866, \quad m = \sin\alpha = 0.5$$

$$S_{11} = \frac{1}{E_1} = 0.259 \times 10^{-10}/\mathrm{Pa}$$

$$S_{12} = -\frac{\mu_{21}}{E_2} = -0.314 \times 10^{-10}/\mathrm{Pa}$$

$$S_{22} = \frac{1}{E_2} = 1.209 \times 10^{-10}/\mathrm{Pa}$$

$$S_{66} = \frac{1}{G_{12}} = 2.415 \times 10^{-10}/\mathrm{Pa}$$

根据式(4-21)计算偏轴的柔度矩阵系数为

$$\overline{S}_{11} = 0.555 \times 10^{-10}/\mathrm{Pa}, \ \overline{S}_{12} = -0.374 \times 10^{-10}/\mathrm{Pa}, \ \overline{S}_{22} = 1.096 \times 10^{-10}/\mathrm{Pa}$$

$$\overline{S}_{16} = -0.480 \times 10^{-10}/\mathrm{Pa}, \ \overline{S}_{26} = -0.342 \times 10^{-10}/\mathrm{Pa}, \ \overline{S}_{66} = 2.175 \times 10^{-10}/\mathrm{Pa}$$

(1) 如果 $\sigma_x = 100\,\mathrm{MPa}$ 单独作用，根据式(4-21)得

$$\varepsilon_x = \overline{S}_{11}\sigma_x = 0.005\,55$$

$$\varepsilon_y = \overline{S}_{12}\sigma_x = -0.003\,74$$

$$\gamma_{xy} = \overline{S}_{16}\sigma_x = -0.004\,80$$

由此可见，在 x 方向拉应力作用下，不仅有 x 方向的伸长和 y 方向的收缩变形，而且还有剪切变形。

(2) 如果 $\tau_{xy} = 100\,\mathrm{MPa}$ 单独作用，那么

$$\varepsilon_x = \overline{S}_{16}\tau_{xy} = -0.004\,80$$

$$\varepsilon_y = \overline{S}_{26}\tau_{xy} = -0.003\,42$$

$$\gamma_{xy} = \overline{S}_{66}\tau_{xy} = 0.021\,75$$

由此可见，在切应力单独作用下，不仅有剪切变形，而且还有 x 方向和 y 方向的收缩变形发生。这就是各向异性材料的拉伸-剪切耦合效应。

4.7　复杂应力状态下的应变能

仍然回到各向同性材料的情况。如图 4-25(a)所示，假定单元体在 σ_x 作用下，正 x 面上的力 $\sigma_x \mathrm{d}y\mathrm{d}z$ 在伸长量 $\varepsilon_x \mathrm{d}x$ 上做功。在线弹性体中应变的增长与应力成正比，因此当应力和应变的最终值达到 σ_x 和 ε_x 时，储存在微单元体内的应变能(strain energy)为

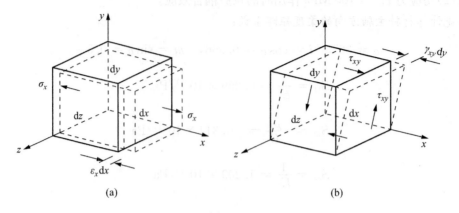

图 4 - 25

$$dU = \frac{1}{2}(\sigma_x dydz)(\varepsilon_x dx) = \frac{1}{2}\sigma_x\varepsilon_x dV$$

如果有切应力 τ_{xy} 作用在单元体上,如图 4 - 25(b)所示,这时作用在正 y 面上的力 $\tau_{xy}dxdz$ 在移动的距离 $\gamma_{xy}dy$ 上做功,所以储存在微单元体中的应变能为

$$dU = \frac{1}{2}(\tau_{xy}dxdz)(\gamma_{xy}dy) = \frac{1}{2}\tau_{xy}\gamma_{xy}dV$$

对于其他应力分量也可得出类似的结果。单元体的应变能由各个分量产生的应变能相加得到。那么单位体积内的应变能,即应变能密度(density of strain energy)为

$$u = \frac{dU}{dV} = \frac{1}{2}(\sigma_x\varepsilon_x + \sigma_y\varepsilon_y + \sigma_z\varepsilon_z + \tau_{xy}\gamma_{xy} + \tau_{yz}\gamma_{yz} + \tau_{zx}\gamma_{zx}) \qquad (4-22)$$

储存在整个物体中的应变能为

$$U = \int_V u dV = \frac{1}{2}\int_V (\sigma_x\varepsilon_x + \sigma_y\varepsilon_y + \sigma_z\varepsilon_z + \tau_{xy}\gamma_{xy} + \tau_{yz}\gamma_{yz} + \tau_{zx}\gamma_{zx})dV \qquad (4-23)$$

如果使坐标系取向与三个主应力一致,下面的分析将表明,总的应变能可以分为两个部分。一部分能量与材料的体积变化相关,另一部分与材料的形状变化有关。用矩阵形式将应力分解为两部分:

$$\begin{pmatrix} \sigma_1 & 0 & 0 \\ 0 & \sigma_2 & 0 \\ 0 & 0 & \sigma_3 \end{pmatrix} = \begin{pmatrix} \sigma_m & 0 & 0 \\ 0 & \sigma_m & 0 \\ 0 & 0 & \sigma_m \end{pmatrix} + \begin{pmatrix} \sigma_1 - \sigma_m & 0 & 0 \\ 0 & \sigma_2 - \sigma_m & 0 \\ 0 & 0 & \sigma_3 - \sigma_m \end{pmatrix}$$

$$= \begin{pmatrix} \sigma_m & 0 & 0 \\ 0 & \sigma_m & 0 \\ 0 & 0 & \sigma_m \end{pmatrix} + \begin{pmatrix} \sigma_1' & 0 & 0 \\ 0 & \sigma_2' & 0 \\ 0 & 0 & \sigma_3' \end{pmatrix} \qquad (4-24)$$

其中 $\sigma_1' = \sigma_1 - \sigma_m$,$\sigma_2' = \sigma_2 - \sigma_m$,$\sigma_3' = \sigma_3 - \sigma_m$ 称为应力偏量(deviation of stress)。式(4 - 24)给出的应力分解可以用图 4 - 26 表示。

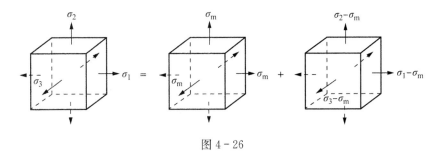

图 4 - 26

在式(4-22)中,如果坐标系与应力主轴方向重合,用1,2,3代替三个下标 x, y, z,并且利用广义胡克定律,将主应变用主应力表示,可以得到应变能密度用主应力的表达式:

$$u = \frac{1}{2E}(\sigma_1^2 + \sigma_2^2 + \sigma_3^2) - \frac{\mu}{E}(\sigma_1\sigma_2 + \sigma_2\sigma_3 + \sigma_3\sigma_1) \qquad (4-25)$$

用式(4-24)将主应力分解为两部分: $\sigma_i = \sigma_m + (\sigma_i - \sigma_m) = \sigma_m + \sigma_i'$ $(i = 1, 2, 3)$。下面分别考虑这两部分应力所对应的应变能密度。

(1) 在三向都是平均应力 σ_m 的作用下,得到的是对应于体积变化的应变能密度。以 $\sigma_1 = \sigma_2 = \sigma_3 = \sigma_m$ 代入式(4-25),得到

$$u_v = \frac{3(1-2\mu)}{2E}\sigma_m^2 = \frac{1-2\mu}{6E}(\sigma_1 + \sigma_2 + \sigma_3)^2 \qquad (4-26)$$

由式(4-8)可知,上式也可以用体积模量表示为

$$u_v = \frac{1}{2K}\sigma_m^2 = \frac{1}{2}\sigma_m\theta \qquad (4-27)$$

式(4-27)的 u_v 就是体积改变应变能密度。三个主应力相等的应力状态也称为静水应力状态(hydrostatic stress state)。

(2) 当三个方向受应力偏量 $\sigma_i'(i = 1, 2, 3)$ 作用时,因为此时的平均应力

$$\sigma_m' = \frac{1}{3}(\sigma_1 + \sigma_2 + \sigma_3 - 3\sigma_m) = 0$$

所以在应力偏量作用下微单元的体积不变,只发生形状改变。相应的应变能密度称为形状改变应变能密度。在式(4-25)中用 σ_1', σ_2', σ_3'代替 σ_1, σ_2, σ_3,可以得到形状改变应变能密度

$$u_d = \frac{1+\mu}{6E}[(\sigma_1 - \sigma_2)^2 + (\sigma_2 - \sigma_3)^2 + (\sigma_3 - \sigma_1)^2] \qquad (4-28)$$

进一步可以验证

$$u = u_v + u_d \qquad (4-29)$$

上式表示,应变能可以分解成两部分:体积改变应变能和形状改变应变能。前者[式(4-27)]只与平均应力有关,平均应力引起物体的体积改变。后者[式(4-28)]只与三个主应力间的差值有关,这部分能量引起物体的形状改变,与体积变化无关。

结束语

材料的应力-应变关系体现了材料固有的力学性能。不同的材料会有完全不同的应力-应变关系。完整的应力-应变曲线往往无法用一个简单的数学方程来表达。如果限于小应变范围内,许多材料的应力应变关系可以用简单的线性弹性关系来表达。前面一章的应力分析和应变分析以及这一章介绍的应力-应变关系,提供了分析问题的基础。在后续课程中,将用平面截面假设引进几何协调关系,将一个原为三维的应力分析、应变分析问题简化为杆、轴和梁这一类细长杆件的一维的内力和变形问题。三个基本关系将表现为内力和载荷的平衡关系,杆件轴线的变形几何关系以及内力和变形之间的物理关系。

思考题

4-1 什么是变形? 塑性变形与弹性变形有何区别?

4-2 低碳钢在拉伸过程中表现为几个阶段? 什么是比例极限、弹性极限、屈服应力和强度极限?

4-3 什么是塑性材料? 什么是脆性材料? 如何衡量材料的塑性?

4-4 经过冷作硬化(强化)的材料,在性能上有什么变化? 在应用上有什么利弊?

习题

4-1 实验获得某材料的应力-应变曲线如图 4-27 所示,图中还给出了低应变区该曲线的详图。试确定材料的弹性模量 E,比例极限 σ_p,屈服极限 σ_s,强度极限 σ_b 及延伸率 δ,并判断该材料是属于塑性材料还是脆性材料。

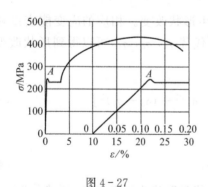

图 4-27

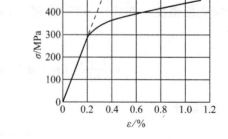

图 4-28

4-2 实验获得某材料的应力-应变曲线如图 4-28 所示,试确定:(1)材料的屈服极限 $\sigma_{0.2}$;(2)对应应力 $\sigma = 400$ MPa 的线应变 ε 以及相应的弹性应变 ε^e 和塑性应变 ε^p。

4-3 如图 4-29 所示箱形薄壁杆承受轴向拉力 F 的作用。已知杆材料的弹性模量 E,泊松比 μ,试求 A,B 两点间距离的改变量 δ_{AB}。

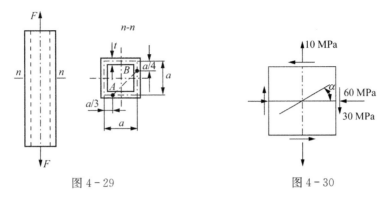

图 4-29　　　　　　　　图 4-30

4-4 受力构件中取出某点的单元体如图 4-30 所示,问将应变计安放得与 x 轴成什么角度 α,才能给出最大读数? 在此方向上该点的线应变为多大? 已知材料的弹性模量 $E = 200\ \text{GPa}$,泊松比 $\mu = 0.25$。

4-5 如图 4-31 所示硬铝板状试样,试验段内板宽 $b = 20\ \text{mm}$,板厚 $\delta = 2\ \text{mm}$,标距 $l_0 = 70\ \text{mm}$,在轴向拉力 $F = 6\ \text{kN}$ 的作用下,测得试验段伸长 $\Delta l = 0.15\ \text{mm}$,板宽缩短 $\Delta b = 0.014\ \text{mm}$。试求硬铝材料的弹性模量 E 与泊松比 μ。

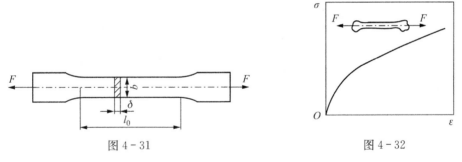

图 4-31　　　　　　　　图 4-32

4-6 一骨骼的应力-应变关系如图 4-32 所示,该曲线可近似表示成 $\varepsilon = 0.45 \times 10^{-6} \sigma + 0.36 \times 10^{-12} \sigma^3$,式中,应力 σ 的单位为 kPa。试确定骨骼的屈服极限 $\sigma_{0.3}$。

4-7 如图 4-33 所示,在一受力构件的表面上某点处粘贴两个正交的应变片,能否用所测得的应变值求出这两个方向上的正应力? 为什么?

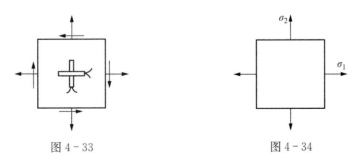

图 4-33　　　　　　　　图 4-34

4-8 如图 4-34 所示受力单元体,已知主应变 ε_1 和 ε_2 及材料的弹性模量 E 和泊松比 μ。若

求得另一主应变 $\varepsilon_3 = -\mu(\varepsilon_1 + \varepsilon_2)$，此结果是否合理？为什么？

4-9 如图 4-35 所示钢质构件上截取一单元体 $abcd$，各面上作用有应力 $\sigma = 30\,\text{MPa}$，$\tau = 15\,\text{MPa}$。材料的弹性模量 $E = 200\,\text{GPa}$，泊松比 $\mu = 0.28$。试求此单元体对角线长度 bd 的变化。

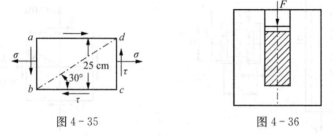

图 4-35　　　　图 4-36

4-10 如图 4-36 所示直径为 d 的橡皮圆柱体，放置在刚性圆筒内，承受合力为 F 的均布压力作用。试求橡皮柱的主应力。已知橡皮材料的弹性模量 E，泊松比 μ，忽略橡皮与刚性筒间的摩擦。提示：受径向均匀压力 p 作用的圆柱体，其中任一点的径向和切向应力均为 p。

4-11 如图 4-37 所示矩形板，承受两向均匀拉伸，已知板的厚度 $\delta = 10\,\text{mm}$，宽度 $b = 800\,\text{mm}$，高度 $h = 600\,\text{mm}$，应力 $\sigma_x = 80\,\text{MPa}$，$\sigma_y = 40\,\text{MPa}$，材料的弹性模量 $E = 70\,\text{GPa}$，泊松比 $\mu = 0.33$。试求板厚的改变量 $\Delta\delta$ 与板件体积的改变量 ΔV。

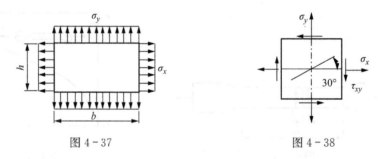

图 4-37　　　　图 4-38

4-12 如图 4-38 所示单元体处于平面应力状态，已知材料的弹性模量 $E = 200\,\text{GPa}$，泊松比 $\mu = 0.3$，应力 $\sigma_x = 100\,\text{MPa}$，$\sigma_y = 80\,\text{MPa}$，$\tau_{xy} = 50\,\text{MPa}$。试求：(1) 正应变 ε_x，ε_y 与切应变 γ_{xy}，并绘制该单元体变形后的大致形状；(2) $\alpha = 30°$ 方位的正应变 $\varepsilon_{30°}$。

4-13 如图 4-39 所示单元体，处于纯剪切状态，试计算沿对角线 AC 与 BD 方向的正应变 $\varepsilon_{45°}$ 与 $\varepsilon_{-45°}$ 以及沿厚度方向的正应变 ε_z。已知材料的弹性模量 E，泊松比 μ。

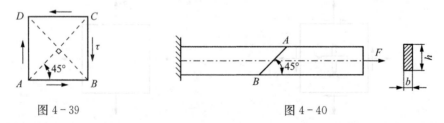

图 4-39　　　　图 4-40

4-14 如图 4-40 所示矩形截面杆，承受轴向载荷 F 作用，试计算线段 AB 的正应变。已知材料的弹性模量 E，泊松比 μ。已知轴向载荷 $F = 20\,\text{kN}$，$b = 10\,\text{mm}$，$h = 20\,\text{mm}$。测

得线段 AB 方向的正应变 $\varepsilon_{45°}=1.67\times10^{-4}$，材料的弹性模量 $E=210\,\text{GPa}$，试求泊松比 μ。

4 - 15 如图 4 - 41 所示正方形平板件，处于纯剪切应力状态，切应力大小为 τ。(1)试说明受力前在板面中心所画直径为 d 的圆受力后将变成何种形状的图形，并计算其特征尺寸；(2)已知材料的弹性模量 E 和泊松比 μ，求板件体积的改变量。

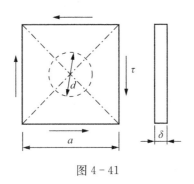

图 4 - 41

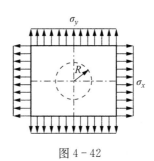

图 4 - 42

4 - 16 如图 4 - 42 所示薄板，其上作用应力 $\sigma_x=140\,\text{MPa}$，$\sigma_y=-40\,\text{MPa}$，材料的弹性模量 $E=210\,\text{GPa}$，泊松比 $\mu=0.3$。试说明受力前在板面中心所画半径为 R 的圆受力后将变成何种形状的图形，并计算该圆面积的改变量。

4 - 17 在平面应力条件下，钢板的应力为 $\sigma_x=130\,\text{MPa}$，$\sigma_y=-70\,\text{MPa}$，$\tau_{xy}=80\,\text{MPa}$，材料的弹性模量 $E=200\,\text{GPa}$，泊松比 $\mu=0.3$，试求板平面内主应变的大小和方位，并求垂直于板平面的主应变的大小。

4 - 18 在平面应力条件下，钢板的应力为 $\sigma_x=210\,\text{MPa}$，$\tau_{xy}=60\,\text{MPa}$，$\varepsilon_z=-3.6\times10^{-4}$，材料的弹性模量 $E=200\,\text{GPa}$，泊松比 $\mu=0.3$，试求应力 σ_y。

4 - 19 如图 4 - 43 所示内径 $d=1200\,\text{mm}$，壁厚 $\delta=12\,\text{mm}$ 的圆筒形薄壁容器，承受内压 $p=2\,\text{MPa}$。标距 $S=20\,\text{mm}$，放大倍数 $K=1000$ 的杠杆式应变计安装在圆筒壁垂直于母线的方向上。如应变计读数的增量 $\Delta S=8.6\,\text{mm}$，试计算圆筒材料的泊松比 μ（已知弹性模量 $E=208\,\text{GPa}$）。

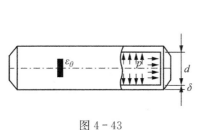

图 4 - 43

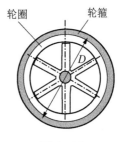

图 4 - 44

4 - 20 如图 4 - 44 所示飞轮轮箍的平均直径 $D=1.2\,\text{m}$，材料容重 $\gamma=72\,\text{kN/m}^3$，弹性模量 $E=200\,\text{GPa}$。轮箍与轮圈装配时的过盈量 $\Delta D=0.2\,\text{mm}$。若不计轮圈的变形，求飞轮允许的最大转速。

4 - 21 如图 4 - 45 所示一薄壁圆柱形长筒，其中面的直径为 D，壁厚为 t，弹性模量为 E，泊松比为 μ。当筒内无压力时正好贴合在刚性圆柱形空腔内。当筒内压强达到 p 时，薄壁筒仍处于弹性状态。忽略沿壁厚度方向的应力,假设筒壁与空腔壁之间无摩擦。试求薄壁筒的主应力以及沿薄壁筒轴向的应变。

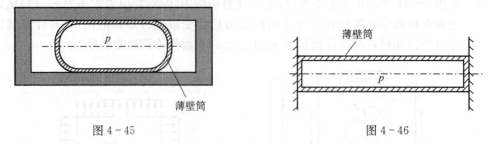

图 4-45   图 4-46

4-22 如图 4-46 所示一个圆柱形薄壁筒,在筒内无压力时两端刚好贴在两刚性壁之间。假设筒与刚性壁之间无摩擦。当筒内压强达到 p 时,材料仍在弹性范围内,试求作用在刚性壁上的力(已知圆筒中面的直径为 D,材料的泊松比为 μ)。

4-23 如图 4-47 所示半径为 R 的长圆杆,材料为理想弹塑性材料,受轴向拉力 F 作用。假定加载过程中杆横截面始终保持平面。杆的弹性模量自中心至周边呈线性变化,设中心处的弹性模量为 E_0,周边处为 $1.2E_0$。材料的屈服应力自中心至表面处均为 σ_s。试求中心和表面开始屈服时的外加载荷(假设 $\sigma_p \approx \sigma_s$)。

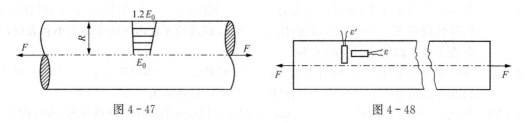

图 4-47   图 4-48

4-24 设如图 4-48 所示受力构件,已求得构件表面某一点沿轴向的正应力为 $\sigma = 160\,\text{MPa}$,同时测得该点沿轴向及横向的应变分别为 $\varepsilon = 80 \times 10^{-6}$,$\varepsilon' = -20 \times 10^{-6}$,试求该结构的弹性模量 E 和剪切模量 G。

4-25 某点的应力状态如图 4-49 所示:$\sigma_x = 80\,\text{MPa}$,$\sigma_y = 120\,\text{MPa}$,$\sigma_z = -160\,\text{MPa}$,材料的弹性模量 $E = 208\,\text{GPa}$,泊松比 $\mu = 0.3$。若 σ_y 和 σ_z 不变,σ_x 增大一倍,求最大主应变 ε_1 的改变量。

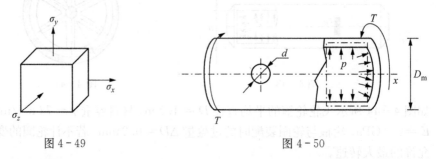

图 4-49   图 4-50

4-26 钢质薄壁容器,其平均直径 $D_m = 25\,\text{cm}$,壁厚 $t = 5\,\text{mm}$,受内压 $p = 8\,\text{MPa}$,端部同时受 $T = 15\,\text{kN·m}$ 的扭矩作用。在筒壁上画有直径 $d = 5\,\text{cm}$ 的圆如图 4-50 所示,

若材料的弹性模量 $E = 200\,\text{GPa}$,泊松比 $\mu = 0.3$。问此圆在圆筒受力变形后的最大及最小直径的大小和方向。

4-27 如图 4-51 所示,三个相同的立方体金属块处于不同的刚性约束下:图 4-51(a)只在 x 方向受约束,图 4-51(b)在 x、y 两个方向受约束,图 4-51(c)在 x、y 和 z 三个方向全部受约束。当金属块温度上升后,试比较它们在 x、y 和 z 方向上的热应力。材料的热膨胀系数为 α,弹性模量为 E,泊松比为 μ,温度升高 ΔT。

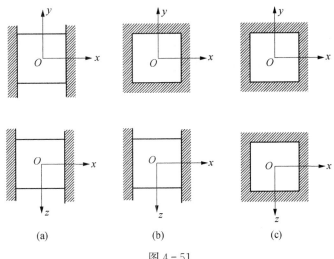

(a)   (b)   (c)

图 4-51

4-28 如图 4-52 所示一个铜制的实心圆轴,直径 $d = 60\,\text{mm}$。外套钢制的薄壁圆筒,壁厚 $t = 4\,\text{mm}$。初始时两者正好相配,没有相互作用力。试求温度升高 50℃时铜轴与钢套管之间的压力 p。已知钢和铜的弹性模量分别为 $E_1 = 200\,\text{GPa}$,$E_2 = 100\,\text{GPa}$;泊松比分别为 $\mu_1 = 0.3$,$\mu_2 = 0.4$;线膨胀系数分别为 $\alpha_1 = 12.5 \times 10^{-6}$,$\alpha_2 = 16 \times 10^{-6}$。

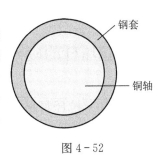

图 4-52

4-29 试证明各向同性材料的应变能表达式(4-23),如果用应力表示,可以写成

$$U = \int_V \left[\frac{1}{2E}(\sigma_x^2 + \sigma_y^2 + \sigma_z^2) - \frac{\mu}{E}(\sigma_x\sigma_y + \sigma_y\sigma_z + \sigma_z\sigma_x) + \frac{1}{2G}(\tau_{xy}^2 + \tau_{yz}^2 + \tau_{zx}^2) \right] \mathrm{d}V$$

第5章

轴向受力杆件

工程中有许多结构中的杆件仅承受轴向拉伸或压缩载荷。例如图 5-1 所示的起重机,其起重杆受轴向压力。这一类杆件受力的特点是杆端外力的作用线与杆的轴线重合,称为轴力杆件。建筑结构中的钢屋架,空间网架等都由细长杆件连接而成。虽然杆件的连接处采用焊接或铆接,但受载时杆件产生的弯矩只局限在节点附近区域,杆件可以近似认为是轴力杆,结构可以看作是桁架。这一章将分析轴力杆的应力、应变和变形,轴力杆的强度条件,连接件的强度条件,简单桁架的节点位移,以及拉压静不定问题。

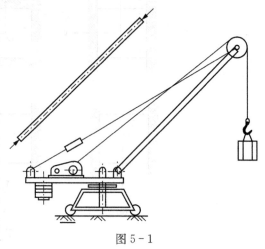

图 5-1

5.1 拉压杆的应力与变形

5.1.1 拉压杆的应力与变形

如图 5-2(a),(b)所示,等截面杆在作用于两端的轴向拉力 F 作用下产生拉伸变形。从分离体的平衡条件可知,截面上的轴力 $F_N = F$[见图 5-2(c)]。那么截面上的应力是怎么分布的? 是不是均匀分布? 我们需要作进一步的分析。截面上应力分布与变形有关。为此,考虑变形前等间距的一系列杆段"ab"、"bc",…[见图 5-2(d)],这些单元处于相同的受力条件,它们的变形也应相同。假如单元"ab"的 aa' 截面变形后成为向外凸起的形状[见图 5-2(d)],根据"ab"单元对自身中间截面的对称性,bb' 截面也应向外凸起。"bc"单元的情况应该与"ab"相同。可见变形后的几何协调条件被破坏。由此推断,杆件横截面在变形后仍然

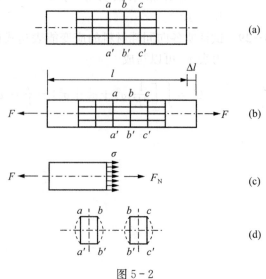

图 5-2

保持为平面,并且与轴线垂直。这一叙述在许多材料力学教材中称为平面截面假设(plane cross-section hypothesis)。在轴向拉压问题中杆件内各点都处于单向应力状态,σ_x 是唯一非零的应力分量。根据平面截面的几何关系可以推断,截面上各点的轴向正应变为常数。根据单向拉伸的胡克定律可知

$$\sigma_x = E\varepsilon_x$$

可见截面上应力也为常数,即截面上的正应力为均匀分布力,所以

$$\sigma_x = \frac{F_N}{A} \tag{5-1}$$

式中 A 是截面面积。

由于各截面的轴力都等于 F,所以对于等截面杆,σ_x 沿轴向也是常数。由此,沿轴向的应变 ε_x 也是常数。原长为 l 的杆的总伸长

$$\Delta l = \int_0^l \varepsilon_x \mathrm{d}x = \varepsilon_x l = \frac{\sigma_x}{E} l = \frac{F_N}{EA} l = \frac{l}{EA} F \tag{5-2}$$

上式表明拉(压)杆的总伸长量 Δl 与轴向力 F 之间呈线性关系。如果将 EA/l 比作弹簧系数,轴力杆件的力学行为与弹簧完全类似。

5.1.2　轴力杆的应变能

如图 5-3 所示轴力杆,由于外力 f 与伸长 δ 成线性关系,假设 $f = k\delta$,力 f 在微伸长 $\mathrm{d}\delta$ 上做功 $f \cdot \mathrm{d}\delta$。如果最终力达到 F 时的伸长为 Δl,那么力 F 做的功为

$$W = \int_0^{\Delta l} f\mathrm{d}\delta = \int_0^{\Delta l} k\delta\mathrm{d}\delta = \frac{k\Delta l}{2}\Delta l = \frac{1}{2}F\Delta l \tag{5-3}$$

外力做功等于如图 5-3 所示的 $f(\delta)$ 曲线下的面积。这部分功全部转换为杆的应变能,即

$$U = W = \frac{1}{2}F \cdot \Delta l = \frac{1}{2}\frac{F^2 l}{EA} \tag{5-4}$$

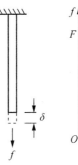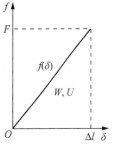

图 5-3

5.1.3　圣维南原理

一般情况下外力将通过夹具、销钉、铆钉、焊接等方式从端部传递给杆件。式(5-1)对于外力 F 作用点附近的区域并不适用。在 F 力的作用点附近应力分布并不均匀。然而,只要作用于杆端的分布力的合力的作用线与杆的轴线重合,则可近似地用轴力杆的模型对杆件做力学分析。法国力学家圣维南(Saint-Venant)指出,作用在弹性体某一局部区域内的外力系可以用等效力系来代替,这种代替仅仅对原力系作用区域附近的应力有影响。这就是圣维南原理(Saint-Venant's principle)。对轴力杆来说,外力作用于杆端方式的不同,只会使与杆端距离不大于杆的横向尺寸的范围内的应力分布受到影响,在较远距离处应力分布不受影响。

如图 5-4 所示的等直矩形截面杆,F 以集中力方式作用于杆件端部表面。图上给出了在

距离端点 $h/4$，$h/2$ 和 h 处的 1-1，2-2 和 3-3 截面上正应力的分布。在 1-1 截面上最大正应力为 2.575 倍平均值，应力集中在力的作用点附近。随着与端点的距离增加，应力分布逐渐趋于均匀。在 3-3 截面上，应力已经基本上均匀分布。

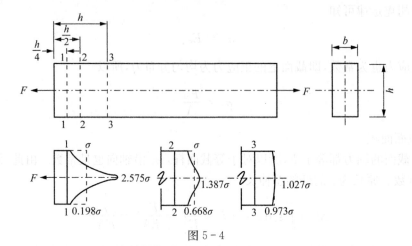

图 5-4

例 5-1 如图 5-5(a)所示为一同轴变截面圆杆，所用材料的弹性模量 $E = 210 \, \text{GPa}$。已知轴向力 $F_1 = 25 \, \text{kN}$，$F_2 = 45 \, \text{kN}$，$F_3 = 65 \, \text{kN}$，长度 $l_1 = l_3 = 300 \, \text{mm}$，$l_2 = 400 \, \text{mm}$。三段圆杆直径依次为 $d_1 = 16 \, \text{mm}$，$d_2 = 20 \, \text{mm}$，$d_3 = 24 \, \text{mm}$。求杆的最大正应力 $\sigma_{\max}$，杆的总伸长 Δl。

解：对图示的结构和载荷情况可以做如下假设：(1)集中力 F_1，F_2，F_3 表示作用在 A，B，C 处的合力，其作用点在截面中心，方向与轴线一致。外载荷具体施加方式及对局部应力分布的影响忽略不计。(2)轴向拉压变形的平面截面假设成立，应力和应变逐段均匀分布。

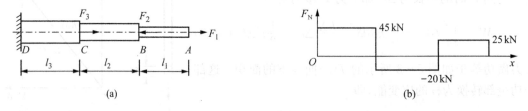

(a)   (b)

图 5-5

先利用分离体平衡条件，求各段轴向力 F_N，并将结果用轴力图表示[见图 5-5(b)]。三段相应的正应力为

$$\sigma_1 = \frac{F_{N1}}{A_1} = \frac{25 \times 10^3 \, \text{N}}{\frac{\pi}{4} \times 0.016^2 \, \text{m}^2} = 124.34 \, \text{MPa}$$

$$\sigma_2 = \frac{F_{N2}}{A_2} = \frac{-20 \times 10^3 \, \text{N}}{\frac{\pi}{4} \times 0.02^2 \, \text{m}^2} = -63.66 \, \text{MPa}$$

$$\sigma_3 = \frac{F_{N3}}{A_3} = \frac{45 \times 10^3 \, \text{N}}{\frac{\pi}{4} \times 0.024^2 \, \text{m}^2} = 99.47 \, \text{MPa}$$

所以最大正应力在 AB 段，$\sigma_{\max} = 124.34\ \mathrm{MPa}$。杆的总伸长

$$\Delta l = \Delta l_1 + \Delta l_2 + \Delta l_3 = \frac{F_{N1} l_1}{EA_1} + \frac{F_{N2} l_2}{EA_2} + \frac{F_{N3} l_3}{EA_3}$$

$$= \frac{4}{210 \times 10^9\ \mathrm{Pa} \times \pi} \left(\frac{25 \times 10^3\ \mathrm{N} \times 0.3\ \mathrm{m}}{0.016^2\ \mathrm{m}^2} - \frac{20 \times 10^3\ \mathrm{N} \times 0.4\ \mathrm{m}}{0.020^2\ \mathrm{m}^2} + \frac{45 \times 10^3\ \mathrm{N} \times 0.3\ \mathrm{m}}{0.024^2\ \mathrm{m}^2} \right)$$

$$= 0.198\ \mathrm{mm}$$

5.2　轴力的平衡微分方程

在一般情形下，杆件横截面积 $A(x)$ 可以是 x 的函数，沿杆的轴线也可以有轴向分布载荷 $f(x)$（见图 $5-6$）。假定此时平面截面假设仍然成立，由此可以推断同一截面上的应力仍为均匀分布，但不同截面上的应力是变化的，即 $\sigma_x(x)$ 是 x 的函数。公式 $(5-5)$ 给出轴力的平衡微分关系

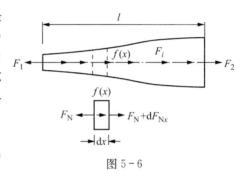

图 $5-6$

$$\frac{\mathrm{d}F_N}{\mathrm{d}x} = -f(x) \qquad (5-5)$$

由于同一截面上的应力均匀分布，因此

$$\sigma_x(x) = \frac{F_N(x)}{A(x)}$$

这里仍然近似地假设 σ_x 是杆件中唯一的非零应力分量。根据单向应力的胡克定律可以将应变表示为

$$\varepsilon_x(x) = \frac{\sigma_x(x)}{E} = \frac{F_N(x)}{EA(x)}$$

根据平面截面假设，位移 u 仅为 x 的函数。根据轴线方向的应变-位移关系，有

$$\varepsilon_x(x) = \frac{\mathrm{d}u}{\mathrm{d}x} = \frac{F_N(x)}{EA(x)} \qquad (5-6)$$

上式积分可以得到轴向位移 $u(x)$。

对于等截面杆，A 为常数。将上式微分一次，并将方程 $(5-5)$ 代入，可以得到关于轴向位移 u 的微分方程

$$\frac{\mathrm{d}^2 u}{\mathrm{d}x^2} = \frac{1}{EA} \frac{\mathrm{d}F_N(x)}{\mathrm{d}x} = -\frac{1}{EA} f(x) \qquad (5-7)$$

当轴向力 F_N 是 x 的函数时，由式 $(5-2)$ 可知，长度为 $\mathrm{d}x$ 的杆段产生伸长

$$\mathrm{d}\Delta = \frac{F_N(x)}{EA} \mathrm{d}x$$

这段杆单元的应变能

$$dU = \frac{1}{2}F_N(x)d\Delta = \frac{F_N^2(x)}{2EA}dx \qquad (5-8a)$$

整个杆的应变能

$$U = \int_0^l \frac{F_N^2(x)}{2EA}dx \qquad (5-8b)$$

例5-2 涡轮机的叶片在涡轮旋转时受离心力作用(见图5-7)。设叶片的截面积为常数 A,弹性模量为 E,密度为 ρ,涡轮转动的角速度为 ω。涡轮的变形忽略不计。试计算叶片横截面上的正应力、叶片的位移和总伸长。

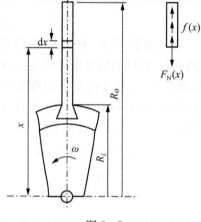

图 5-7

解:

(1) 计算横截面的应力。

在距离涡轮轴心 x 处,取长度为 dx 的一段叶片,其质量为 $dm = \rho A dx$,涡轮旋转时受到的离心力为

$$dF^* = x\omega^2 dm = \omega^2 \rho A x dx$$

叶片 x 处的轴向分布力

$$f(x) = \frac{dF^*}{dx} = \omega^2 \rho A x$$

可见离心力沿叶片轴向线性分布。根据 x 处截面以外分离体的平衡可知,x 处的截面上的轴力为

$$F_N(x) = \int_x^{R_o} dF^* = \omega^2 \rho A \int_x^{R_o} x dx = \frac{\omega^2 \rho A}{2}(R_o^2 - x^2) \qquad (a)$$

该截面上的应力 $\sigma(x) = \frac{\omega^2 \rho}{2}(R_o^2 - x^2)$,所以,最大应力在叶片根部,为

$$\sigma_{max} = \sigma(x = R_i) = \frac{\omega^2 \rho}{2}(R_o^2 - R_i^2)$$

(2) 计算位移和伸长。

根据式(5-6)有

$$u(x) = \int \frac{F_N(x)}{EA(x)}dx + C = \frac{\omega^2 \rho}{2E}\left(R_o^2 x - \frac{x^3}{3}\right) + C$$

由边界条件 $u(R_i) = 0$ 可以得到

$$C = -\frac{\omega^2 \rho}{2E}\left(R_o^2 R_i - \frac{R_i^3}{3}\right)$$

所以轴向位移为

$$u(x) = \frac{\omega^2 \rho}{6E}(3R_o^2 x - x^3 + R_i^3 - 3R_o^2 R_i)$$

叶片外端 $x = R_o$ 处位移为

$$u(R_o) = \frac{\omega^2 \rho}{6E}(2R_o^3 + R_i^3 - 3R_o^2 R_i) \tag{b}$$

因为叶片根部的位移为零,所以 $u(R_o)$ 即为叶片的总伸长 Δl。

总伸长也可直接从公式(5-2)来求。考虑 x 处的长度为 $\mathrm{d}x$ 的微段,其伸长量等于

$$\mathrm{d}(\Delta l) = \frac{F_N(x)\mathrm{d}x}{EA}$$

轴力由式(a)确定,所以

$$\Delta l = \int_{R_i}^{R_o} \frac{F_N(x)}{EA}\mathrm{d}x = \frac{\omega^2 \rho}{2E}\int_{R_i}^{R_o}(R_o^2 - x^2)\mathrm{d}x = \frac{\omega^2 \rho}{6E}(2R_o^3 + R_i^3 - 3R_o^2 R_i)$$

结果与式(b)一致。

5.3　应力集中

杆件受轴向拉(压)时,在杆端力的作用点附近,应力分布一般说来是不均匀的。在离杆端较远的横截面上的应力才均匀分布。然而,杆端并不是应力不均匀分布唯一可能的场所。由于工程应用上的需要,杆件上经常开有孔、槽;由于设计的需要,圆轴的不同部位往往有不同的直径,在过渡的区域,截面直径发生突变。理论和实验都证明,在截面形状突变的部位,其应力分布不再是均匀的。以一开有小孔的受拉薄板为例[见图5-8(a)],圆孔所在的截面处的应力分布并不是均匀的。事实上,在离小孔较远的地方应力基本上均匀分布,接近小孔时应力骤然增大[见图5-8(b)]。这种由于杆件截面突然变化或局部不规则而引起的局部应力骤然增加现象称为应力集中(stress concentration)。

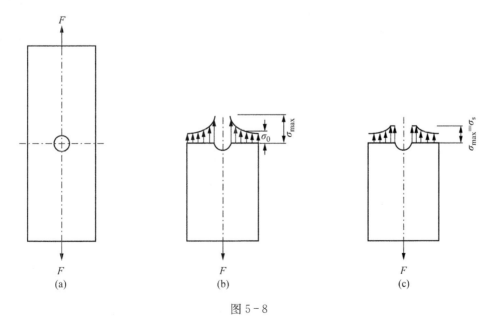

图 5-8

应力集中的程度用截面上的局部最大应力 σ_{max} 与名义应力(nominal stress)σ_0 之比来表示：

$$K = \frac{\sigma_{max}}{\sigma_0} \qquad (5-9)$$

式中 $\sigma_0 = \dfrac{F}{A_0}$，$A_0$ 为开孔处截面的净面积。K 称为应力集中系数（stress concentration factor）。它与截面突变处的几何形状有关。如果开的是圆孔，当板的宽度比孔的直径大得多时，小孔的应力集中系数为 3。由于局部形状突变引起的应力分布问题的求解已经超出了材料力学课程的范围，必须求助于弹性理论、数值分析或实验方法来确定。

由塑性材料制成的构件，当局部最大应力达到材料的屈服极限时，那里的材料产生塑性变形。继续增加载荷时，局部的应力不再增加，所增加的载荷将由其余部分材料承担，直至整个截面都达到屈服极限。所以应力集中对静载下的构件强度的影响较小。而脆性材料制成的构件，局部的最大应力达到强度极限时，构件即刻破坏。因此在设计脆性材料构件时必须特别关注应力集中的影响。

5.4 拉压杆件的失效与强度条件

5.4.1 失效、安全系数和许用应力

工程结构的构件将按设计要求在各种环境下工作。当它在环境和各种形式的载荷作用下，由于过载、过度变形或由于材料的抗力或品质的下降，使构件不能正常工作时，称为失效（failure）。构件的断裂显然是失效，但失效不都是以断裂的形式发生。脆性材料的断裂是失效，塑性材料由于屈服而产生塑性变形、细长构件的超限变形或失稳、构件在交变载荷下的疲劳断裂等都是失效。

这一节将讨论轴向拉（压）杆件在静力作用下的失效。因为这种构件的工作状态与实验室试件拉（压）试验的状态最接近，构件和试件都是处于单向拉（压）应力状态，试件的实验数据可以直接为构件的设计提供依据。

我们将脆性材料的强度极限 σ_b 和塑性材料的屈服极限 σ_s 统称为极限应力（ultimate stress），用符号 σ^o 表示。极限应力是标志材料失效的一个参数，因此是材料的属性。它可以用试验来测定。

在设计阶段，用力学原理分析得到的在已知载荷作用下构件各处的应力称为工作应力（working stress）。工作应力是对载荷作用的响应，是一种载荷效应。工作应力可以用理论分析方法通过计算得到，也可以用实验应力测试的方法得到。

在设计时绝对不能使工作应力等于极限应力，显然要使工作应力小于极限应力，构件才能安全使用。至于工作应力应该限制到什么程度才安全，这需要考虑许多因素。以下是一些主要的影响因素：

（1）理论分析是通过对实际结构的简化和理想化建立模型的，数值计算与精确解之间也有误差。所以工作应力是对实际结构响应的近似的预测，与实际材料的受力有差别。

（2）设计载荷用的是确定的值，然而作用在实际结构上的载荷往往是随机的，具有分散性。

（3）材料的抗力也是一个随机变量。实际材料的品质有很大的差异，即使是同一批生产的材料，其材料性质也有很大的分散性。脆性材料材质的分散性比塑性材料更大。

（4）构件在整个结构中的重要性不尽相同。不同的结构物，重要性也不尽相同。重要的结构（如公众聚集的建筑物、核电站等）比不重要的结构（如仓库等）应考虑更多的安全裕度。

进行设计时要使工作应力低于材料的极限应力，给构件以必要的强度储备。具体做法是引进材料的许用应力$[\sigma]$（allowable stress）作为工作应力的最大允许值，使得

$$[\sigma] = \frac{\sigma^o}{n} \tag{5-10}$$

式中 n 是一个大于 1 的系数，称为安全系数（safety factor）。材料在各种不同工作条件下的安全系数可以从有关的设计规范或设计手册中查到。在一般的静力强度设计中，塑性材料屈服极限的安全系数在 1.5～2.2 之间。脆性材料强度极限的安全系数取在 2.0～5.0 之间。

5.4.2　拉压杆的强度条件

为了保证拉压杆件在工作时有足够的强度，必须使构件的最大工作应力 $\sigma_{\max}$ 不大于许用应力$[\sigma]$：

$$\sigma_{\max} = \left(\frac{F_N}{A}\right)_{\max} \leqslant [\sigma] \tag{5-11}$$

这就是拉压杆的强度条件（strength condition）。由于轴向力 F_N 和截面积 A 都可能随 x 变化，所以先要确定工作应力的最大值 $\sigma_{\max}$。上述强度条件可以用来解决下列三个方面的问题。

（1）强度校核：

已知杆件的截面尺寸、所承受的载荷、许用应力，将最大工作应力与许用应力做比较，校核杆件是否安全，即验证式（5-11）是否满足。

（2）设计截面尺寸：

已知构件所承受的载荷和材料的许用应力，用式（5-11）来设计杆件截面的尺寸。

（3）确定许用载荷：

已知杆件材料的许用应力与杆件的截面尺寸，用式（5-11）确定结构载荷的许用值。

应该指出，如果工作应力超过了许用应力，但超出的量小于 5% 时，在工程设计中还是允许的。

例 5-3　如图 5-9 所示结构，BCD 为刚性梁，由直径 $d = 2\,\mathrm{cm}$ 的圆杆 AC 悬拉。已知 D 端的集中力 $F = 16\,\mathrm{kN}$，AC 杆的许用应力 $[\sigma] = 160\,\mathrm{MPa}$。（1）试校核 AC 杆的强度；（2）求许用载荷$[F]$；（3）如果 $F = 30\,\mathrm{kN}$，试设计 AC 杆的直径。

解：（1）首先利用平衡条件，求出 F 与 AC 杆拉力 F_{AC} 之间的关系。

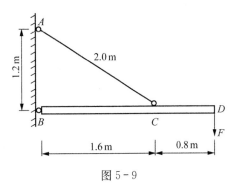

图 5-9

$$\sum m_B = 0: \quad F \times 2.4\,\mathrm{m} = F_{AC} \times \frac{3}{5} \times 1.6\,\mathrm{m}$$

$$F_{AC} = 2.5F \tag{a}$$

然后计算 AC 杆的工作应力：

$$\sigma_{AC} = \frac{F_{AC}}{A} = \frac{2.5F}{\frac{\pi}{4}d^2} = \frac{2.5 \times 16 \times 10^3 \text{ N} \times 4}{\pi \times 0.02^2 \text{ m}^2} = 127.32 \text{ MPa}$$

因为 $\sigma_{AC} < [\sigma] = 160$ MPa，所以 AC 杆安全。

（2）求许用载荷。

强度条件要求 $\sigma_{AC} = \dfrac{F_{AC}}{A} \leqslant [\sigma]$。

将式（a）代入上式，得到

$$F \leqslant \frac{A}{2.5}[\sigma] = \frac{\frac{\pi}{4}d^2}{2.5}[\sigma] = \frac{\pi \times 0.02^2 \text{ m}^2}{4 \times 2.5} \times 160 \times 10^6 \text{ Pa} = 20.11 \text{ kN}$$

所以许用载荷 $[F] = 20.11$ kN。

（3）如果 $F = 30$ kN，强度条件式（5−11）要求

$$A \geqslant \frac{F_{AC}}{[\sigma]}$$

将式（a）代入上式，得

$$d \geqslant \sqrt{\frac{2.5F}{\frac{\pi}{4}[\sigma]}} = \sqrt{\frac{2.5 \times 30 \times 10^3 \text{ N} \times 4}{\pi \times 160 \times 10^6 \text{ Pa}}} = 0.0244 \text{ m} = 24.4 \text{ mm}$$

可以选 AC 杆的直径 $d = 25$ mm。

例 5−4 如图 5−10 所示的三角形铰接支架由水平杆 AC 与斜杆 BC 组成。AC 是圆截面的钢杆，直径 $d = 2.5$ cm，许用应力 $[\sigma_1] = 160$ MPa；BC 杆是木制方截面杆，截面边长 $a = 20$ cm，许用应力 $[\sigma_2] = 4.0$ MPa。试求许用载荷 $[F]$。

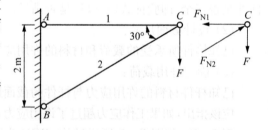

图 5−10

解：（1）计算各杆的轴力：

设 AC 杆的拉力与 BC 杆的压力分别为 F_{N1} 和 F_{N2}，根据节点 C 的平衡条件可以得到 $F_{N1} = \sqrt{3}F$，$F_{N2} = 2F$。

（2）确定许用载荷：

AC 杆的强度条件为 $\dfrac{F_{N1}}{A_1} \leqslant [\sigma_1]$，要求

$$F = \frac{1}{\sqrt{3}}F_{N1} \leqslant \frac{A_1[\sigma_1]}{\sqrt{3}} = \frac{\pi \times 0.025^2 \text{ m}^2 \times 160 \times 10^6 \text{ Pa}}{4\sqrt{3}} = 45.34 \text{ kN} \qquad \text{(a)}$$

BC 杆的强度条件为 $\dfrac{F_{N2}}{A_2} \leqslant [\sigma_2]$，要求

$$F = \frac{1}{2}F_{N2} \leqslant \frac{A_2[\sigma_2]}{2} = \frac{0.2^2 \text{ m}^2 \times 4.0 \times 10^6 \text{ Pa}}{2} = 80.0 \text{ kN} \qquad \text{(b)}$$

综合考虑式(a)和式(b),确定支架的许用载荷为

$$[F] = 45.34 \text{ kN}$$

5.5　连接部位的强度设计

工程中常使用销钉、铆钉、螺栓、键等连接件将构件连接起来。构件在连接部位要开孔、开槽,原来的承载截面被削弱。该处的几何形状复杂,应力分布也很复杂。现在的机械设计可以用有限元软件对复杂形状构件的应力分布作相当精确的计算。然而,用材料力学知识作近似计算的方法仍然在工程设计中广泛应用。从受力情况分析,连接件主要受剪切作用,构件与连接件的接触面受挤压作用。工程上通常采用"实用计算"方法,将剪切力、挤压力简化为连接件和构件工作面上的"名义应力"来进行设计。

考虑如图 5-11 所示的一个销钉连接机构,左边和右边构件的轴力通过销钉传递。试验表明,销钉的破坏形式为沿着 m 和 n 截面剪断。截面 m 和 n 称为剪切面(shear surface)。根据分离体平衡条件可知销钉的横截面上有剪力。事实上,从销钉分离体的力矩平衡条件可知,截面上必须有正应力存在,但是在实用计算中忽略了正应力的影响,并且假设剪切面上的切应力均匀分布,所以

$$\tau = \frac{F_S}{A} \qquad (5-12)$$

式中 F_S 为截面上的剪力,A 为截面面积。剪切实用计算的强度条件为

$$\tau = \frac{F_S}{A} \leqslant [\tau] \qquad (5-13)$$

式中 $[\tau]$ 为许用切应力,其值为连接件的剪切强度极限除以安全系数。

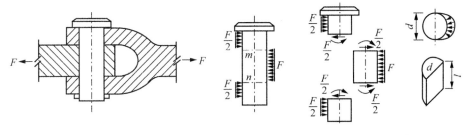

图 5-11

销钉、铆钉、螺栓等连接件,除了承受剪切外,在它们与被连接构件的接触面上还存在挤压应力 σ_{bs}。若挤压应力过大,会使接触面产生局部塑性变形,甚至造成挤压凹痕、点蚀等。因此要限制挤压应力。工程上也用实用计算法进行分析。假设挤压应力在挤压计算面积上均匀分布,那么

$$\sigma_{bs} = \frac{F_b}{A_b} \tag{5-14}$$

其中 F_b 为挤压力，A_b 为计算面积，它要根据接触面的具体情况而定。图 5-11 所示销钉与构件的接触面为圆柱面，挤压面的计算面积为圆柱面在相应径向平面上的投影面的面积：$A_b = d \cdot l$，其中 d 为销钉的直径，l 为接触圆柱面高度。挤压实用计算的强度条件为

$$\sigma_{bs} = \frac{F_b}{A_b} \leqslant [\sigma_{bs}] \tag{5-15}$$

式中 $[\sigma_{bs}]$ 为许用挤压应力，其值为连接件的挤压强度极限除以安全系数。

例 5-5 如图 5-12 所示，钩杆 AB 通过楔块 CD 与平板连接。钩杆的直径 $d = 4$ cm。已知材料的剪切许用应力 $[\tau] = 100$ MPa，挤压许用应力 $[\sigma_{bs}] = 320$ MPa，钩杆的抗拉许用应力 $[\sigma] = 160$ MPa。试求钩杆的许用拉力 $[F]$，并设计楔块的宽度 b 和高度 h。

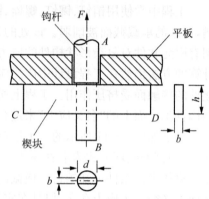

图 5-12

解：钩杆净截面的受拉强度条件要求

$$F \leqslant [\sigma]A = [\sigma]\left(\frac{\pi}{4}d^2 - d \cdot b\right) \tag{a}$$

钩杆孔底面的挤压强度条件为

$$\sigma_{bs} = \frac{F}{d \cdot b} \leqslant [\sigma_{bs}] \tag{b}$$

由于 (a)，(b) 两个不等式的右边都含有未知量 b，无法直接确定许用载荷。可以将式 (b) 取等号，得到 $d \cdot b = F/[\sigma_{bs}]$，代入式 (a) 以消去 b：

$$F \leqslant [\sigma] \cdot \frac{\pi}{4}d^2 \Big/ \left(1 + \frac{[\sigma]}{[\sigma_{bs}]}\right) = 160 \times 10^6 \text{ Pa} \times \frac{\pi}{4} \times 0.04^2 \text{ m}^2 \Big/ \left(1 + \frac{160}{320}\right) = 134.04 \text{ kN}$$

所以钩杆的许用拉力 $[F] = 134.04$ kN。

由式 (b) 可知，

$$b \geqslant \frac{F}{d \cdot [\sigma_{bs}]} = \frac{134.04 \times 10^3 \text{ N}}{0.04 \text{ m} \times 320 \times 10^6 \text{ Pa}} = 0.010\,47 \text{ m} = 10.47 \text{ mm}$$

取 $b = 10.5$ mm。再根据楔块的剪切强度条件

$$\tau = \frac{F}{2b \cdot h} \leqslant [\tau]$$

可以确定楔块的高度

$$h \geqslant \frac{F}{2b \cdot [\tau]} = \frac{134.04 \times 10^3 \text{ N}}{2 \times 10.5 \times 10^{-3} \text{ m} \times 100 \times 10^6 \text{ Pa}} = 0.063\,83 \text{ m} = 63.83 \text{ mm}$$

取 $h = 64$ mm。

例 5-6 受拉力 F 作用的两块钢板通过上下两块盖板和 10 个铆钉对接以传递拉力（见

图 5-13)。拉力 $F = 240\,\text{kN}$。铆钉与钢板所用材料相同。铆钉直径 $d = 16\,\text{mm}$，主板厚度 $t_1 = 20\,\text{mm}$，盖板厚度 $t_2 = 12\,\text{mm}$，主板和盖板宽度相同，为 $b = 120\,\text{mm}$。材料许用正应力、切应力和挤压应力分别为 $[\sigma] = 160\,\text{MPa}$，$[\tau] = 120\,\text{MPa}$，$[\sigma_{\text{bs}}] = 320\,\text{MPa}$。试作连接部位的强度校核。

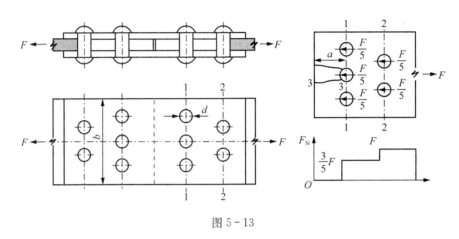

图 5-13

解:(1) 铆钉的剪切强度校核。

如图 5-13 所示,每一侧的外力 F,由五个铆钉共同承担。假定是平均分担,每个铆钉承担 $F/5$。而每个铆钉有两个剪切面,所以平均切应力

$$\tau = \frac{F_S}{A} = \frac{F/5}{2 \times \pi d^2/4} = \frac{240 \times 10^3\,\text{N} \times 4}{2\pi \times 16^2 \times 10^{-6}\,\text{m}^2 \times 5} = 119.4\,\text{MPa} < [\tau]$$

满足切应力强度条件。

(2) 挤压强度校核。

主板的厚度比两块盖板的总厚度小,因此应该校核主板与铆钉之间的挤压强度。

$$\sigma_{\text{bs}}^* = \frac{F_b}{A_b} = \frac{F/5}{t_1 d} = \frac{240 \times 10^3\,\text{N}}{20 \times 16 \times 10^{-6}\,\text{m}^2 \times 5} = 150.0\,\text{MPa} < [\sigma_{\text{bs}}]$$

满足挤压强度条件。

(3) 钢板的抗拉强度校核。

连接部位由于开了铆钉孔,净截面积减小,所以要进行抗拉强度校核。如图 5-13 所示,用分离体平衡条件可以求出右侧主板的"轴向力"分布。对主板 1—1 和 2—2 截面分别做强度校核

$$\sigma_{1-1} = \frac{3F/5}{(b-3d)t_1} = \frac{3 \times 240 \times 10^3\,\text{N}}{5 \times (120 - 3 \times 16) \times 20 \times 10^{-6}\,\text{m}^2} = 100.0\,\text{MPa} < [\sigma]$$

$$\sigma_{2-2} = \frac{F}{(b-2d)t_1} = \frac{240 \times 10^3\,\text{N}}{(120 - 2 \times 16) \times 20 \times 10^{-6}\,\text{m}^2} = 136.4\,\text{MPa} < [\sigma]$$

盖板的 1—1 截面处的拉应力

$$\sigma'_{1-1} = \frac{F/2}{(b-3d)t_2} = \frac{240 \times 10^3\,\text{N}}{2 \times (120 - 3 \times 16) \times 12 \times 10^{-6}\,\text{m}^2} = 138.9\,\text{MPa} < [\sigma]$$

都满足钢板的抗拉强度要求。

（4）试验表明，边矩 a 要大于 2 倍的孔径（见图 5－13），以免钢板沿截面 3－3 被剪断。

应该指出，连接部位的实用计算是一种工程近似计算，与构件内实际的应力情况有较大的误差。事实上，铆钉、螺栓等连接件以及被连接构件的孔边的应力很复杂，需要对同类连接件进行破坏试验，并采用同样的计算方法来确定材料的极限应力，才能确保这种实用设计的可靠性。

5.6　简单桁架的节点位移

桁架内拉压杆的伸长（缩短）变形会导致桁架节点的位移。节点位移可以用几何方法进行分析，也可以用能量法求解。本节主要介绍用几何关系求节点位移的方法，能量法求位移将在第 11 章介绍。

例 5－7　例题 5－4 中的桁架（见图 5－14），如果已知作用在节点 C 的力 $F = 30\,\text{kN}$，钢的弹性模量 $E_1 = 200\,\text{GPa}$，木材的弹性模量 $E_2 = 10\,\text{GPa}$，求节点 C 的水平位移和垂直位移。

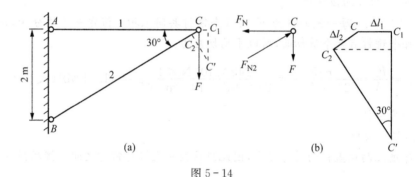

图 5－14

解：（1）根据例题 5－4 所示节点 C 的平衡关系可以求出 AC 杆和 BC 杆的轴力。

$$F_{N1} = \sqrt{3}\,F = 51.96\,\text{kN}\quad（拉伸）$$

$$F_{N2} = 2F = 60.0\,\text{kN}\quad（压缩）$$

（2）计算杆 1 的伸长 Δl_1 和杆 2 的缩短 Δl_2。

$$\Delta l_1 = \frac{F_{N1}l_1}{E_1 A_1} = \frac{4 \times 51.96 \times 10^3\,\text{N} \times 2 \times \sqrt{3}\,\text{m}}{200 \times 10^9\,\text{Pa} \times \pi \times 0.025^2\,\text{m}^2} = 1.833 \times 10^{-3}\,\text{m} = 1.833\,\text{mm}$$

$$\Delta l_2 = \frac{F_{N2}l_2}{E_2 A_2} = \frac{60.0 \times 10^3\,\text{N} \times 2 \times 2\,\text{m}}{10 \times 10^9\,\text{Pa} \times 0.2^2\,\text{m}^2} = 0.000\,6\,\text{m} = 0.6\,\text{mm}$$

（3）求节点 C 的位移。

假定在 C 点将两根杆拆开［见图 5－14(a)］。AC 杆的伸长为 CC_1，BC 杆的缩短为 CC_2。让 AC_1 绕 A 点转动，同时让 BC_2 绕 B 点转动。由于变形的量很小，实际上转动角度也很小。所以可以用切线代替圆弧来代表 C_1 和 C_2 的运动轨迹。从 C_1 作 AC_1 的垂线 C_1C'，同时从 C_2

作 BC_2 的垂线 C_2C'，两者相交于 C' 点。这也是 C 点最终的位置。图 5-14(b) 是表示 C 点位移的放大图。从几何关系可见 C 点的水平位移和垂直位移分别为

$$u_C = \Delta l_1 = 1.833 \text{ mm}$$

$$v_C = \Delta l_2 \sin 30° + (\Delta l_1 + \Delta l_2 \cos 30°) \cot 30°$$

$$= 0.6 \text{ mm} \times \frac{1}{2} + \left(1.833 \text{ mm} + 0.6 \text{ mm} \times \frac{\sqrt{3}}{2}\right) \times \sqrt{3} = 4.375 \text{ mm}$$

从以上结果可见，杆的变形量与原长相比很小，因此在小变形情况下，可以用结构的原有尺寸计算内力，并且用上述几何关系求节点位移。

（4）C 点的垂直位移也可以用能量法来求。

因为力 F 在 C 点的垂直位移上做的功等于两根杆件的应变能，所以有

$$\frac{1}{2} F v_C = U = \frac{F_{N1}^2 l_1}{2E_1 A_1} + \frac{F_{N2}^2 l_2}{2E_2 A_2}$$

$$= \frac{1}{2}\left(\frac{4 \times 51.96^2 \times 10^6 \text{ N}^2 \times 2 \times \sqrt{3} \text{ m}}{200 \times 10^9 \text{ Pa} \times \pi \times 0.025^2 \text{ m}^2} + \frac{60^2 \times 10^6 \text{ N}^2 \times 2 \times 2 \text{ m}}{10 \times 10^9 \text{ Pa} \times 0.2^2 \text{ m}^2}\right)$$

$$= \frac{1}{2} \times 131.26 \text{ N} \cdot \text{m}$$

$$v_C = 131.26 \text{ N} \cdot \text{m}/(30 \times 10^3 \text{ N}) = 4.375 \times 10^{-3} \text{ m} = 4.375 \text{ mm}$$

与上面用几何方法求得的结果完全相同。

5.7　拉压静不定问题

在第 1 章里我们用两个并联弹簧的例子介绍了静不定的概念。拉压杆件或杆系的内力和约束反力数目如果超过平衡方程数目，即成为静不定问题。这类问题需要通过物理关系和几何协调关系得到补充方程，才能将未知力全部解出。

例 5-8　如图 5-15 所示等直杆 CD，上下端固定于刚性支座，在截面 B 处受轴向外力 F 的作用。杆的弹性模量为 E，截面面积为 A，CB 段和 BD 段的长度分别为 a 和 b。求 C 端和 D 端的支座反力。

解：如图 5-15 所示，设 C 端和 D 端的支座反力分别为 F_C 和 F_D。静力平衡条件为

$$F_C + F_D = F \tag{a}$$

现在有两个未知力，只有一个平衡方程，所以是一次静不定问题。由于上下两端刚性固定，杆变形后总长度不变，可以利用杆的总伸长量为零作为变形协调条件：

$$\Delta l_{CB} + \Delta l_{BD} = 0 \tag{b}$$

CB 段和 BD 段的轴力分别为

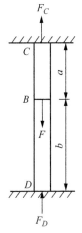

图 5-15

$$F_{N1} = F_C, \quad F_{N2} = -F_D$$

CB 段和 BD 段的伸长分别为

$$\Delta_{CB} = \frac{F_{N1}a}{EA} = \frac{F_C a}{EA}, \quad \Delta_{BD} = \frac{F_{N2}b}{EA} = \frac{-F_D b}{EA}$$

代入式(b),得到补充方程为

$$F_C a - F_D b = 0 \tag{c}$$

联立求解式(a)和(c),得到

$$F_C = \frac{b}{a+b}F, \quad F_D = \frac{a}{a+b}F$$

例 5-9　如图 5-16 所示,铰接桁架由 1,2,3 三根杆连接而成。已知 1,2 杆的材料、长度和横截面积都相同,即 $l_1 = l_2 = l$,截面积 $A_1 = A_2$,弹性模量 $E_1 = E_2$。第 3 杆的截面积为 A_3,材料的弹性模量为 E_3。节点 A 上作用着外力 F。试求各杆的轴力。

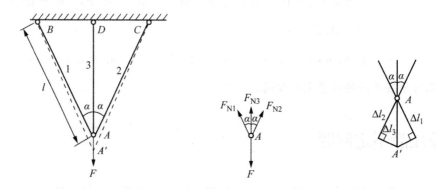

图 5-16

解:首先考虑节点 A 的平衡。假定 1,2,3 杆的轴力分别为 F_{N1},F_{N2} 和 F_{N3},由对称性可知 $F_{N2} = F_{N1}$。这一结果也可从节点平衡条件 $\sum F_x = 0$ 得到。这样未知内力数目减少到两个,即 F_{N1} 和 F_{N3}。垂直方向的节点平衡条件为

$$F_{N3} + 2F_{N1}\cos\alpha = F \tag{a}$$

现在只有一个平衡方程,未知力数目比平衡方程数多一个,所以是一次静不定问题,需要一个补充方程。从图 5-16 的几何关系可知,三根杆变形后相交于 A' 点,所以 1 杆与 3 杆的伸长必须满足

$$\Delta l_3 \cos\alpha = \Delta l_1 \tag{b}$$

而杆的变形与轴力之间有关系

$$\Delta l_1 = \frac{F_{N1}l_1}{E_1 A_1}, \quad \Delta l_3 = \frac{F_{N3}l_3}{E_3 A_3} = \frac{F_{N3}l_1\cos\alpha}{E_3 A_3}$$

上两式代入式(b)可以得到关于 F_{N1} 和 F_{N3} 的补充方程

$$\frac{F_{N1}}{E_1 A_1} = \frac{F_{N3}\cos^2\alpha}{E_3 A_3} \qquad\qquad (c)$$

联立求解方程(a)和方程(c),得到

$$F_{N1} = F_{N2} = \frac{F\cos^2\alpha}{\dfrac{E_3 A_3}{E_1 A_1} + 2\cos^3\alpha}, \quad F_{N3} = \frac{F}{2\,\dfrac{E_1 A_1}{E_3 A_3}\cos^3\alpha + 1}$$

从以上结果可见,载荷 F 在三根杆之间的分配与刚度比 $(E_1 A_1)/(E_3 A_3)$ 有关。如果两根斜杆相对于直杆的刚度增加,那么斜杆的内力加大,直杆的内力减小。刚度越大的部件承担载荷的份额也越大。

在杆件加工制造时,其长度尺寸难免有误差。在静定杆或杆系中,这种误差不会引起应力。然而,在静不定结构中,如果存在尺寸误差,必须用强制的方法进行装配,结果会在结构中产生装配应力。

例 5-10　如图 5-17 所示,刚性横梁由三根钢杆 1,2 和 3 支承,其长度 $l = 1\,\text{m}$,截面积 $A = 2\,\text{cm}^2$。钢的弹性模量 $E = 200\,\text{GPa}$。杆 3 由于制造误差,比其他两杆短了 $\delta = 0.8\,\text{mm}$。试计算 1,2,3 杆中的装配应力。

解:设刚性横梁受三根杆的作用力分别为 F_1,F_2 和 F_3。由对点 A 的力矩平衡条件及垂直方向力的平衡条件可知

$$F_2 = 2F_3, \quad F_1 = F_3 \qquad\qquad (a)$$

假定 1 杆和 3 杆分别伸长 Δl_1 和 Δl_3,2 杆缩短 Δl_2。从变形几何关系可见

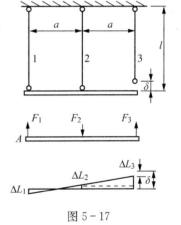

$$\Delta l_3 + (\Delta l_1 + \Delta l_2) + \Delta l_2 = \delta$$

或

$$\Delta l_3 + \Delta l_1 + 2\Delta l_2 = \delta \qquad\qquad (b)$$

物理关系为

$$\Delta l_i = \frac{l}{EA}F_i \qquad (i = 1,\ 2,\ 3)$$

代入式(b)可以得到

图 5-17

$$(F_3 + F_1 + 2F_2)\frac{l}{EA} = 6\,\frac{F_3 l}{EA} = \delta$$

所以

$$F_3 = \frac{\delta EA}{6l} = \frac{0.8 \times 10^{-3}\,\text{m} \times 200 \times 10^9\,\text{Pa} \times 2 \times 10^{-4}\,\text{m}^2}{6 \times 1\,\text{m}} = 5.33\,\text{kN}\quad(\text{拉})$$

$$F_1 = 5.33\,\text{kN}\quad(\text{拉}), \qquad F_2 = 10.66\,\text{kN}\quad(\text{压})$$

例 5-11　如图 5-18 所示,两个刚性铸件之间距离为 $l = 20\,\text{cm}$,用 $\phi 10$ 的钢螺栓 1 和 2 连接。铜杆 3 的原长度为 20.02 cm,比钢杆长出 $\Delta l = 0.02\,\text{cm}$,截面积 $A_3 = 6\,\text{cm}^2$。已知钢和

铜的弹性模量分别为 $E_1 = 200$ GPa 和 $E_3 = 100$ GPa。试求:(1)为了使铜杆能正好装配到两铸件之间,需施加多大的拉力 F;(2)力 F 去掉后,求各杆的应力和长度;(3)使温度上升 $50℃$,求各杆的附加伸长和热应力。已知钢和铜的线膨胀系数分别为 $\alpha_1 = 12.5 \times 10^{-6}/℃$,$\alpha_2 = 16.0 \times 10^{-6}/℃$。

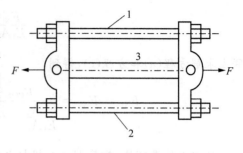

图 5-18

解:(1)杆 1 和杆 2,各承受拉力 $F/2$,因为

$$\Delta l = \frac{\frac{F}{2}l}{E_1 A_1}$$

所以使两根钢杆伸长 Δl 的拉力为

$$F = \frac{2\Delta l \cdot E_1 A_1}{l} = \frac{2 \times 0.02 \times 10^{-2} \text{ m} \times 200 \times 10^9 \text{ Pa} \times \frac{\pi}{4} \times 10^{-4} \text{ m}^2}{0.2 \text{ m}} = 31.42 \text{ kN}$$

(2) 拉力 F 卸掉后,铜杆受压缩短 Δl_3,钢杆仍然受拉,比原长度 l 伸长 Δl_1。

设每一钢杆的拉力为 F_1,铜杆压力为 F_3。

几何关系:
$$\Delta l_1 + \Delta l_3 = \Delta l \tag{a}$$

平衡关系:
$$2F_1 = F_3 \tag{b}$$

物理关系:
$$\Delta l_1 = \frac{F_1 l}{E_1 A_1}, \quad \Delta l_3 = \frac{F_3 l}{E_3 A_3}$$

将上两式代入式(a),得到

$$\frac{F_1}{E_1 A_1} + \frac{F_3}{E_3 A_3} = \frac{\Delta l}{l} = \frac{0.02 \text{ cm}}{20 \text{ cm}} = 0.001 \tag{c}$$

联立式(b)和(c)可以求得

$$F_1 = F_2 = 10.31 \text{ kN} \quad (拉)$$
$$F_3 = 2F_1 = 20.62 \text{ kN} \quad (压)$$

钢杆的应力

$$\sigma_1 = \sigma_2 = \frac{F_1}{A_1} = \frac{10.31 \times 10^3 \text{ N}}{\frac{\pi}{4} \times 10^{-4} \text{ m}^2} = 131.27 \text{ MPa}$$

铜杆的应力

$$\sigma_3 = \frac{-F_3}{A_3} = \frac{-20.6 \times 10^3 \text{ N}}{6 \times 10^{-4} \text{ m}^2} = -34.37 \text{ MPa}$$

钢杆伸长

$$\Delta l_1 = \frac{F_1 l}{E_1 A_1} = \frac{10.31 \times 10^3 \text{ N} \times 0.2 \text{ m}}{200 \times 10^9 \text{ Pa} \times \frac{\pi}{4} \times 10^{-4} \text{ m}^2} = 0.131 \text{ mm}$$

钢杆的最终长度

$$l_1 = l_2 = l + \Delta l_1 = 20.0 \text{ cm} + 0.013\,1 \text{ cm} = 20.013\,1 \text{ cm}$$

铜杆缩短

$$\Delta l_3 = \frac{F_3 l}{E_3 A_3} = \frac{20.6 \times 10^3 \text{ N} \times 0.2 \text{ m}}{100 \times 10^9 \text{ Pa} \times 6 \times 10^{-4} \text{ m}^2} = 0.068\,7 \text{ mm}$$

铜杆的最终长度

$$l_3 = l + \Delta l - \Delta l_3 = 20.02 \text{ cm} - 0.006\,87 \text{ cm} = 20.013\,1 \text{ cm}$$

与钢杆长度相等。

（3）假设钢螺栓的热应力为 $\sigma_1^{\mathrm{T}}(\sigma_2^{\mathrm{T}})$，铜杆的热应力为 σ_3^{T}。几何协调关系是，两者由于温度升高的附加伸长量相等，所以

$$\varepsilon_1^{\mathrm{e}} + \varepsilon_1^{\mathrm{T}} = \varepsilon_3^{\mathrm{e}} + \varepsilon_3^{\mathrm{T}} \tag{d}$$

或者

$$\frac{\sigma_1^{\mathrm{T}}}{E_1} + \alpha_1 \Delta T = \frac{\sigma_3^{\mathrm{T}}}{E_3} + \alpha_3 \Delta T \tag{e}$$

平衡条件为

$$2\sigma_1^{\mathrm{T}} A_1 + \sigma_3^{\mathrm{T}} A_3 = 0 \tag{f}$$

由式（e）和（f）得到

$$\sigma_3^{\mathrm{T}} = (\alpha_1 - \alpha_3) \Delta T / \left(\frac{A_3}{2 E_1 A_1} + \frac{1}{E_3} \right) = (12.5 - 16.0) \times 10^{-6} /\text{℃} \times 50\text{℃}$$

$$\div \left(\frac{6 \times 10^{-4} \text{ m}^2}{400 \times 10^9 \text{ Pa} \times \frac{\pi}{4} \times 0.01^2 \text{ m}^2} + \frac{1}{100 \times 10^9 \text{ Pa}} \right) = -6.014 \text{ MPa}$$

$$\sigma_1^{\mathrm{T}} = \frac{-\sigma_3^{\mathrm{T}} A_3}{2 A_1} = \frac{6.014 \times 10^6 \text{ Pa} \times 6 \times 10^{-4} \text{ m}^2}{2 \times \frac{\pi}{4} \times 0.01^2 \text{ m}^2} = 22.97 \text{ MPa}$$

根据式（e）可以计算由于温度升高引起的附加伸长

$$\Delta l^{\mathrm{T}} = \left(\frac{\sigma_1^{\mathrm{T}}}{E_1} + \alpha_1 \Delta T \right) \cdot l = \left(\frac{22.97 \times 10^6 \text{ Pa}}{200 \times 10^9 \text{ Pa}} + 12.5 \times 10^{-6} /\text{℃} \times 50\text{℃} \right) \times 0.2 \text{ m} = 0.148 \text{ mm}$$

由于温度变化引起构件的膨胀或收缩，会使构件产生温度应变。如果构件的变形受到周围其他物体的限制，则会产生热应力。上述例题中的杆件没有被完全约束，其热应力是由不同材料的热膨胀系数之间的差异引起的，所以热应力的值并不很大。

结束语

这一章通过横截面在变形后仍保持为平面的推断，将拉压杆的问题简化为关于轴力与轴

向变形的一维问题。本章的学习应该着重关注轴力的平衡微分关系以及节点的平衡关系在具体问题中的应用;正确理解许用应力和安全系数的概念,学会应用拉(压)杆的强度条件进行强度校核、确定结构的许用载荷以及确定杆件截面尺寸;学会应用伸长(缩短)变形的公式求解简单桁架的节点位移;了解应力集中的概念;学会构件连接部位的实用设计方法;学会利用三个基本关系求解装配应力、温度应力等静不定问题。

思考题

5-1 轴向拉压杆横截面上的正应力公式是如何建立的? 什么是平面截面假设? 什么是圣维南原理?

5-2 横截面为任意形状的等直杆,如果受拉(或受压)时整个横截面上的正应力是均匀分布的,问截面上合力作用于何处?

5-3 在弹性范围内,空心圆杆受轴向压力作用,如果不考虑两端摩擦力的影响,它是否会外径扩大、内径缩小?

5-4 什么是安全系数? 如何确定安全系数? 什么是强度极限? 什么是许用应力? 什么是强度条件?

5-5 由同一种材料制成的不同构件,其许用应力是否相同? 一般情况下脆性材料的安全系数要比塑性材料的安全系数取得大一些,为什么?

5-6 失效准则(破坏准则)与强度条件有什么区别? 工作应力与许用应力有什么区别?

5-7 为什么说材料力学中连接件计算是一种"实用计算"? 其中引入了哪些假设?

5-8 如何计算连接件的切应力和挤压应力? 如何建立连接件的强度条件?

5-9 挤压与压缩有什么区别? 为什么挤压许用应力比压缩许用应力大?

5-10 如何利用几何关系、平衡关系和物理关系求解简单铰接桁架的拉压静不定问题?

5-11 一个由均匀分布纵向纤维增强塑料制成的试件,在拉伸试验机测得破坏时总拉力为 F_b。若纤维和基体塑料的弹性模量和截面积分别为 E_1、E_2 和 A_1、A_2,试问它们各承担多少拉力? 拉应力是多少?

5-12 更换静定结构中部分杆件的材料,而其他条件保持不变时,结构中的内力会不会变化? 对静不定结构又将如何?

习题

5-1 如图 5-19 所示,阶梯状圆截面直杆,承受轴向载荷 $F_1 = 20$ kN,$F_2 = 10$ kN,$F_3 = 20$ kN,若 AB 段的直径 $d_1 = 40$ mm,BC 段的直径 $d_2 = 30$ mm,CD 段的直径 $d_3 = 20$ mm,试求各段横截面上的应力。

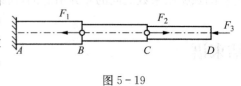

图 5-19

5-2 等直杆受力如图 5-20 所示。已知杆的横截面面积 A 和材料的弹性模量 E。试求杆端点 D 的位移。

5-3 抗拉刚度为 EA 的拉杆，其尺寸及受力情况如图 5-21 所示，在弹性范围内，杆总伸长 $\Delta l = \Delta l_1 + \Delta l_2 = \dfrac{F_1 l_1}{EA} + \dfrac{F_2 l_2}{EA}$，试问该结果是否正确？

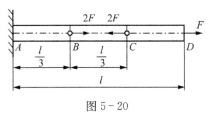

图 5-20

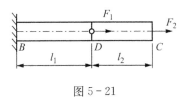

图 5-21

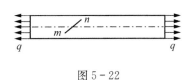

图 5-22

5-4 如图 5-22 所示，杆件表面有一条斜直线 mn，当杆件承受轴向均匀拉伸时，试问该斜直线是否作平行移动？

5-5 如图 5-23 所示，压入部件中的圆截面钢销钉，直径 $d = 1.5\,\text{cm}$，压入部分长 $l = 40\,\text{cm}$，外伸部分长 $a = 15\,\text{cm}$，材料的弹性模量 $E = 200\,\text{GPa}$。若在其端部施加力 $F = 20\,\text{kN}$，假定部件与销钉间的作用力在其接触面上均匀分布，试绘出拉伸应力图并计算销钉的伸长。

5-6 受拉梯形平板，尺寸如图 5-24 所示。板材料的弹性模量为 E。试求板的伸长。

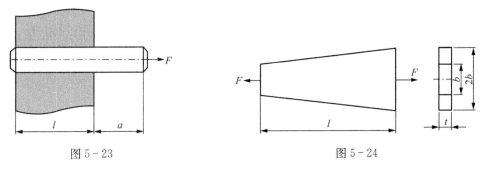

图 5-23

图 5-24

5-7 如图 5-25 所示，试求下列简单桁架结构中节点 A 的位移。设各杆的抗拉（压）刚度均为 EA。

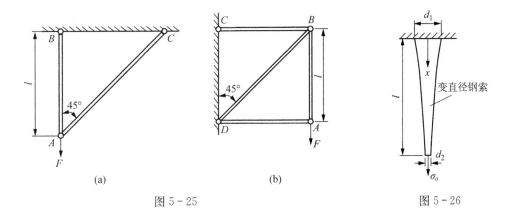

(a)

(b)

图 5-25

图 5-26

5-8 如图 5-26 所示，一钢索在自重作用下悬挂着，其上端和下端的直径分别为 d_1 和 d_2。下端受拉应力 σ_0 作用。钢索的直径不是常量，而是以使沿钢索各点处的拉应力均相同的方式变化的。试推导描述钢索直径沿钢索轴向坐标 x 而变化的微分方程。解此方程并求出用 d_2、l、σ_0 和 γ（钢索每单位体积的重量）表示的 d_1 的表达式。

5-9 如图 5-27 所示，水平刚性杆 $OBDC$ 在 B，C 两点用钢丝绳并经无摩擦小滑轮悬挂。已知钢丝绳的横截面面积 $A = 1\ \text{cm}^2$，弹性模量 $E = 200\ \text{GPa}$，载荷 $F = 20\ \text{kN}$ 作用于 D 点。试求 D 点的铅垂位移。

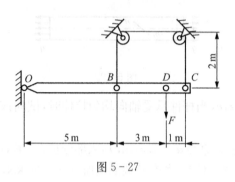

图 5-27

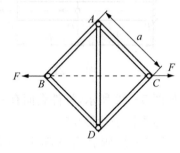

图 5-28

5-10 如图 5-28 所示，铰接正方形结构，各杆的抗拉（压）刚度均为 EA。(1)如图所示，如果在 B，C 点受 F 力作用，试求 B，C 两点间的相对位移 Δ_{BC}。(2)如果没有 F 力的作用，整个系统温度升高 ΔT，已知材料的线膨胀系数为 α，试确定 B，C 之间的距离变化。

5-11 如图 5-29 所示结构中，圆杆 1，2 与刚性杆 AC 和 CDB 之间均为铰接。杆 1 和杆 2 的直径分别为 $d_1 = 2\ \text{cm}$，$d_2 = 1\ \text{cm}$，两杆材料的弹性模量 $E = 200\ \text{GPa}$。试求：(1)两杆的应力；(2)C 点的位移。

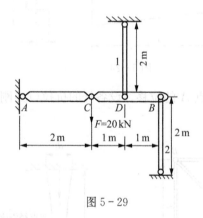

图 5-29

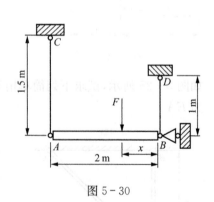

图 5-30

5-12 如图 5-30 所示结构，水平梁 AB 为变形可忽略的粗刚性梁。CA 是钢杆，长 $l_1 = 1.5\ \text{m}$，直径 $d_1 = 2\ \text{cm}$，弹性模量 $E_1 = 200\ \text{GPa}$，DB 是铜杆，长 $l_2 = 1\ \text{m}$，直径 $d_1 = 2.5\ \text{cm}$，弹性模量 $E_2 = 100\ \text{GPa}$。试求载荷 F 离 DB 杆的距离 x 为多少时，刚性梁 AB 保持水平。

5-13 如图 5-31 所示简单桁架。钢杆 BC 的横截面为圆形，直径 $d = 20\ \text{mm}$；钢杆 BD 为 No.8 槽钢，两杆材料的弹性模量均为 $E = 206\ \text{GPa}$。设 $F = 50\ \text{kN}$，试求 B 点的位移。

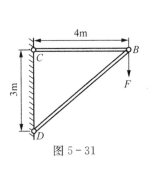

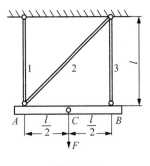

图 5 - 31

图 5 - 32

5 - 14　如图 5 - 32 所示,结构中,AB 为刚性梁。已知 3 杆的抗拉
刚度 E_3A_3 大于 1 杆的抗拉刚度 E_1A_1,且两杆长度相等。
试求 C 点的位移。

5 - 15　如图 5 - 33 所示,长度为 l 的钢杆,以角速度 ω 绕 o_1o_2 轴等
速旋转。材料密度为 ρ,弹性模量为 E。试求该钢杆的伸长。

5 - 16　如图 5 - 34 所示,当涡轮 B 以角速度 ω 等速旋转时,其叶
片 C 承受离心力作用。设叶冠的重量为 W,叶片材料的
弹性模量为 E,密度为 ρ。叶片截面积为 A。试计算叶片
的轴向变形。

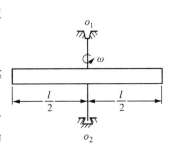

图 5 - 33

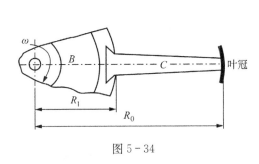

图 5 - 34

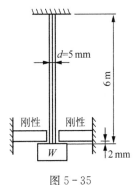

图 5 - 35

5 - 17　重物 W 由钢索吊起。当温度为 $T_1=50℃$ 时,重物的悬吊位置如图 5 - 35 所示。若温度降
至 $T_2 = 5℃$ 时,钢索中的轴向应力为 $\sigma = 120 \text{ MPa}$,
试求物体 W 的重量。已知钢材料的弹性模量为
$E = 200 \text{ GPa}$,热膨胀系数为 $\alpha = 12×10^{-6}/℃$。

5 - 18　如图 5 - 36 所示,铰接杆系由铜杆 AB、钢杆 CD 及
刚性杆 EBD 组成。已知杆 AB 和杆 CD 的横截
面面积分别为 $A_1 = 900 \text{ mm}^2$ 和 $A_2 = 150 \text{ mm}^2$,
铜材料的弹性模量为 $E_1 = 100 \text{ GPa}$,热膨胀系数
为 $\alpha_1 = 18×10^{-6}/℃$,钢材料的弹性模量为 $E_2 =$
200 GPa,热膨胀系数为 $\alpha_2 = 12×10^{-6}/℃$。各杆
无初应力。当温度升高 $\Delta T = 100℃$ 时,问必须在
杆 EBD 上 H 点处加多大的竖向力 F,才能使得钢

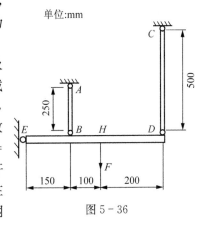

图 5 - 36

杆 CD 中的应力与铜杆 AB 中的应力值相等(符号相同)。

5-19 在如图 5-37 所示铰接悬臂桁架中,全部构件的横截面面积均为 A,弹性模量均为 E。试求:(1)由载荷 F 引起的各杆中的力,且区分拉($+$)和压($-$)。(2)载荷作用节点的铅直位移。

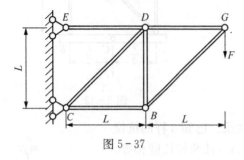

图 5-37

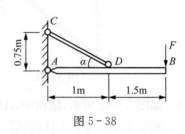

图 5-38

5-20 如图 5-38 所示,水平刚性杆 AB 由直径为 20 mm 的钢杆拉住,在端点 B 处作用有载荷 F。钢的许用应力 $[\sigma]=160\,\text{MPa}$,弹性模量 $E=200\,\text{GPa}$。试求:(1)结构的许可载荷 F。(2)端点 B 的位移。

5-21 常见电线杆拉索上的低压瓷质绝缘子如图 5-39 所示。试根据绝缘子的强度要求,比较图示两种结构的合理性。

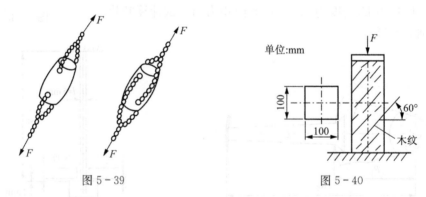

图 5-39

图 5-40

5-22 如图 5-40 所示一横截面为矩形的桦木短柱,已知平行于木纹方向的许用切应力 $[\tau]=1\,300\,\text{kPa}$,垂直于木纹方向的许用正应力 $[\sigma]=2\,700\,\text{kPa}$(压),试求可加在短柱上的最大载荷 F。

5-23 简易起重架如图 5-41 所示。已知斜杆 AB 用两根等边角钢 $60\times60\times4$ 组成。如钢材料的许用应力 $[\sigma]=170\,\text{MPa}$,不考虑水平杆 CB 的强度和稳定性,试确定构架所能起吊重物的最大重量 W。

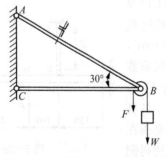

图 5-41

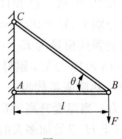

图 5-42

5－24 如图 5－42 所示桁架,水平杆 AB 的长度 l 保持不变,斜杆 BC 的长度可随两杆夹角 θ 的改变而变化,两杆材料相同,且其拉压许用应力相等,如果两杆的应力同时达到许用应力,且使结构具有最小重量,试求此时:(1)两杆的夹角 θ;(2)两杆的横截面面积之比。

5－25 如图 5－43 所示桁架由空心圆截面钢杆组成,截面的内径 $d=100$ mm,外径 $D=140$ mm。已知钢材料的许用应力 $[\sigma]=170$ MPa。若 $F=215$ kN,试校核 AC 和 CD 杆的强度。

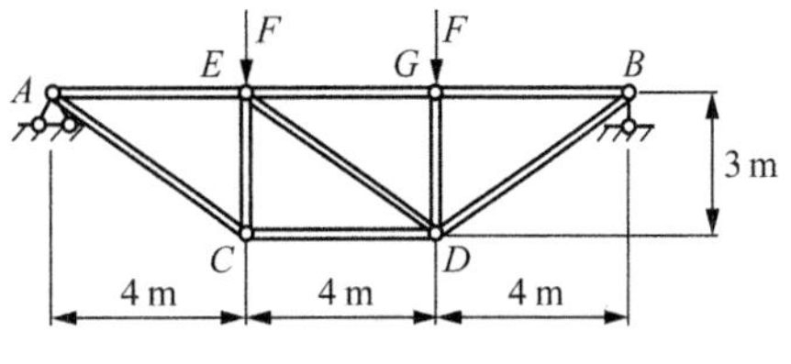

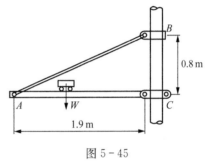

图 5－43

5－26 桁架尺寸及受力如图 5－44 所示。已知 $F=30$ kN, 材料的抗拉许用应力 $[\sigma]^{+}=120$ MPa,抗压许用应力 $[\sigma]^{-}=60$ MPa。不考虑压杆的稳定性,试设计 AC 及 AD 杆所需之等边角钢的截面型号。

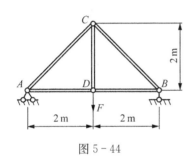

图 5－44

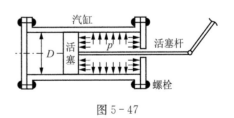

图 5－45

5－27 如图 5－45 所示搁架 AC 杆用圆截面钢杆 AB 斜拉撑起。承载小车需在 AC 之间移动,设小车及重物对搁架的作用可简化为集中力 W。钢杆 AB 的直径 $d=20$ mm,材料的许用应力 $[\sigma]=160$ MPa,试按 AB 杆的强度条件确定许用载荷 $[W]$。

5－28 如图 5－46 所示三铰拱屋架的拉杆 AB 用圆形横截面钢杆制成,拉杆直径 $d=35$ mm,材料的许用应力 $[\sigma]=210$ MPa。试校核 AB 杆的强度。

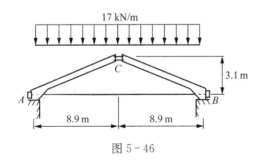

图 5－46

图 5－47

5－29 蒸汽机的汽缸如图 5－47 所示。汽缸内径 $D=560$ mm,内压强 $p=2.5$ MPa。活塞杆直径 $d=100$ mm,所用材料的屈服极限 $\sigma_{s}=300$ MPa。(1)试求活塞杆的正应力和工作安全系数;(2)若连接汽缸和汽缸盖的螺栓直径为 30 mm,其许用应力 $[\sigma]=60$ MPa,求连接每个螺栓盖所需的螺栓数。

5 – 30　如图 5 – 48 所示木桶,由若干木条和外包的钢箍组成,钢箍的间距为 s。如不计木桶制
　　　　造过程中的预紧力,试求木桶受内压 p 时,每条钢箍所受的拉力 F。

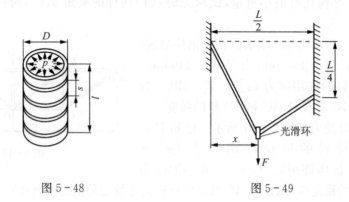

图 5 – 48　　　　　　　　　　　　　图 5 – 49

5 – 31　如图 5 – 49 所示的力 F 由一根直径为 $d = 6\ \text{mm}$ 的钢缆索支持,缆索长为 L,断裂强度
　　　　$F_b = 36\ \text{kN}$。假设断裂失效的安全系数为 $n = 2$,试确定力 F 的位置 x 和能支持的 F
　　　　的最大值。

5 – 32　如图 5 – 50 所示,电线杆由钢缆稳固。已知钢缆的横截面面积 $A = 1\,000\ \text{mm}^2$,弹性模
　　　　量 $E = 200\ \text{GPa}$,许用应力 $[\sigma] = 300\ \text{MPa}$。欲使电线杆有 $F = 100\ \text{kN}$ 的稳固力,张
　　　　紧器的螺杆需相对移动多少? 并校核钢缆的强度。

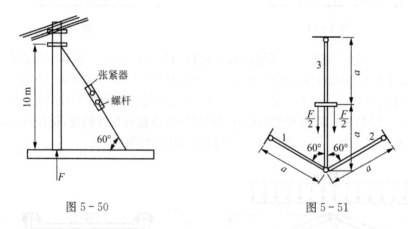

图 5 – 50　　　　　　　　　　　　　图 5 – 51

5 – 33　如图 5 – 51 所示,结构由钢杆组成,各杆横截面面积相等。已知许用应力 $[\sigma] = 160$
　　　　MPa, $F = 100\ \text{kN}$,试求各杆的横截面面积。

5 – 34　如图 5 – 52 所示,电子秤的传感器为一空心圆筒。已知圆筒外径 $D = 80\ \text{mm}$,壁厚
　　　　$\delta = 9\ \text{mm}$,材料的弹性模量 $E = 210\ \text{GPa}$。在称某一重物时,测得的筒壁产生的轴向
　　　　应变 $\varepsilon = -476 \times 10^{-6}$。求此物体重 W,并计算此传感器每产生应变 $\varepsilon_0 = 23.8 \times 10^{-6}$
　　　　所代表的重量。

5 – 35　如图 5 – 53 所示,水平刚性梁 BC 用四根刚度均为 EA 的杆吊起。刚性梁上作用一力
　　　　偶 M,试求:(1)各杆的内力;(2)刚性梁 BC 的位移。

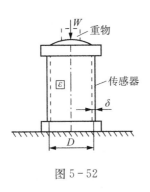

图 5-52

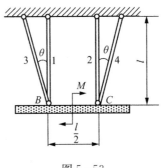

图 5-53

5-36　如图 5-54 所示结构中，BC 和 DG 为两相互平行的刚性杆，用杆 1 和杆 2 以铰相连起来。杆 1，2 的抗拉(压)刚度分别为 EA 和 $2EA$。一对力 F 从 $x=0$ 移动到 $x=a$。试求两力 F 作用点之间的相对位移随 x 的变化规律。

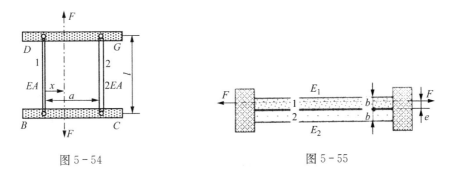

图 5-54

图 5-55

5-37　如图 5-55 所示两根材料不同但截面尺寸相同的矩形截面杆件 1 和 2，截面高度为 b，同时固定于两端的刚性板上，设弹性模量 $E_1 > E_2$。若使两杆都为均匀拉伸，试求拉力 F 的偏心距 e。

5-38　如图 5-56 所示，等截面直杆，由于两个载荷 F 的大小相等、方向相反，自相平衡，所以杆两端的支反力 $R_A = R_B = 0$，对吗？

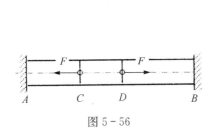

图 5-56

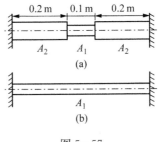

图 5-57

5-39　两根钢杆如图 5-57(a) 和 (b) 所示，已知截面积 $A_1 = 1\,\mathrm{cm}^2$，$A_2 = 2\,\mathrm{cm}^2$，试求当温度升高 30℃时，杆 (a) 和杆 (b) 横截面上的最大正应力(材料的线膨胀系数 $\alpha = 1.25 \times 10^{-3}/℃$)。

5-40　如图 5-58 所示为一个套有铜管的钢螺栓。已知螺栓的横截面面积 $A_1 = 6\,\mathrm{cm}^2$，弹性模量 $E_1 = 200\,\mathrm{GPa}$；铜套管的横截面面积 $A_2 = 12\,\mathrm{cm}^2$，弹性模量 $E_2 = 100\,\mathrm{GPa}$。螺栓的螺

距 $h = 3\,\text{mm}$，长度 $l = 75\,\text{cm}$。试求：(1)当螺母旋紧 1/4 转时，螺栓和铜管的内力；(2)螺母旋紧 1/4 转，再在螺栓两端加压力 $F = 80\,\text{kN}$ 时，螺栓和铜管的内力；(3)在温度未变化前螺栓和铜管刚好接触而不受力，当温度上升 $\Delta T = 50\,^\circ\!\text{C}$ 时，螺栓和铜管的内力。已知钢和铜的线膨胀系数分别为 $\alpha_1 = 12.5 \times 10^{-6}\,/^\circ\!\text{C}$ 和 $\alpha_2 = 16.5 \times 10^{-6}\,/^\circ\!\text{C}$。

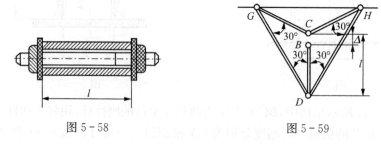

图 5-58　　　　　　　　　　图 5-59

5-41　如图 5-59 所示桁架，各杆的抗拉(压)刚度均为 EA。若杆 BD 比设计原长 l 短了 Δ，当使该杆杆端 B 与节点 C 强制地装配在一起时，试计算各杆的内力及节点 D 的位移。

5-42　如图 5-60 所示两根杆吊着一重为 $W = 18\,\text{kN}$ 的物体。钢杆长 $l_1 = 3.05\,\text{m}$，铝杆实际尺寸比钢杆长 1 mm，两杆的横截面面积均为 $A = 1.29\,\text{cm}^2$，铝的弹性模量 $E_a = 69\,\text{GPa}$，钢的弹性模量 $E_s = 207\,\text{GPa}$。试求每根杆的拉伸应力及钢杆的伸长。

5-43　如图 5-61 所示结构，力 F 施加在刚性平板上，钢管与铝杆的横截面面积均为 $A = 2\,000\,\text{mm}^2$，铝的弹性模量 $E_a = 69\,\text{GPa}$，钢的弹性模量 $E_s = 207\,\text{GPa}$。欲使钢管与铝杆中产生的应力相等，力 F 应等于多少？

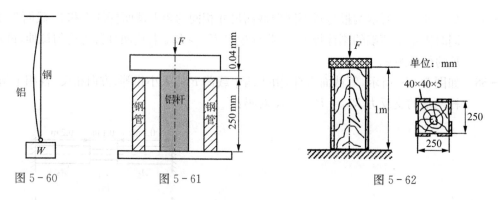

图 5-60　　　　　　图 5-61　　　　　　　　　图 5-62

5-44　如图 5-62 所示，横截面为正方形的短木柱，用四根等边角钢加固，并承受压力 F 的作用。已知角钢的许用应力 $[\sigma]_s = 160\,\text{MPa}$，弹性模量 $E_s = 200\,\text{GPa}$；木材的许用应力 $[\sigma]_w = 12\,\text{MPa}$，弹性模量 $E_w = 10\,\text{GPa}$。试求该短木柱的许可载荷 $[F]$（假设木柱与角钢均为单向应力，忽略其相互约束作用）。

5-45　如图 5-63 所示由 6 根钢筋加强的混凝土圆柱，承受轴向载荷 $F = 10\,\text{kN}$ 作用。已知每根钢筋的直径为 $d = 12\,\text{mm}$，圆柱直径为 $D = 150\,\text{mm}$，钢材料的弹性模量为 $E_s = 200\,\text{GPa}$，混凝土材料的弹性模量为 $E_c = 24\,\text{GPa}$。试求混凝土及钢筋中的应力。

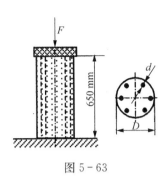

图 5 - 63

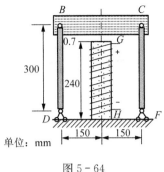

单位：mm

图 5 - 64

5 - 46 如图 5 - 64 所示结构中，BC 为刚性梁，BD、CF 为钢杆，GH 为置于电阻加热装置中的铝杆。已知钢杆的横截面面积 $A_s = 125\ mm^2$，材料弹性模量 $E_s = 200\ GPa$，线膨胀系数 $\alpha_s = 12.5 \times 10^{-6}\ /℃$；铝杆的横截面面积 $A_a = 375\ mm^2$，材料弹性模量 $E_a = 70\ GPa$，线膨胀系数 $\alpha_a = 23 \times 10^{-6}\ /℃$。当铝杆 GH 的温度为 $T_1 = 30℃$ 时，其顶面 G 与刚性梁 BC 间的间隙为 $\delta = 0.7\ mm$。问：(1)铝杆 GH 的温度升高到 $T_2 = 180℃$ 时，BD 杆和 CF 杆中是否会因 GH 的温度升高而产生应力？若有应力产生，计算其大小。(2)若铝杆 GH 的温度升高到 $T_2 = 180℃$ 时，钢杆 BD 和 CF 的温度也从 $T_1 = 30℃$ 升高到 $T_2' = 50℃$，两钢杆中是否会产生应力？若有应力产生，计算其大小。

5 - 47 如图 5 - 65 所示刚度系数 $k = 400\ kN/m$，未变形前长度为 $l_0 = 250\ mm$ 的弹簧，将其压缩至 $l_1 = 200\ mm$ 后套在一端固定另一端距固定基础 $\delta = 0.1\ mm$ 的铝质圆柱上。已知铝质圆柱的直径 $d = 20\ mm$，材料弹性模量 $E_a = 70\ GPa$，试求圆柱固定端 B 的反力。

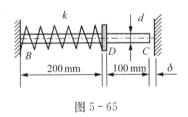

图 5 - 65

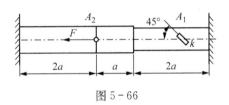

图 5 - 66

5 - 48 如图 5 - 66 所示两端固定的阶梯钢杆承受轴向力 F 作用，杆的横截面面积 $A_1 = 300\ mm^2$，$A_2 = 600\ mm^2$。测得其表面 k 点处与母线成 $\alpha = 45°$ 方向的线应变为 $\varepsilon_{45°} = 1.05 \times 10^{-4}$。试求载荷 F 之值。已知材料的弹性模量 $E = 210\ GPa$，泊松比 $\mu = 0.30$。

5 - 49 如图 5 - 67 所示，两块钢板用四个直径为 $d = 16\ mm$ 的钢铆钉相连接，承受载荷 $F = 80\ kN$ 的作用。板的宽度 $b = 80\ mm$，板的厚度 $t = 10\ mm$，材料的许用切应力 $[\tau] = 100\ MPa$，许用拉应力 $[\sigma] = 160\ MPa$，许用挤压应力 $[\sigma_{bs}] = 300\ MPa$。试校核连接部位的强度。

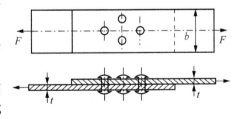

图 5 - 67

第6章

强 度 理 论

我们在第 5 章考虑了拉压杆件的强度问题。由于杆件处于单向应力状态,与实验室试件测强度时的应力状态完全相同(见图 6-1),杆件与试件可以直接比拟。所以杆件设计可以直接应用强度条件 $\sigma_{max} \leqslant \sigma^o/n$。然而,工程构件的材料大多在复杂的应力状态和环境下工作,此时应如何来判断材料是否会破坏? 为了用单向拉伸试验得到的极限应力来建立复杂应力下材料的破坏准则,需要分析使材料破坏的主要因素。不同材料破坏的机理可能完全不同,同一种材料在不同环境、不同加载条件下破坏机理也不同。人们需要通过大量试验,通过对实际构件破坏情况的分析来归结出判别材料破坏的准则,这就涉及强度理论问题。

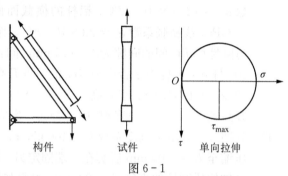

构件　　　　试件　　　单向拉伸

图 6-1

6.1　一般应力状态的强度理论

试验表明,静载下脆性材料的破坏主要以断裂的形式出现,塑性材料的破坏表现为屈服或者显著的塑性变形。极限应力对不同的材料有不同的含意。对于塑性材料,我们用屈服极限 σ_s 作为极限应力 σ^o。对于脆性材料,则用其强度极限 σ_b 作为极限应力 σ^o。在对轴力杆件作强度设计时,因为结构的构件与试件都处于单向应力状态,试验测定的极限应力 σ^o 直接可以用于拉(压)杆件的强度设计,使拉(压)杆的应力满足强度条件

$$\sigma_{max} \leqslant [\sigma] = \frac{\sigma^o}{n} \tag{6-1}$$

式(6-1)可以解释为构件的最大正应力与试件一样是判断失效的参数,当它达到材料的极限正应力时会失效。我们也可以变换一下构件与试件比较的参数。例如,用正应变 ε 做比较。假设构件的正应变达到试件破坏时的正应变值时构件失效。由于构件与试件同处单向应力状态,构件和试件都满足关系 $\varepsilon = \dfrac{\sigma}{E}$,所以要求 $\varepsilon_{构件} \leqslant \dfrac{\varepsilon_{试件}^o}{n}$,等同于要求 $\sigma_{构件} \leqslant \dfrac{\sigma_{试件}^o}{n}$。用应变做比对的参数事实上与式(6-1)是等效的。

但是工程实践中大多数受力构件处于一般应力状态。如果以主应力来考虑,一般情况下三个主应力 σ_1,σ_2,σ_3 之间可能有各种比值。例如,圆筒形薄壁压力容器的侧壁处于双向拉伸

应力状态,其主应力 σ_1 和 σ_2 之比为 $2:1$(见例 $3-6$)。而其他工程构件的主应力可能在各种不同的比例下工作。实际上很难用实验方法来测出各种主应力比例下材料的极限应力。其困难不仅在于双向、三向加载的试验很难做,还在于三个主应力之间有无限多种比例的组合,实际上不可能测出所有比例下的极限应力。解决这样的问题,只能从简单应力状态下的实验结果出发,推测材料破坏的主要原因。构件在外力作用下,任意一点都有应力和应变,而且积储了应变能。可以设想,材料的破坏与危险点的应力、应变或应变能等因素有关。从长期的实践和试验数据中分析材料破坏的现象,进行推理,对材料破坏的原因提出各种假说。这种假说认定材料的破坏是某一特定因素引起的。不论是简单应力状态或一般应力状态下都是由同一机理引起破坏。所以可以用简单应力状态下的试件的极限应力来预测一般应力状态下构件是否会破坏。这样就建立了强度理论,或称为强度的失效准则(failure criteria)。应该注意,没有一个对所有材料、所有情况都适用的强度准则。每一强度准则只适用于某一类材料在特定条件下的某一破坏形式。本章将介绍四个常用的强度理论。

6.2 关于脆性材料断裂的强度理论

6.2.1 最大拉应力理论(第一强度理论)

实践证明,铸铁等脆性材料在简单拉伸试验中,材料沿试件的横截面断裂,这与最大主应力所在的截面一致。由此提出了关于脆性材料破坏的最大拉应力理论(或称为第一强度理论)。这一理论认为,最大拉应力是引起材料破坏的主要因素。也就是说,不论材料处于何种应力状态,引起破坏的原因都是由于最大拉应力,即第一主应力 σ_1 达到极限值。因此材料的破坏条件可以写成

$$\sigma_1 = \sigma_b \tag{6-2}$$

式中 σ_b 是脆性材料的强度极限。在工程设计中考虑构件应该有一定的强度储备,所以将 σ_b 除以安全系数 n,得到许用应力 $[\sigma] = \sigma_b/n$。强度条件可以写成

$$\sigma_1 \leqslant [\sigma] = \frac{\sigma_b}{n} \tag{6-3}$$

试验表明脆性材料在双向或三向拉伸破坏时,最大拉应力理论预测值与试验结果很接近。当三个主应力中有压应力存在时,只要压应力不超过最大拉应力值,则理论预测也与试验结果大致接近。脆性材料在纯扭转破坏时,断裂沿 $45°$ 斜截面发生,这也就是最大拉应力所在的截面,与最大拉应力理论相符合。但这个理论没有考虑其他两个主应力 σ_2 和 σ_3 的影响,也不能解释压应力下脆性材料的破坏。

6.2.2 最大拉应变理论(第二强度理论)

这一理论认为,不论在什么应力状态下,最大拉应变 ε_1 是引起材料破坏的主要原因。在单向拉伸试验中,材料破坏时发生的最大拉应变值为

$$\varepsilon_1 = \frac{\sigma_b}{E}$$

在一般应力状态下,根据广义胡克定律,最大拉应变可以表示为

$$\varepsilon_1 = \frac{1}{E}[\sigma_1 - \mu(\sigma_2 + \sigma_3)]$$

假设一般应力状态与简单拉伸试验的材料破坏都是由 ε_1 控制的。对比上述两式可知材料的破坏条件为

$$\sigma_1 - \mu(\sigma_2 + \sigma_3) = \sigma_b \tag{6-4}$$

上式右端 σ_b 为试件拉伸时的强度极限。考虑到安全因素,最大拉应变理论(第二强度理论)的强度条件可写成

$$\sigma_1 - \mu(\sigma_2 + \sigma_3) \leqslant [\sigma] = \frac{\sigma_b}{n} \tag{6-5}$$

试验表明,脆性材料在三向拉-压应力状态下,且压应力(绝对)值超过拉应力值时该理论大体适用。例如石块或混凝土等脆性材料在轴向压力 F 作用下,立方体试件往往沿纵向开裂[见图 4-11(b)]。注意到此时的主应力

$$\sigma_3 = -\frac{F}{A}, \ \sigma_1 = \sigma_2 = 0$$

如果用第一强度理论,则不论压力 F 多大,其强度条件 $\sigma_1 = 0 < [\sigma]$ 永远满足,即该理论预测材料永远不会破坏,这显然与实际不符。如果用第二强度理论,其侧向应变是最大拉应变:

$$\varepsilon_1 = \frac{1}{E}[\sigma_1 - \mu(\sigma_2 + \sigma_3)] = \frac{\mu F}{EA}$$

破坏条件为 $\frac{\mu F}{A} = \sigma_b$。这一理论预测与实验结果大体相符。

式(6-3)和式(6-5)所表示的两个强度条件公式的左边都是三个主应力的函数,我们将这一数值称为相当应力(equivalent stress)。第一和第二强度理论的相当应力分别记作 σ_{r1} 和 σ_{r2},这两个理论的强度条件可以表示为

$$\sigma_{r1} = \sigma_1 \leqslant [\sigma] \tag{6-6}$$
$$\sigma_{r2} = \sigma_1 - \mu(\sigma_2 + \sigma_3) \leqslant [\sigma] \tag{6-7}$$

例 6-1 铸铁构件的危险点处应力如图 6-2 所示。其中 $\sigma_x = -10\,\text{MPa}$, $\tau_{xy} = 10\,\text{MPa}$, $\sigma_y = 20\,\text{MPa}$, $\sigma_z = -5\,\text{MPa}$,如果材料的许用应力 $[\sigma] = 30\,\text{MPa}$,校核构件的强度。

解:在 x-y 平面内,由公式(3-12)可知

$$\sigma^{\text{I} \cdot \text{II}} = \frac{\sigma_x + \sigma_y}{2} \pm \sqrt{\left(\frac{\sigma_x - \sigma_y}{2}\right)^2 + \tau_{xy}^2}$$

$$= \frac{-10 + 20}{2}\,\text{MPa} \pm \sqrt{\left(\frac{-10 - 20}{2}\right)^2 + 10^2}\,\text{MPa}$$

$$= \begin{cases} 23.03\,\text{MPa} \\ -13.03\,\text{MPa} \end{cases}$$

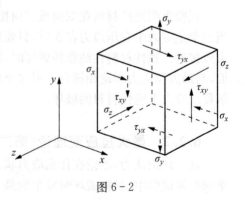

图 6-2

于是三个主应力为 $\sigma_1 = 23.03\,\text{MPa}$，$\sigma_2 = \sigma_z = -5\,\text{MPa}$，$\sigma_3 = -13.03\,\text{MPa}$。由于最大拉应力值大于压应力值，可以用第一强度理论校核。因为 $\sigma_1 = 23.03\,\text{MPa}$，$[\sigma] = 30\,\text{MPa}$，$\sigma_1 < [\sigma]$，所以该构件满足强度条件。

例 6-2 由三个应变片互相成 $60°$ 放置在应变花[见图 3-26(c)]贴在铸铁构件的危险点处。构件受力时测出三个方向的应变为 $\varepsilon_{0°} = -3.67 \times 10^{-3}$，$\varepsilon_{60°} = 1.32 \times 10^{-3}$，$\varepsilon_{120°} = -7.89 \times 10^{-4}$。材料的拉伸强度极限为 $\sigma_b = 200\,\text{MPa}$，弹性模量 $E = 70\,\text{GPa}$，泊松比 $\mu = 0.25$。试用第二强度理论计算所测试构件的安全储备量。

解： 根据式(3-42)可以得到面内的主应变

$$\varepsilon^{\mathrm{I}} = 1.846 \times 10^{-3}, \quad \varepsilon^{\mathrm{II}} = -3.939 \times 10^{-3}$$

根据广义胡克定律，

$$\varepsilon^{\mathrm{I}} = \frac{1}{E}(\sigma^{\mathrm{I}} - \mu\sigma^{\mathrm{II}}), \quad \varepsilon^{\mathrm{II}} = \frac{1}{E}(\sigma^{\mathrm{II}} - \mu\sigma^{\mathrm{I}})$$

由上两式可以得到

$$\sigma^{\mathrm{I}} = \sigma_1 = \frac{E(\varepsilon^{\mathrm{I}} + \mu\varepsilon^{\mathrm{II}})}{1 - \mu^2} = 64.3\,\text{MPa},$$

$$\sigma^{\mathrm{II}} = \sigma_3 = \frac{E(\varepsilon^{\mathrm{II}} + \mu\varepsilon^{\mathrm{I}})}{1 - \mu^2} = -259.7\,\text{MPa}, \quad \sigma_2 = 0$$

第二强度理论的相当应力

$$\sigma_{\mathrm{r2}} = \sigma_1 - \mu(\sigma_2 + \sigma_3) = 129.2\,\text{MPa}$$

所以

$$安全储备量 = \frac{强度极限}{工作应力} = \frac{200\,\text{MPa}}{129.2\,\text{MPa}} = 1.548$$

6.3 关于塑性材料屈服的强度理论

判断一般应力状态下塑性材料屈服的强度理论，现在常用的是最大切应力理论和形状改变应变能密度理论。这两个理论都基于这样的考虑。首先，一点的应力状态可以由其主应力完全确定。既然是各向同性材料，主应力的方位并不重要。因此屈服准则依赖于主应力的代数值。第二，既然已经证实塑性变形是由材料的位错引起的，在切应力作用下位错发生迁移，结果产生单元体的形状改变。静水应力状态不会引起屈服。所以这两个准则都不依赖于主应力的绝对值，而是依赖于主应力之差值。

6.3.1 最大切应力理论（第三强度理论）

塑性材料的强度准则之一称为最大切应力理论。最大切应力理论来自于观察的结果。实践表明塑性材料沿着最大切应力方向发生滑移，显示在材料破坏过程中最大切应力起了关键作用。于是这一假设认为塑性材料的屈服取决于最大切应力。在单向拉伸试验中最大切应力在与试件轴线成 45°斜面上发生，材料屈服时其值为

$$\tau_{\max} = \frac{\sigma_1}{2} = \frac{\sigma_s}{2}$$

在一般应力状态下我们知道

$$\tau_{\max} = \frac{\sigma_1 - \sigma_3}{2}$$

如果认为任何情况下引起屈服的原因都是最大切应力达到极限值，那么通过上两式的比较可以得到一般应力状态下塑性材料的屈服条件为

$$\sigma_1 - \sigma_3 = \sigma_s \tag{6-8}$$

考虑到使用材料时的安全因素，设计中第三强度理论的强度条件表示为

$$\sigma_{r3} = \sigma_1 - \sigma_3 < [\sigma] \tag{6-9}$$

式中 $\sigma_{r3} = \sigma_1 - \sigma_3$ 为第三强度理论的相当应力。式（6-8）也称 Tresca 屈服准则（Tresca yielding criterion）。这个理论中 σ_2 不出现，在平面应力状态下该理论的预测偏于安全。

6.3.2 形状改变应变能密度理论（第四强度理论）

我们在第 4 章得到的形状改变应变能密度为

$$u_d = \frac{1+\mu}{6E}[(\sigma_1 - \sigma_2)^2 + (\sigma_2 - \sigma_3)^2 + (\sigma_3 - \sigma_1)^2]$$

在单向拉伸试验中，试件屈服时 $\sigma_1 = \sigma_s$，$\sigma_2 = \sigma_3 = 0$，形状改变应变能密度为

$$u_d = \frac{1+\mu}{6E}(2\sigma_s^2)$$

该理论认为，在一般应力状态下，当形状改变应变能密度达到拉伸试验中试件屈服时的形状改变应变能密度值时，材料就屈服。所以得到第四强度理论的屈服条件为

$$\sqrt{\frac{1}{2}[(\sigma_1 - \sigma_2)^2 + (\sigma_2 - \sigma_3)^2 + (\sigma_3 - \sigma_1)^2]} = \sigma_s \tag{6-10}$$

考虑到安全因素，第四强度理论的强度条件可写成

$$\sigma_{r4} = \sqrt{\frac{1}{2}[(\sigma_1 - \sigma_2)^2 + (\sigma_2 - \sigma_3)^2 + (\sigma_3 - \sigma_1)^2]} \leqslant [\sigma] \tag{6-11}$$

式中的 σ_{r4} 称为第四强度理论的相当应力。这个准则也称为 Mises 屈服准则（von Mises yielding criterion）。在平面应力情况下，这个理论比第三强度理论更接近试验结果。

上述四个强度理论是最常用的强度理论。应该注意到材料破坏形式不仅与材料的性质有关，还与材料的工作状态、加载速率等因素有关。例如，在三向压缩情况下，铸铁等材料也可能产生显著的塑性变形；而在三向拉伸情况下，当三个主应力值相接近时，低碳钢等塑性材料也

可能发生脆性断裂。另外,温度和加载速率也是重要的因素。同一种材料在常温下是延性的,在低温下会呈现脆性。所以,所谓的塑性或脆性的分类,确切地讲,应该是指材料处于塑性状态或脆性状态。

例6-3 圆筒型薄壁压力容器(见图6-3),内部储存压力气体,气体的压力为 p。圆筒的中面的直径为 D,容器壁的厚度为 t。忽略容器的自重,根据第三和第四强度理论求许用压力 $[p]$。

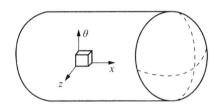

图6-3

解:根据第3章例3-6的分析可知,容器壁沿纵向和沿周向的应力分别为

$$\sigma_x = \frac{pD}{4t}, \quad \sigma_\theta = \frac{pD}{2t}$$

沿壁厚度方向的应力可以忽略不计。可以认为筒体上任何一点(不包括两个端面)都处于沿轴向和周向双向拉伸的应力状态。三个主应力为

$$\sigma_1 = \sigma_\theta, \quad \sigma_2 = \sigma_x = \frac{\sigma_\theta}{2}, \quad \sigma_3 = 0$$

根据第三强度理论,强度条件为

$$\sigma_1 - \sigma_3 \leqslant [\sigma], \quad 或 \frac{pD}{2t} \leqslant [\sigma]$$

所以容器的许用压力 $[p] = \dfrac{2t[\sigma]}{D}$。

这一应力状态的最大切应力 $\tau_{max} = (\sigma_1 - \sigma_3)/2 = pD/(4t)$,发生在与 θ 面和 z 面成 $45°$ 的斜截面上(见图6-4)。薄壁储气瓶的破坏试验发现,断口的截面接近与外表面成 $45°$,从而证实了最大切应力是材料破坏的原因。

如果按照第四强度理论,要求相当应力

$$\sigma_{r4} = \frac{\sqrt{3}}{2}\sigma_1 = \frac{\sqrt{3}\,pD}{4t} \leqslant [\sigma]$$

许用压力

$$[p] = \frac{4t[\sigma]}{\sqrt{3}\,D}$$

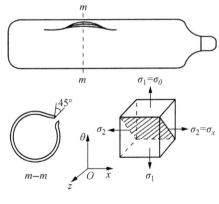

图6-4

可见用第三强度理论得到的许用压力小于第四强度理论的值,第三强度理论偏保守一些。

6.4 塑性屈服面

这一节将讨论塑性材料的两个屈服准则的几何表达形式。现在以主应力 σ_1,σ_2,σ_3 为坐标轴,建立一个主应力空间(注:这一节将不以代数值的大小给 σ_1,σ_2,σ_3 排序)。既然物体内部一点的应力状态可以由主应力完全确定,显然,主应力空间中的一点代表了唯一的应力状态。注意到前面所讲的两个塑性屈服准则,式(6-8)和式(6-10)的左边都是主应力的函数。它们可以归结为

$$f(\sigma_1,\sigma_2,\sigma_3) = \sigma_s \qquad (6-12)$$

方程右边是屈服极限。这个方程构成一个以主应力为坐标的空间曲面。如果其中一个坐标取零值,则该方程退化为一平面曲线。

先看 Tresca 屈服条件的几何表示:

$$\sigma_{max} - \sigma_{min} = \sigma_s \qquad (a)$$

上式为主应力空间的一个曲面,称为 Tresca 屈服面(yield surface)。首先考虑 $\sigma_3 = 0$ 的情况。如图 6-5 所示,这是 σ_1-σ_2 平面上的一个六边形。这个六边形上的点代表材料开始屈服时的应力状态。

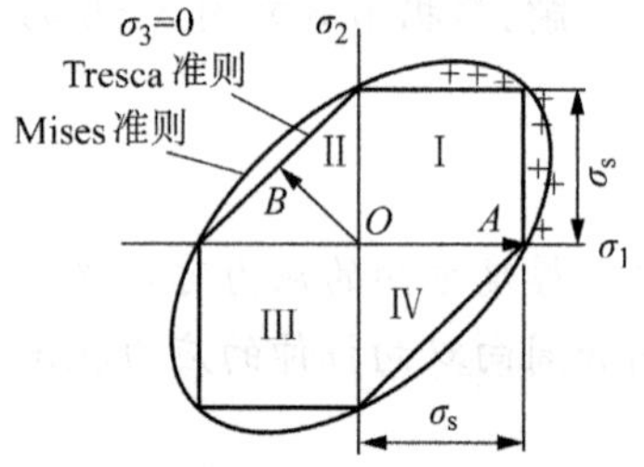

图 6-5

在第一象限,最小应力是 $\sigma_3 = 0$。用 σ_{max} 代表 σ_1 和 σ_2 的较大者。所以屈服条件式(a)成为 $\sigma_{max} = \sigma_s$。这一条件可以由六边形的两条直边表示。在屈服曲线内的点表示弹性应力状态。在第三象限,$\sigma_3 = 0$ 为最大应力,用 σ_{min} 代表 σ_1 和 σ_2 的较小者。所以屈服条件式(a)成为 $-\sigma_{min} = \sigma_s$。这一条件由六边形的另两条直边表示。σ_1 或 σ_2 两者之一达到压应力屈服极限时材料开始屈服。

在第二象限,最大应力是 $\sigma_2(\sigma_2 > 0, \sigma_3 = 0, \sigma_1 < 0)$。最小应力是 σ_1,屈服条件式(a)成为 $\sigma_2 - \sigma_1 = \sigma_s$。这个方程表示第二象限的一条直线,即六边形的斜边。第四象限的情况也类似。总之,六边形内部的点表示弹性应力状态,六边形边界上的点表示达到屈服极限时的应力状态。事实上,单向拉伸的过程在图上可以用路径 OA 表示。当 $\sigma_1 = \sigma_s$ 时材料屈服。纯剪切过程是沿 OB 路径达到屈服面的。Tresca 屈服边界上的点 B 相应于 $\sigma_2 = \sigma_s/2$,$\sigma_1 = -\sigma_s/2$。

Mises 屈服条件[见式(6-10)]当 $\sigma_3 = 0$ 时的表达式为

$$\sigma_1^2 - \sigma_1\sigma_2 + \sigma_2^2 = \sigma_s^2$$

上述方程是长轴与 σ_1 轴成 45° 方向的椭圆(见图 6-5)。

现在假设用一平板试件做双向受拉($\sigma_3 = 0$)的强度试验(见图 6-6)。通过 σ_1 和 σ_2 之间取不同比例加载,得到一系列屈服强度值,将它们在 σ_1-σ_2 图上用"+"号表示(见图 6-5)。由图可见,试验值与两个强度理论的预测值很接近,但更接近第四强度理论的预测。

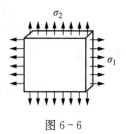

图 6-6

在三维空间这两屈服准则的屈服面如图 6-7 所示。图中 **n** 是与三个坐标轴夹角相等的方向矢量。Tresca 屈服面是以 On 为轴的正六边形棱柱筒面，Mises 屈服面是以 On 为轴的圆柱面。屈服面以内区域的应力处于弹性状态。当主应力达到屈服面时材料开始屈服。从图可见，当材料受三向等值拉伸（压缩）应力作用时，应力状态的轨迹沿 On 走，材料将一直处在弹性状态，这显然与实际情况不符。事实上，在三向等应力拉伸状态下，材料将呈脆性破坏，塑性强度准则已不适用。由图 6-7 可见，当两个主应力之差大到一定程度，应力状态就会达到屈服面，预示着材料将屈服。

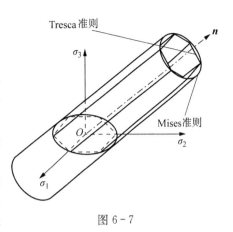

图 6-7

6.5 三种典型应力状态下的强度条件

第 3 章的例题 3-3 分析了三种最基本的，经常遇到的应力状态（见图 6-8），它们是（a）单向拉压（单向拉伸或单向压缩）应力状态；（b）纯剪切应力状态；（c）拉剪（压剪）应力状态。拉（压）剪应力状态是单向拉（压）与纯剪切应力状态之组合。下面的例题分析了这三种应力状态下的强度条件的表达式。

例 6-4 试根据第三和第四强度理论建立拉（压）剪应力状态下塑性材料的强度条件。

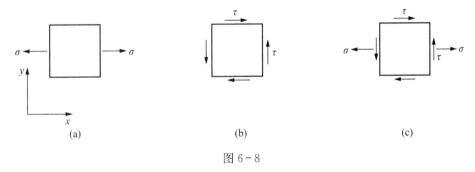

图 6-8

解：假设处于拉（压）剪应力状态的单元体的应力分量为 $\sigma_x = \sigma$，$\sigma_y = 0$，$\tau_{xy} = \tau$ [见图 6-8(c)]。根据公式（3-12），

$$\left.\begin{array}{c}\sigma^{\mathrm{I}}\\\sigma^{\mathrm{II}}\end{array}\right\} = \frac{1}{2}(\sigma \pm \sqrt{\sigma^2 + 4\tau^2})$$

所以三个主应力为

$$\left.\begin{array}{c}\sigma_1\\\sigma_3\end{array}\right\} = \frac{1}{2}(\sigma \pm \sqrt{\sigma^2 + 4\tau^2}), \quad \sigma_2 = 0$$

根据第三和第四强度理论，拉（压）剪应力状态的相当应力可以分别表示为

$$\sigma_{r3} = \sigma_1 - \sigma_3 = \sqrt{\sigma^2 + 4\tau^2} \tag{6-13a}$$

$$\sigma_{r4} = \sqrt{\frac{1}{2}\left[(\sigma_1 - \sigma_2)^2 + (\sigma_2 - \sigma_3)^2 + (\sigma_3 - \sigma_1)^2\right]} = \sqrt{\sigma^2 + 3\tau^2} \tag{6-13b}$$

所以,根据第三和第四强度理论,拉(压)剪应力状态的强度条件可以分别表示为

$$\sqrt{\sigma^2 + 4\tau^2} \leqslant [\sigma] \tag{6-14}$$

$$\sqrt{\sigma^2 + 3\tau^2} \leqslant [\sigma] \tag{6-15}$$

例 6-5 利用第三和第四强度理论建立纯剪切应力状态的强度条件,并推导塑性材料的许用切应力$[\tau]$和许用拉应力$[\sigma]$间的关系。

解:纯剪切应力状态时主应力为[见图 6-8(b)]

$$\sigma_1 = \tau, \ \sigma_2 = 0, \ \sigma_3 = -\tau$$

按照第三强度理论的式(6-8),纯剪切时强度条件可以表示成

$$\sigma_1 - \sigma_3 = \tau - (-\tau) = 2\tau \leqslant [\sigma]$$

或者

$$\tau \leqslant \frac{[\sigma]}{2} = 0.5[\sigma]$$

上式表示许用切应力为

$$[\tau] = 0.5[\sigma]$$

根据第四强度理论的式(6-10),纯剪切时强度条件可以写成

$$\sqrt{\frac{1}{2}\left[(\sigma_1 - \sigma_2)^2 + (\sigma_2 - \sigma_3)^2 + (\sigma_3 - \sigma_1)^2\right]} = \sqrt{3}\tau \leqslant [\sigma]$$

或者

$$\tau \leqslant \frac{[\sigma]}{\sqrt{3}}$$

可以认为纯剪切时,许用切应力为

$$[\tau] = \frac{[\sigma]}{\sqrt{3}} \approx 0.577[\sigma]$$

以上的结果表示塑性材料的剪切屈服极限为拉伸屈服极限值的 0.5~0.577 倍,这一推断与试验结果很接近。

例 6-6 利用第一和第二强度理论建立纯剪切应力状态的强度条件,并推导脆性材料的许用切应力$[\tau]$和许用拉应力$[\sigma]$间的关系。

解:按照第一强度理论[见式(6-3)],纯剪切时的强度条件为

$$\sigma_1 = \tau \leqslant [\sigma]$$

可以认为纯剪切时,许用切应力为

$$[\tau] = [\sigma]$$

由第二强度理论的式(6-5),纯剪切时强度条件可以写成

$$\sigma_1 - \mu(\sigma_2 + \sigma_3) = \tau - \mu(0 - \tau) = (1 + \mu)\tau \leqslant [\sigma]$$

所以纯剪切时,许用切应力为

$$[\tau] = \frac{[\sigma]}{1 + \mu}$$

如果泊松比 $\mu = 0.25$,那么可以取 $[\tau] = 0.8[\sigma]$。以上的结果表示脆性材料剪切断裂时极限切应力为拉伸断裂极限值的 $0.8 \sim 1.0$ 倍,这一推断与试验结果很接近。

例 6-7 如图 6-9 所示薄壁圆钢管,其中面直径为 $D = 100\,\text{mm}$,壁厚为 $t = 2\,\text{mm}$。两端受拉力 $F = 80\,\text{kN}$ 和一对扭矩 $T = 1.0\,\text{kN} \cdot \text{m}$ 作用。材料的许用应力 $[\sigma] = 160\,\text{MPa}$,试用第四强度理论校核该钢管的安全性。

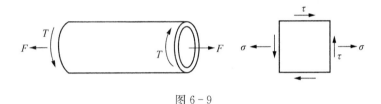

图 6-9

解:如图 6-9 所示,圆管处于拉剪应力状态。圆管横截面上由拉力 F 产生的正应力

$$\sigma = \frac{F}{\pi D t} = \frac{80 \times 10^3 \text{ N}}{\pi \times 100 \times 10^{-3} \text{ m} \times 2 \times 10^{-3} \text{ m}} = 127.32 \text{ MPa}$$

因为是薄壁圆管,截面上切应力沿周向均匀分布,所以

$$T = \pi D t \tau \frac{D}{2}$$

由扭矩 T 产生的切应力

$$\tau = \frac{2T}{\pi D^2 t} = \frac{2 \times 1.0 \times 10^3 \text{ N} \cdot \text{m}}{\pi \times 100^2 \times 10^{-6} \text{ m}^2 \times 2 \times 10^{-3} \text{ m}} = 31.83 \text{ MPa}$$

由式(6-13)

$$\sigma_{r4} = \sqrt{\sigma^2 + 3\tau^2} = \sqrt{127.32^2 + 3 \times 31.83^2} \text{ MPa} = 138.74 \text{ MPa} < [\sigma]$$

所以满足强度条件。

结束语

这一章介绍了四个经典的强度理论:最大拉应力理论,最大拉应变理论,最大切应力理论和形状改变应变能密度理论。前两者用于脆性破坏的判断,后两理论用于塑性屈服的判断。

它们为一般应力状态下的静力设计提供了强度条件。通过这一章的学习,应该明确建立这四个强度理论依据,了解它们的适用范围,掌握这四个强度理论相应的强度条件以及三种基本应力状态(单向拉压、纯剪、拉剪和压剪应力状态)下强度条件的表达形式,为后续章节各种构件的强度设计打好基础。

思考题

6-1 什么是失效? 什么是失效准则(破坏准则)? 为什么要提出强度理论?

6-2 强度理论中的相当应力的意义是什么? 它相当于怎样的应力? 是否有这样的应力存在?

6-3 四个强度理论的相当应力分别是怎么推导的? 它们与主应力关系如何?

6-4 当材料处于单向应力状态时,按各种强度理论计算所得的相当应力是否相同?

6-5 用混凝土立方体试块作单向压缩试验,如果试块沿纵截面破裂,用哪个强度理论解释比较合适?

6-6 处于三向等值的拉伸或压缩的应力状态时,低碳钢会不会产生塑性流动? 这时应该采用哪个强度理论?

6-7 试给出在单向正应力 σ 与切应力 τ 的组合应力状态下,四个强度理论的相当应力表达式。

6-8 如何通过强度理论来确定塑性材料的剪切许用应力?

6-9 有人提出体积改变应变能密度理论。试仿效建立四个强度理论的方法,导出此理论的强度条件。

6-10 自来水管在寒冷的冬天会因管内结冰而产生破裂。为什么不是管内的冰破裂? 是不是由于冰的强度比水管的强度高? 如何解释这种现象? 你能否判断出水管上裂口的形状和开裂的方向?

6-11 今有厚度和直径相同的球形和圆柱形两个气球,其强度极限也相同。充气时它们的爆破压力是否相同? 为什么?

6-12 将煮沸的水迅速倒入厚玻璃杯中,试问杯内、外壁的受力情况如何? 如果杯子因此而产生破裂,问裂缝是从内壁还是从外壁开始? 为什么?

习题

6-1 如图 6-10 所示连接构件中,木栓阻止着上下两块木板相对滑移,因而在截面 AB 上直接受到剪力作用。但随着力 F 的逐渐增大,木栓最后沿着其纹理方向 CD 破裂。这是为什么?

6-2 两单元体的应力状态如图 6-11 所示,且有 $\sigma = \tau$。用第三强度理论比较两者的危险程度。

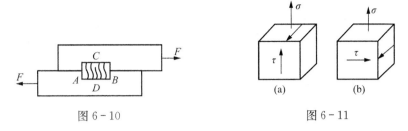

图 6 - 10

图 6 - 11

6 - 3 如图 6 - 12 所示试用第三强度理论分析下列四个单元体的应力中哪种最危险(应力单位:MPa)。

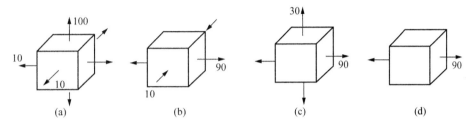

图 6 - 12

6 - 4 如图 6 - 13 所示均质薄壁容器,承受内压力 p 作用,容器内径 $d = 50$ cm,壁厚 $\delta = 1$ cm。材料的弹性模量 $E = 210$ GPa,泊松比 $\mu = 0.30$。若测得容器外壁周向应变 $\varepsilon_\theta = 350 \times 10^{-6}$,试求内压 p 值。如果许用应力 $[\sigma] = 160$ MPa,试用第四强度理论求许用内压 $[p]$。

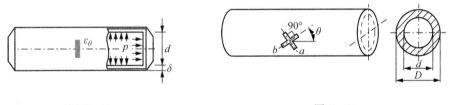

图 6 - 13

图 6 - 14

6 - 5 如图 6 - 14 所示圆筒形压力容器,测得其外表面上某点 a, b 方向的应变为 $\varepsilon_a = 480 \times 10^{-6}$ 和 $\varepsilon_b = 220 \times 10^{-6}$,其夹角 θ 为未知。容器的外径 $D = 500$ mm,内径 $d = 494$ mm,材料的弹性模量 $E = 210$ GPa,泊松比 $\mu = 0.30$。试求:(1)容器壁内的应力 σ_a 和 σ_b;(2)容器内的压力;(3)外表面处的主应力;(4)如果容器材料的屈服极限为 $\sigma_s = 360$ MPa,试求根据第三、第四强度理论,强度失效的安全储备是多少?

6 - 6 如图 6 - 15 所示圆柱形密闭容器,外径 $D = 80$ mm,受外压 $p = 15$ MPa 作用。如材料的许用应力 $[\sigma] = 160$ MPa,试根据第四强度理论确定其壁厚 δ。若该容器承受内压,大小仍为 $p = 15$ MPa,则按第四强度理论该容器是否安全?

6 - 7 如图 6 - 16 所示平均直径为 $d = 150$ mm 的薄壁圆柱壳压力容器,承受 $T = 1$ kN·m 扭矩和 $p = 3$ MPa 内压的共同作用。如果许用应力为 $[\sigma] = 150$ MPa,试用(1)最大切应力理论和(2)第四强度理论确定所需要的壁厚。

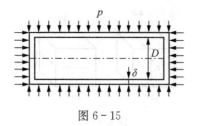

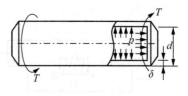

图 6-15   图 6-16

6-8 圆球形薄壁容器承受内压 p 如图 6-17 所示。已知容器内径为 d，壁厚为 δ，试证明壁内任意一点处的主应力为 $\sigma_1 = \sigma_2 = pd/(4\delta)$，$\sigma_3 \approx 0$。如果许用应力为 $[\sigma]$，求第四强度理论确定的壁厚的表达式。

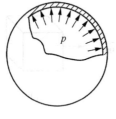

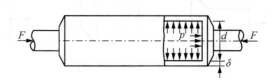

图 6-17   图 6-18

6-9 如图 6-18 所示铸铁构件，中段为一内径 $d = 200\,\text{mm}$、壁厚 $\delta = 10\,\text{mm}$ 的薄壁圆筒，筒内的压力 $p = 1\,\text{MPa}$，构件两端的轴向压力 $F = 300\,\text{kN}$，已知材料的泊松比 $\mu = 0.25$，许用拉应力 $[\sigma_1] = 30\,\text{MPa}$，试校核圆筒部分的强度。

6-10 如图 6-19 所示薄壁容器承受内压 p 和扭矩 T 作用，实验测得表面沿轴向及与轴线成 $\alpha = 45°$ 方位的线应变分别为 $\varepsilon_{0°}$ 和 $\varepsilon_{45°}$。试求内压 p 和扭矩 T 之值。已知容器的直径为 d，壁厚为 t，材料的弹性模量为 E 及泊松比为 μ。

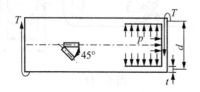

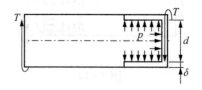

图 6-19   图 6-20

6-11 如图 6-20 所示薄壁压力容器，承受内压 p 和扭矩 T。已知圆筒的内径为 d，壁厚为 δ，筒体长度为 l，材料的许用应力为 $[\sigma]$，弹性模量为 E，泊松比为 μ，而且扭矩 $T = \pi d^3 p/4$。(1)根据第三强度理论建立筒体的强度条件；(2)计算筒体的轴向变形。

6-12 如图 6-21 所示内径为 d，壁厚为 t 的圆筒容器，处于竖直吊装状态。筒内盛有比重为 γ 的液体，液体高度为 H，试按第三强度理论沿容器器壁的母线绘制圆筒的相当应力 σ_{r3} 图。

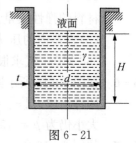

图 6-21

第7章

扭 转

承受扭矩的细长杆件通常称为轴。许多机械通过轴来传递动力。轴在扭矩作用下发生扭转变形。圆截面轴由于几何形状和受力都具有对称性,使问题得到简化。这一章将通过三个基本关系,先从圆轴的扭转入手,分析圆轴变形的特点,推导截面上的切应力分布以及扭转角与扭矩之间的关系,再讨论矩形截面和薄壁截面杆件的扭转问题。

7.1 圆轴扭转的应力和扭转率

我们先考虑圆轴受扭的情形,这一类杆件在动力机械的功率传递中起着重要的作用。

7.1.1 几何关系分析

如图 $7-1$(a)所示两端受力矩 T 作用的等直圆轴,由平衡条件可知,每个截面上传递的扭矩都等于 T。从圆轴中取出长度为 Δx 的 AB 段和相邻的 BC 段[见图 $7-1$(b),(c)]。这两段圆轴两端的受力情况相同,都受一对扭矩 T 作用。假定 B 端面在扭矩作用下表面凸出,由圆轴的轴对称性可知端面应该是一个旋转凸曲面。假定 O 为 AB 段轴线的中点,$O\eta$ 与轴线垂直。根据对 $O\eta$ 轴的对称性,A 端面也应该是凸出的旋转曲面。相邻的 BC 段的情况也是一样。这样 AB 段与相邻的 BC 段的几何相容性条件就被破坏了,因为一连串端面凸出的轴段不能形成连续的圆轴。所以可以断定,圆轴扭转变形后所有的横截面都保持为平面,并且垂直于轴线。

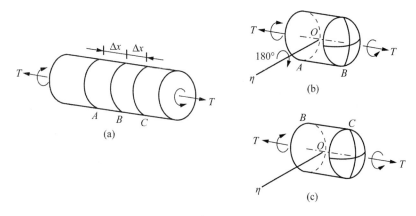

图 $7-1$

我们还可以对扭转时截面所在平面内的变形作进一步的推断。由于圆轴的轴对称性,每一半径在变形后的形状都应该是一样的。如图 7-2(a)所示,假定 B 端面上的半径 Oa 变形后成为曲线 Oa',那么所有的半径都应该有相同的形状。将 AB 段圆轴绕 $O\eta$ 轴旋转 $180°$,A 端面上的半径 O_1d 变形后成为曲线 O_1d',应该与 Oa' 形状相同。然而,在相邻的 BC 段的 B 端面上,变形应该与 AB 段的 A 端面相同[见图 7-2(b)]。比较 B 截面两侧,可见 B 截面上的半径变形后的几何相容性破坏了。因此可以断定,圆轴截面的径向直线,在扭转变形后仍然是直线。由于轴对称的原因,截面上所有半径都旋转了同一个角度。综合起来讲,原来的圆形横截面在扭转变形后仍然保持为平面且与轴线垂直,而且在其本身面内也没有扭曲,横截面只是整体转动了一个微小的角度。这也就是材料力学教材中常用的关于圆轴扭转的平面截面假设。

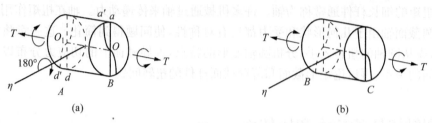

(a)   (b)

图 7-2

下面的分析建立了切应变沿径向的分布规律。如图 7-3(a)所示,以截面圆心为原点,取 x 为轴向坐标,r 为径向坐标,θ 为周向坐标,建立圆柱坐标系。由于圆截面保持为平面,而且在自身平面内没有扭曲变形,所以正应变 $\varepsilon_\theta = 0$。我们假设另两个正应变也为零:$\varepsilon_x = \varepsilon_r = 0$。$\varepsilon_x = 0$ 表示轴向没有伸长,$\varepsilon_r = 0$ 表示径向没有膨胀。以圆轴的左端面为参照,设 $\varphi(x)$ 为截面整体旋转的角度。由于横截面作为整体旋转,所以切应变 $\gamma_{r\theta} = 0$。如图 7-3(b)所示,从圆轴上截取一个楔形单元体。如果其左侧面 Ohe 转角为 φ,那么右侧面的转角为 $(\varphi + d\varphi)$。从

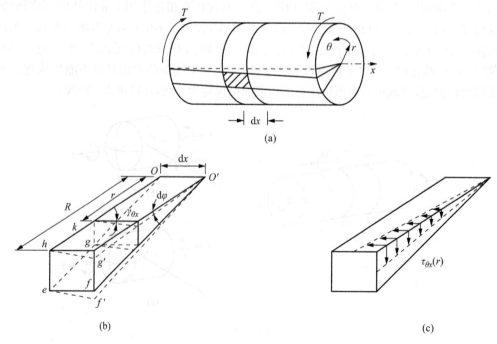

(a)

(b)   (c)

图 7-3

图 7-3(b)可见,变形前线段 hk 与 hg 互相垂直,变形后 hk 与 hg' 仍然垂直,所以切应变 $\gamma_{rx}=0$。从上述分析可知,六个应变分量中有五个为零。

由于变形前互相垂直的线段 hg 和 he,变形后成为锐角 $\angle g'he$,所以切应变 $\gamma_{\theta x}$ 不等于零,而且 $\gamma_{\theta x}$ 是 r 的函数

$$\gamma_{\theta x} \approx \tan\gamma_{\theta x} = r\frac{\mathrm{d}\varphi}{\mathrm{d}x} \tag{7-1}$$

式中 $\mathrm{d}\varphi/\mathrm{d}x$ 表示扭转角沿轴线的变化率,称为扭转率(rate of twist)。上式表明,截面上任意一点的切应变 $\gamma_{\theta x}$ 与该点到圆心的距离 r 成正比。此式建立了一点的应变与变形(即截面扭转率)之间的关系。由于截面作整体转动,所以在同一截面上 $\mathrm{d}\varphi/\mathrm{d}x$ 为一常数。

7.1.2 物理关系

前面的分析得出六个应变分量为

$$\varepsilon_z = \varepsilon_r = \varepsilon_\theta = 0, \quad \gamma_{r\theta} = \gamma_{rx} = 0, \quad \gamma_{\theta x} = r\frac{\mathrm{d}\varphi}{\mathrm{d}x} \tag{7-2}$$

假定圆轴扭转时材料处于弹性范围之内,根据广义胡克定律的六个方程,可以得到六个应力分量为

$$\sigma_z = \sigma_r = \sigma_\theta = 0, \quad \tau_{r\theta} = \tau_{rx} = 0, \quad \tau_{\theta x} = G\gamma_{\theta x} \tag{7-3}$$

所以

$$\tau_{\theta x} = Gr\frac{\mathrm{d}\varphi}{\mathrm{d}x} \tag{7-4}$$

上式表明,横截面上任意一点的切应力与其径向坐标 r 成正比。如图 7-3(c)所示,根据切应力互等定律,横截面与纵截面上的切应力都沿径向线性分布。

7.1.3 平衡关系

如图 7-4 所示,从两端受力偶矩 T 作用的圆轴上截取一段作为分离体。在圆轴的截面上,分布切应力的合力 M_x 应该等于力偶矩 T:

$$M_x = \int_A r(\tau_{x\theta}\mathrm{d}A) = T$$

将应力的表达式(7-4)代入上式,得到

$$\int_A rGr\frac{\mathrm{d}\varphi}{\mathrm{d}x}\mathrm{d}A = T$$

因为 $\dfrac{\mathrm{d}\varphi}{\mathrm{d}x}$ 在截面上是常数,所以

$$G\frac{\mathrm{d}\varphi}{\mathrm{d}x}\int_A r^2\mathrm{d}A = G\frac{\mathrm{d}\varphi}{\mathrm{d}x}I_p = T$$

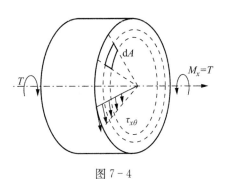

图 7-4

上式中

$$I_p = \int_A r^2 dA \tag{7-5}$$

是一个截面几何参数，称为极惯性矩（polar second moment of area）。于是扭转率可以用截面上的扭矩表示为

$$\frac{d\varphi}{dx} = \frac{M_x}{GI_p} = \frac{T}{GI_p} \tag{7-6}$$

圆轴两端面的相对扭转角度可以表示为

$$\Delta\varphi = \int_0^l \frac{M_x(x)}{GI_p} dx \tag{7-7}$$

当扭矩 M_x 沿 x 轴为常数 T 时，可以得到

$$\Delta\varphi = \frac{Tl}{GI_p} \tag{7-8}$$

式（7-6）建立了扭转率与内力（扭矩）之间的关系。

7.1.4 圆轴扭转的切应力

将式（7-6）代入式（7-4），可以得到应力与扭矩的关系为

$$\tau_{\theta x} = \frac{M_x r}{I_p} \tag{7-9}$$

很明显，圆轴扭转时的最大切应力发生在横截面的圆周上。上式中令 $r = R$ 得到

$$\tau_{max} = \frac{M_x R}{I_p} \tag{7-10}$$

最大切应力也可表示为

$$\tau_{max} = \frac{M_x}{W_p} \tag{7-11}$$

式中

$$W_p = \frac{I_p}{R} \tag{7-12}$$

称为抗扭截面系数。它是截面的几何参数。W_p 越大，则 τ_{max} 越小，表示圆轴能承受的扭矩也越大。这个参数表示截面的抗扭能力。对于直径为 D 的实心圆截面，其极惯性矩

$$I_p = \int_A r^2 dA = \int_0^R r^2 \cdot 2\pi r dr = \frac{\pi}{32} D^4 \tag{7-13}$$

所以实心圆截面的抗扭截面系数

$$W_p = \frac{I_p}{R} = \frac{\pi D^3}{16} \tag{7-14}$$

对于内直径为 d,外直径为 D 的空心圆截面,其极惯性矩

$$I_p = \int_{d/2}^{D/2} r^2 \cdot 2\pi r \mathrm{d}r = \frac{\pi}{32}(D^4 - d^4) = \frac{\pi}{32}D^4(1-\alpha^4) \qquad (7-15)$$

式中 $\alpha = d/D$。而抗扭截面系数

$$W_p = \frac{I_p}{D/2} = \frac{\pi D^3}{16}(1-\alpha^4) \qquad (7-16)$$

7.1.5　圆轴扭转的应变能

由式(7-8)可知,两端受扭矩作用的圆轴,由于力偶矩 T 与扭转角 $\Delta\varphi$ 成线性关系(见图 7-5),所以 T 在 $\Delta\varphi$ 上做的功为

$$W = \frac{1}{2}T\Delta\varphi$$

这部分功全部转换为轴的应变能

$$U = W = \frac{1}{2}T\Delta\varphi$$

将式(7-8)代入上式,得到

$$U = \frac{T^2}{2GI_p}l \qquad (7-17)$$

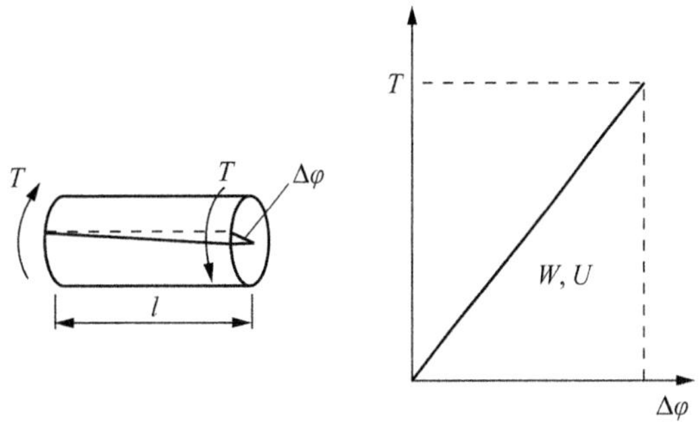

图 7-5

如果截面上的扭矩 M_x 是 x 的函数,那么长度为 $\mathrm{d}x$ 的轴产生的转角为[见式(7-6)]

$$\mathrm{d}\varphi = \frac{M_x(x)}{GI_p}\mathrm{d}x$$

这段轴单元的应变能

$$\mathrm{d}U = \frac{1}{2}M_x(x)\mathrm{d}\varphi = \frac{M_x^2(x)}{2GI_p}\mathrm{d}x$$

整个轴的应变能

$$U = \int_0^l \frac{M_x(x)^2}{2GI_p}\mathrm{d}x \qquad (7-18)$$

7.2　圆轴扭转的强度条件

7.2.1　圆轴扭转的实验

用圆截面试件可以在扭转试验机上做圆轴扭转试验。结果发现,不同材料的试件的破坏形式不同。低碳钢试件加载到塑性流动阶段后,试件表面先出现纵向和横向的滑移线[见图 7-6(a)]。如果继续加大扭矩,试件可以发生很大的扭转变形,截面的塑性区从表面向中心发展,最后试件沿横截面断裂[见图 7-6(b)]。

脆性材料试件(例如铸铁试件)受扭时,扭转变形很小,最终断裂时,呈螺旋状的断面与试件轴线大体成45°倾角[见图7-6(c)]。

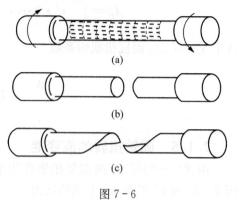

与拉伸屈服极限 σ_s 和抗拉强度极限 σ_b 的测试类似,圆轴扭转试件屈服时的最大切应力称为材料的剪切屈服极限,记为 τ_s。试件最终断裂时截面上切应力的最大值称为剪切强度极限,记为 τ_b。

受扭圆轴的任何一点都处于纯剪切应力状态,圆轴表面的切应力最大。如图7-7所示,在受扭矩 T 作用的圆轴上建立 $r-\theta-x$ 坐标系。从圆轴表面取出单元体作应力分析,并作应力圆。可见在 θ 面和 x 面上切应力最大。与 θ 轴成 45° 方向为主应力 $\sigma_1 = \tau$,与 θ 轴成 $-45°$ 方向为主应力 $\sigma_3 = -\tau$。扭转

图 7-6

试件的断面的方向再一次验证,塑性材料是由切应力引起材料屈服,导致试件沿横截面的断裂;脆性材料抗拉能力弱,是由拉应力引起沿45°斜截面断裂。

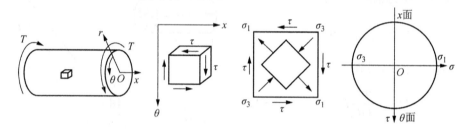

图 7-7

7.2.2 圆轴扭转的强度条件

用作材料失效标志的切应力称为剪切极限应力,并用 τ^o 表示。根据不同材料的设计的要求,塑性材料的屈服极限 τ_s 或脆性材料的强度极限 τ_b 都可以作为极限应力。为了保证构件工作时具有足够的强度储备,在圆轴扭转设计中,需要将极限应力除以安全系数 n,得到许用切应力

$$[\tau] = \frac{\tau^o}{n} \tag{7-19}$$

圆轴扭转时轴表面的切应力最大[见式(7-11)],于是圆轴扭转的强度条件可以表示为

$$\tau_{max} = \frac{M_x}{W_p}, \ \tau_{max} \leqslant [\tau] \tag{7-20}$$

式(7-19)的 τ^o 由试验测得。在缺乏试验数据时,也可用强度理论由极限正应力来确定。$[\tau]$ 与许用应力 $[\sigma]$ 的关系在例题6-5和6-6已作了讨论。

7.2.3 圆轴传递的动力

工程中的动力机械大多通过圆轴来传递动力。如果传递的力矩为 T,轴的转速为 ω,那么

传递的功率等于力偶矩与角速度的乘积 $P = T \cdot \omega$，所以

$$T = \frac{P}{\omega} \tag{7-21}$$

式中功率 P 的单位为瓦(W)，力偶矩的单位是牛顿·米(N·m)，角速度的单位是弧度/秒(rad/s)。实际应用中功率常用千瓦(kW)表示，转速常用每分钟转数 n(r/min)表示。因为

$$1 \text{ r/min} = \frac{1(2\pi \text{ rad})}{60 \text{ s}} = \frac{1}{9.549} \text{ rad/s}$$

所以

$$\{T\}_{\text{kN·m}} = 9.549 \frac{\{P\}_{\text{kW}}}{\{n\}_{\text{r/min}}} \tag{7-22}$$

功率也可以用马力(PS)来表示，$1 \text{ PS} = 0.736 \text{ kW}$。

例 7-1 某传动轴传递的最大扭矩为 $T = 1.5 \text{ kN·m}$，材料的许用切应力为 $[\tau] = 60 \text{ MPa}$。试用下列两种方案确定圆轴的直径：(1)实心圆轴，(2)内外直径比 $d_i/d_o = 0.8$ 的空心圆轴；比较两种方案材料的用量。

解：根据强度条件式(7-20)和抗扭截面系数的公式(7-14)和式(7-16)可知，对于实心圆轴，要求

$$d^3 \geqslant \frac{16T}{\pi[\tau]} = \frac{16 \times (1.5 \times 10^3 \text{ N·m})}{\pi(60 \times 10^6 \text{ Pa})} = 0.127\,3 \times 10^{-3} \text{ m}^3$$

即要求 $d \geqslant 50.3 \text{ mm}$，取 $d = 51 \text{ mm}$。对于空心圆轴，要求其外径满足

$$d_o^3 \geqslant \frac{16T}{\pi(1-\alpha^4)[\tau]} = \frac{16 \times (1.5 \times 10^3 \text{ N·m})}{\pi(1-0.8^4)(60 \times 10^6 \text{ Pa})} = 0.215\,6 \times 10^{-3} \text{ m}^3$$

即要求 $d_o \geqslant 59.97 \text{ mm}$。取 $d_o = 60 \text{ mm}$，$d_i = 48 \text{ mm}$。

空心轴与实心轴的材料用量比即空心轴的截面积 A_h 和实心轴的截面积 A_s 之比

$$\frac{A_h}{A_s} = \frac{(d_o^2 - d_i^2)}{d^2} = \frac{(60^2 - 48^2)\text{mm}^2}{51^2 \text{ mm}^2} = 0.498$$

可见空心轴用材料只有实心轴的一半左右。很明显，用空心轴可以减轻重量，节约材料。这是因为截面上的切应力沿径向线性分布(见图 7-8)，圆心附近的应力很小，形成力矩的力臂也小，因而承担的扭矩比靠近轴的外表面的材料小，材料没有充分发挥作用。如果把圆心附近的材料向外移置，做成空心的轴，就会使 W_p 增大，提高轴的抗扭强度。然而，应该指出，当空心轴的壁薄到一定程度时，圆柱壁会在与轴向成 $45°$ 方向的压应力作用下引起屈曲，这时稳定性成了设计的控制因素。

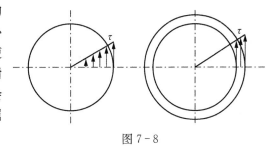

图 7-8

*7.2.4 塑性圆轴的极限扭矩

由于圆轴外表面的切应力最大[见图 7-9(b)]，如果要使塑性材料制造的实心圆轴完全

在弹性状态下工作,根据式(7-11)可知,圆轴能承受的最大扭矩为

$$T_s = W_p \tau_s = \frac{\pi D^3}{16} \tau_s \qquad (7-23)$$

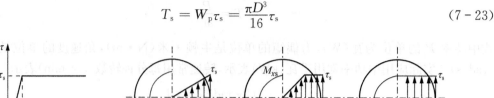

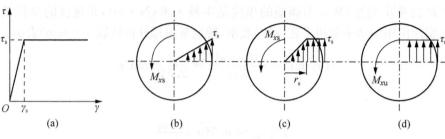

图 7-9

此时圆轴的扭转角为

$$\varphi_s = \frac{T_s l}{G I_p} = \frac{2\tau_s l}{GD} \qquad (7-24)$$

式中 l 是轴的长度。如果在圆轴表面开始屈服后继续加大扭矩,横截面上的切应力达到屈服应力的区域(塑性区域)会逐渐向内扩展[见图7-9(c)]。从弹性状态向局部塑性状态过渡时,平衡关系和几何关系(平面截面关系)并没有改变,塑性区的应力-应变关系改变了。如图7-9(a)所示,我们采用一种理想的弹塑性模型来描述材料的应力-应变关系。这种关系假设应力达到屈服极限后,无论应变如何增加,应力保持为常数不变。图中的 γ_s 为屈服起始时的切应变。于是扭转的几何关系[见式(7-1)]仍可表示为

$$\gamma = r\frac{d\varphi}{dx} = r\frac{\varphi}{l}$$

如图7-9(c)所示,用 r_s 表示弹性区域的半径,根据上式可知

$$r_s = \frac{l}{\varphi} \gamma_s \qquad (7-25)$$

同时还有 $\tau_s = G\gamma_s$。利用式(7-24)可以得到

$$r_s = \frac{l\tau_s}{G\varphi} = \frac{D\varphi_s}{2\varphi} \qquad (7-26)$$

在弹性区域内,有

$$\tau = G\gamma = G\frac{\varphi}{l}r = \frac{\tau_s}{r_s}r \qquad (7-27)$$

在塑性区域内,有 $\tau = \tau_s$。截面上切应力形成的合力矩为

$$T = \int_0^R r \cdot \tau \cdot 2\pi r dr = \int_0^{r_s} r \cdot \frac{\tau_s}{r_s} r \cdot 2\pi r dr + \int_{r_s}^R r \cdot \tau_s \cdot 2\pi r dr$$

$$= \frac{\pi \tau_s D^3}{12}\left(1 - \frac{2r_s^3}{D^3}\right) = \frac{4}{3}T_s\left(1 - \frac{1}{4} \cdot \frac{\varphi_s^3}{\varphi^3}\right) \qquad (7-28)$$

上式表示,截面的塑性变形开始后,扭矩与转角呈非线性关系。最终弹性区域的半径 r_s 趋于零,得到圆轴的极限扭矩

$$T_u = \frac{\pi \tau_s D^3}{12} \tag{7-29}$$

将上式与式(7-23)比较可知 $T_u/T_s = 4/3$,塑性极限扭矩比弹性极限扭矩大三分之一。而且仅当 $\varphi \to \infty$ 时,塑性极限扭矩理论上趋近于这个极限值(见图 7-10)。

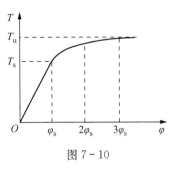

图 7-10

7.3 圆轴扭转的刚度条件

设计圆轴时,除了要满足强度条件外,还要求满足扭转刚度的要求。在工程设计中,通常是限制轴的扭转率 $\mathrm{d}\varphi/\mathrm{d}x$,使其不超过某一许用值 $[\theta]$:

$$\left.\frac{\mathrm{d}\varphi}{\mathrm{d}x}\right|_{\max} = \left.\frac{M_x}{GI_p}\right|_{\max} \leqslant [\theta]$$

对于等截面圆轴,刚度条件为

$$\left.\frac{\mathrm{d}\varphi}{\mathrm{d}x}\right|_{\max} = \frac{M_{x,\max}}{GI_p} \leqslant [\theta] \tag{7-30}$$

上式中,扭转率的常用单位是弧度/米(rad/m),而 $[\theta]$ 常用单位是度/米(°/m),在计算时注意单位的换算。

例 7-2 某钢制等截面实心传动轴,转速为 $n = 300\ \mathrm{r/min}$ [见图 7-11(a)]。从主动轮 A 输入功率 $N_A = 400\ \mathrm{kW}$,三个从动轮输出功率分别为 $N_B = N_C = 120\ \mathrm{kW}$,$N_D = 160\ \mathrm{kW}$。钢的剪切模量 $G = 80\ \mathrm{GPa}$,许用切应力 $[\tau] = 30\ \mathrm{MPa}$,许用扭转率 $[\theta] = 0.3°/\mathrm{m}$。试设计此轴的直径。

解:(1)计算力偶矩:

根据式(7-22),作用在各轮上的力偶矩为

$$T_A = 9.55\ \frac{N_A}{n} = 9.55\ \frac{400}{300} = 12.73\ \mathrm{kN \cdot m}$$

$$T_B = T_C = 9.55\ \frac{120}{300} = 3.82\ \mathrm{kN \cdot m}$$

$$T_D = 9.55\ \frac{160}{300} = 5.09\ \mathrm{kN \cdot m}$$

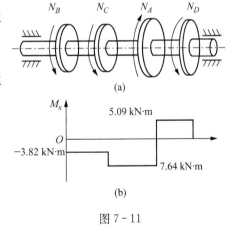

图 7-11

图 7-11(b)是圆轴的扭矩图,扭矩的最大值(绝对值)$M_{x,\max} = 7.64\ \mathrm{kN \cdot m}$。

(2)按强度条件设计:

根据式(7-20)有

$$\tau_{\max} = \frac{M_{x,\max}}{W_p} = \frac{16M_{x,\max}}{\pi d^3} \leqslant [\tau]$$

要求轴直径

$$d^3 \geqslant \frac{16M_{x,\max}}{\pi[\tau]} = \frac{16 \times (7.64 \times 10^3 \text{ N} \cdot \text{m})}{\pi(30 \times 10^6 \text{ Pa})} = 1.297 \times 10^{-3} \text{ m}^3$$

即要求 $d \geqslant 109$ mm。

（3）按刚度条件设计：

根据刚度条件式（7－30），

$$\theta = \frac{\mathrm{d}\varphi}{\mathrm{d}x}\Big|_{\max} \cdot \frac{180}{\pi} = \frac{M_{x,\max}}{GI_p} \cdot \frac{180}{\pi} = \frac{32M_{x,\max}}{G\pi d^4} \cdot \frac{180}{\pi} \leqslant [\theta]$$

所以要求

$$d^4 \geqslant \frac{32M_{x,\max}}{G\pi^2[\theta]} \times 180 = \frac{32 \times (7.64 \times 10^3 \text{ N} \cdot \text{m})}{80 \times 10^9 \text{ Pa} \times \pi^2 \times 0.3°/\text{m}} \times 180° = 1.858 \times 10^{-4} \text{ m}^4$$

即 $d \geqslant 0.117$ m $= 117$ mm。两个 d 值中应该取较大者，即直径 d 不小于 117 mm。这个问题中刚度条件起了决定作用。

例 7－3　如图 7－12 所示等截面圆轴 AB，两端固定，中间 C 点处受力偶矩 T 作用。已知轴的抗扭刚度为 GI_p。试求两端的支座反力矩。

解：设轴两端的支座反力矩分别为 T_A 和 T_B，根据力偶矩平衡条件可以得到

$$T_A + T_B = T \tag{a}$$

上述方程含有两个未知量，所以这是一次静不定问题，需要一个补充方程才能求解。补充方程可以由几何协调条件得到。由于两端固定，所以 B 截面对 A 截面的相对转角为零，即

$$\varphi_{CA} + \varphi_{BC} = 0 \tag{b}$$

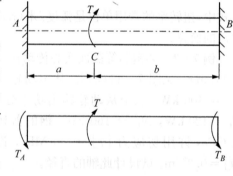

图 7－12

式中 φ_{CA} 表示截面 C 相对于截面 A 的转角，φ_{BC} 表示截面 B 相对于截面 C 的转角。根据公式（7－8），有

$$\varphi_{CA} = \frac{-T_A a}{GI_p}, \quad \varphi_{BC} = \frac{T_B b}{GI_p}$$

代入式（b）得到

$$\frac{-T_A a}{GI_p} + \frac{T_B b}{GI_p} = 0 \tag{c}$$

求解方程（a）和（c）可得

$$T_A = \frac{b}{a+b}T, \quad T_B = \frac{a}{a+b}T$$

7.4　圆柱形密圈螺旋弹簧

　　弹簧在工程中应用很广泛。所谓密圈螺旋弹簧,是指螺旋角 α 很小(见图 7 - 13),弹簧丝的直径比弹簧圈直径小得多的弹簧。这样可以略去弹簧丝曲率的影响,将它作为受扭的细长直杆来处理。

　　例 7 - 4　如图 7 - 13 所示是一个受张拉的密圈螺旋弹簧的分离体图。设弹簧丝的直径为 d,弹簧圈的平均直径为 D。求弹簧的刚度以及弹簧丝截面上的最大切应力。

　　解:(1) 求弹簧刚度:

　　从平衡条件可知,在弹簧丝的截面上有扭矩 $T = FD/2$。弹簧中的应变能主要是扭转产生的能量,剪切应变能可以忽略不计。所以

$$U = \frac{1}{2GI_{\mathrm{p}}}\int T^2\,\mathrm{d}x = \frac{D^2 F^2 (n\pi D)}{8GI_{\mathrm{p}}} = \frac{n\pi D^3 F^2}{8GI_{\mathrm{p}}}$$

式中 n 是弹簧的圈数。因为 $I_{\mathrm{p}} = \pi d^4/32$,所以

$$U = \frac{4nD^3 F^2}{Gd^4} \tag{a}$$

　　假如在 F 力的作用下弹簧伸长了 Δ,那么外力所做的功应该等于应变能:

$$U = W = F\Delta/2$$

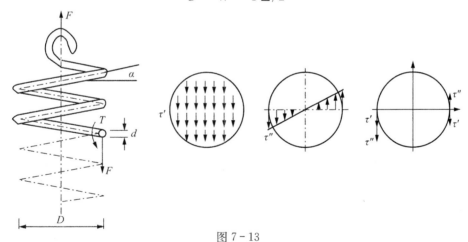

图 7 - 13

将式(a)代入上式得到

$$F = \frac{Gd^4}{8nD^3}\Delta$$

或者将上式写成

$$F = k\Delta$$

式中弹簧刚度

$$k = \frac{Gd^4}{8nD^3} \qquad (7-31)$$

（2）截面上的切应力：

截面上的切应力由两部分构成，其一来自截面上的剪力 $F_s = F$，如果近似地假设切应力在截面上均匀分布，那么

$$\tau' = \frac{F}{A} = \frac{4F}{\pi d^2}$$

而扭矩 T 产生的切应力在截面上沿半径线性分布，在弹簧丝外表面上

$$\tau'' = \frac{T}{W_p} = \frac{FD/2}{\pi d^3/16} = \frac{8FD}{\pi d^3}$$

由图 7-13 可见，在弹簧丝截面的内侧，两种切应力方向一致，互相叠加得到最大切应力

$$\tau_{max} = \tau' + \tau'' = \frac{8FD}{\pi d^3}\left(1 + \frac{d}{2D}\right) \qquad (7-32)$$

当弹簧圈 D 直径远大于弹簧丝的直径 d 时，上式的第二项可以忽略，所以有

$$\tau_{max} \approx \frac{8FD}{\pi d^3} \qquad (7-33)$$

7.5　矩形截面杆的扭转

前面讨论了圆轴的扭转问题。在工程中有时也需要其他形状截面的杆件传递扭矩，例如内燃机的曲轴、农业机械中的方截面传动轴等。圆轴扭转变形时，利用圆截面的轴对称性，排除了截面发生翘曲的可能性。然而，非圆截面扭转时截面不再保持为平面，它会发生翘曲（见图 7-14）。

非圆截面杆的扭转可以分为自由扭转（free torsion）和约束扭转（constrained torsion）。等截面直杆受扭时，如果其截面的翘曲不受任何限制，各横截面的翘曲变形相同，纵向纤维的长度不变。此时横截面上没有正应力，只有切应力。这种扭转称为自由扭转。如果截面的翘曲受到限制，例如杆件在固定端受到约束使其不能翘曲，导致各个相邻截面的翘曲变形程度不同，引起纵向纤维的长度改变。此时截面上不仅有切应力，还有正应力。这种情况称为约束扭转。

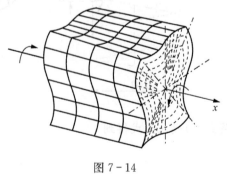

图 7-14

用材料力学的知识还无法精确求解非圆截面杆件的扭转问题。这一节仅介绍矩形截面杆自由扭转时由弹性理论分析得到的结果。

矩形截面杆扭转时，截面边缘处各点的切应力平行于截面的边线（见图 7-15），角点处切

应力为零,最大切应力 τ_{max} 发生在截面长边中点处。关于周边切应力的方向和角点切应力为零的结论可用切应力互等定理来解释。如图 7-15(a)所示,在受扭的矩形杆截面的短边上、角点处和长边上分别截取三个微单元 A,B 和 C。假如截面上有垂直于周边的切应力分量,根据切应力互等原理,杆的外表面上应该有相应的切应力分量。但是实际上杆件外表面没有切应力。于是可以得到结论,截面周边处的切应力方向应该与周边平行,角点上平行于长边和短边的切应力分量都为零,因此角点处的切应力为零。

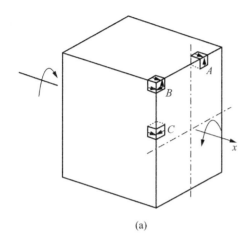
(a)

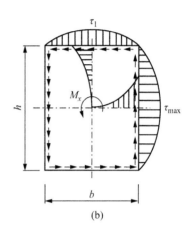
(b)

图 7-15

假设矩形截面杆长为 l,截面长边和短边长度分别为 h 和 b。杆件两端受力偶矩 T 作用。矩形截面长边中点的最大切应力 τ_{max},短边中点处的切应力 τ_1 以及两端面相对转角 φ 可以由下面的公式表示:

$$\tau_{max} = \frac{T}{W_t} \qquad (7-34)$$

$$\tau_1 = \xi \cdot \tau_{max} \qquad (7-35)$$

$$\varphi = \frac{Tl}{GI_t} \qquad (7-36)$$

式中截面系数 W_t,I_t 由下列公式给出:

$$W_t = \alpha b^2 h \qquad (7-37)$$

$$I_t = \beta b^3 h \qquad (7-38)$$

系数 α,β 和 ξ 随长短边之比 $\dfrac{h}{b}$ 而变化,其数值可查表 7-1。

表 7-1 系数 α,β 和 ξ 的值

h/b	1.0	1.2	1.5	1.75	2.0	2.5	3.0	10.0	∞
α	0.208	0.219	0.231	0.239	0.246	0.258	0.267	0.313	0.333
β	0.141	0.166	0.196	0.214	0.229	0.249	0.263	0.313	0.333
ξ	1.00	0.93	0.86	0.82	0.80	0.77	0.75	0.74	0.74

由上表可见,当长短边之比 $h/b > 10$ 时,$\alpha \approx \beta \approx \dfrac{1}{3}$。因此,狭长矩形截面的截面系数为

$$W_t = \frac{1}{3}t^2 h \tag{7-39}$$

$$I_t = \frac{1}{3}t^3 h \tag{7-40}$$

式中用 t 代替 b 来表示截面宽度(厚度)。

例 7-5 一根矩形截面杆,截面高 $h = 20\,\text{mm}$,宽 $b = 15\,\text{mm}$,承受扭矩 $T = 50\,\text{N·m}$。试计算杆的最大切应力 τ_{max}。如果将截面做成相同面积的圆形,计算最大切应力 τ'_{max}。

解:(1)求矩形截面杆的最大切应力:

因为 $h/b = 20/15 = 1.333$,查表 7-1,得到

$$\alpha = 0.219 + \frac{0.231 - 0.219}{1.5 - 1.2}(1.333 - 1.2) = 0.224$$

所以长边中点的最大切应力

$$\tau_{max} = \frac{T}{W_t} = \frac{T}{\alpha b^2 h} = \frac{50\,\text{N·m}}{0.224 \times 15^2 \times 20 \times 10^{-9}\,\text{m}^3} = 49.60\,\text{MPa}$$

(2)求相同截面积的圆杆的最大切应力:

矩形的面积 $A = 0.02 \times 0.015\,\text{m}^2 = 3 \times 10^{-4}\,\text{m}^2$,相等面积的圆截面直径

$$d = \sqrt{\frac{4A}{\pi}} = \sqrt{\frac{4 \times 3 \times 10^{-4}}{\pi}} = 1.954 \times 10^{-2}\,\text{m}$$

圆轴的抗扭截面模量

$$W_p = \frac{\pi d^3}{16} = \frac{\pi \times 1.954^3 \times 10^{-6}\,\text{m}^3}{16} = 1.465 \times 10^{-6}\,\text{m}^3$$

圆截面上最大切应力

$$\tau'_{max} = \frac{T}{W_p} = \frac{50\,\text{N·m}}{1.465 \times 10^{-6}\,\text{m}^3} = 34.13\,\text{MPa}$$

由于 $\tau_{max}/\tau'_{max} = 49.60/34.13 = 1.45$,说明同样截面积的圆轴是矩形轴(宽高比 3:4)承载能力的 1.45 倍。

7.6　薄壁杆件的自由扭转

为了减轻结构的重量,工程中常采用管状杆件或各种轧制型钢,如工字钢、角钢、槽钢等。这些杆件的壁厚远小于横截面主要尺寸,因此称为薄壁杆件(thin walled bar)。如果杆件壁的中线是一条不封闭的折线或曲线,称为开口薄壁杆件。如果薄壁中线是闭口曲线,则称为闭口薄壁杆件。

7.6.1 闭口薄壁杆件的扭转切应力

如图 7-16(a)所示,闭口薄壁杆两端受扭矩 T 作用。沿截面中线建立 n-s-x 坐标系,三个坐标分别指向薄壁中面的外法向、切向和杆件的轴向。由于杆壁很薄,根据切应力互等原理的分析可知,截面上的切应力应该平行于周线方向,切应力只有分量 τ_{sx} 存在,其他两个分量 τ_{nx} 和 τ_{ns} 都为零。由于壁厚很小,可以假设壁厚方向的正应力 $\sigma_n = 0$。根据轴向和法向力的平衡可以判断,其他两个正应力分量 σ_s 和 σ_x 也应为零。所以 $\tau = \tau_{sx}$ 是唯一的应力分量。

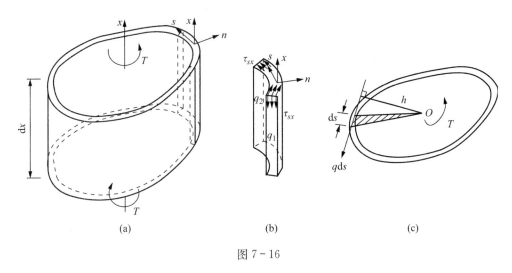

(a)　　　　　　　　(b)　　　　　　　　(c)

图 7-16

薄壁杆的壁厚度 t 沿周线方向不一定需要为常数,τ_{sx} 沿厚度如何分布也不重要。将 τ_{sx} 沿厚度的积分

$$q = \int \tau_{sx}\, \mathrm{d}n \tag{7-41}$$

定义为剪流(shear flow)。剪流的单位是单位长度上的力(N/m)。如图 7-16(b)所示,沿 x 坐标面和 s 坐标面截取一个单元体。根据 x 方向的力的平衡条件可知,单元体前后两个纵向截面上的剪流应该相等。即

$$q_1 = q_2$$

这个论断对任意截取的单元体都应该成立,所以剪流应该处处相等。也就是说,剪流的值沿横截面周线是常数。现在来考虑截面上扭矩的形成。如图 7-16(c)所示,将长度为 ds 的一段截面上的剪力 $q\mathrm{d}s$ 对 O 点取矩,$\mathrm{d}T = q \cdot \mathrm{d}s \cdot h$。而 d$s \cdot h$ 为图中扇形面积的两倍。所以总的扭矩为

$$T = \oint qh\,\mathrm{d}s = 2qA_s$$

或者

$$q = \frac{T}{2A_s} \tag{7-42}$$

式中 A_s 表示薄壁截面中线所围图形的面积。如果进一步假设切应力沿壁厚均匀分布,那么

$q = \tau \cdot t$，t 为壁的厚度。而切应力可以表示为

$$\tau = \frac{T}{2A_s t} \tag{7-43}$$

由上式可见,在壁厚最小处切应力最大,为

$$\tau_{max} = \frac{T}{2A_s t_{min}} \tag{7-44}$$

在上述分析中我们对薄壁截面上应力分布作出假设,通过平衡条件直接求出应力,所以这是静定应力问题。分析过程没有涉及材料性质,因此应力公式对任何材料的薄壁杆件都成立。

7.6.2 闭口薄壁杆件的扭转变形

闭口薄壁杆的扭转变形可以用能量方法来求解。因为 $\tau = \tau_{sx}$ 是唯一的应力分量,所以杆的应变能 [见式 (4-23)] 为

$$U = \frac{1}{2}\int_V \tau_{sx}\gamma_{sx}\,\mathrm{d}V = \frac{1}{2}\int_V \frac{\tau_{sx}^2}{G}\,\mathrm{d}V$$

将式 (7-43) 代入上式,并考虑到 $\mathrm{d}V = l \cdot t \cdot \mathrm{d}s$（$l$ 为杆件长度）,所以应变能

$$U = \frac{1}{2}\int_V \frac{T^2}{4GA_s^2 t^2}\,\mathrm{d}V = \frac{T^2 l}{8GA_s^2}\oint \frac{\mathrm{d}s}{t}$$

扭矩 T 做功为

$$W = \frac{1}{2}T \cdot \varphi$$

由于 $U = W$,所以

$$\varphi = \frac{Tl}{4GA_s^2}\oint \frac{\mathrm{d}s}{t} \tag{7-45}$$

或者

$$\varphi = \frac{Tl}{GI_t} \tag{7-46}$$

式中截面系数

$$I_t = \frac{4A_s^2}{\oint \dfrac{\mathrm{d}s}{t}} \tag{7-47}$$

如果壁厚 t 为常数,那么

$$I_t = \frac{4A_s^2 t}{S} \tag{7-48}$$

式中 S 为薄壁截面中线的全长。

7.6.3 开口薄壁杆件的自由扭转

矩形截面杆扭转时,如果截面的高宽比很大[见图 7-17(a)],就成为狭长矩形截面。对于工字钢、槽钢等杆件,可以看成是若干个狭长矩形组合而成的截面。如图 7-17(b)所示,截面上位于中心线两侧的切应力沿周边形成一个环流。由于杆壁很薄,中心线两侧的剪力形成力偶的力臂很小[见图 7-17(c)]。所以开口薄壁杆的抗扭能力很差。受扭矩作用时截面上切应力很大,扭转变形也很大。因此,受扭构件应尽量避免采用开口薄壁杆。

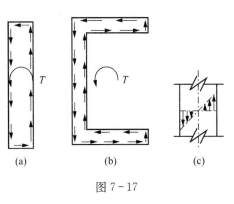

图 7-17

通过分析可知,由几个狭长矩形组合成的开口薄壁截面杆的截面系数

$$I_t = \frac{1}{3}\sum t_i^3 h_i \tag{7-49}$$

式中 t_i 和 h_i 为第 i 个矩形截面的厚度和高度。如图 7-17(c)所示,沿厚度方向切应力在外表面处最大。第 i 个矩形截面上的最大切应力可以表示为

$$\tau_i = \frac{T}{I_t} t_i \tag{7-50}$$

因此,整个截面的最大切应力发生在厚度最大的狭长矩形的长边上:

$$\tau_{\max} = \frac{T}{I_t} t_{\max} \tag{7-51}$$

杆的扭转角为

$$\varphi = \frac{Tl}{GI_t} \tag{7-52}$$

例 7-6 平均直径为 $D_0 = 60$ mm,壁厚为 $t = 3$ mm 的开口和闭口薄壁圆管(见图 7-18),都受扭矩 T 的作用。试比较两者的最大切应力和扭转角。

解:对于开口薄壁圆管,其截面中线长度为 πD_0,利用狭长矩形截面公式:

$$I_t = \frac{1}{3} h t^3 = \frac{1}{3} \pi D_0 t^3$$

$$W_t = \frac{1}{3} h t^2 = \frac{1}{3} \pi D_0 t^2$$

对于闭口截面圆管,因为极惯性矩

$$I_p = \int_A \rho^2 \mathrm{d}A \approx R_0^2 \cdot 2\pi R_0 t = 2\pi R_0^3 t$$

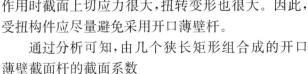

图 7-18

抗扭截面系数

$$W_p \approx \frac{I_p}{R_0} = 2\pi R_0^2 t$$

所以

$$\frac{\tau_{\max,\ open}}{\tau_{\max,\ close}} = \frac{W_p}{W_t} = \frac{2\pi R_0^2 t}{\frac{1}{3}\pi D_0 t^2} = 3\frac{R_0}{t} = 30$$

$$\frac{\varphi_{open}}{\varphi_{close}} = \frac{I_p}{I_t} = \frac{2\pi R_0^3 t}{\frac{1}{3}\pi D_0 t^3} = 3\left(\frac{R_0}{t}\right)^2 = 300$$

可见开口薄壁圆管的强度和刚度比闭口薄壁圆管小得多。

例 7 - 7 一根 T 形薄壁截面杆,截面尺寸如图 7 - 19 所示,杆长 $l = 2\,m$,承受扭矩 $T = 200\,N \cdot m$。材料的剪切模量 $G = 80\,GPa$。试求最大切应力和杆的扭转角。

解: 这是开口薄壁截面杆,根据公式(7 - 49)可以计算截面系数

$$I_t = 2 \times \frac{1}{3} t^3 h = \frac{2}{3} \times 10^3 \times 120 \times 10^{-12}\ m^4$$

$$= 80 \times 10^{-9}\ m^4$$

根据公式(7 - 51)可以计算最大切应力

$$\tau_{\max} = \frac{T}{I_t} t_{\max} = \frac{200\,N \times m}{80 \times 10^{-9}\ m^4} \times 10 \times 10^{-3}\ m = 25\ MPa$$

根据公式(7 - 52)可以计算扭转角

$$\varphi = \frac{Tl}{GI_t} = \frac{200\,N \times m \times 2\ m}{80 \times 10^9\,Pa \times 80 \times 10^{-9}\ m^4} \times \frac{180}{\pi} = 3.58°$$

图 7 - 19

例 7 - 8 如图 7 - 20 所示的箱形薄壁截面杆,两端受扭矩 T 作用。已知许用切应力 $[\tau] = 60\,MPa$,许用扭转角 $[\theta] = 0.5°/m$,剪切模量 $G = 80\,GPa$。试求许用扭矩 $[T]$。如果杆上沿母线切开一条细槽,试问许用扭矩降低多少?

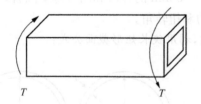

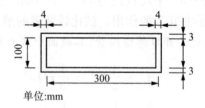

图 7 - 20

解: 闭口薄壁截面的强度条件为[见式(7 - 44)]

$$\tau_{\max} = \frac{T}{2A_s t_{\min}} \leqslant [\tau]$$

要求

$$T \leqslant 2A_s t_{\min}[\tau] = 2 \times 0.3 \times 0.1\ m^2 \times 3 \times 10^{-3}\ m \times 60 \times 10^6\ Pa = 10.80\ kN \cdot m$$

闭口薄壁截面的刚度条件为[见式(7 - 45)]

$$\theta = \frac{\varphi}{l} = \frac{T}{4GA_s^2}\oint\frac{\mathrm{d}s}{t} \leqslant [\theta]$$

要求

$$T \leqslant \frac{4GA_s^2[\theta]}{\oint\dfrac{\mathrm{d}s}{t}} = \frac{4\times80\times10^9\,\mathrm{Pa}\times(0.3\times0.1\,\mathrm{m}^2)^2\times0.5°/\mathrm{m}\times(\pi/180)}{2\times\left[\dfrac{0.3}{0.003}+\dfrac{0.1}{0.004}\right]}$$

$$= 10.05\,\mathrm{kN\cdot m}$$

所以许用扭矩 $[T] = 10.05\,\mathrm{kN\cdot m}$ 由刚度条件决定。

如果沿母线将薄壁杆切开,开口薄壁杆的刚度条件为[见式(7-52)]

$$\theta = \frac{\varphi}{l} = \frac{T^*}{GI_t} \leqslant [\theta]$$

$$T^* \leqslant G[\theta]I_t = G[\theta]\sum t_i^3 h_i/3$$

$$= 80\times10^9\,\mathrm{Pa}\times0.5°/\mathrm{m}\times\frac{\pi}{180}\times\frac{1}{3}\times2\times$$

$$[3^3\times300+4^4\times100]\times10^{-12}\,\mathrm{m}^4$$

$$= 6.75\,\mathrm{N\cdot m}$$

$$T/T^* = 10.05\times10^3/6.75 = 1\,489$$

按刚度条件,闭口薄壁杆的承扭能力是开口薄壁杆的 1 489 倍。

结束语

这一章通过横截面在变形后保持为平面并做整体转动的平面截面假设,将圆轴扭转问题简化为关于扭矩与扭转率的一维的问题,根据三个基本关系推导了圆轴扭转时的切应力和扭转率的公式。本章还根据弹性力学的结果给出了矩形截面杆和开口薄壁截面杆自由扭转时的应力和转角的计算方法,作为静定应力问题,推导了闭口薄壁截面杆的应力,并用能量法推导了转角公式。通过本章的学习应该掌握三个基本关系在圆轴扭转问题中的应用,圆轴扭转的切应力和扭转率公式的推导,学会扭转强度条件和刚度条件在强度校核、刚度校核、截面设计、许用载荷确定中的应用,掌握矩形截面杆、开口和闭口薄壁截面杆扭转时的应力和变形的计算。

思考题

7-1 什么是圆轴扭转的平面截面假设? 圆轴扭转的横截面上切应变和切应力如何分布? 如何推导扭矩与扭转率的关系?

7-2 自由扭转与约束扭转有何区别? 对于圆截面等直杆,是否有约束扭转问题?

7－3 一等直圆杆,当受到轴向拉伸时,杆内会产生切应变吗? 当受到扭转时,杆内会产生拉应变吗?

7－4 对从受力构件中取出的单元体,什么情况下只产生体积改变? 什么情况下只产生形状改变? 圆轴扭转时,它的体积会不会变化?

7－5 材料和安全系数相同时,连接件的许用切应力与扭转轴的许用切应力是否相同? 为什么?

7－6 为什么实心圆轴扭转的切应力公式 $\tau(r) = M_x r/I_p$ 只能在线弹性范围内适用,而薄壁圆筒扭转的切应力公式却在线弹性、非线性弹性和塑性情况下都能适用?

7－7 圆轴扭转时,各点的应变能密度是否可以由轴的总应变能除以它的体积得到? 圆轴扭转的总应变能是否可以由纯剪状态的应变能密度得到?

7－8 什么是矩形截面轴的自由扭转? 什么是约束扭转? 它们的截面变形有何特点?

7－9 矩形截面轴的扭转切应力是如何分布的?

7－10 截面尺寸相同的闭口薄壁圆杆与开口薄壁圆杆比较,为什么闭口圆杆比开口圆杆的强度和刚度高得多?

7－11 变壁厚而等截面的开口和闭口薄壁杆件自由扭转时,它们的最大切应力发生在壁厚最大处还是最小处?

7－12 密圈螺旋弹簧丝的横截面上有哪几种内力? 应力如何分布? 最大切应力怎么计算?

习题

7－1 如图 7－21 所示变截面钢轴,已知材料的剪切弹性模量 $G = 80$ GPa,若作用其上的外力偶矩 $T_1 = 1.8$ kN · m, $T_2 = 1.2$ kN · m,试求最大切应力和最大扭转角。

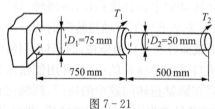
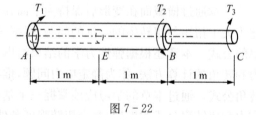

图 7－21   图 7－22

7－2 如图 7－22 所示阶梯形圆截面钢轴,已知材料的剪切弹性模量 $G = 80$ GPa,AE 段为空心圆轴,外径 $D = 140$ mm,内径 $d = 100$ mm;EB 段为实心圆轴;BC 段也为实心圆轴,直径 $d = 100$ mm。若作用其上的外力偶矩 $T_1 = 18$ kN · m,$T_2 = 32$ kN · m,$T_3 = 14$ kN · m,试求杆内的最大切应力和 AC 两端面间的相对扭转角。

7－3 如图 7－23 所示为一受扭圆截面杆,现用横截面 ABE, DCF 和水平纵截面 $ABCD$ 截出杆的一部分 $ABCDEF$。试绘出该部分各截面上的应力分布图,并说明该部分是如何平衡的。

7－4 如图 7－24 所示全长为 l,两端面直径分别为 d_1, d_2 的受扭圆锥形杆,两端受扭矩 T 作用。设材料的剪切弹性模量为 G,试求两端间的相对扭转角。

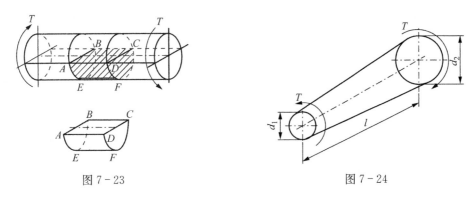

图 7 - 23   图 7 - 24

7 - 5 如图 7 - 25 所示绞车由两人同时操作,每人在各自的手柄上沿其旋转方向作用的力均为 $F = 0.23$ kN,已知齿轮节圆直径 $d_1 = 400$ mm,$d_2 = 700$ mm,滚筒直径 $d_3 = 500$ mm,材料的许用切应力 $[\tau] = 40$ MPa,求:(1)轴 AB 的直径 d;(2)绞车所能吊起的最大重量。

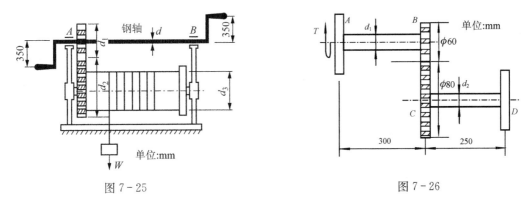

图 7 - 25   图 7 - 26

7 - 6 如图 7 - 26 所示 AB 轴与 CD 轴由齿轮 C 与齿轮 B 啮合传动。力矩作用于 A 轮上,使 AB 轴产生最大切应力 $\tau_{\max} = 80$ MPa。D 处装有皮带轮。已知 $d_1 = 3$ cm,轴材料的剪切弹性模量 $G = 80$ GPa。(1)如 CD 轴的许用应力 $[\tau] = 80$ MPa,试求其直径 d_2;(2)求轮 A 对轮 D 的相对扭转角。

7 - 7 如图 7 - 27 所示 AB 轴的转速 $n = 2$ s^{-1},从 B 轮输入功率 $N = 44$ kW,此功率的一半通过锥形齿轮传给垂直轴 C,另一半由水平轴 H 传走。已知 $D_1 = 600$ mm,$D_2 = 240$ mm,$d_1 = 100$ mm,$d_2 = 80$ mm,$d_3 = 60$ mm,$[\tau] = 20$ MPa。试对各轴进行强度校核。

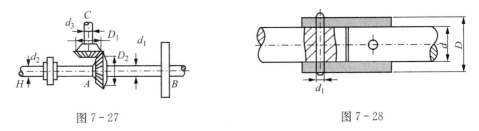

图 7 - 27   图 7 - 28

7 - 8 如图 7 - 28 所示,两段轴通过套筒互相连接,并用销钉将轴和套筒固联。已知套筒外径 $D = 6$ cm,轴的直径 $d = 4$ cm,销钉直径 $d_1 = 1.2$ cm。轴的许用应力 $[\tau_1] = 60$ MPa,

套筒的许用应力 $[\tau_2] = 45\,\text{MPa}$，销钉的许用应力 $[\tau_3] = 85\,\text{MPa}$。试求该轴可以安全传递的扭矩。

7-9 如图 7-29 所示，实心圆轴与空心圆轴通过牙嵌离合器相连接。已知轴的转速 $n = 100\,\text{r/min}$，传递功率 $N = 7.5\,\text{kW}$，许用应力 $[\tau] = 40\,\text{MPa}$，$d_1/D_1 = 0.5$。试选择实心轴的直径 d 和空心轴的外径 D_1。

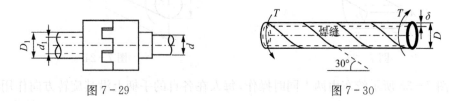

图 7-29　　　　　　　　　　　　图 7-30

7-10 如图 7-30 所示，一外径 $D = 150\,\text{mm}$ 的圆柱形管，由厚 $\delta = 6\,\text{mm}$ 的钢板沿螺旋线焊缝平焊而成。设管壁的许用应力为 $[\sigma] = 160\,\text{MPa}$，求：(1)按照第三强度理论，管子所能承受的最大许可扭矩 T。(2)如果焊缝金属的剪切强度极限 $\tau_b = 250\,\text{MPa}$，拉伸强度极限 $\sigma_b = 400\,\text{MPa}$，求焊缝的安全系数。

7-11 如图 7-31 所示汽车驾驶方向盘，固定在一根轴上。若方向盘的外径为 $0.52\,\text{m}$，加在方向盘上的力 $F = 300\,\text{N}$，轴材料的许用切应力 $[\tau] = 60\,\text{MPa}$。(1)若轴为实心圆轴时，试设计其直径 d。(2)若轴为空心圆轴，试设计其内外直径 d 和 D。设 $\alpha = d/D = 0.8$。(3)比较实心圆轴和空心圆轴的重量。

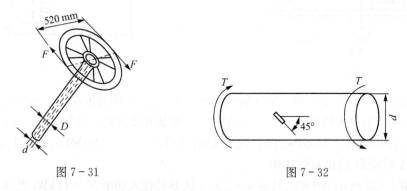

图 7-31　　　　　　　　　　　　图 7-32

7-12 如图 7-32 所示，直径为 d 的圆截面轴，两端承受扭力矩 T 作用。若测得轴表面与轴线成 $\alpha = 45°$ 方位的线应变 $\varepsilon_{45°}$，试求扭力矩 T 之值。已知材料的弹性模量 E 和泊松比 μ。

7-13 如图 7-33 所示，内径为 $d = 80\,\text{mm}$，外径 $D = 120\,\text{mm}$ 的空心圆轴，两端承受扭力矩 T 作用。若测得轴表面与轴线成 $\alpha = 45°$ 方位的线应变 $\varepsilon_{45°} = 2.6 \times 10^{-4}$，试求扭力矩 T 之值。已知材料的弹性模量 $E = 200\,\text{GPa}$，泊松比 $\mu = 0.3$。

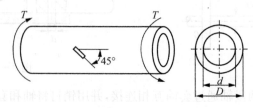

图 7-33

7-14 如图 7-34 所示，扭矩 $T=8\,kN \cdot m$ 作用于没有铜套的钢轴上。然后把铜套套入就位并固连到钢轴上，在此以后解除扭矩 T。试求在原扭矩解除以后铜套内的扭矩。已知钢的剪切弹性模量为 $G_s=80\,GPa$，铜的剪切弹性模量为 $G_c=40\,GPa$。

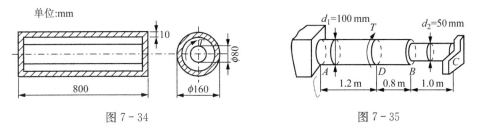

图 7-34　　　　　　　　　　　　　图 7-35

7-15 如图 7-35 所示轴的 AB 段先不与 BC 段相连，在 D 处先加一扭矩 $T=15\,kN \cdot m$，然后在 B 处把两段牢固连接，C 端固定。在此以后解除扭矩 T。试求在扭矩解除以后 BC 段内最终的最大切应力。已知 AB 段的剪切弹性模量为 $G_c=40\,GPa$，BC 段的剪切弹性模量为 $G_s=80\,GPa$。

7-16 如图 7-36 所示，用电阻应变片测得空心钢轴表面上某点处与轴线成 $\alpha=45°$ 方位的线应变 $\varepsilon_{45°}=2.6\times10^{-4}$，如该轴的转速 $n=200\,r/min$，试求轴所传递的功率。已知轴的内径为 $d=100\,mm$，外径 $D=140\,mm$，材料的弹性模量 $E=200\,GPa$，泊松比 $\mu=0.25$。

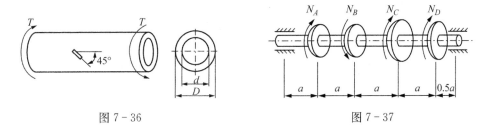

图 7-36　　　　　　　　　　　　　图 7-37

7-17 如图 7-37 所示传动轴，已知轴的转速 $n=300\,r/min$，传递的功率分别为 $N_A=150\,kW$，$N_B=375\,kW$，$N_C=112.5\,kW$，$N_D=112.5\,kW$。已知轴材料的许用切应力 $[\tau]=40\,MPa$，其剪切弹性模量 $G=80\,GPa$，轴的许可单位扭转角 $[\theta]=0.5°/m$，试设计轴的直径 d。

7-18 如图 7-38 所示，扭转力偶矩 $T=2.5\,kN \cdot m$ 作用在直径 $d=60\,mm$ 的钢轴上，试求圆轴表面上与母线成 $\alpha=30°$ 方向上的正应变。已知材料的弹性模量 $E=200\,GPa$，泊松比 $\mu=0.3$。

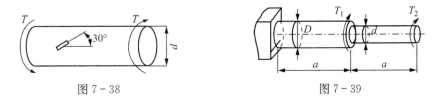

图 7-38　　　　　　　　　　　　　图 7-39

7-19 如图 7-39 所示阶梯形圆轴，其直径之比 $\dfrac{D}{d}=2$，欲使轴内最大切应力相等，试导出外

7-20 如图 7-40 所示一组合轴，由内圆柱和外圆柱组成。内圆柱为铜，剪切弹性模量为 G_c；外圆柱为钢，剪切弹性模量为 G_s，两者在交界面上牢固结合。试推导出扭转时的切应力和扭转角公式。

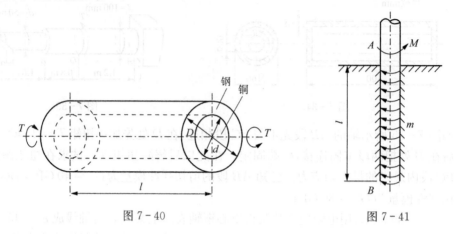

图 7-40   图 7-41

7-21 如图 7-41 所示钻探机的钻杆，外径 $D = 6\ \mathrm{cm}$，内径 $d = 5\ \mathrm{cm}$，功率 $N = 10\ \mathrm{kW}$，转速 $n = 180\ \mathrm{r/min}$，钻杆钻入土层深度 $l = 40\ \mathrm{m}$。假设土壤对钻杆的阻力矩沿杆长均匀分布，钻杆的许用切应力 $[\tau] = 40\ \mathrm{MPa}$，剪切模量 $G = 80\ \mathrm{GPa}$。(1)作钻杆的扭矩图，并校核其强度；(2)试求 A，B 两截面间的相对扭转角 φ_{AB}。

7-22 如图 7-42 所示，有一外直径 $D = 10\ \mathrm{cm}$，内直径 $d = 8\ \mathrm{cm}$ 的空心圆轴与一直径 $d = 8\ \mathrm{cm}$ 的实心轴用键连接，键的尺寸为 $1 \times 1 \times 3\ \mathrm{cm^3}$，在轮 A 处由电动机输入功率 $N_1 = 221\ \mathrm{kW}$，在 B 轮和 C 轮输出功率 $N_2 = N_3 = 110.5\ \mathrm{kW}$，轴的转速 $n = 300\ \mathrm{r/min}$，材料的剪切弹性模量 $G = 80\ \mathrm{GPa}$，轴的许用切应力 $[\tau] = 40\ \mathrm{MPa}$，键的许用切应力 $[\tau] = 100\ \mathrm{MPa}$，许用挤压应力 $[\sigma_{bs}] = 280\ \mathrm{MPa}$。(1)求所需键的数目 n；(2)校核空心轴与实心轴的强度(不考虑键槽的影响)；(3)三个轮子的位置应如何设置较为合适？

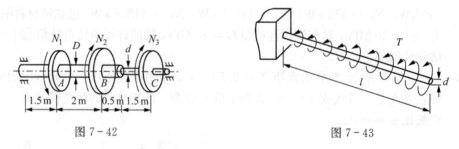

图 7-42   图 7-43

7-23 如图 7-43 所示钢轴，轴表面上作用有线性变化分布的扭矩。令分布扭矩的合力矩为 T。试确定轴自由端处的扭转角。已知轴的长度为 l，直径为 d，材料的剪切弹性模量为 G。

7-24 若习题 7-23 中轴的自由端固定在一个刚性墙支座内，然后加载。试求两边支座处的扭矩。

7-25 若圆轴的材料服从应力-应变定律 $\gamma = k\tau^2$，轴的长度为 l，半径为 R。试求表示为扭矩函数的最大切应力和扭转角的表达式。

7-26　如图 7-44 所示的硬铝槽形杆，长度为 $l = 500\,\text{mm}$，杆壁厚 $t = 4\,\text{mm}$，材料的剪切模量 $G = 28\,\text{GPa}$，受外力矩 $T = 10\,\text{N·m}$ 作用。试计算截面上最大切应力和杆两端相对转角。

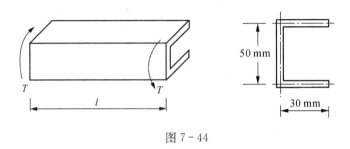

图 7-44

7-27　如图 7-45 所示，用一厚度为 t 的薄板卷成薄壁圆筒，其平均半径为 R_0，圆筒长度为 l，板边用 n 个铆钉铆接，在扭矩 T 作用下求每个铆钉承受的剪力。

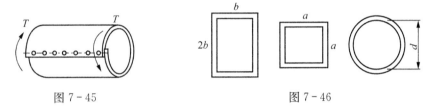

图 7-45　　　　　　　　　　　图 7-46

7-28　如图 7-46 所示三种截面形状（高度为宽度 2 倍的矩形、正方形、圆形）的闭口薄壁杆，若截面中心线的长度、壁厚、材料、作用的扭矩及杆长都相同，计算三种截面上最大切应力之比和扭转角之比。

第8章
梁的弯曲应力

在工程实践中,有一类杆件承受的是垂直于杆轴线的侧向力作用。在外力作用下杆件的轴线由直线变成曲线,这种变形形式称为弯曲(bending)。产生弯曲变形的杆件称为梁。本章首先利用平面截面假设将梁弯曲问题简化为关于曲率与弯矩的一维的问题;推导了对称梁纯弯曲时的正应力公式和剪切弯曲梁的切应力公式;分析了梁的强度条件;讨论了组合变形的强度条件、复合梁的弯曲、非对称梁的弯曲以及薄壁截面梁的剪切中心等问题。

8.1 对称弯曲

工程中有一类杆件承受垂直于轴线的侧向力作用,这类杆件的应力分析和挠曲变形问题可以归结为梁弯曲问题来研究。如图 8-1(a)所示的桥式起重机,可以简化成承受垂直向下的分布力和集中力作用下的简支梁[见图 8-1(b)]。常见的梁的形式还有一端固定、一端自由的悬臂梁[见图 8-1(c)],有一端悬挑在外的外伸梁[见图 8-1(d)],有多个中间支座的连续梁[见图 8-1(e)]等。在工程结构中有许多梁至少有一个纵向对称面,或者说梁截面有一个对称轴,这种梁称为对称截面梁,简称为对称梁(symmetrical beam)。图 8-2 列举了一些常见的对称梁截面。如果外力和外力矩都作用在截面对称轴与梁轴线组成的对称面内,梁变形后的轴线成为该对称面内的平面曲线,这种弯曲称为平面弯曲(plane bending)或对称弯曲(symmetrical bending)。下面先讨论对称梁的纯弯曲问题。

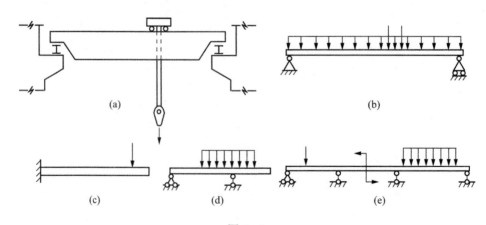

图 8-1

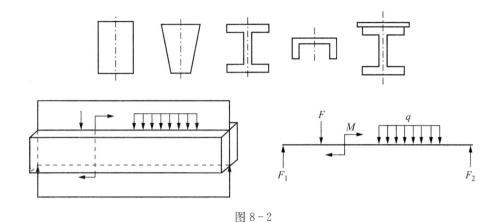

图 8 - 2

8.2　对称梁的纯弯曲

如果某一段梁的截面上剪力为零,弯矩为不等于零的常数,该段梁的弯曲称为纯弯曲 (pure bending)。这一节将考虑对称截面梁的纯弯曲问题。弯矩 M 为常数的一段梁如图 8 - 3 (a)所示,建立直角坐标系,使 x 轴为梁的形心轴,y 轴与截面对称轴一致,x - y 平面为梁的对称面。

8.2.1　几何关系

如图 8 - 3(b)所示,考虑受纯弯曲的梁上两段相邻的梁单元的变形。它们的形状和受力都相同,所以这两单元应该以相同的方式变形。每一单元有一对称面 m - m [见图 8 - 3(c)]。假如受力前互相平行且垂直于轴线的端面,变形后成为向外凸曲的面,由于关于 m - m 面的对称性,每一单元的两个表面都将成为向外凸曲的表面,这样就破坏了梁的几何协调条件。因此可以推断,纯弯曲梁的横截面,变形后仍保持为平面,并且垂直于梁的轴线。这一推断在材料力学教材里广泛称为平面截面假设。因为每一个单元经历相同的变形,那么,原来互相平行的

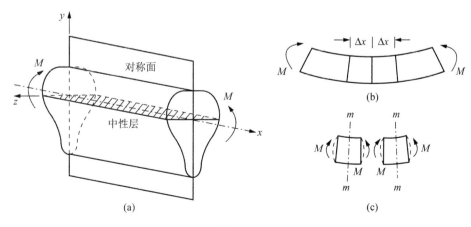

图 8 - 3

截面在变形后,截面对称轴延长线有公共的交点。梁的轴线变形以后成了以此点为圆心的圆弧。应该注意,现在并不排除截面在自身平面内变形的可能性,事实上截面确实有变形,这一点后面再讨论。

如图 8-4 所示,根据平面截面的推断,变形前在两个截面(ac 和 $a'c'$)之间沿 x 轴向所有的线段都有相同的长度。弯曲变形后,梁的顶面的纵向线段 aa' 缩短最大,而在底面的纵向线段 cc' 的伸长最大。于是可以推断在梁的中间某处(OO')的线段既不缩短,也不伸长,仍然保持原来的长度。这一层面称为中性面(neutral surface)或称为中性层[见图 8-5(a)]。中性面与横截面的交线称为中性轴(neutral axis)。在对称弯曲问题中,梁所承受的载荷都作用于纵向对称面内,梁的轴线在变形后将成为对称面内的曲线。弯曲变形时,梁的横截面绕中性轴转动。

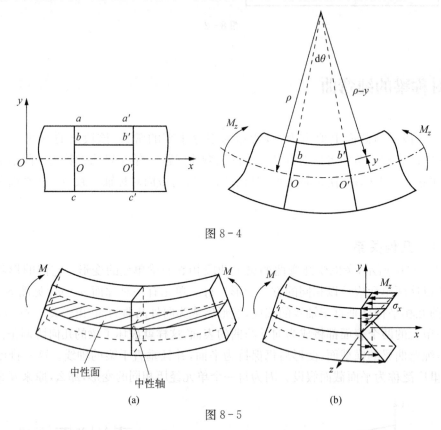

图 8-4

图 8-5

中性面处的线段 OO' 的长度不变。假设变形后 OO' 的曲率半径为 ρ。在距离中性面 y 高度处的线段 bb' 变形前与 OO' 的长度相同,变形后的长度为 $(\rho-y)\mathrm{d}\theta$($\mathrm{d}\theta$ 是梁段左右两截面的相对转角)。因此,在 y 高度处纵向线段的应变为

$$\varepsilon_x = \frac{(\rho-y)\mathrm{d}\theta - \rho\mathrm{d}\theta}{\rho\mathrm{d}\theta} = -\frac{y}{\rho} \tag{8-1}$$

由上式可见应变 ε_x 与 y 成线性关系。式(8-1)中的负号是由 y 轴的取向所致。如图 8-4 所示,由于 y 轴的正向朝上,中性面以下部位 y 为负值,ε_x 为正值,表示产生拉应变;中性面以上部位 y 为正值,ε_x 为负值,表示产生压应变。

根据对称性和平面截面假设可知,截面上各点的切应变均为零:$\gamma_{xy} = \gamma_{xz} = \gamma_{yz} = 0$。

8.2.2　物理关系

根据广义胡克定律可知

$$\varepsilon_x = \frac{1}{E}[\sigma_x - \mu(\sigma_y + \sigma_z)] = -\frac{y}{\rho} \tag{a}$$

因为

$$\gamma_{xy} = \frac{\tau_{xy}}{G} = 0,\ \gamma_{xz} = \frac{\tau_{xz}}{G} = 0,\ \gamma_{yz} = \frac{\tau_{yz}}{G} = 0$$

所以

$$\tau_{xy} = \tau_{xz} = \tau_{yz} = 0$$

因为梁在 y 方向和 z 方向不受任何约束，所以我们假设 $\sigma_y = \sigma_z = 0$。这样，六个应力分量只有 σ_x 不等于零。从式（a）可知

$$\sigma_x = -E\frac{y}{\rho} \tag{8-2}$$

这表明截面上正应力也与 y 成线性关系[见图 8-5(b)]。还有两个应变分量 ε_y 和 ε_z 也可通过广义胡克定律求出：

$$\varepsilon_y = \frac{1}{E}[\sigma_y - \mu(\sigma_x + \sigma_z)] = -\mu\frac{\sigma_x}{E} = \mu\frac{y}{\rho}$$

$$\varepsilon_z = \frac{1}{E}[\sigma_z - \mu(\sigma_x + \sigma_y)] = -\mu\frac{\sigma_x}{E} = \mu\frac{y}{\rho}$$

可见横截面内有应变，其值与轴向正应变成正比，符号相反。截面内变形的效果是使上部受压区沿侧向和向上膨出，下部受拉区沿侧向和垂直方向收缩（见图 8-6）。变形使横截面上原来与 z 轴平行的线段成为圆弧，中性轴变成曲率半径为 ρ/μ 的弧线，中性轴的曲率称为鞍形面曲率。变形后的中性面成为双曲率的曲面。

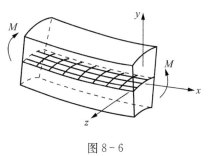

图 8-6

8.2.3　平衡关系

在纯弯曲条件下，根据梁的分离体[见图 8-5(b)]的平衡可知，横截面上的非零内力只有弯矩 M_z，平衡关系可以表示为

$$F_x = \int_A \sigma_x \mathrm{d}A = 0 \tag{8-3}$$

$$M_y = \int_A z\sigma_x \mathrm{d}A = 0 \tag{8-4}$$

$$M_z = -\int_A y\sigma_x \mathrm{d}A \tag{8-5}$$

式（8-5）右边的负号也是因 y 轴的取向所致。如图 8-5(b)所示的应力分布使式（8-5）右边

的积分值为负，而形成的弯矩是正的，所以积分号前有一负号。将式(8-2)代入式(8-3)得到

$$F_x = \int_A \sigma_x \mathrm{d}A = -\int_A E\frac{y}{\rho}\mathrm{d}A = -\frac{E}{\rho}\int_A y\mathrm{d}A = 0$$

式中 $\int_A y\mathrm{d}A = S_z = A \cdot y_c$ 为横截面对中性轴的面积矩(A 为截面面积，y_c 为截面形心坐标)。

由于弯曲变形时 $\dfrac{E}{\rho} \neq 0$，所以必须使 $S_z = 0$。由于截面积 $A \neq 0$，所以 $y_c = 0$，这就是说中性轴必须通过截面的形心。轴向力平衡条件式(8-3)确定了中性轴的位置。对于由不只一种材料制成的复合的线弹性梁，或者材料性能呈非线性的梁，仍然可以用式(8-3)来确定中性轴位置。但一般说来，中性轴将不通过截面的形心。

将式(8-2)代入式(8-4)得到

$$M_y = \int_A z\sigma_x \mathrm{d}A = -\int_A E\frac{y}{\rho}z\mathrm{d}A = -\frac{E}{\rho}\int_A yz\mathrm{d}A = 0 \tag{b}$$

式中 $\int_A yz\mathrm{d}A = I_{yz}$ 是截面的惯性积。由于横截面关于 y 轴对称，所以惯性积为零，式(b)自然满足。这表明 y-z 坐标是截面的形心主惯性轴。

将式(8-2)代入式(8-5)

$$M_z = \int_A \frac{Ey^2}{\rho}\mathrm{d}A = \frac{E}{\rho}\int_A y^2\mathrm{d}A = \frac{EI_z}{\rho}$$

式中 $I_z = \int_A y^2\mathrm{d}A$ 是横截面对中性轴(z 轴)的惯性矩，于是得到

$$\frac{1}{\rho} = \frac{M_z}{EI_z} \tag{8-6}$$

其中 $1/\rho$ 是梁轴线的曲率。上式表示纯弯梁的曲率与弯矩成正比。式中 EI_z 称为抗弯刚度，它表示梁抵抗弯曲的能力。EI_z 的值越大，梁的曲率越小。将上式代入式(8-2)，得到

$$\sigma_x = -\frac{M_z y}{I_z} \tag{8-7}$$

上式表明正应力 σ_x 与弯矩 M_z 成正比，它沿截面高度呈线性分布。式中的负号表明，当 M_z 是正弯矩时，中性轴上方的 σ_x 为负，是压应力；中性轴下方的 σ_x 为正，是拉应力。从上式可见，最大正应力(拉应力或压应力)发生在离中性轴最远处：

$$\sigma_{\max}^{\pm} = \frac{|M_z|\,y_{\max}^{\pm}}{I_z} \tag{8-8}$$

式中的 $\sigma_{\max}^{\pm}$ 表示拉应力或压应力绝对值的最大值，$y_{\max}^{\pm}$ 表示拉应力或压应力一侧截面外表面至中性轴之距离。当变量都从绝对值意义上理解时，上式也可以简单地表示为

$$\sigma_{\max} = \frac{M_z}{W_z} \tag{8-9}$$

其中

$$W_z = \frac{I_z}{y_{\max}} \qquad (8-10)$$

称为抗弯截面系数。W_z 是一个截面几何参数，具有长度三次方的量纲。例如高为 h，宽为 b 的矩形截面的抗弯截面系数为

$$W_z = \frac{I_z}{h/2} = \frac{bh^3/12}{h/2} = \frac{bh^2}{6} \qquad (8-11)$$

直径为 D 的圆截面，其抗弯截面系数为

$$W_z = \frac{I_z}{D/2} = \frac{\pi D^4/64}{D/2} = \frac{\pi}{32}D^3 \qquad (8-12)$$

各种型钢的抗弯截面系数可以从型钢表中查到。

例 8-1　如图 8-7 所示矩形截面悬臂梁，截面宽 5 cm，高 10 cm。右端有力偶 $M = 10$ kN·m 作用。梁由低碳钢制成，弹性模量 $E = 200$ GPa。梁的自重忽略不计。试求梁内最大应力和变形后梁轴线的曲率半径。

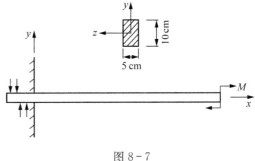

图 8-7

解：这是纯弯曲梁，从平衡条件可知，沿梁全长弯矩为常数 M。由图可见，梁的上表面受拉，下表面受压，最大正应力[公式(8-9)]

$$\sigma_{\max} = \frac{M}{W_z} = \frac{M}{bh^2/6} = \frac{10 \times 10^3 \text{ N·m} \times 6}{0.05 \times 0.1^2 \text{ m}^3} = 120 \text{ MPa}$$

曲率半径[(公式 8-6)]

$$\rho = \frac{EI_z}{M} = \frac{Ebh^3/12}{M} = \frac{200 \times 10^9 \text{ Pa} \times 0.05 \times 0.1^3 \text{ m}^3}{10 \times 10^3 \text{ N·m} \times 12} = 83.3 \text{ m}$$

从计算结果可见，梁的上下表面的正应力已经相当大了，而梁的变形是很小的。

8.3　剪切弯曲的正应力和切应力

8.3.1　对称梁剪切弯曲时的正应力

工程实践中的梁在一般的载荷情况下弯矩 M_z 沿梁的轴向不是常数，而且截面上有剪力存在。这种情况称为剪切弯曲，简称"剪弯"。这是在弯曲问题中最常见的情形。此时梁截面上不仅有正应力，还有切应力。由于切应力的存在，梁的横截面不再保持平面，会产生翘曲。作为工程近似，假设纯弯曲下推导的弯曲变形公式(8-6)和正应力公式(8-7)在剪切弯曲条件下仍然适用：

$$\frac{1}{\rho} = \frac{M_z(x)}{EI_z}$$

$$\sigma_x = -\frac{M_z(x)\,y}{I_z}$$

对于剪弯梁，M_z 是 x 的函数，所以曲率 $1/\rho$ 和正应力 σ_x 都是 x 的函数。正应力在给定的截面上仍然沿梁的高度线性分布。以上述两方程为基础来近似求解剪弯梁的问题，是"材料力学"的处理方法。梁的长度与横截面最大尺寸之比大于 5 的梁，称为细长梁。分析表明对于细长梁，上述近似解有足够的精确度，可以满足工程的需要。

8.3.2 对称梁的弯曲切应力

剪弯梁的截面上除了正应力 σ_x 以外，还有切应力 τ_{xy}。如图 8-8(a)所示，截取一段无横向载荷作用的长度为 dx 的梁。其左端截面上有弯矩 M_z，右端截面上弯矩为 $M_z + dM_z$，两端截面上的剪力为 F_S。然后在截面高度 y 处作一平行于 x-z 平面的截面，得到如图 8-8(b)所示的分离体。假定此分离体底部的宽度为 b。其左端面为 A_1，右端面为 A_2。

如图 8-8(c)所示是分离体的侧面投影。因为弯矩沿 x 方向是变化的，所以两端截面上作用的正应力大小不同，需要通过分离体底面上的切应力 τ_{yx} 来平衡。根据切应力互等定理，分离体端面上的切应力 $\tau_{xy} = \tau_{yx}$。这里假定 τ_{xy} 在宽度 b 上是均匀分布的。

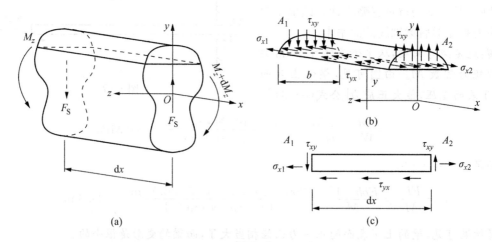

图 8-8

分离体的 x 方向平衡方程可以写成

$$\int_{A_2} \sigma_x \, dA - \int_{A_1} \sigma_x \, dA - \tau_{yx} b \, dx = 0 \qquad (a)$$

其中积分面积 $A_2 = A_1$。因为

$$\sigma_x \Big|_{A_1} = -\frac{M_z y}{I_z}, \quad \sigma_x \Big|_{A_2} = -\frac{(M_z + dM_z)\,y}{I_z}$$

代入式(a)，得到

$$-\int_{A_2} \frac{(M_z + dM_z)\,y}{I_z}\,dA + \int_{A_1} \frac{M_z y}{I_z}\,dA - \tau_{yx} b\,dx = -\frac{dM_z}{I_z}\int_{A_2} y\,dA - \tau_{yx} b\,dx = 0$$

所以

$$\tau_{yx} = \tau_{xy} = -\frac{1}{bI_z}\frac{\mathrm{d}M_z}{\mathrm{d}x}\int_{A_2} y\mathrm{d}A$$

根据内力的微分关系

$$\frac{\mathrm{d}M_z}{\mathrm{d}x} = -F_S$$

可以得到弯曲切应力的表达式

$$\tau_{xy} = \frac{F_S S_z^*}{bI_z} \tag{8-13}$$

式中 F_S 是截面上的剪力，I_z 是整个截面对 z 轴的惯性矩，b 是坐标 y 处截面的宽度。$S_z^* = \int_{A_2} y\mathrm{d}A$ 是截面上 y 坐标以上部分面积（A_1 或 A_2）对 z 轴的面积矩。

例 8-2　试分析矩形截面梁的弯曲切应力分布（见图 8-9）。

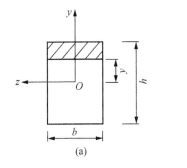
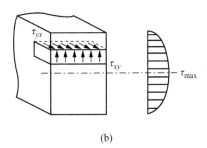

图 8-9

解：对于矩形截面，设截面宽为 b，高为 h，截面惯性矩 $I_z = bh^3/12$。如图 8-9(a)所示的阴影部分面积对 z 轴的面积矩为

$$S_z^* = \int_{A_2} y\mathrm{d}A = \int_y^{h/2} by\mathrm{d}y = \frac{b}{2}\left(\frac{h^2}{4} - y^2\right)$$

根据公式(8-13)，y 处的弯曲切应力为

$$\tau_{xy} = \frac{6F_S}{bh^3}\left(\frac{h^2}{4} - y^2\right) \tag{8-14}$$

由上式可知，矩形截面的弯曲切应力沿截面高度按抛物线规律分布[见图 8-9(b)]。当 $y = \pm h/2$ 时（横截面上下边缘处），切应力 $\tau_{xy} = 0$。随着至中性轴距离的减小，切应力逐渐增大。在中性轴（$y = 0$）处，τ_{xy} 达到最大值：

$$\tau_{max} = 1.5\frac{F_S}{bh} = 1.5\frac{F_S}{A} \tag{8-15}$$

式中的 F_S/A 是截面上切应力的平均值。可见矩形截面的最大弯曲切应力是平均切应力的 1.5 倍。

例 8 - 3 如图 8 - 10 所示简支矩形截面梁，长度为 l，截面的宽和高分别为 b 和 h。在梁中间承受一集中载荷 F。试求最大切应力 τ_{max} 与最大正应力 σ_{max} 的比值。

解：最大弯矩发生的梁的跨度的中点

$$M_{max} = \frac{Fl}{4}$$

在梁的上表面有最大压应力，下表面有最大拉应力，它们的绝对值相等，为

$$\sigma_{max} = \frac{M_{max}}{W_z} = \frac{Fl}{4} \frac{6}{bh^2} = 1.5 \frac{Fl}{bh^2}$$

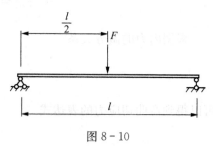

图 8 - 10

在集中力和两个支座之间，剪力 F_S（绝对值）为常数 $F/2$。前面已经计算过，对于矩形截面，在梁高度的中点处最大切应力为

$$\tau_{max} = 1.5 \frac{F_S}{A} = 1.5 \frac{F}{2bh} = \frac{3}{4} \frac{F}{bh}$$

所以

$$\frac{\tau_{max}}{\sigma_{max}} = \frac{1}{2} \frac{h}{l}$$

对于大多数细长的梁，$l \gg h$（例如 $l > 10h$）。所以弯曲切应力 τ 比弯曲正应力 σ 小一个数量级，在工程计算中常可忽略不计。然而，对于截面高度与梁长度之比不太小的"深梁"，切应力应不可忽略。另一种情况是像工字钢这种"薄腹梁"，由于剪力主要由腹板承受，腹板很薄，腹板的厚度出现在切应力公式的分母中，使得切应力相对增大。所以应该注意薄腹梁切应力的影响。

从以上分析知道在剪切弯曲时，切应力沿截面高度的分布是不均匀的。根据剪切胡克定律，切应变与切应力成正比。例如矩形截面梁，弯曲切应变为

$$\gamma_{xy} = \frac{\tau_{xy}}{G} = \frac{F_S}{2GI_z}\left(\frac{h^2}{4} - y^2\right)$$

可见切应变沿截面高度也按抛物线规律变化。在梁的上下表面，因为切应力为零，所以切应变也为零。在中性层处切应变达到最大值。切应变沿高度的这种变化使横截面不再是平面，将产生 S 型的翘曲（见图 8 - 11）。如果梁的各横截面上剪力相等，则各个截面的翘曲程度也相同，相邻截面之间纵向线段的长度将不因截面翘曲而改变，因此，将不影响按平面截面假

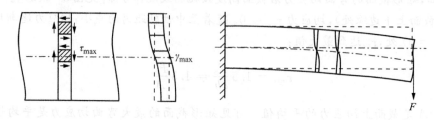

图 8 - 11

设推导出的正应力分布规律。当梁上有分布载荷时,梁的各截面的剪力不同,因此各截面的翘曲程度不同,相邻横截面间纵向线段长度会有变化。因此正应力的分布会受影响。但精确分析的结果表明,当梁的长度比截面尺寸大很多时,截面剪切变形对于弯曲正应力的影响很小,可以忽略不计。例如,在均布载荷作用下的矩形截面简支梁,当其长度与截面高度之比大于 5 时,截面上最大正应力用式(8-7)计算的结果与弹性力学精确解相比,误差不超过 1%。

8.3.3　工字形截面梁的弯曲切应力

工字形截面梁由中间的腹板与上下两翼缘板组成。如图 8-12 所示,截面关于 y 轴成对称图形。截面总高度 h,翼缘的宽度为 b,厚度为 t,腹板的厚度为 d。下面将分析腹板和翼缘上的弯曲切应力。

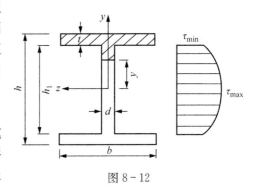

图 8-12

(1) 腹板上的切应力。

腹板上距离中性轴 y 处的切应力可以用公式 (8-13)直接计算。坐标 y 以上部分截面由阴影部分表示,其面积矩为上翼缘截面和腹板的 y 坐标以上部分对 z 轴的面积矩之和:

$$S_z^* = b\frac{h-h_1}{2}\frac{h/2+h_1/2}{2} + d\left(\frac{h_1}{2}-y\right)\frac{h_1/2+y}{2} = \frac{b}{2}\frac{h^2-h_1^2}{4} + \frac{d}{2}\left(\frac{h_1^2}{4}-y^2\right)$$

所以腹板截面上切应力

$$\tau_{xy} = \frac{F_S}{I_z d}\left[\frac{b}{2}\frac{h^2-h_1^2}{4} + \frac{d}{2}\left(\frac{h_1^2}{4}-y^2\right)\right] = \tau_{\min} + \frac{F_S}{2I_z}\left(\frac{h_1^2}{4}-y^2\right) \tag{8-16}$$

腹板上的切应力按抛物线形式分布。腹板与翼缘交界处切应力最小,其值为

$$\tau_{\min} = \frac{F_S\,b(h^2-h_1^2)}{8I_z d}$$

中性轴处切应力最大,其值为

$$\tau_{\max} = \frac{F_S\left[bh^2-h_1^2(b-d)\right]}{8I_z d}$$

(2) 翼缘的切应力。

由于翼缘的厚度很小,所以在翼缘上沿 y 方向的切应力 τ_{xy} 很小,可以忽略不计,只需考虑沿 z 方向的切应力 τ_{zx}。如图 8-13 所示,截取长度为 dx 的一段梁,其左端截面上有弯矩 M_z,右端截面上有弯矩 M_z+dM_z。在翼缘上距离自由边缘 ξ 处作截面 $abb'a'$,截取长度为 ξ 的一段翼缘为分离体。分离体的两端截面上正应力之差别,需要 $abb'a'$ 截面上的切应力 τ_{zx} 来平衡。用推导公式(8-13)相同的方法,可以求出翼缘上的切应力为

$$\tau_{xz} = \pm\frac{F_S S_z^*}{tI_z} \tag{8-17}$$

式中 t 为翼缘厚度，S_z^* 为矩形 $a'b'c'd'$ 对 z 轴的面积矩。具体地有

$$\tau_{xz} = \pm \frac{F_S S_z^*}{t I_z} = \pm \frac{F_S t \xi}{t I_z} \frac{h-t}{2} \approx \pm \frac{F_S h}{2 I_z} \xi \tag{8-18}$$

可见翼缘上切应力沿 ξ 成线性分布。按切应力的符号规定，四个翼缘上的切应力出现了不同的正负号。由于工字形截面是薄壁截面，切应力沿薄壁的周线形成了剪流。如图 8-13 所示标示了工字形截面上剪流的方向和大小。

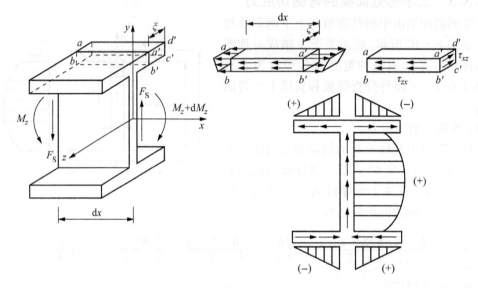

图 8-13

例 8-4 18 号工字钢梁的截面尺寸如图 8-14 所示。已知截面上的剪力 $F_S = 24 \text{ kN}$，弯矩 $M_z = 29.6 \text{ kN·m}$。试计算：(1)工字钢腹板所承受的剪力占截面上总剪力 F_S 的百分比。(2)翼缘所承受的弯矩占总弯矩 M_z 的百分比。

解：(1) 求腹板承受剪力 F_{S1}：查型钢表得到 18 号工字钢截面参数

$$I_z = 1\,660 \text{ cm}^4,$$

$$\frac{I_z}{S_{z\max}} = 15.4 \text{ cm}$$

为了求腹板的剪力，需要先求出腹板的切应力。已经知道腹板的切应力按抛物线分布，腹板的最大切应力发生在中性轴处

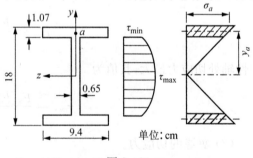

图 8-14

$$\tau_{\max} = \frac{F_S S_{z\max}}{I_z d} = \frac{24 \times 10^3 \text{ N}}{15.4 \times 10^{-2} \text{ m} \times 0.65 \times 10^{-2} \text{ m}} = 24.0 \text{ MPa}$$

腹板的最小切应力在与翼缘交界处，该处的 S_z^* 为翼缘对 z 轴的面积矩

$$S_z^* = (9.4 \times 1.07) \text{cm}^2 \times \frac{18 - 1.07}{2} \text{ cm} = 85.1 \text{ cm}^3$$

$$\tau_{\min} = \frac{F_S S_z^*}{I_z d} = \frac{24 \times 10^3 \text{ N} \times 85.1 \times 10^{-6} \text{ m}^3}{1\,660 \times 10^{-8} \text{ m}^4 \times 0.65 \times 10^{-2} \text{ m}} = 18.9 \text{ MPa}$$

腹板所承受的剪力等于腹板切应力分布图的面积与腹板厚度的乘积：

$$F_{S1} = \left[\tau_{\min} h_1 + \frac{2}{3}(\tau_{\max} - \tau_{\min}) h_1 \right] d = \left[18.9 \times 10^6 \text{ Pa} + \frac{2}{3}(24 - 18.9) \times 10^6 \text{ Pa} \right] \times$$

$$(18 - 2 \times 1.07) \times 10^{-2} \text{ m} \times 0.65 \times 10^{-2} \text{ m} = 23.0 \text{ kN}$$

所以腹板承受的剪力占总剪力的百分比是

$$\frac{F_{S1}}{F_S} = \frac{23.0 \text{ kN}}{24.0 \text{ kN}} = 95.8\%$$

（2）求翼缘承受的弯矩 M_{z1}：

翼缘上正应力分布如图 8-14 所示。图上 σ_a 表示翼缘的平均正应力，y_a 表示翼缘中心与工字形截面形心之距：

$$y_a = \frac{18 - 1.07}{2} \times 10^{-2} \text{ m} = 8.465 \times 10^{-2} \text{ m}$$

$$\sigma_a = \frac{M_z y_a}{I_z} = \frac{29.6 \times 10^3 \text{ N} \cdot \text{m} \times 8.465 \times 10^{-2} \text{ m}}{1\,660 \times 10^{-8} \text{ m}^4} = 150.9 \text{ MPa}$$

设 A_1 为一个翼缘的截面积，那么

$$\begin{aligned} M_{z1} &= 2\sigma_a A_1 y_a \\ &= 2 \times 150.9 \times 10^6 \text{ Pa} \times 9.4 \times 1.07 \times 10^{-4} \text{ m}^2 \times 8.465 \times 10^{-2} \text{ m} \\ &= 25.7 \text{ kN} \cdot \text{m} \end{aligned}$$

$$\frac{M_{z1}}{M_z} = \frac{25.7 \text{ kN} \cdot \text{m}}{29.6 \text{ kN} \cdot \text{m}} = 86.8\%$$

可见工字钢截面的腹板承担了大部分剪力，而翼缘承担了大部分弯矩。

*8.4　复合梁的弯曲

为了各种工程应用目的，实践中广泛使用复合梁。由两种或两种以上材料牢固地结合而制成的梁称为复合梁。例如由两种不同金属制成的双金属梁，可以利用金属热膨胀系数的不同制成温控元件。由面板和夹芯制成的夹芯梁可以减轻构件的重量。为了利用混凝土抗压强度高，钢筋抗拉强度高的特点，建筑结构中广泛使用钢筋混凝土梁、柱。这些都是复合梁。

8.4.1　复合梁的应力和变形

如图 8-15 所示矩形截面复合梁由两种材料制成。它们的模量分别为 E_1 和 E_2，梁宽为 b，总高为 h，上层材料的高度为 ah。梁两端受一对力偶矩 M 作用，发生弯曲变形。对复合梁的弯曲变形依然作平面截面假设。设 y 轴和 z 轴分别为截面对称轴和中性轴，现在中性层的

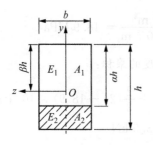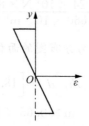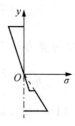

图 8-15

位置不在截面形心处，假设中性层位于距离上表面 βh 处，β 值待定。根据平面截面假设可知，纵向正应变为

$$\varepsilon = -\frac{y}{\rho} \tag{a}$$

式中 ρ 是中性层处梁轴线的曲率半径。梁内材料都处于单向应力状态。当梁的正应力不超过材料的比例极限时，根据胡克定律，上层和下层材料的正应力分别为

$$\sigma_1 = -\frac{E_1}{\rho}y, \quad \sigma_2 = -\frac{E_2}{\rho}y \tag{b}$$

可见两种材料内正应力仍然随 y 坐标线性分布，但两者的变化率不同，所以在两种材料交界处，正应力发生突变（见图 8-15）。由于截面上的轴向力为零，所以

$$\int_{A_1} \sigma_1 \mathrm{d}A_1 + \int_{A_2} \sigma_2 \mathrm{d}A_2 = 0$$

将式（b）代入后可得

$$E_1 \int_{A_1} y \mathrm{d}A_1 + E_2 \int_{A_2} y \mathrm{d}A_2 = 0 \tag{8-19}$$

或者

$$E_1 S_1 + E_2 S_2 = 0$$

式中 S_1 和 S_2 分别是 A_1 和 A_2 对中性轴的面积矩。因为它们是等宽度的矩形截面，所以

$$E_1 \int_{-(\alpha-\beta)h}^{\beta h} y \mathrm{d}y + E_2 \int_{-(1-\beta)h}^{-(\alpha-\beta)h} y \mathrm{d}y = 0$$

根据上式可以求得

$$\beta = \frac{E_2 - (E_2 - E_1)\alpha^2}{2[E_2 - (E_2 - E_1)\alpha]} \tag{8-20}$$

由此可以确定中性层的位置。根据截面上力矩的平衡条件，有

$$-\int_{A_1} \sigma_1 y \mathrm{d}A_1 - \int_{A_2} y \sigma_2 \mathrm{d}A_2 = M \tag{8-21}$$

将应力代入后得到

$$\frac{E_1}{\rho} \int_{A_1} y^2 \mathrm{d}A_1 + \frac{E_2}{\rho} \int_{A_2} y^2 \mathrm{d}A_2 = M$$

所以中性层的曲率为

$$\frac{1}{\rho} = \frac{M}{E_1 I_1 + E_2 I_2} \tag{8-22}$$

其中 I_1 和 I_2 分别为 A_1 和 A_2 对中性轴 Oz 的惯性矩。将上式代入应力的表达式,得到

$$\sigma_1 = -\frac{ME_1}{E_1 I_1 + E_2 I_2}y, \ \sigma_2 = -\frac{ME_2}{E_1 I_1 + E_2 I_2}y \tag{8-23}$$

8.4.2　转换截面法

转换截面法是将多种材料的复合截面,转换成单一材料的等效截面,然后用分析单一材料梁的方法进行求解。

先引进两个参数,设

$$\eta = \frac{E_2}{E_1} \tag{c}$$

$$I = I_1 + \eta I_2 \tag{d}$$

将它们代入式(8-19)和式(8-22)可以得到

$$\int_{A_1} y\mathrm{d}A_1 + \eta \int_{A_2} y\mathrm{d}A_2 = 0 \tag{8-24}$$

$$\frac{1}{\rho} = \frac{M}{E_1 I} \tag{8-25}$$

两种材料的弯曲正应力分别为

$$\sigma_1 = -\frac{M}{I}y \tag{8-26a}$$

$$\sigma_2 = -\eta\frac{M}{I}y \tag{8-26b}$$

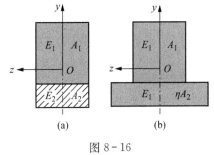

图 8-16

如图 8-16 所示,如果保持材料 1 的截面 1 不变,将材料 2 那部分截面宽度乘以 η,并且将材料 2 换成材料 1[见图 8-16(b)]。比较式(8-19)和式(8-24)可知,如图 8-16(b)所示截面是原截面的等效截面。因为如图 8-16(a)所示实际截面的中性轴与等效截面的形心轴重合,都是 z 轴。等效截面对 z 轴的惯性矩为 I,抗弯刚度为 $E_1 I$。弯曲正应力可以用式(8-26)计算。

例 8-5　梁的上半部分和下半部分由两种弹性模量不同的材料牢固粘合在一起制成[见图 8-17(a)],弹性模量分别为 $E_1 = 80\,\mathrm{GPa}$ 和 $E_2 = 200\,\mathrm{GPa}$,截面宽和高分别是 $b = 10\,\mathrm{mm}$,$h = 10\,\mathrm{mm}$。(1)试确定中性层位置;(2)如果弯矩 $M = 20\,\mathrm{N \cdot m}$,求梁的上下表面的正应力。

解:(1) 直接用公式(8-20)确定中性轴位置:

因为 $\alpha = 0.5$,所以

$$\beta = \frac{E_2 - (E_2 - E_1)\alpha^2}{2[E_2 - (E_2 - E_1)\alpha]} = \frac{200\,\mathrm{GPa} - (200-80)\mathrm{GPa} \times 0.5^2}{2 \times [200 - (200-80) \times 0.5]\,\mathrm{GPa}} = 0.607$$

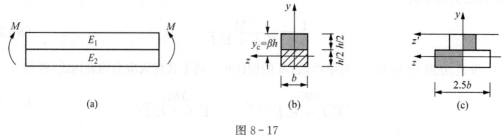

$$(a) \qquad\qquad\qquad (b) \qquad\qquad\qquad (c)$$

图 8-17

形心与上表面之距离

$$y_c = \beta h = 0.607 \times 10 \text{ mm} = 6.07 \text{ mm}$$

（2）用转换截面法确定中性轴位置：

先确定如图 8-17(c)所示等效截面的形心。对 z' 轴取面积矩可以得到

$$y_c = \left[\frac{10 \times 5 \times 2.5 + 2.5 \times 10 \times 5 \times 7.5}{10 \times 5 + 2.5 \times 10 \times 5} \right] \text{mm} = 6.07 \text{ mm}$$

（3）求等效截面对中性轴的惯性矩

$$I = \left[\frac{10 \times 5^3}{12} + 10 \times 5 \times (6.07 - 2.5)^2 + \frac{2.5 \times 10 \times 5^3}{12} + \right.$$
$$\left. 2.5 \times 10 \times 5 \times (10 - 6.07 - 2.5)^2 \right] \text{mm}^4$$
$$= 1\,257.4 \text{ mm}^4$$

上表面的压应力

$$\sigma_{\max}^- = \frac{M}{I} y_c = \frac{20 \text{ N} \cdot \text{m}}{1\,257.4 \times 10^{-12} \text{ m}^4} \times 6.07 \times 10^{-3} \text{ m} = 96.55 \text{ MPa}$$

下表面的拉应力

$$\sigma_{\max}^+ = \eta \frac{M}{I} (h - y_c) = 2.5 \times \frac{20 \text{ N} \cdot \text{m}}{1\,257.4 \times 10^{-12} \text{ m}^4} \times 3.93 \times 10^{-3} \text{ m} = 156.27 \text{ MPa}$$

8.5 梁弯曲的强度条件

8.5.1 梁弯曲的强度条件

梁弯曲时最大正应力发生在离截面中性轴最远处，该处的切应力为零，因而该点处于单向拉伸（或压缩）状态。弯曲正应力的强度条件为[见式(8-9)]

$$\sigma_{\max} = \frac{M_z}{W_z} \leqslant [\sigma] \qquad\qquad (8-27)$$

应用上式时应注意，脆性材料的拉伸许用应力$[\sigma^+]$和压缩许用应力$[\sigma^-]$一般不相等，这时拉伸和压缩应力要分别进行校核。

弯曲切应力由式(8−13)确定。最大切应力发生在中性轴处,而该处的正应力为零,该点处于纯剪切应力状态,强度条件为

$$\tau_{max} = \frac{F_S S_{z,max}^*}{b I_z} \leqslant [\tau] \qquad (8-28)$$

对于一般的细长梁,最大切应力远小于最大正应力,因此只需校核弯曲正应力强度条件即可。对于薄壁截面的短梁、集中力作用在支座附近的薄壁梁等,由于力臂小,所以弯矩较小,剪力有较大的影响。除了校核最大弯矩处的正应力强度条件外,还要注意其他潜在危险点的强度条件。例如工字梁的腹板与翼缘交界处,弯曲正应力与弯曲切应力都相当大,需要校核该处拉(压)剪组合应力状态下的强度条件。

例 8−6　如图 8−18(a)所示外伸梁用铸铁制成,其横截面为槽形,承受均布载荷 $q = 10\,kN/m$ 和集中力 $F = 20\,kN$ 的作用。已知截面惯性矩 $I_z = 4.0 \times 10^7\,mm^4$,从截面形心到下表面和上表面之距分别为 $y_1 = 140\,mm$,$y_2 = 60\,mm$[见图 8−18(b)]。材料的许用拉应力 $[\sigma^+] = 35\,MPa$,许用压应力 $[\sigma^-] = 140\,MPa$,试校核此梁的强度。

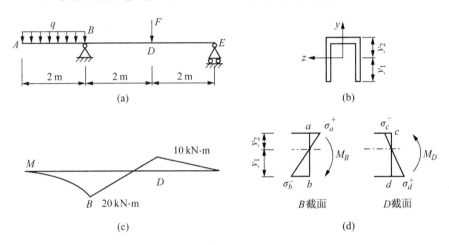

图 8−18

解:(1)梁的内力分析,确定危险截面。

先作出梁的弯矩图[见图 8−18(c)],在截面 D 处有最大正弯矩 $M_D = 10\,kN \cdot m$,在截面 B 处有最大负弯矩 $M_B = -20\,kN \cdot m$。截面 D 和 B 都可能是危险截面。

(2)确定危险点。

如图 8−18(d)所示,截面 B 的底面 b 点和截面 D 的顶面 c 点受压。由于 $|M_B \cdot y_1| > |M_D \cdot y_2|$,所以梁内最大弯曲压应力在 b 点,其压应力为

$$\sigma_b = \frac{M_B y_1}{I_z} = \frac{20 \times 10^3\,N \cdot m \times 140 \times 10^{-3}\,m}{4.0 \times 10^{-5}\,m^4} = 70\,MPa(压应力)$$

截面 B 的顶面 a 点和截面 D 的底面 d 点受拉,分别计算两点拉应力

$$\sigma_a = \frac{M_B y_2}{I_z} = \frac{20 \times 10^3\,N \cdot m \times 60 \times 10^{-3}\,m}{4.0 \times 10^{-5}\,m^4} = 30\,MPa(拉应力)$$

$$\sigma_d = \frac{M_D y_1}{I_z} = \frac{10 \times 10^3\,N \cdot m \times 140 \times 10^{-3}\,m}{4.0 \times 10^{-5}\,m^4} = 35\,MPa(拉应力)$$

可见

$$\sigma_{max}^{-} = \sigma_b = 70 \, \text{MPa} < [\sigma^{-}]$$

$$\sigma_{max}^{+} = \sigma_d = 35 \, \text{MPa} = [\sigma^{+}]$$

所以梁是安全的。

例 8-7 如图 8-19 所示工字形截面简支梁,已知集中力 $F = 30 \, \text{kN}$,均布力 $q = 5 \, \text{kN/m}$,钢材的许用应力 $[\sigma] = 160 \, \text{MPa}$。试选择工字钢的型号,并且对梁做全面的强度校核。

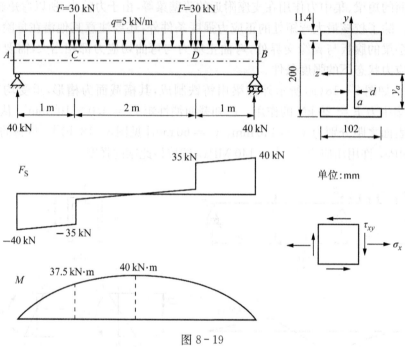

图 8-19

解:(1) 求出支座反力,作出剪力图和弯矩图(见图 8-19)。

(2) 按弯曲正应力强度条件选工字钢型号。

最大弯矩在梁的中间截面,$M_{z,max} = 40 \, \text{kN} \cdot \text{m}$,根据正应力强度条件式(8-27)要求抗弯截面系数

$$W_z \geqslant \frac{M_z}{[\sigma]} = \frac{40 \times 10^3 \, \text{N} \cdot \text{m}}{160 \times 10^6 \, \text{Pa}} = 0.25 \times 10^{-3} \, \text{m}^3 = 250 \, \text{cm}^3$$

从型钢表查到 20b 工字钢可以满足要求,其 $W_z = 250 \, \text{cm}^3$,$I_z = 2\,500 \, \text{cm}^4$,$I_z/S_{z,max} = 16.9 \, \text{cm}$,$d = 0.9 \, \text{cm}$。20b 工字钢的截面尺寸如图 8-19 所示。

(3) 切应力强度校核。

因为最大剪力发生在支座 A 和支座 B 处,$F_{S,max} = 40 \, \text{kN}$,最大切应力在截面的中性轴上,为

$$\tau_{max} = \frac{F_{S,max} S_{z,max}^{*}}{I_z d} = \frac{40 \times 10^3 \, \text{N}}{16.9 \times 0.9 \times 10^{-4} \, \text{m}^2} = 26.3 \, \text{MPa}$$

这里处于纯剪切应力状态,由于题目只给出许用正应力,可以用第三强度理论校核

$$\sigma_{r3} = \sigma_1 - \sigma_3 = 2\tau_{max} = 52.6 \, \text{MPa} < [\sigma]$$

可见切应力也满足强度要求。

（4）可能危险点的强度校核。

在 C 点的左侧，剪力和弯矩都相当大，$F_{s,C} = 35 \text{ kN}$，$M_{z,C} = 37.5 \text{ kN} \cdot \text{m}$。如图 8-19 所示，在腹板和翼缘交界处的 a 点，弯曲正应力和切应力都相当大，处于拉剪应力状态。

$$\sigma_a = \frac{M_{z,C} y_a}{I_z} = \frac{37.5 \times 10^3 \text{ N} \cdot \text{m} \times (100 - 11.4) \times 10^{-3} \text{ m}}{2\,500 \times 10^{-8} \text{ m}^4} = 132.9 \text{ MPa}$$

$$\tau_a = \frac{F_{s,C} S_z^*}{I_z d} = \frac{35 \times 10^3 \text{ N} \times (102 \times 11.4 \times 94.3) \times 10^{-9} \text{ m}^3}{2\,500 \times 10^{-8} \text{ m}^4 \times 9 \times 10^{-3} \text{ m}} = 17.1 \text{ MPa}$$

根据第三强度理论，拉剪应力状态的相当应力[式(6-12)]

$$\sigma_{r3} = \sqrt{\sigma_a^2 + 4\tau_a^2} = \sqrt{132.9^2 + 4 \times 17.1^2} \text{ MPa} = 137.2 \text{ MPa} \leqslant [\sigma]$$

梁的弯曲满足强度要求。

例 8-8 如图 8-20 所示 20a 号工字形截面悬臂短梁，已知载荷 $F = 60 \text{ kN}$，截面高 $h = 200 \text{ mm}$，翼缘宽 $b = 100 \text{ mm}$，厚度 $t = 11.4 \text{ mm}$，腹板厚度 $d = 7 \text{ mm}$，截面的惯性矩 $I_z = 2\,370 \text{ cm}^4$，抗弯截面系数 $W_z = 237 \text{ cm}^3$，$I_z / S_{z,max}^* = 17.2 \text{ cm}$，材料的许用应力 $[\sigma] = 160 \text{ MPa}$。试用第三强度理论做强度校核。

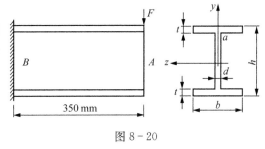

图 8-20

解：截面 B 的剪力 $F_s = F = 60 \text{ kN}$，弯矩 $M_z = 60 \text{ kN} \times 0.35 \text{ m} = 21.0 \text{ kN} \cdot \text{m}$。

（1）截面的上下边缘处于单向拉(压)应力状态，最大弯曲正应力

$$\sigma_{max} = \frac{M_z}{W_z} = \frac{21.0 \times 10^3 \text{ N} \cdot \text{m}}{237 \times 10^{-6} \text{ m}^3} = 88.61 \text{ MPa} < [\sigma]$$

（2）在中性面处，处于纯剪切应力状态，其最大弯曲切应力

$$\tau_{max} = \frac{F_s S_{z,max}^*}{d I_z} = \frac{60 \times 10^3 \text{ N}}{0.007 \times 0.172 \text{ m}^2} = 49.83 \text{ MPa}$$

第三强度理论的相当应力

$$\sigma_{r3} = 2\tau_{max} = 2 \times 49.83 \text{ MPa} = 99.67 \text{ MPa} < [\sigma]$$

（3）在固支端腹板与翼缘交界处的 a 点

$$\sigma_a = \frac{M_z}{I_z}\left(\frac{h}{2} - t\right) = \frac{21 \times 10^3 \text{ N} \cdot \text{m}}{2\,370 \times 10^{-8} \text{ m}^4}\left(\frac{0.2 \text{ m}}{2} - 0.011\,4 \text{ m}\right) = 78.51 \text{ MPa}$$

$$\tau_a = \frac{F_s S_z^*}{d I_z} = \frac{F_s \, bt(h-t)}{2 d I_z}$$

$$= \frac{60 \times 10^3 \text{ N} \times 0.1 \text{ m} \times 0.011\,4 \text{ m} \times 0.2 \text{ m} - 0.011\,4 \text{ m}}{2(0.007 \text{ m}) \times 2\,370 \times 10^{-8} \text{ m}^4}$$

$$= 38.88 \text{ MPa}$$

$$\sigma_{r3} = \sqrt{\sigma_a^2 + 4\tau_a^2} = \sqrt{78.51^2 + 4 \times 38.88^2} \text{ MPa} = 110.50 \text{ MPa} < [\sigma]$$

综观以上结果可知应力校核能满足强度要求。应该注意,短梁与细长梁相比,在剪力相同的情况下,短梁的弯矩要小得多。在薄腹短梁的情况下,与弯曲正应力相比,弯曲切应力可能相当大。这个例题的计算结果表明,中性面最大切应力处和腹板翼缘交界处的相当应力都比上下表面的最大正应力大,应该对潜在的危险点做全面的校核。另一方面也应注意,用材料力学方法分析这类问题的误差比较大。

*8.5.2　塑性极限弯矩

前面的强度条件将弯曲限于弹性变形范围以内。这一段我们分析一下材料超出弹性极限后弯矩与曲率的关系。梁的上下表面应力达到屈服极限时,梁的屈服弯矩为

$$M_s = W_z \cdot \sigma_s$$

考虑矩形截面梁,那么有

$$M_s = \frac{bh^2}{6} \cdot \sigma_s \tag{8-29}$$

假定平面截面假设仍然成立,那么正应变仍沿截面高度线性变化:

$$\varepsilon = -\left(\frac{1}{\rho}\right) \cdot y \tag{a}$$

用 ε_s 表示起始屈服时的应变,那么梁的上下边缘开始屈服时梁的曲率

$$\left(\frac{1}{\rho}\right)_s = \frac{\varepsilon_s}{h/2} \tag{b}$$

对于塑性材料梁来说,如果允许材料有塑性变形,那么梁承受的弯矩还可进一步加大。随着弯矩的增加,截面上的塑性区域由上下边缘逐渐向里扩展,直至整个截面都屈服。这时的弯矩称为极限弯矩 M_u。对材料的塑性我们采用理想弹塑性假设,且压缩曲线与拉伸曲线相同(见图 8-21)。当塑性区域向内部延伸时,用 y_s 表示弹性区的高度。所以中性层以上部分的应力为

$$\sigma = -\frac{y}{y_s}\sigma_s \quad 0 < y < y_s$$

$$\sigma = -\sigma_s \quad y_s < y < h/2$$

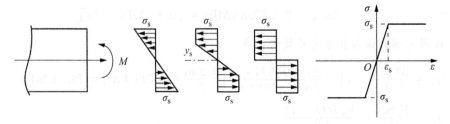

图 8-21

中性层以下部分应力按相同的形式变化,但符号相反。弯矩可以表示为

$$M = -2b\int_0^{h/2} \sigma y\,\mathrm{d}y = 2b\sigma_s\left(\int_0^{y_s} \frac{y^2}{y_s}\mathrm{d}y + \int_{y_s}^{h/2} y\,\mathrm{d}y\right) = \frac{bh^2}{4}\sigma_s\left[1 - \frac{1}{3}\left(\frac{2y_s}{h}\right)^2\right] \tag{c}$$

因为 y_s 处的应变正好等于 $-\varepsilon_s$，从式(a)可知此时的曲率

$$\frac{1}{\rho} = \frac{\varepsilon_s}{y_s} \tag{d}$$

根据式(b)可知

$$\frac{2y_s}{h} = \frac{(1/\rho)_s}{1/\rho} \tag{e}$$

将上式代入式(c)，得到

$$M = \frac{bh^2}{4}\sigma_s\left[1 - \frac{1}{3}\left[\frac{(1/\rho)_s}{1/\rho}\right]^2\right] \tag{8-30}$$

上式表示梁的上下表面开始屈服后，力矩 M 与曲率 $1/\rho$ 的非线性关系。随着曲率的增加，弯矩趋于渐近值

$$M_u = \frac{bh^2}{4}\sigma_s \tag{8-31}$$

这就是矩形截面梁的塑性极限弯矩。它是屈服弯矩的 1.5 倍。

　　如图 8-22 所示的简支梁，当最大弯矩截面 C 达到极限弯矩时，整个截面都屈服了，其邻近部分的截面也局部屈服。这时，截面 C 虽然可以承受极限弯矩 M_u，但是其曲率可以无限增大，已如同铰链那样失去抵抗弯曲变形的能力。这种由于极限塑性变形形成的"铰链"称为塑性铰（plastic hinge）。

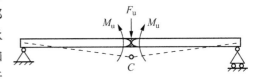

图 8-22

8.6　组合变形时的强度计算

8.6.1　弯扭组合变形

　　工程中常见的圆轴，例如机床的主轴、齿轮传动轴、电机的轴等，在承受扭矩的同时，还承受弯矩的作用。其他构件和零件也经常在弯矩和扭矩共同作用下工作。

　　如图 8-23(a)所示的钢制摇臂轴在手柄的端点 C 有垂直力 F 作用。我们不考虑 BC 杆的强度，只考虑圆轴 AB 的弯扭组合强度问题。由图 8-23 可知危险截面为固定端的截面 A，那里的弯矩 $M_z = Fl$，扭矩 $M_x = Fl_1$。截面上的扭转切应力和弯曲正应力的分布如图 8-23(b)所示。截面上的危险点为上表面的 a 点或下表面的 a' 点。对于圆轴来说，弯曲切应力的值较小，而且弯曲切应力的最大值在中性面上，因此不必考虑。点 a 处于拉剪组合应力状态，点 a' 处于压剪组合应力状态，正应力和切应力（绝对值）分别为

$$\sigma_a = \frac{M_z}{W_z}, \quad \tau_a = \frac{M_x}{W_p}$$

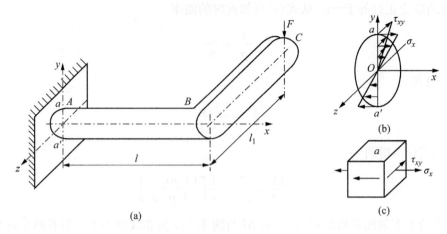

图 8 - 23

由式(6-12)可知,拉剪应力状态用第三强度理论的强度条件为

$$\sigma_{r3} = \sqrt{\sigma_a^2 + 4\tau_a^2} \leqslant [\sigma]$$

如果用第四强度理论,强度条件为

$$\sigma_{r4} = \sqrt{\sigma_a^2 + 3\tau_a^2} \leqslant [\sigma]$$

考虑到圆轴的抗扭截面系数是抗弯截面系数的两倍:$W_p = 2W_z$,所以第三强度理论的强度条件可以表示为

$$\sigma_{r3} = \sqrt{\left(\frac{M_z}{W_z}\right)^2 + 4\left(\frac{M_x}{W_p}\right)^2} = \frac{\sqrt{M_z^2 + M_x^2}}{W_z} \leqslant [\sigma] \qquad (8-32)$$

第四强度理论的强度条件可以表示为

$$\sigma_{r4} = \frac{\sqrt{M_z^2 + 0.75M_x^2}}{W_z} \leqslant [\sigma] \qquad (8-33)$$

这就是圆轴弯扭组合变形时,第三和第四强度理论的强度条件表达式。

例 8 - 9 如图 8-24(a)所示钢制圆轴支承在滚珠轴承上,可以看作简支。有两个传动轮,C 轮上作用着垂直方向的切向力 $F_1 = 5$ kN,D 轮上作用着水平切向力 $F_2 = 10$ kN。C 轮的直径 $d_C = 30$ cm,D 轮的直径 $d_D = 15$ cm。试分析轴的弯矩和扭矩。如果钢的许用应力 $[\sigma] = 160$ MPa,试用第三强度理论设计轴的直径。

解:如图 8-24(b)所示,先将 F_1 和 F_2 的作用等效到轴线 AB 上,成为作用于 C 点的垂直力 F_1,力矩 $T = F_1 d_C/2 = 0.75$ kN·m,以及作用于 D 点的水平力 F_2,力矩 $T = F_2 d_D/2 = 0.75$ kN·m。传动轴在 CD 段受扭矩作用,其值为 $T = 0.75$ kN·m[见图 8-24(c)]。

垂直力 F_1 形成 x-y 平面内的弯矩 M_z,弯矩分布如图 8-24(d)所示。M_z 的最大值在 C 点,$M_{zC} = 0.5625$ kN·m,D 点的弯矩 $M_{zD} = 0.1875$ kN·m。

水平力 F_2 形成 x-z 平面内的弯矩 M_y,弯矩分布如图 8-24(e)所示。M_y 的最大值在 D

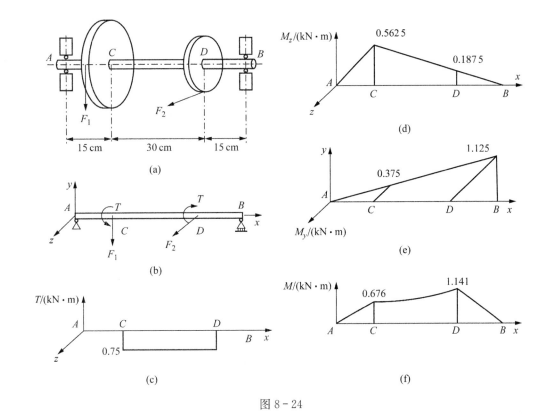

图 8 - 24

点，$M_{yD} = 1.125$ kN·m，C 点的弯矩 $M_{yC} = 0.375$ kN·m。

截面上互相垂直的弯矩 M_z 和 M_y 可以按矢量相加，得到合弯矩 M，其值为

$$M = \sqrt{M_z^2 + M_y^2}$$

C，D 两点的合弯矩分别为

$$M_C = \sqrt{M_{zC}^2 + M_{yC}^2} = 0.676 \text{ kN·m}$$

$$M_D = \sqrt{M_{zD}^2 + M_{yD}^2} = 1.141 \text{ kN·m}$$

合弯矩 M 的分布如图 8 - 24(f)所示。D 点处的弯矩最大。可以证明，在 C 与 D 之间的合弯矩值沿轴向分布为一凹曲线。在 C 点和 D 点之间的值不会超过 M_D。截面 D 同时有扭矩 $M_{xD} = 0.75$ kN·m，所以截面 D 是危险截面。危险点在轴的外表面，那里处于拉剪应力状态。根据第三强度理论，可以直接用公式(8-32)确定轴的直径。

$$W_z \geqslant \frac{\sqrt{M_D^2 + M_{xD}^2}}{[\sigma]} = \frac{\sqrt{1.140\,5^2 + 0.75^2} \times 10^3 \text{ N·m}}{160 \times 10^6 \text{ Pa}} = 8.531 \times 10^{-6} \text{ m}^3$$

$$d = \left(\frac{32 W_z}{\pi}\right)^{1/3} = \left(\frac{32 \times 8.531 \times 10^{-6} \text{ m}^3}{\pi}\right)^{1/3} = 0.044\,29 \text{ m} = 44.29 \text{ mm}$$

可以选轴的直径 $d = 45$ mm。

例 8 - 10 曲拐的尺寸如图 8 - 25 所示。如果作用力 $F = 50$ kN，材料的许用应力 $[\sigma] = 90$ MPa，$m-m$ 截面位于圆轴的根部，$n-n$ 截面在圆轴的下方。试按第三强度理论对 $m-m$ 截面和 $n-n$ 截面上的危险点进行强度校核。

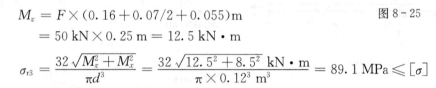

图 8 - 25

单位:mm

解：(1) $m-m$ 截面上 a 点的强度校核。

$m-m$ 截面处于弯扭组合受力状态，其扭矩

$$M_x = F \times 0.17 \text{ m} = 50 \text{ kN} \times 0.17 \text{ m} = 8.5 \text{ kN} \cdot \text{m}$$

$m-m$ 截面的弯矩

$$M_z = F \times (0.16 + 0.07/2 + 0.055)\text{m}$$
$$= 50 \text{ kN} \times 0.25 \text{ m} = 12.5 \text{ kN} \cdot \text{m}$$

$$\sigma_{r3} = \frac{32\sqrt{M_z^2 + M_x^2}}{\pi d^3} = \frac{32\sqrt{12.5^2 + 8.5^2} \text{ kN} \cdot \text{m}}{\pi \times 0.12^3 \text{ m}^3} = 89.1 \text{ MPa} \leqslant [\sigma]$$

(2) $n-n$ 截面长边中点 c 的强度校核。

$n-n$ 截面有剪力 $F_S = F = 50$ kN，以及扭矩

$$M_x = F \times (0.055 + 0.035)\text{m} = 50 \text{ kN} \times 0.09 \text{ m} = 4.5 \text{ kN} \cdot \text{m}$$

弯矩

$$M_z = F \times 0.11 \text{ m} = 50 \text{ kN} \times 0.11 \text{ m} = 5.5 \text{ kN} \cdot \text{m}$$

c 点的弯曲切应力[式(8 - 15)]

$$\tau = 1.5 \frac{F_S}{A} = 1.5 \times \frac{50 \times 10^3 \text{ N}}{0.15 \times 0.07 \text{ m}^2} = 7.14 \text{ MPa}$$

$n-n$ 截面的高宽比 $h/b = 150/70 = 2.14$，查表 7 - 1 知截面系数 $\alpha = 0.249$，$\xi = 0.79$，所以扭转切应力

$$\tau'_{\max} = \frac{M_x}{\alpha b^2 h} = \frac{4.5 \times 10^3 \text{ N} \cdot \text{m}}{0.249 \times 0.07^2 \times 0.15 \text{ m}^3} = 24.58 \text{ MPa}$$

c 点的切应力

$$\tau_{\max} = \tau'_{\max} + \tau = (24.58 + 7.14)\text{MPa} = 31.72 \text{ MPa}$$

根据第三强度理论

$$\sigma_{r3} = 2\tau_{\max} = 2 \times 31.72 \text{ MPa} = 63.44 \text{ MPa} < [\sigma]$$

(3) $n-n$ 截面的短边中点 b。

短边中点处于拉剪应力状态，其扭转切应力

$$\tau_1 = \xi\tau'_{\max} = 0.79 \times 24.58 \text{ MPa} = 19.42 \text{ MPa}$$

弯曲正应力

$$\sigma = \frac{M_z}{W_z} = \frac{6 \times 5.5 \times 10^3 \text{ N} \cdot \text{m}}{0.07 \times 0.15^2 \text{ m}^3} = 20.95 \text{ MPa}$$

$$\sigma_{r3} = \sqrt{\sigma^2 + 4\tau_1^2} = \sqrt{20.95^2 + 4 \times 19.42^2} \text{ MPa} = 44.13 \text{ MPa} \leqslant [\sigma]$$

所以该设计能满足强度条件。应该注意,用材料力学方法分析这种不是细长杆件问题的误差较大,更精细的分析可以用有限元等数值方法进行。

如果弯扭组合变形的圆轴同时还承受轴向力 F_N,那么轴向力产生的正应力与弯曲正应力可以叠加,轴表面最大正应力和最大切应力为

$$\sigma_{\max} = \frac{M_z}{W_z} + \frac{F_N}{A}, \quad \tau_{\max} = \frac{M_x}{W_p} \tag{8-34}$$

危险点仍然是拉剪应力状态,可以用公式(6-13)做强度校核。

8.6.2　偏心拉伸(压缩)

当轴向力作用点不通过截面形心时,轴向力对形心的力矩成为杆件的弯矩,它对杆件的作用是拉(压)与弯曲的组合,称为偏心拉伸(压缩)(eccentric tension(compression))。

如图 8-26(a)所示,下部固定的矩形截面杆,压力 F 离坐标轴 y 和 z 的距离为 e_z 和 e_y,称为偏心矩。将力 F 移至形心,得到等效力系为轴力 F 和弯矩 M_z,M_y。截面内力为

$$F_N = -F, \quad M_z = Fe_y, \quad M_y = -Fe_z$$

轴力和弯矩产生的正应力叠加后,在截面上任何一点 (y, z) 的正应力为

$$\sigma = -\frac{F_N}{A} - \frac{M_z y}{I_z} + \frac{M_y z}{I_y} = -\frac{F}{A} - \frac{Fe_y y}{I_z} - \frac{Fe_z z}{I_y} \tag{8-35}$$

先考虑 $e_z = 0$ 的情况,此时

$$\sigma = -\frac{F}{A} - \frac{Fe_y y}{I_z} = -\frac{F}{bh}\left(1 + \frac{12e_y y}{h^2}\right) \tag{8-36}$$

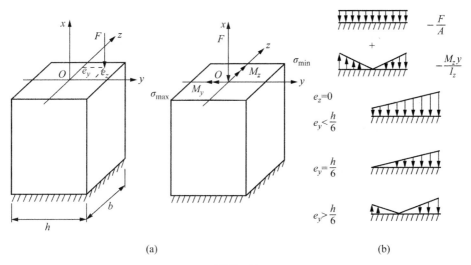

(a) (b)

图 8-26

上下边缘 $y = \pm h/2$ 处的正应力为

$$\sigma(h/2) = -\frac{F}{bh} - \frac{6Fe_y}{bh^2} = -\frac{F}{bh}\left(1 + \frac{6e_y}{h}\right)$$

$$\sigma(-h/2) = -\frac{F}{bh} + \frac{6Fe_y}{bh^2} = -\frac{F}{bh}\left(1 - \frac{6e_y}{h}\right)$$

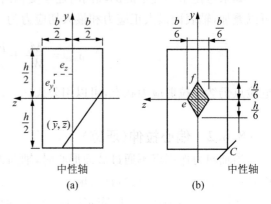

图 8 - 27

由上式可见,当偏心矩 $|e_y| < h/6$ 时,整个截面上都为压应力,当偏心矩 $|e_y| > h/6$ 时,截面上部分区域受拉,部分区域受压[见图 8 - 26(b)]。中性轴平行于 z 轴,位于 $y_0 = -h^2/(12e_y)$ 处。

一般情况下,在式(8 - 35)中令 $\sigma = 0$,可以得到中性轴的方程:

$$\frac{1}{A} + \frac{e_y\bar{y}}{I_z} + \frac{e_z\bar{z}}{I_y} = 0 \qquad (8 - 37)$$

上式表示的直线上的各点 $(\bar{y}, \bar{z})$ 处正应力都为零[见图 8 - 27(a)]。显然,偏心距越小,中性轴离形心越远。如果中性轴离开截面,整个截面上就只有压应力,没有拉应力。为了使截面上只有压应力,必须使偏心压力 F 的作用点位置 (e_y, e_z) 限制在一定区域内,这一区域称为截面核心。当偏心压力位于第一象限时,角点 C 的正应力为

$$\sigma_C = -\frac{F}{A} + \frac{Fe_y h}{2I_z} + \frac{Fe_z b}{2I_y} = -\frac{F}{bh} + \frac{6Fe_y}{bh^2} + \frac{6Fe_z}{hb^2}$$

当 C 点正应力为零时,横截面上各点都为压应力。此时的偏心压力 F 必然位于截面核心之边缘。由上式得到方程

$$\frac{6e_y}{h} + \frac{6e_z}{b} = 1$$

这就是截面核心之边界线的方程,即图 8 - 27(b)上的直线 ef。类似地可以确定另三条边界线。所以,矩形截面的核心为如图 8 - 27(b)所示阴影部分的菱形区域。

例 8 - 11 厂房柱子顶端沿轴线方向有载荷 $F_1 = 300$ kN 的作用,牛腿上有载荷 $F_2 = 100$ kN 的作用,其作用点离柱的轴线之距为 $c = 0.5$ m(见图 8 - 28)。地基的许用压应力 $[\sigma^-] = 250 \text{kN/m}^2$。在地基上不容许出现拉应力。试确定正方形地基的边长 a。

解:(1)确定作用在地基上的内力:

轴力(压力) $F_N = F_1 + F_2 = 400$ kN

弯矩 $M_z = F_2 c = 50$ kN·m

(2)按地基强度条件确定基础底部边长 a。

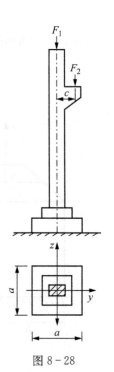

图 8 - 28

$$\sigma_{max}^{-} = \frac{F_N}{A} + \frac{M_z}{W_z} = \frac{400 \times 10^3 \text{ N}}{a^2 \text{ m}^2} + \frac{6 \times 50 \times 10^3 \text{ N} \cdot \text{m}}{a^3 \text{ m}^3} \leqslant [\sigma^-] = 250 \times 10^3 \text{ Pa}$$

由上式得到关于 a 的三次方程

$$a^3 - 1.6a = 1.2$$

可以解出 $a = 1.542 \text{ m}$。取基础的边长为 $a = 1.6 \text{ m}$。

（3）检验地基是否会出现拉应力。

基础底部的内力 F_N 和 M_z 等效于偏心载荷 F_N 的作用，其偏心矩

$$e = \frac{M_z}{F_N} = \frac{50 \text{ kN} \cdot \text{m}}{400 \text{ kN}} = 0.125 \text{ m}$$

因为 $e = 0.125 \text{ m} < a/6 = 0.267 \text{ m}$，所以地基不会出现拉应力。

8.7 非对称弯曲

前面分析了梁的对称弯曲(或称平面弯曲)问题。这些问题中的梁截面有一个对称面，梁上的侧向载荷都作用在这个对称面内，变形后梁的挠度曲线也在此平面内。实际中有可能遇到更一般的情况：(1)梁的截面不具有任何对称面；(2)梁截面有一个对称面，但外力和挠度不在对称面内。这些问题属于非对称弯曲的范畴。

先讨论非对称的纯弯曲。如图 8-29 所示，一个任意截面的等直杆，通过形心在截面上建立 y-z 坐标，x 轴与梁的轴线方向一致。首先考虑 x-y 平面的弯曲，z 轴作为中性轴。与前面讨论对称梁的平面弯曲相同，纵坐标 y 处的正应力为

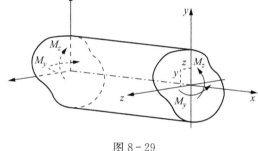

图 8-29

$$\sigma_{x1} = \frac{-Ey}{\rho_y} \qquad (8-38)$$

式中 $1/\rho_y$ 是变形后的轴线在 x-y 平面内的曲率。类似地，在 x-z 平面的弯曲，确定了在横坐标 z 处的正应力

$$\sigma_{x2} = \frac{-Ez}{\rho_z} \qquad (8-39)$$

式中 $1/\rho_z$ 是变形后轴线在 x-z 平面内的曲率。以上公式意味着在 x-z 平面的凹曲线具有正的曲率。将两部分应力叠加得到

$$\sigma_x = \sigma_{x1} + \sigma_{x2} = -E\left(\frac{y}{\rho_y} + \frac{z}{\rho_z}\right) \qquad (8-40)$$

根据轴向力平衡和弯矩平衡条件得到

$$\int_A \sigma_x dA = 0 \tag{a}$$

$$-\int_A \sigma_x y dA = M_z \tag{b}$$

$$\int_A \sigma_x z dA = M_y \tag{c}$$

根据弯矩矢量正方向与坐标轴一致的条件确定了方程(b)前面有一负号,方程(c)前面没有负号。方程(a)确定了 y 和 z 轴应通过形心。从方程(b)和(c)得到

$$M_z = -\int_A \sigma_x y dA = E\left(\frac{1}{\rho_y}\int_A y^2 dA + \frac{1}{\rho_z}\int_A yz dA\right) = E\left(\frac{I_z}{\rho_y} + \frac{I_{yz}}{\rho_z}\right) \tag{d}$$

$$M_y = \int_A \sigma_x z dA = -E\left(\frac{1}{\rho_y}\int_A yz dA + \frac{1}{\rho_z}\int_A z^2 dA\right) = -E\left(\frac{I_{yz}}{\rho_y} + \frac{I_y}{\rho_z}\right) \tag{e}$$

从式(d)和式(e)可以解出两个方向的曲率

$$\frac{1}{\rho_y} = \frac{M_z I_y + M_y I_{yz}}{E(I_y I_z - I_{yz}^2)} \tag{8-41}$$

$$\frac{1}{\rho_z} = -\frac{M_y I_z + M_z I_{yz}}{E(I_y I_z - I_{yz}^2)} \tag{8-42}$$

代入式(8-36)得到弯曲正应力为

$$\sigma_x = -E\left(\frac{y}{\rho_y} + \frac{z}{\rho_z}\right) = \frac{-y(M_z I_y + M_y I_{yz}) + z(M_y I_z + M_z I_{yz})}{I_y I_z - I_{yz}^2} \tag{8-43}$$

这个方程称为广义弯曲公式。它给出了一般截面等直梁的弯曲正应力。上述问题在一些特殊情况下可以得到简化。

(1) 如果只有 M_z 的作用,即 $M_y = 0$,此时两个曲率的表达式成为

$$\frac{1}{\rho_y} = \frac{M_z I_y}{E(I_y I_z - I_{yz}^2)} \tag{8-44}$$

$$\frac{1}{\rho_z} = -\frac{M_z I_{yz}}{E(I_y I_z - I_{yz}^2)} \tag{8-45}$$

弯曲正应力为

$$\sigma_x = \frac{-y M_z I_y + z M_z I_{yz}}{I_y I_z - I_{yz}^2} \tag{8-46}$$

应该注意,虽然只有 M_z 的作用,但两个方向的曲率都存在。由于 y-z 不是主惯性轴,惯性积 I_{yz} 不等于零,所以有耦合作用。弯曲变形的挠度曲线与弯曲力偶矩不在同一平面内。

(2) 如果进一步假设 y-z 是一对形心主惯性轴,$I_{yz} = 0$,那么得到

$$\frac{1}{\rho_y} = \frac{M_z}{EI_z}, \quad \frac{1}{\rho_z} = 0, \quad \sigma_x = \frac{-M_z y}{I_z}$$

这就还原到前面的平面弯曲的情形。弯曲变形的挠度曲线与弯曲力偶矩在同一平面内。由此可见,纯弯曲时,一般截面(没有对称轴)的梁,只要弯矩作用在形心主惯性轴所在平面内,就能

产生平面弯曲。

（3）如果两个弯矩 M_y 和 M_z 都存在，而 y-z 是一对形心主惯性轴，可以得到

$$\frac{1}{\rho_y} = \frac{M_z}{EI_z} \qquad (8-47)$$

$$\frac{1}{\rho_z} = -\frac{M_y}{EI_y} \qquad (8-48)$$

弯曲正应力

$$\sigma_x = \frac{M_y z}{I_y} - \frac{M_z y}{I_z} \qquad (8-49)$$

这种情况称为斜弯曲（skew bending）。令上式的正应力等于零，得到中性轴的方程为

$$\frac{M_y \bar{z}}{I_y} - \frac{M_z \bar{y}}{I_z} = 0 \qquad (8-50)$$

假设中性轴与 z 轴正向的夹角为 β，

$$\tan\beta = \frac{\bar{y}}{\bar{z}} = \frac{I_z M_y}{I_y M_z} \qquad (8-51)$$

对于非对称梁的剪切弯曲，与对称梁的剪切弯曲一样，可以认为上述弯曲正应力和弯曲变形的公式仍然适用。下面是斜弯曲的一个例题。

例 8 - 12 悬臂矩形截面梁受 F 力作用，力 F 与 $-y$ 方向成 θ 角〔见图 8 - 30(a)〕。试求截面中性轴方程，计算危险点的应力，并求梁的挠度。

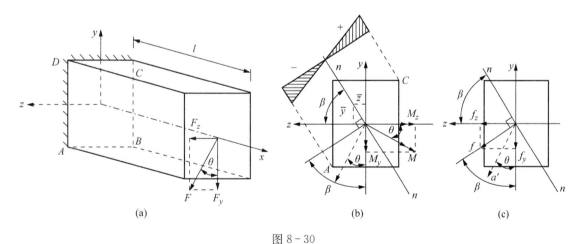

图 8 - 30

解：（1）求中性轴的方程。

最大弯矩发生在梁的固支端，力 F 产生对 z 轴和 y 轴的弯矩为

$$M_z = -F_y \cdot l = -Fl\cos\theta$$

$$M_y = -F_z \cdot l = -Fl\sin\theta$$

根据式(8 - 49)，截面上正应力为

$$\sigma_x = \frac{M_y z}{I_y} - \frac{M_z y}{I_z} = -Fl\left(\frac{z\sin\theta}{I_y} - \frac{y\cos\theta}{I_z}\right)$$

令 $\sigma_x = 0$，得到中性轴 $n{-}n$ 的方程为

$$\frac{\bar{z}\sin\theta}{I_y} - \frac{\bar{y}\cos\theta}{I_z} = 0$$

（2）求危险点的应力。

用 β 表示中性轴 $n{-}n$ 与 z 轴的夹角 [见图 8-30(b)]：

$$\tan\beta = \frac{\bar{y}}{\bar{z}} = \frac{I_z}{I_y}\tan\theta \tag{8-52}$$

由于 $I_z \neq I_y$，所以 $\beta \neq \theta$。弯曲发生在与中性轴垂直的平面内。梁的弯曲变形发生在与中性轴垂直的方向上，从图 8-30(b) 可见梁的挠曲面与外力作用面（也就是合弯矩的作用面）不在同一平面上。所以这不是平面弯曲，而是斜弯曲。中性轴 $n{-}n$ 右上方部分的截面是拉应力，左下方部分是压应力，应力的大小与到中性轴的距离成正比。最大正应力发生在梁的固定端截面离中性轴最远的 A 点（压应力）和 C 点（拉应力）。其应力（绝对值）是两个方向的弯曲正应力的叠加：

$$\sigma_{\max}^{\pm} = \frac{|M_z|\, y_{\max}^{\pm}}{I_z} + \frac{|M_y|\, z_{\max}^{\pm}}{I_y} = \frac{|M_z|}{W_z} + \frac{|M_y|}{W_y} \tag{8-53}$$

（3）挠度的计算。

斜弯曲时的挠度，可以分别求出 F_y 引起的挠度 f_y 和 F_z 引起的挠度 f_z，再用矢量和求出总挠度 f 的方向和大小。下一章的分析表明，悬臂梁自由端在 F_y 和 F_z 作用下的挠度分量为

$$f_y = \frac{F_y l^3}{3EI_z}, \quad f_z = \frac{F_z l^3}{3EI_y}$$

所以总挠度的大小为

$$f = \sqrt{f_y^2 + f_z^2}$$

因为根据式（8-52），有

$$\frac{f_z}{f_y} = \frac{F_z I_z}{F_y I_y} = \frac{I_z}{I_y}\tan\theta = \tan\beta$$

所以挠度 f 也在与中性轴垂直的方向，与 F 力的作用面不在同一平面上。

对于像矩形、工字形这一类截面，距离中性轴最远的是一角点，这一点距离 y 轴最远，同时距离 z 轴也最远。求角点的最大正应力可以用式（8-53），将对两个主惯性轴的最大弯曲正应力叠加即可。对于一般的截面，例如图 8-31 所示椭圆截面，先要确定中性轴，再要找到离中性轴最远的点。作平行于中性轴并与椭圆周线相切的线，得到切点 A 和 C。

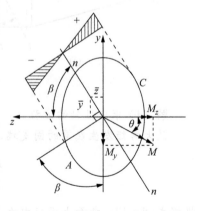

图 8-31

C 点拉应力最大，A 点压应力最大。将切点的坐标代入式(8-49)，可以得到最大正应力。

在 $I_z = I_y$ 的特殊情形下(例如圆形、正三角形、正方形或正多边形截面的等直梁)，由式(8-52)可知角度 $\beta = \theta$。也就是说，挠度方向始终与合弯矩的作用面一致，成为平面弯曲。不会发生斜弯曲。

例 8-13 如图 8-32(a)所示 Z 字形截面的悬臂梁，端面形心受垂直力 $F = 100\,\mathrm{kN}$ 作用。已知截面对形心主惯性轴 $y-z$ 的惯性矩 $I_z = 70\,411\,\mathrm{cm}^4$，$I_y = 5\,419\,\mathrm{cm}^4$，主惯性轴的方位 $\alpha_0 = 26.45°$ (见附录 B，例 B-3)，梁长 $l = 1\,\mathrm{m}$。试求最大弯曲正应力。

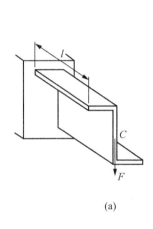
(a)

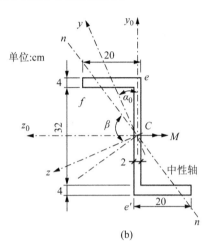
(b)

图 8-32

解：(1) 确定危险点。

危险截面在固支端，弯矩

$$M = Fl = 100\,\mathrm{kN} \times 1\,\mathrm{m} = 100\,\mathrm{kN \cdot m}$$

在形心主轴方向的分量

$$M_z = -M\cos\alpha_0 = -100\,\mathrm{kN \cdot m} \times \cos 26.45° = -89.53\,\mathrm{kN \cdot m}$$
$$M_y = -M\sin\alpha_0 = -100\,\mathrm{kN \cdot m} \times \sin 26.45° = -44.54\,\mathrm{kN \cdot m}$$

在主惯性轴坐标系里，中性轴方程(8-50)成为

$$1.272\bar{y} - 8.219\bar{z} = 0$$

根据式(8-51)，有

$$\tan\beta = \frac{\bar{y}}{\bar{z}} = 6.461$$

中性轴与 z 轴正方向的夹角 $\beta = 81.20°$。可能的危险点为点 e 和点 f。

点 e 和点 f 在 y_0-z_0 坐标系里的坐标为 $(20, -1)$ 和 $(16, 19)$。在 $y-z$ 坐标系[见附录 B 的式(B-9)]里，有

$$y = y_0\cos\alpha_0 + z_0\sin\alpha_0$$
$$z = z_0\cos\alpha_0 - y_0\sin\alpha_0$$

得到点 e 和点 f 在主惯性轴坐标系里的坐标为$(17.46，-9.80)$和$(22.78，9.89)$。点 e 与中性轴之距

$$d_e = \frac{|1.272 \times 17.46\,\text{cm} + (-8.219) \times (-9.80)\,\text{cm}|}{\sqrt{1.272^2 + 8.219^2}} = 12.36\,\text{cm}$$

点 f 与中性轴之距

$$d_f = \frac{|1.272 \times 22.78\,\text{cm} + (-8.219) \times (9.89)\,\text{cm}|}{\sqrt{1.272^2 + 8.219^2}} = 6.29\,\text{cm}$$

所以 e 是危险点。

（2）求危险点应力。

根据式$(8-49)$，有

$$\sigma_e = \frac{M_y z}{I_y} - \frac{M_z y}{I_z} = \frac{-44.54 \times 10^3\,\text{N·m} \times (-9.80 \times 10^{-2}\,\text{m})}{5\,419 \times 10^{-8}\,\text{m}^4}$$

$$-\frac{-89.53 \times 10^3\,\text{N·m} \times (17.46 \times 10^{-2}\,\text{m})}{70\,411 \times 10^{-8}\,\text{m}^4} = 102.7\,\text{MPa}$$

所以在 e 点有最大拉应力 $102.7\,\text{MPa}$，在 e' 点有最大压应力 $102.7\,\text{MPa}$。

8.8 开口薄壁截面的剪切中心

试验表面，薄壁截面梁剪切弯曲时，如果剪力不是作用在对称面上，那么必须使外力的作用线通过截面的剪切中心（shear center），否则的话，杆件在弯曲的同时还会发生扭转。如图 $8-33(a)$所示的槽形薄壁截面悬臂梁，在自由端承受垂直载荷 F 作用。假定 F 作用在剪切中心 S 处，那么梁仅发生弯曲，变形后的挠曲线保持在 x-y 平面内［见图 $8-33(b)$］。假如 F 作用在别处，例如作用在截面形心 C 处［见图 $8-33(c)$］，那么力 F 等效于通过 S 点的力 F 和力偶矩 $T = Fe_z$ 共同作用，梁在弯曲的同时还会发生扭转［见图 $8-33(d)$］。S 就是截面的剪切中心，或称为弯曲中心。简称剪心或弯心。

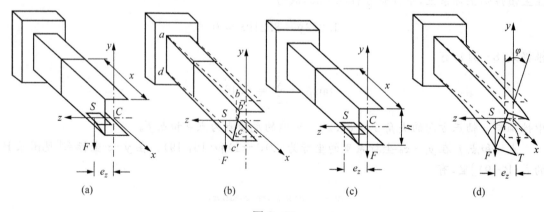

图 $8-33$

事实上,如图 8-34(a)所示,槽型薄壁截面上弯曲切应力的分布与工字型截面类似,在上下翼缘上的切应力线性分布,形成一对剪力 F_1,它们等效于一个力偶矩 $F_1 \cdot h$。在腹板上的切应力呈抛物线分布,形成剪力 $F_2 \approx F_\mathrm{S}$。力偶矩 $F_1 \cdot h$ 与剪力 F_2 的合力,就是通过剪切中心 S 的剪力 F_S。假设 S 点与腹板中线之距离为 e,根据合力矩定理,合力对 S 点之矩等于各个分力对同一点最大力矩之和:$F_\mathrm{S} \cdot 0 = F_2 \cdot e - F_1 \cdot h = 0$。所以 $e = (F_1/F_2) \cdot h$。因为 F_1 和 F_2 可以通过截面上切应力的积分而得到,这样 S 点的位置就确定了。剪切中心 S 实际上就是截面上的弯曲切应力的合力的作用点。

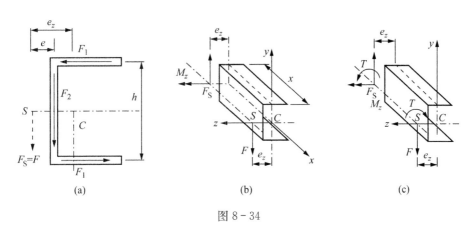

图 8-34

如图 8-34(b)所示是一段分离体在通过剪切中心 S 的外力 F 作用下的分离体图。这段梁的后截面上有剪力 F_S 和弯矩 $M_z = Fx$ 的作用。如果外力 F 不通过剪切中心,例如外力作用在截面形心 C 点,那么它等效于通过剪切中心的 F 与一附加力偶矩 $T = Fe_z$ 的共同作用[见图 8-34(c)]。这个力偶矩会使悬臂梁产生扭转。

没有对称面的一般薄壁截面如图 8-35 所示。假设 y 轴和 z 轴为形心主惯性轴,C 为形心。$F_{\mathrm{S}y}$ 是截面上的垂直方向的剪力。假设截面中线方向的坐标为 s,中线总长度为 l,壁厚为 t。采用与前面对称梁弯曲切应力相同的分析方法,弯曲剪流的大小可由下式确定:

$$q_y(s) = \tau t = \frac{F_{\mathrm{S}y}S_z(s)}{I_z} \tag{8-54}$$

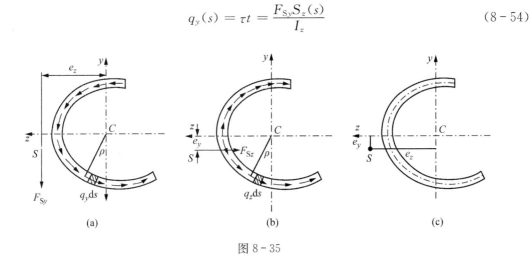

图 8-35

式中 I_z 是截面对 z 轴的惯性矩，S_z 是坐标 s 处的面积矩，q_y 的下标 y 表示这是 y 方向剪力 F_{Sy} 产生的剪流。长度为 ds 的微单元的剪力为 $q_y ds$。根据合力矩定理，这些微单元的剪力对形心 C 的力矩之和等于其合力 F_{Sy} 对 C 之力矩：

$$F_{Sy}e_z = \int \rho q_y ds$$

式中 e_z 为 F_{Sy} 到形心之距离，ρ 为形心至微单元切线之距离。将式(8-54)代入上式，得到

$$e_z = \frac{\int \rho S_z ds}{I_z} \tag{8-55}$$

同样，在水平方向剪力 F_{Sx} 作用下，剪流的分布如图 8-35(b)所示。剪流分上下两支，其值为

$$q_z(s) = \frac{F_{Sz}S_y(s)}{I_y} \tag{8-56}$$

剪力合力与形心之距离为

$$e_y = \frac{\int \rho S_y ds}{I_y} \tag{8-57}$$

点 $S(e_y, e_z)$ 就是截面的剪切中心。e_z 和 e_y 是完全由截面几何形状所确定的参数[见图 8-35(c)]。所以，剪切中心的位置仅取决于截面的形状、尺寸，而与外力无关。当截面有一个对称轴时，截面剪流关于此轴对称分布。因此，平行于对称轴的剪力分量必然与对称轴重合，剪切中心也位于此对称轴上。有两个互相垂直的对称轴的截面，剪切中心与形心重合。根据剪切中心是截面上切应力合力作用点的定义，可以判断如图 8-36 所示的截面的剪切中心应该位于两个狭长矩形的交点 A 处。

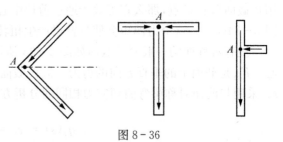

图 8-36

例 8-14 槽形梁截面如图 8-37(a)所示，在垂直方向剪力作用下绕 z 轴作平面弯曲。试确定剪切中心的位置。

解：由于 z 轴是截面的对称轴，所以剪切中心在 z 轴上。假设剪力 F_S 通过剪心 S。截面的弯曲剪流分布如图 8-37(b)所示。翼缘上 s 处的剪流

$$q(s) = \tau t_1 = \frac{F_S S_z(s)}{I_z} = \frac{F_S t_1 sh}{2I_z}$$

是 s 的线性函数。因为剪流为三角形分布，其合力 F_1 为

$$F_1 = \frac{1}{2}b\frac{F_S t_1 bh}{2I_z} = \frac{F_S t_1 b^2 h}{4I_z}$$

截面对 z 轴的惯性矩

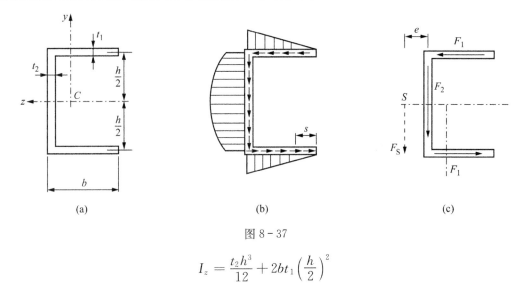

图 8 - 37

$$I_z = \frac{t_2 h^3}{12} + 2bt_1 \left(\frac{h}{2}\right)^2$$

上式中忽略了上下翼缘对自身形心轴的惯性矩。腹板中的剪流合力 F_2 应该等于截面剪力 F_S。上下翼缘和腹板上的三个剪力与通过剪切中心 S 的合力 F_S 静力等效。根据合力矩定理,合力对 S 点之矩等于分力对 S 点力矩之和。所以有

$$F_1 h - F_2 e = 0$$

$$e = \frac{F_1 h}{F_2} = \frac{F_1 h}{F_S} = \frac{t_1 b^2 h^2}{4 I_z}$$

这样就确定了剪切中心的位置[见图 8 - 37(c)]。

例 8 - 15　如图 8 - 38 所示为平放的两个翼缘长度不相等的工字形截面,试确定其剪切中心的位置。

解: 垂直方向作用的外力在两翼引起弯曲正应力和切应力。由于腹板处于中性面附近,它分担的剪力可以忽略。假设左翼缘和右翼缘的剪力分别为 F_1 和 F_2,其合力 $F_S = F_1 + F_2$,作用于 A 点。根据合力矩定理,向 A 点取力矩可以得到

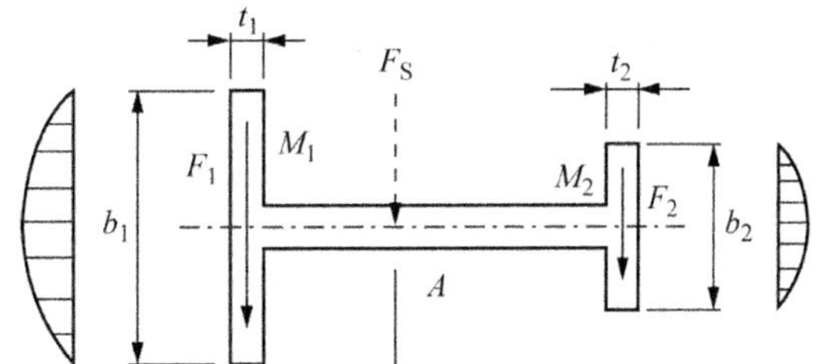

$$F_1 \cdot e_1 = F_2 \cdot e_2 \qquad (a)$$

同样,在图示的加载条件下,腹板上的弯曲正应力也很小,可以认为弯矩也由两侧的翼缘承担,分别形成弯矩 M_1 和 M_2。两个翼缘的曲率相同

$$\frac{1}{\rho_1} = \frac{1}{\rho_2}$$

所以有

$$\frac{M_1}{EI_1} = \frac{M_2}{EI_2}$$

图 8 - 38

205

式中 I_1 和 I_2 分别为两个翼缘的惯性矩。将上式对 x 求导,并利用弯矩与剪力的微分关系,得到

$$\frac{F_1}{I_1} = \frac{F_2}{I_2}$$

将上式代入(a),得到

$$e_1 : e_2 = I_2 : I_1$$

这样就确定了剪切中心 A 的位置。注意 A 点与形心不相重合。

结束语

分析梁弯曲时也需要对杆件截面变形形式作出推断。这一章通过横截面在变形后保持为平面并与轴线垂直的平面截面假设,得到纯弯曲时截面上应变分布规律,然后利用物理关系得出截面上的应力分布,将梁的纯弯曲问题简化为关于弯矩与曲率之间的一维的问题,并推导了曲率、弯曲正应力的公式。应该注意到,我们在分析轴力拉(压)、圆轴扭转和梁的纯弯曲问题时都用到了平面截面假设。事实上,应力分析问题本质上是静不定的。在分析细长杆件时,我们通过平面截面的几何关系以及线弹性物理关系可以确定截面上应力的分布规律,再通过平衡条件建立内力与变形的关系,同时求解了应力分析问题。

对于细长梁,可以近似将纯弯曲的公式应用于剪切弯曲的情形。在得到正应力的分布规律的基础上,进一步推导了弯曲切应力的公式。通过这一章的学习,应该掌握对称梁的纯弯曲、剪切弯曲的基本概念和弯曲正应力、弯曲切应力公式的推导;掌握实心截面和薄壁截面梁的危险点的应力状态和相应强度条件的应用;掌握实心和薄壁截面梁在各种组合变形条件下的强度问题、非对称弯曲问题的应力计算以及薄壁梁剪切弯曲和剪切中心问题。

思考题

8-1 杆件的基本变形形式为轴向拉伸(压缩)、剪切、扭转和弯曲,那么对应的应变是否也有4种?

8-2 什么是平面弯曲(对称弯曲)?什么是纯弯曲?

8-3 欲使梁产生平面弯曲,对外力的作用有怎样的要求?

8-4 什么是梁弯曲的平面截面假设?什么是中性层?什么是中性轴?

8-5 能否说杆件横截面上的法向内力是该截面上法向应力的合力,切向内力是该截面上切向应力的合力?举例说明。

8-6 一般情况下,梁的跨度远大于其高度。试以实心截面梁为例,用量纲分析法说明此时在剪切弯曲时最大正应力远大于最大切应力。

8-7 试指出下列每项中两个名词在概念上有怎样的差异:①纯弯曲与平面弯曲;②形心轴与中性轴;③惯性矩与极惯性矩;④抗弯刚度与抗弯截面模量;⑤梁的危险截面与危险点。

8-8　平面几何图形的惯性矩与平面应力、平面应变一样也遵循二阶张量的变换规则,试述其特性。惯性矩转轴变换是否也可以构造"惯性矩圆"用图解法求解?

8-9　什么是剪切弯曲?

8-10　矩形截面梁平面弯曲时截面上的切应力如何分布? 最大切应力在截面的什么位置?

8-11　圆截面梁在两个互相垂直的对称面内同时弯曲时,如何计算最大正应力? 矩形截面和工字型截面梁呢?

8-12　当杆件处于拉(压)弯组合变形状态时,截面的正应力如何分布? 如何计算最大正应力?

8-13　对于承受横力弯曲的梁,在哪些情况下:(1)要进行切应力强度校核? (2)要用强度理论进行校核?

8-14　圆截面杆弯扭组合变形时如何用第三、第四强度理论建立强度条件?

8-15　当杆件处于偏心拉(压)状态时,截面上正应力如何分布? 如何计算最大正应力? 如何确定中性轴?

8-16　对于正方形和圆形截面的梁,由于截面对任一对正交形心轴的惯性积均为零,所以只要横向力通过截面的形心,它就产生平面弯曲而不会产生斜弯曲,对吗?

8-17　等截面直梁在斜弯曲时,平面假设是否适用? 各横截面上中性轴的位置是否都相同? 进行强度计算时,是否先要确定中性轴位置,然后才能确定危险点位置和计算危险点应力?

8-18　圆轴双向弯曲变形时,为什么可以由两正交方向的弯矩 M_y 和 M_z 先求出合弯矩 $M = \sqrt{M_y^2 + M_z^2}$,然后根据 M 求出弯曲正应力? 矩形截面杆在斜弯曲时为什么不这样做? 正多边形截面的杆件又如何?

8-19　什么是弯曲中心? 弯曲中心的位置随外力的大小和作用方向而改变吗?

8-20　直杆分别在所列的外力作用下,试判断将产生什么变形(横向力与杆轴线垂直,所给力作用平面均与轴线平行)。(1)纵向力通过截面形心;(2)纵向力不通过截面形心;(3)横向力通过弯曲中心且力作用平面与主形心惯性平面平行;(4)横向力通过弯曲中心但力作用平面与主形心惯性平面不平行;(5)横向力不通过弯曲中心但力作用平面与主形心惯性平面平行;(6)横向力不通过弯曲中心且力作用平面与主形心惯性平面不平行。

习题

8-1　一宽度为 b、长度为 l 的悬臂梁具有在悬臂端为 d 到墙处为 $3d$ 的均匀倾斜的高度。在悬臂端承受力 F,如图 8-39 所示。试求最大弯曲应力的位置和大小。

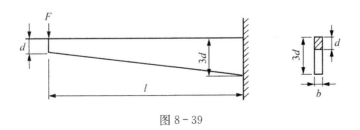

图 8-39

8-2 如图 8-40 所示，一非常薄的圆柱形壳，由六条等间距的纵向杆焊在圆柱内壁上加固，假定弯曲应力全部由纵向杆承受，当弯矩为 $M_z = 9.3\,\text{kN·m}$ 时，试求最大弯曲应力值。

8-3 如图 8-41 所示宽为 $b = 30\,\text{mm}$，厚为 $t = 4\,\text{mm}$ 的钢带，绕装在一个半径为 R 的圆筒上，已知钢带的弹性模量 $E = 200\,\text{GPa}$，比例极限 $\sigma_p = 400\,\text{MPa}$。若要求钢带在绕装过程中应力不超过 σ_p，试问圆筒的最小半径 R 应为多少？

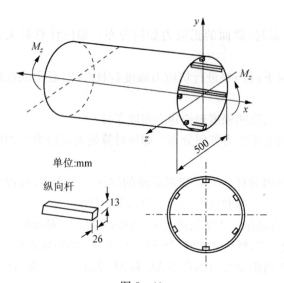
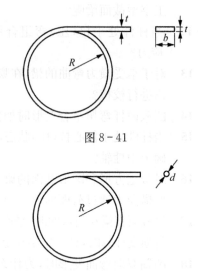

图 8-41

单位:mm

纵向杆

图 8-40

图 8-42

8-4 如图 8-42 所示直径为 d 的金属丝，环绕在半径为 R 的轮缘上，金属丝材料的弹性模量为 E。试求金属丝内的最大正应力。

8-5 皮带传动装置如图 8-43 所示，皮带的横截面为梯形，C 为其形心。皮带材料的弹性模量为 E。试求皮带内的最大弯曲拉应力和最大弯曲压应力。

8-6 工厂厂房的屋架常制造成如图 8-44 所示的形状，即中间高、两边低的工字形截面梁，且靠中间的部分在腹板上有大小不等的一些圆孔。从材料力学的角度这样做是否合理？为什么？

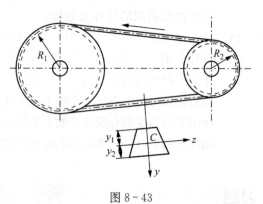

图 8-43

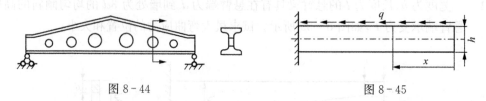

图 8-44　　　　图 8-45

8-7 如图 8-45 所示悬臂梁顶部作用有均匀分布的切向力。用截面法知任一横截面上的内力为轴力 $F_N = -qx$，弯矩 $M = qxh/2$ 及剪力 $F_S = 0$。由此是否可以断定任意横截面上不存在切应力？为什么？

8-8　如图 8-46(a) 所示,矩形截面悬臂梁承受均布载荷作用。假想沿中性层将梁分开为上下两部分如图 8-46(b) 所示。试求中性层截面上剪应力沿轴向 x 的变化规律,并说明被截下部分是怎样平衡的?

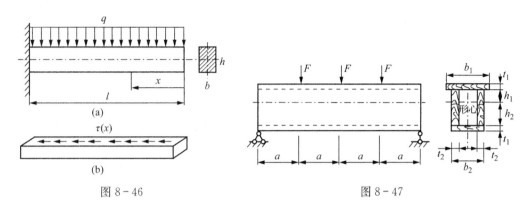

图 8-46　　　　　　　　　图 8-47

8-9　如图 8-47 所示,箱形截面梁用四块木板胶合而成,已知 $a = 1$ m, $t_1 = 20$ mm, $t_2 = 50$ mm, $b_1 = 300$ mm, $b_2 = 200$ mm, $h_1 = 142$ mm, $h_2 = 178$ mm。梁受三个集中力作用。若 $F = 10$ kN,许用正应力 $[\sigma] = 10$ MPa,木板许用切应力 $[\tau] = 1.1$ MPa,胶合缝的许用切应力 $[\tau_1] = 0.35$ MPa,试校核梁的强度。

8-10　如图 8-48 所示为了用四块相同厚度的木块钉在一起构成一个箱形梁,提出了两种方案。在这两种设计中,尺寸 b 与 h 和钉子间距 s 都相等。若梁是在 x-y 平面内承受载荷,哪一种设计为好?

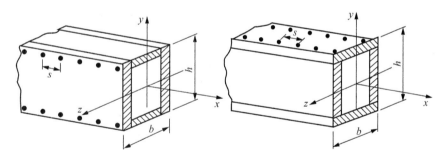

图 8-48

8-11　如图 8-49 所示,梁由间距为 $s = 6.4$ mm 的螺栓夹在一起,若每一螺栓能安全地抵抗传过它的 1.78 kN 剪切力,当剪切力 F_s 为 44.5 kN时,试问所需要的螺栓间距为多大?

8-12　如图 8-50 所示 AB 为工字钢梁,C 点用圆截面钢杆 CD 悬挂。已知圆杆直径 $d = 20$ mm,梁和杆材料相同,其许用应力 $[\sigma] = 160$ MPa。试求许可均布载荷值 $[q]$。

8-13　如图 8-51 所示四轮起重机连同配重总重 $W = 50$ kN,行走于两根工字钢梁上。已知

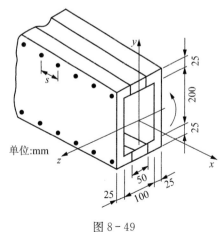

图 8-49

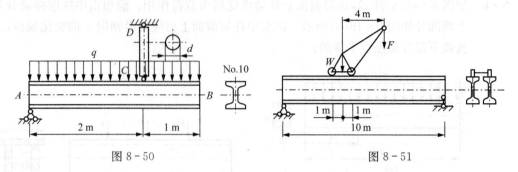

图 8-50   图 8-51

梁的许用应力 $[\sigma] = 170\,\text{MPa}$。若起吊重物的最大重量 $F = 10\,\text{kN}$，试选择工字钢的型号。

8-14 如图 8-52 所示，直径为 d 的均质圆杆 AB 承受自重作用，B 端为铰支承，A 端靠在光滑的铅垂墙上，试确定杆内最大压应力的截面到 A 端的距离 s。

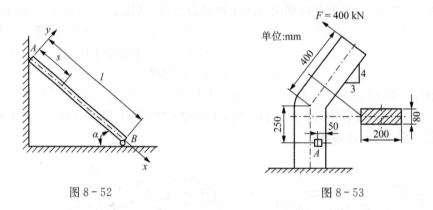

图 8-52   图 8-53

8-15 如图 8-53 所示矩形截面梁，在对称面内承载，求 A 点主应力和最大切应力，并在单元体上表示。

8-16 如图 8-54 所示矩形截面梁受集中力偶 M 作用，测得中性层上 k 点沿 $\alpha = 45°$ 方向的线应变为 $\varepsilon_{45°}$。已知材料的弹性模量 E 和泊松比 μ 及梁的横截面和长度尺寸 b，h，a，c，l。试求集中力偶 M 之值。

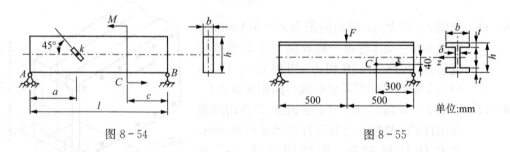

图 8-54   图 8-55

8-17 如图 8-55 所示焊接工字钢梁的横截面尺寸为 $h = 166\,\text{mm}$，$b = 90\,\text{mm}$，$t = 14\,\text{mm}$，$\delta = 7\,\text{mm}$，惯性矩 $I_z = 1\,613 \times 10^4\,\text{mm}^4$。已知 $F = 25\,\text{kN}$，材料的弹性模量 $E = 210\,\text{GPa}$，泊松比 $\mu = 0.30$。试求 C 点处的线应变 ε_x，ε_y，$\varepsilon_{45°}$。

8-18 如图 8-56 所示圆截面悬臂梁,试过其 K 点和 H 点取出适当的单元体,并标出所取单元体各面上应力大小。

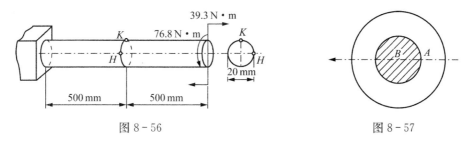

图 8-56　　　　　　　　　图 8-57

8-19 如图 8-57 所示圆截面梁由管 A 和芯 B 牢固地结合而成。已知管 A 截面对中性轴的惯性矩是芯 B 的两倍,管 A 的弹性模量是芯 B 的三倍。假定梁弯曲时平面假设成立,那么管 A 和芯 B 承担的弯矩之比 $M_A : M_B$ 是多少?

8-20 如图 8-58 所示梁用四根等边角钢组合而成,问在纯弯曲时图示各种组合形式中哪一种强度最高?哪一种强度最低?并解释其原因(外力作用在梁的纵向对称面内)。

(a)　　　　　　(b)　　　　　　(c)　　　　　　(d)

图 8-58

8-21 如图 8-59 所示为了起吊重量 $W = 300$ kN 的大型设备,采用一台 150 kN 吊车和一台 200 kN 吊车,并加一根辅助梁 AB。已知辅助梁的许用应力 $[\sigma] = 160$ MPa,长度 $l = 4$ m。(1)问 W 加在辅助梁的什么位置,才能保证两台吊车都不超载?(2)若辅助梁为工字钢梁,试选择其型号。

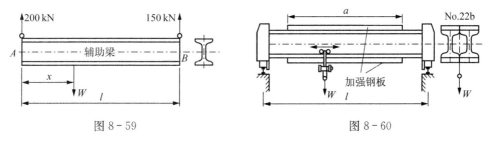

图 8-59　　　　　　　　　图 8-60

8-22 如图 8-60 所示吊车梁、电葫芦及重物的总重量为 $W = 50$ kN,梁跨度 $l = 10$ m,梁由两根 No. 22b 工字钢及焊在其上、下翼缘上的两块钢板组成,钢板长度为 a,横截面尺寸为 220 mm × 6 mm,两端与支座距离相等。工字钢与钢板材料相同,其许用应力 $[\sigma] = 140$ MPa。试对吊车梁进行强度校核,并求加强钢板的最小长度 a_{min}。

8-23 如图 8-61 所示调速器由刚性杆 AB 及弹簧片 BC 组成,在 C 端装有重量 W = 20 N 的重物。若调速器以等角速度 ω 绕 O-O 轴旋转,弹簧片材料的许用应力 [σ] = 180 MPa,弹性模量 E = 200 GPa,试求调速器的许可转速(不计轴向应力的作用)。

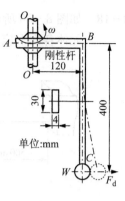

图 8-61

8-24 如图 8-62 所示试按弯曲正应力校核铸铁梁的强度。已知其拉伸许用应力 $[\sigma_t]$ = 40 MPa,压缩许用应力 $[\sigma_c]$ = 110 MPa,F_1 = 43 kN,F_2 = 48 kN。

8-25 如图 8-63 所示试按弯曲正应力校核铸铁梁的强度。已知其拉伸许用应力 $[\sigma_t]$ = 40 MPa,压缩许用应力 $[\sigma_c]$ = 110 MPa,F = 4 kN,q = 2 kN/m。

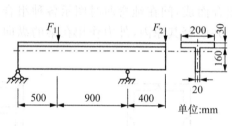

图 8-62

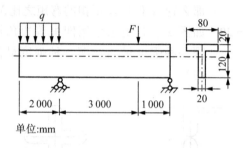

图 8-63

8-26 如图 8-64 所示利用弯曲内力的知识,解释为何将标准双杠的尺寸设计成 $a = l/4$。

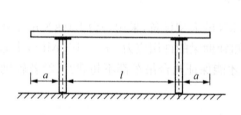

图 8-64

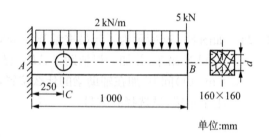

图 8-65

8-27 悬臂木梁如图 8-65 所示。木料的许用应力 [σ] = 10 MPa。因需要在梁的截面 C 上中性轴处钻一直径为 d 的圆孔,问在保证该梁强度的情况下,圆孔的最大直径 d 可达多大(不考虑应力集中)?

8-28 当载荷 F 直接作用于跨度为 l = 6 m 的简支梁 AB 之中点时,梁内最大正应力超过许用值 30%。为了消除此过载,配置了如图 8-66 所示的辅助梁 CD,试求该辅助梁的最小跨度 a_{min}。

8-29 如图 8-67 所示矩形截面梁由圆形木料锯成。已知 F = 5 kN,a = 1.5 m,[σ] = 10 MPa。试确定抗弯截面系数为最大时矩形截面的高宽比 h/b,以及锯成此梁所需木料的最小直径 d。

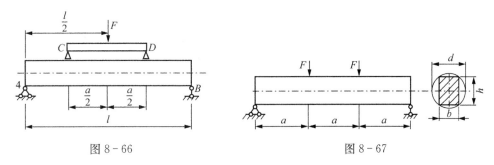

图 8 - 66　　　　　　　　　　　　　　图 8 - 67

8 - 30　铸铁梁及横截面尺寸如图 8 - 68 所示。已知材料的抗拉强度极限 $(\sigma_b)_t = 150\ \text{MPa}$，抗压强度极限 $(\sigma_b)_c = 630\ \text{MPa}$。求梁的安全系数。

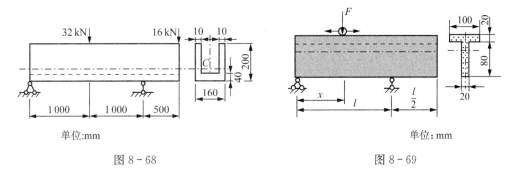

图 8 - 68　　　　　　　　　　　　　　图 8 - 69

8 - 31　如图 8 - 69 所示 T 字形截面铸铁梁，跨度 $l = 1\ \text{m}$，载荷 F 可在梁上水平移动。已知材料的许用拉应力 $[\sigma_t] = 35\ \text{MPa}$，许用压应力 $[\sigma_c] = 140\ \text{MPa}$。试确定载荷 F 的允许值。

8 - 32　如图 8 - 70(a) 所示受纯弯曲的正方形截面梁。(1) 按图 8 - 70(a)、(b) 的两种方式放置时，问哪一种放置方式截面上的最大正应力较小？(2) 设正方形的边长 $a = 200\ \text{mm}$，若切去高度为 $h = 10\ \text{mm}$ 的尖角，如图 8 - 70(d) 所示，问抗弯截面模量 W_z 与未切角时如图 8 - 70(c) 相比，是增大还是减小？h 为何值时 W_z 取最大值？

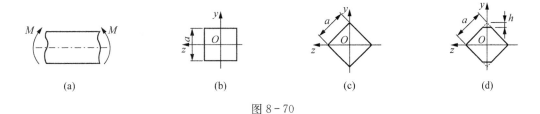

(a)　　　　　　(b)　　　　　　(c)　　　　　　(d)

图 8 - 70

8 - 33　如图 8 - 71 所示一正方形截面梁和一圆形截面梁绕 z 轴弯曲，若适当地将其截面的上部和下部削去等量的一层材料，问是否两根梁的强度都可以提高？为什么？

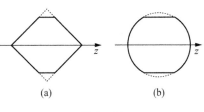

(a)　　　　　(b)

图 8 - 71

8 - 34　如图 8 - 72 所示简支梁，采用两种横截面面积大小相等的实心和空心圆截面，已知 $D = 40\ \text{mm}$，$d/D_1 = 3/5$。试分别求其最大应力。空心截面比实心截面的最大正应力减小了多少？

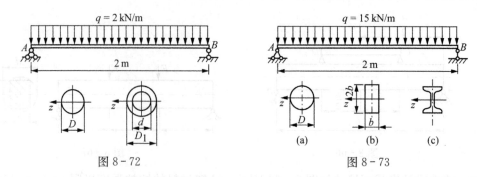

图 8-72　　　　　　　　　　　　图 8-73

8-35 如图 8-73 所示简支梁，许用应力 $[\sigma] = 160\ \text{MPa}$，$[\tau] = 80\ \text{MPa}$。(1)试按正应力强度条件设计图(a)，(b)和(c)三种形状的截面的尺寸；(2)比较三种截面的 W_z/A 值，以说明采用哪一种形状最为经济；(3)按切应力强度条件进行校核。

8-36 如图 8-74 所示等强度悬臂梁，在自由端受力 F。已知截面为矩形。厚度 $h = 5.11\ \text{mm}$，许用应力 $[\sigma] = 52\ \text{MPa}$。试求截面宽度 $b(x)$ 的变化规律。

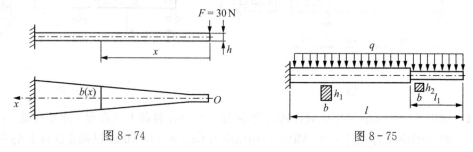

图 8-74　　　　　　　　　　　　图 8-75

8-37 如图 8-75 所示矩形截面阶梯梁，承受均布载荷 q 作用。为使梁的重量最轻，试确定 l_1 与截面高度 h_1 和 h_2。已知截面宽度为 b，梁长度为 l，许用应力为 $[\sigma]$。

8-38 如图 8-76 所示简支梁由四块尺寸相同的木板胶合而成。已知木板的许用应力为 $[\sigma] = 7\ \text{MPa}$，胶合缝的许用应力 $[\tau] = 5\ \text{MPa}$。梁跨度 $l = 400\ \text{mm}$，截面高度 $h = 80\ \text{mm}$，截面宽度 $b = 50\ \text{mm}$。试校核梁的强度。

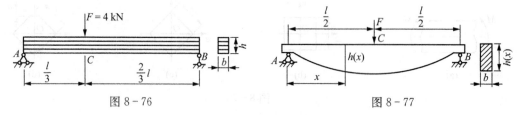

图 8-76　　　　　　　　　　　　图 8-77

8-39 如图 8-77 所示简支梁许用应力 $[\sigma]$ 与 $[\tau]$ 均为已知。若横截面的宽度 b 保持不变，试按等强度的观点确定截面高度 $h(x)$ 的变化规律。

8-40 如图 8-78 所示，混凝土是一种脆性材料，它具有很好的压缩强度，但拉伸强度很小。可把混凝土制成钢筋混凝土结构，在这种结构中，钢筋嵌在混凝土中以承担拉伸作用。对于一钢筋混凝土梁，假设混凝土不承受拉应力，而钢筋横截面内的拉应力为均匀分布。钢筋和混凝土的弹性模量分别为 E_s 和 E_c，钢筋的总面积为 A_s，截面几何尺寸如图 8-78 所示。(1)假定中性层位于梁顶边以下距离 kh 处，如何确定中性层的位置，试给出确定系数 k 的代数方程；(2)求钢筋的拉应力和混凝土的最大压应力的表达式。

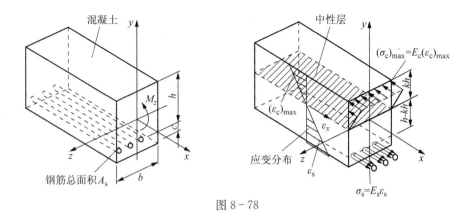

图 8 - 78

8 - 41 如图 8 - 79 所示,钢筋混凝土梁包含五根直径 $d = 19\ mm$ 的钢筋。若钢筋内拉应力不超过 $\sigma_s = 138\ MPa$,而混凝土中压应力不超过 $\sigma_c = 9.3\ MPa$,假定混凝土只能承受压力,试问梁所能传递的最大弯矩为多大? 取 $E_c = 10.35\ GPa$, $E_s = 207\ GPa$。

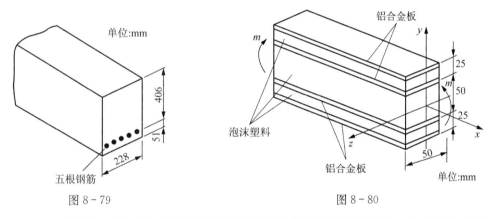

图 8 - 79

图 8 - 80

8 - 42 由 3 mm 厚的铝合金板与泡沫塑料层相交替组成的轻质梁如图 8 - 80 所示。泡沫塑料的弹性模量很小,对梁的抗弯刚度的影响不计,它仅能保持四块铝合金板的间距。现已知铝合金的弹性模量 $E = 70\ GPa$,下层铝合金板的最大拉应变 $\varepsilon = 0.001\ 6$,且变形中横截面保持为平面。求作用在梁上的外力矩 m 值。

8 - 43 如图 8 - 81 所示两种材料制成的组合截面梁,材料之间结合完好。内部材料为 1,外围材料为 2,弹性模量 $E_1 = 100\ GPa$, $E_2 = 200\ GPa$,承受弯矩 $M = 680\ N \cdot m$。求这两种材料内的最大正应力。

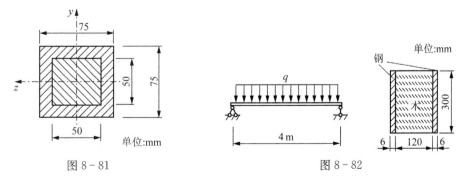

图 8 - 81

图 8 - 82

8-44 如图 8-82 所示,简支矩形截面梁由中间的木材和两侧加固的钢板牢固地结合而成。梁长度为 4 m,承受均布载荷 $q = 10$ kN/m。已知钢和木材的弹性模量分别为 $E_s = 200$ GPa,$E_w = 10$ GPa,求钢板和木材部分的最大正应力。

8-45 如图 8-83 所示,如果上题的简支梁,将钢板加固在梁的上、下表面,那么钢板和木材中的最大正应力为多少?

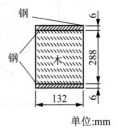

单位:mm

图 8-83

8-46 对于同一强度理论,其强度条件往往写成不同的应用形式。以第三强度理论为例,常有以下三种形式:(1) $\sigma_{r3} = \sigma_1 - \sigma_3 \leqslant [\sigma]$;(2) $\sigma_{r3} = \sqrt{\sigma^2 + 4\tau^2} \leqslant [\sigma]$;(3) $\sigma_{r3} = \dfrac{1}{W_z} \sqrt{M_z^2 + M_x^2} \leqslant [\sigma]$。它们分别适用于什么情况?

8-47 圆截面杆件产生拉伸、弯曲和扭转组合变形,设危险点的拉伸正应力为 σ_t,弯曲正应力为 σ_w,扭转切应力为 τ。若按第三强度理论校核其强度,试问按以下公式计算其相当应力是否正确:(1) $\sigma_{r3} = \sigma_t + \sqrt{\sigma_w^2 + 4\tau^2}$;(2) $\sigma_{r3} = \sqrt{\sigma_t^2 + \sigma_w^2 + 4\tau^2}$;(3) $\sigma_{r3} = \sqrt{(\sigma_t + \sigma_w)^2 + 4\tau^2}$。

8-48 如图 8-84 所示,手摇绞车轴的直径 $d = 30$ mm,材料为 A3 钢,$[\sigma] = 80$ MPa。试按第三强度理论,求绞车的最大起吊重量 F。

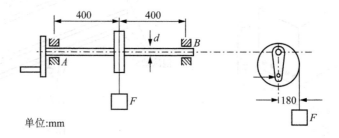

单位:mm

图 8-84

8-49 工字钢梁受力如图 8-85 所示,已知材料的许用应力 $[\sigma] = 140$ MPa,$[\tau] = 100$ MPa。试按正应力强度条件选择工字钢的型号,并按第三强度理论校核梁上其他危险点的应力。

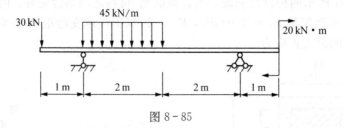

图 8-85

8-50 某锅炉汽包受力情况及截面尺寸如图 8-86 所示,已知内压 $p = 3.4$ MPa,汽包壁厚 $t = 4$ cm,汽包总重为 600 kN,可简化为沿长度的均布载荷,试求:(1)危险点的应力状态。(2)若汽包材料为 20 号钢,其屈服极限 $\sigma_s = 200$ MPa,取安全系数为 2,试按第三强度理论校核其强度。

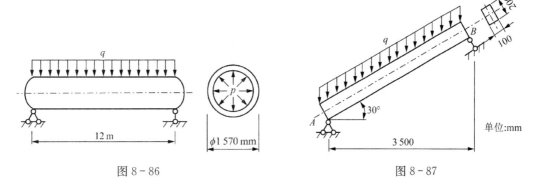

图 8-86

图 8-87

8-51 某楼梯木斜梁承受均布载荷如图 8-87 所示。已知 $q = 2\,\text{kN/m}$。试求横截面上的最大拉应力和最大压应力。

8-52 如图 8-88 所示夹具立臂的横截面为 $b \times h$ 的矩形，已知 $b = 20\,\text{mm}$，偏心距 $e = 140\,\text{mm}$，材料的许用应力 $[\sigma] = 160\,\text{MPa}$。若工作时夹具所受的最大夹紧力为 $F = 16\,\text{kN}$，试设计截面尺寸 h。

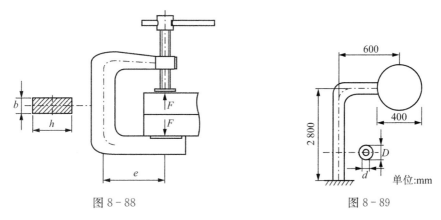

图 8-88

图 8-89

8-53 如图 8-89 所示道路圆形信号牌，圆板直径为 400 mm，由外径为 $D = 60\,\text{mm}$ 的空心圆柱支撑，信号牌上所受的最大均布风载为 $q = 2\,\text{kN/m}^2$，已知柱材料的许用应力 $[\sigma] = 160\,\text{MPa}$。试按第三强度理论设计空心圆柱的内径 d。

8-54 如图 8-90 所示道路矩形信号牌，由外径为 $D = 60\,\text{mm}$ 的空心圆柱支撑，信号牌中心受水平方向集中力 $F_1 = 1\,\text{kN}$，垂直方向集中力 $F_2 = 0.6\,\text{kN}$，已知柱材料的许用应力 $[\sigma] = 160\,\text{MPa}$。试按第四强度理论设计空心圆柱的内径 d。

8-55 如图 8-91 所示直径为 $d = 10\,\text{cm}$ 的圆形等截面直角拐轴 ABC，AB 段承受均布载荷 $q = 4\,\text{kN/m}$ 及 C 处承受集中力 $F = 8\,\text{kN}$ 的作用。已知材料常数 $E = 200\,\text{GPa}$，$G = 80\,\text{GPa}$，直角拐，许用应力 $[\sigma] = 130\,\text{MPa}$。试按第三强度理论对 AB 段进行强度校核。

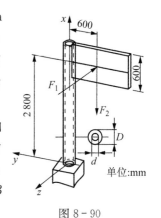

图 8-90

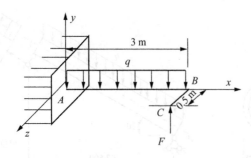

图 8-91

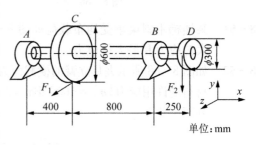

图 8-92

8-56 手摇绞车如图 8-92 所示。已知轴的直径 $d = 25\,\text{mm}$,鼓轮的直径 $D = 300\,\text{mm}$,轴材料的许用应力 $[\sigma] = 80\,\text{MPa}$,假定两支座为简支,试按第三强度理论求绞车的最大起吊重量 W。

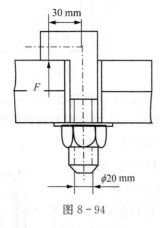

图 8-93

8-57 等截面钢轴受力如图 8-93 所示。轴材料的许用应力 $[\sigma] = 65\,\text{MPa}$,若轴传递的功率 $P = 2.5$ 马力(1 马力 $= 0.736\,\text{kW}$),转速 $n = 12\,\text{r/min}$。假定 A、B 处按铰支座处理。试按第三强度理论确定轴的直径。

8-58 钩头螺栓受力如图 8-94 所示。螺栓材料的许用应力 $[\sigma] = 120\,\text{MPa}$,试确定螺栓所能承受的许可预紧力 $[F]$。

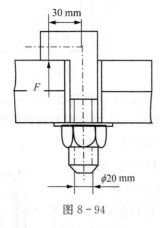

图 8-94

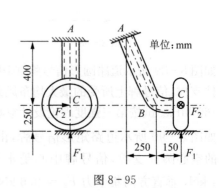

图 8-95

8-59 如图 8-95 所示,飞机起落架的折轴为圆管状截面,其外径 $D = 80\,\text{mm}$,内径 $d = 70\,\text{mm}$,材料的许用应力 $[\sigma] = 100\,\text{MPa}$,载荷 $F_1 = 1\,\text{kN}$,$F_2 = 4\,\text{kN}$。试按第三强度理论校核其强度。

8-60 如图 8-96 所示传动轴由电机带动。在斜齿轮的齿面上作用有切向力 $F_t = 1.9\,\text{kN}$,径向力 $F_r = 0.74\,\text{kN}$ 以及平行于轴线的力 $F_x = 0.66\,\text{kN}$。已知轴的直径 $d = 25\,\text{mm}$,材料的许用应力 $[\sigma] = 160\,\text{MPa}$,假定 A、B 处支座为简支,试根据第三强度理论校核其强度。

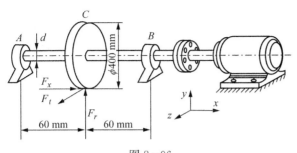

图 8-96

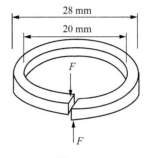

图 8-97

8-61　如图 8-97 所示截面为 $4 \times 4 \text{ mm}^2$ 的弹簧垫圈,承受两个共线的 F 力作用。已知许用应力 $[\sigma] = 600 \text{ MPa}$,试用最大切应力理论确定许用载荷 $[F]$。

8-62　如图 8-98 所示正方形截面杆,截面尺寸为 $30 \times 30 \text{ mm}^2$,长 2 m,与底板垂直固支。杆的质量为 5 kg/m。问底板倾斜角度 θ 多大时杆的固支端出现拉应力? 如果是直径为 30 mm 的圆截面杆,质量仍为 5 kg/m,θ 应为多少?

8-63　如图 8-99 所示正方形截面杆,设 $a = 5 \text{ cm}$,在其根部挖去四分之一,承受拉力 $F = 90 \text{ kN}$ 作用。试求杆内的最大拉应力。

8-64　如图 8-100 所示正方形等截面半圆形杆,一端固定一端自由,力 F 垂直于半圆平面,试按第四强度理论求 B 和 C 截面上危险点的相当应力。

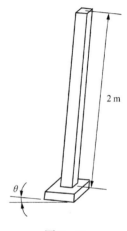

图 8-98

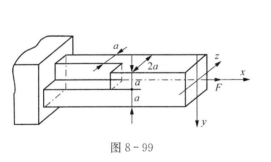

图 8-99

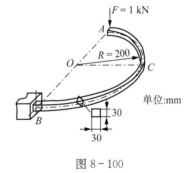

图 8-100

8-65　如图 8-101 所示起重装置,滑轮 A 安装在两根槽钢组合梁的端部。已知载荷 $F = 40 \text{ kN}$,许用应力 $[\sigma] = 140 \text{ MPa}$,试选择槽钢的型号。

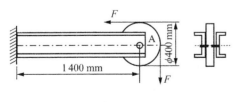

图 8-101

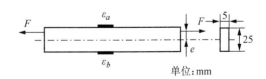

图 8-102

8-66　如图 8-102 所示矩形截面钢杆,用应变片测得上、下表面的纵向线应变分别为 $\varepsilon_a = 1.0 \times$

10^{-3} 与 $\varepsilon_b = 0.4 \times 10^{-3}$，材料的弹性模量 $E = 210\,\text{GPa}$。试求拉力 F 及其偏心距 e 之值。

8-67 如图 8-103 所示两根相同的圆截面杆平行地固定在刚体 A 和 B 上，在两刚体上作用有一对大小相等、方向相反的力偶 M。已知杆的直径 d、长度 l、材料的弹性模量 E、剪切模量 $G = 0.4E$ 和许用应力 $[\sigma]$。试作杆的内力图，并根据第三强度理论建立其强度条件。

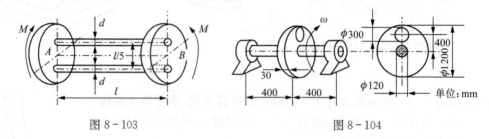

图 8-103   图 8-104

8-68 如图 8-104 所示钢圆盘以等角速度 $\omega = 40\,\text{rad/s}$ 绕轴旋转，盘上有一个圆孔。试求由于圆孔存在而引起的轴的最大弯曲应力。不计轴的重量，已知钢的重量密度 $\gamma = 78 \times 10^3\,\text{N/m}^3$。

8-69 14 号工字钢悬臂梁受力如图 8-105 所示，已知 $F_1 = 2.5\,\text{kN}$，$F_2 = 1.0\,\text{kN}$，试求危险截面上的最大正应力。

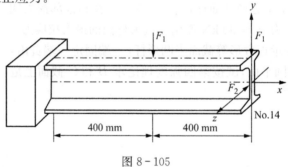

图 8-105

8-70 如图 8-106 所示角形截面的悬臂梁，在自由端承受 $M = 500\,\text{N·m}$ 力矩作用，试求梁内最大弯曲正应力。

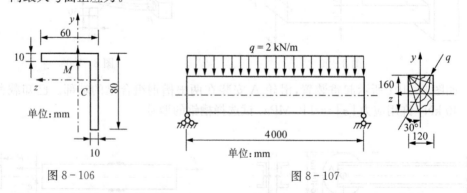

图 8-106   图 8-107

8-71 简支梁承受均布载荷如图 8-107 所示。其载荷作用面与梁的纵向对称面间的夹角 $\alpha = 30°$，已知梁材料的许用应力 $[\sigma] = 12\,\text{MPa}$，试校核此梁的强度。

8-72 悬臂梁受力如图 8-108 所示。已知梁横截面尺寸 $D = 120\,\text{mm}$，$d = 30\,\text{mm}$，梁材料的许用应力 $[\sigma] = 160\,\text{MPa}$。试求中性轴的位置，并求此梁的许可载荷 $[F]$。

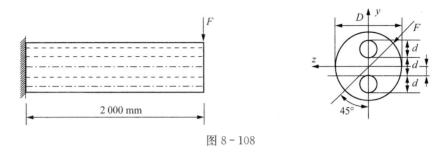

图 8-108

8-73　倒 T 型悬臂梁受力如图 8-109 所示,求梁内的最大正应力。

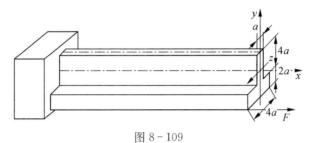

图 8-109

8-74　悬臂梁在自由端承受横向集中力作用。如图 8-110 所示为其不同的横截面形状和力作用方位,其中 C 为横截面形心,S 为弯曲中心。试判断各悬臂梁将产生何种变形。

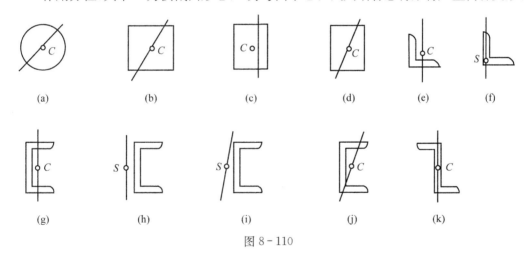

图 8-110

8-75　试确定如图 8-111 所示各截面的剪切中心位置。

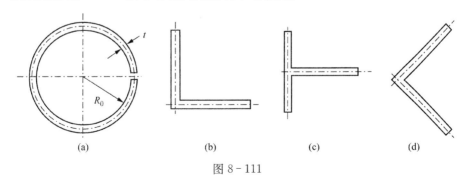

图 8-111

8 - 76　试证明如图 8 - 112 所示截面剪切中心 S 与圆心之距离为 $e = 4R/\pi$。

图 8 - 112

第9章
弯曲变形

工程中除了要求结构构件有足够的强度外,还要求其变形不能过大,即构件应该有足够的刚度。例如减速器中的齿轮轴,如果轴的弯曲变形过大,那么轴上的齿轮就不能在轮齿宽度上良好地接触,从而影响齿轮的正常运转,加速齿轮的磨损,还将发生噪声和振动。建筑物的框架结构,如果产生过大的变形,会使墙体和楼板上产生裂缝,产生不安全感。构件的设计过程中根据工作需要,对杆件的弯曲变形量必须限制在一定的范围之内。求解静不定问题也需要通过变形的计算来建立协调方程。

9.1 梁弯曲的基本方程

如图 9-1 所示,将 x-y 坐标系的原点置于梁的左端,以截面形心的连线为梁的轴线。使 x 轴沿梁的轴线方向,y 轴沿垂直方向。作为平面弯曲,在侧向载荷作用下,梁的轴线将在载荷作用的平面内发生挠曲。梁的轴线在垂直方向的位移称为挠度(deflection),用符号 v 表示,沿 y 轴正向的挠度为正。挠度 v 是 x 的函数:$v = v(x)$。这是一条平面曲线,称为挠度曲线。挠度曲线的切线与 x 轴的夹角称为转角(rotation)。转角也是 x 的函数,用 $\theta = \theta(x)$ 表示。规定逆时针方向的转角为正。在工程实际中梁的转角 θ 很小,于是 θ 近似等于挠度曲线的斜率

$$\theta \approx \tan\theta = \frac{\mathrm{d}v}{\mathrm{d}x} \tag{9-1}$$

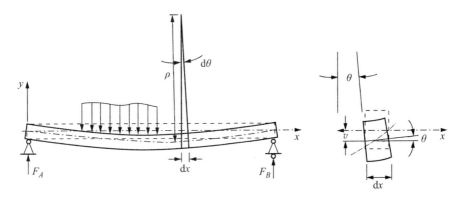

图 9-1

当梁发生弯曲时,前一章已经证明了中性轴的曲率与弯矩的关系式(8-6)可表示为

$$\frac{1}{\rho(x)} = \frac{M_z(x)}{EI_z}$$

由微积分学可知,平面曲线 $v = v(x)$ 的曲率可以表示为

$$\frac{1}{\rho(x)} = \frac{\dfrac{\mathrm{d}^2 v}{\mathrm{d}x^2}}{\left[1 + \left(\dfrac{\mathrm{d}v}{\mathrm{d}x}\right)^2\right]^{3/2}}$$

由于转角 θ 很小,$\theta = \mathrm{d}v/\mathrm{d}x \ll 1$,上式右边分母中的 $\mathrm{d}v/\mathrm{d}x$ 的平方项可以忽略。可将曲率近似地用挠度曲线的二阶导数表示:

$$\frac{1}{\rho(x)} = \frac{\mathrm{d}^2 v}{\mathrm{d}x^2} \tag{9-2}$$

当 θ 小于 $4.7°$ 时,上式的误差将小于 1%。将方程(8-6)代入上式,得到

$$\frac{\mathrm{d}^2 v}{\mathrm{d}x^2} = \frac{M_z(x)}{EI_z} \tag{9-3}$$

这个方程为后面弹性梁的变形计算提供了基础。事实上,这个方程表示截面上的力矩与轴线弯曲变形的关系。由于在本章内讨论的问题限于 x-y 平面内的平面弯曲,下文中将用 M 表示对 z 轴的弯矩,I 表示对 z 轴的惯性矩,略去下标"z"。

容易验证,上式中,弯矩的符号规定与曲率的符号是一致的。如图9-2所示,使梁产生凹的弯矩为正,而这一部分挠度曲线的两阶导数(即曲率)也为正,反之亦然。

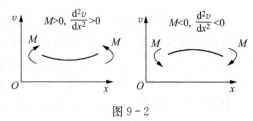

图9-2

9.2　积分法计算梁的位移

如果沿梁轴线的弯矩表达式已经求出,那么,通过求积分即可得到转角和挠度的表达式。两次积分将出现两个积分常数,可以由梁的边界条件来确定。下面用例题来说明求解的过程。

例9-1　如图9-3所示,悬臂梁的端部受集中力 F 作用。已知梁的抗弯刚度为 EI,试求梁的转角和挠度曲线方程,端点 B 的转角和挠度。

解:如图建立 x-y 坐标系,容易确定固支端的剪力和弯矩,弯矩方程可以表示为

$$M(x) = -Fl + Fx$$

根据式(9-3),有

$$\frac{\mathrm{d}^2 v}{\mathrm{d}x^2} = \frac{M(x)}{EI} = \frac{1}{EI}(-Fl + Fx)$$

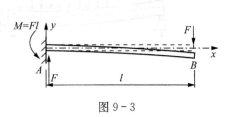

图9-3

将上式积分,得到

$$\frac{\mathrm{d}v}{\mathrm{d}x} = \frac{F}{EI}\left(-lx + \frac{1}{2}x^2\right) + C_1$$

根据边界条件 $x = 0$ 时 $\frac{\mathrm{d}v}{\mathrm{d}x} = 0$ 可知 $C_1 = 0$。将上式再积分一次,得到

$$v(x) = \frac{F}{EI}\left(\frac{-l}{2}x^2 + \frac{1}{6}x^3\right) + C_2$$

根据边界条件 $x = 0$ 时 $v = 0$ 可知 $C_2 = 0$。所以转角方程和挠度方程为

$$EI\theta(x) = F\left(-lx + \frac{1}{2}x^2\right)$$

$$EIv(x) = F\left(\frac{-l}{2}x^2 + \frac{1}{6}x^3\right)$$

端点 B 处的转角 $\theta_B = -\dfrac{Fl^2}{2EI}$,挠度 $v_B = -\dfrac{Fl^3}{3EI}$。

例 9 - 2 如图 9 - 4 所示等截面的简支梁,受集中力 F 的作用。已知梁的抗弯刚度为 EI,求变形后梁的转角和挠度曲线方程,并求 F 力作用点 C 的垂直位移。

解:两端的支座反力分别为 bF/l 和 aF/l。函数符号 $\langle x-a\rangle^n$,$n = 0, 1, 2, \cdots$ 的定义和积分运算规则见式(2 - 16)—式(2 - 18)。根据 x 截面左边的分离体的平衡,用奇异函数符号写出弯矩方程:

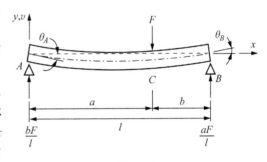

图 9 - 4

$$M = \frac{bF}{l}\langle x-0\rangle^1 - F\langle x-a\rangle^1 \quad (0 \leqslant x \leqslant l)$$

上式右端第一项表示支座集中力 bF/l 产生的弯矩,力的作用点在 $x = 0$ 处。第二项表示集中力 F 产生的弯矩,力作用在 $x = a$ 处。根据奇异函数的定义,第二项只在 $a \leqslant x \leqslant b$ 的区域里有非零的数值。梁弯曲的微分方程为

$$EI\frac{\mathrm{d}^2 v}{\mathrm{d}x^2} = \frac{bF}{l}x - F\langle x-a\rangle^1 \tag{a}$$

将上式积分一次,得到

$$EI\frac{\mathrm{d}v}{\mathrm{d}x} = EI\theta = \frac{bF}{2l}x^2 - \frac{F}{2}\langle x-a\rangle^2 + C_1 \tag{b}$$

再积分一次,得到

$$EIv = \frac{bF}{6l}x^3 - \frac{F}{6}\langle x-a\rangle^3 + C_1 x + C_2 \tag{c}$$

梁两端的边界条件为 $v(0) = 0$，$v(l) = 0$。代入上式可得到

$$C_2 = 0$$

$$\frac{bF}{6}l^2 - \frac{Fb^3}{6} + C_1 l = 0, \quad C_1 = \frac{Fb}{6}\left(\frac{b^2}{l} - l\right)$$

将求出的积分常数代入方程(b)和(c)，得到

$$\theta = \frac{F}{2EI}\left[\frac{b}{3l}(b^2 - l^2 + 3x^2) - \langle x - a\rangle^2\right]$$

$$v = -\frac{F}{6EI}\left[\frac{bx}{l}(l^2 - b^2 - x^2) + \langle x - a\rangle^3\right]$$

梁端点转角为

$$\theta_A = -\frac{Fab(l + b)}{6EIl}, \quad \theta_B = \frac{Fab(l + a)}{6EIl}$$

C 点的挠度为

$$v_C = -\frac{Fa^2 b^2}{3EIl}$$

如果力 F 作用在梁的中点，那么

$$v_C = -\frac{Fl^3}{48EI}$$

例 9-3　如图 9-5 所示外伸梁，已知梁的抗弯刚度为 EI。试建立梁的挠度方程，并求 A 点和 C 点的转角和挠度。

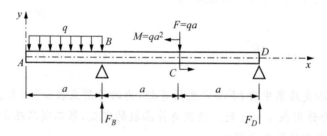

图 9-5

解：求出 B 点支座反力 $F_B = 2.25qa$，D 点支座反力 $F_D = -0.25qa$。

写出基本微分方程：

$$EI\frac{\mathrm{d}^2 v}{\mathrm{d}x^2} = M(x)$$

$$= -\frac{1}{2}q\langle x\rangle^2 + \frac{1}{2}q\langle x - a\rangle^2 + F_B\langle x - a\rangle - F\langle x - 2a\rangle - M\langle x - 2a\rangle^0$$

上式右边的第二项表示分布力 q 在 B 点结束。对上式进行积分得到

$$EI\theta(x) = -\frac{1}{6}q\langle x\rangle^3 + \frac{1}{6}q\langle x-a\rangle^3 + \frac{F_B}{2}\langle x-a\rangle^2 -$$

$$\frac{F}{2}\langle x-2a\rangle^2 - M\langle x-2a\rangle^1 + C_1$$

$$EIv(x) = -\frac{q}{24}\langle x\rangle^4 + \frac{1}{24}q\langle x-a\rangle^4 + \frac{F_B}{6}\langle x-a\rangle^3 -$$

$$\frac{F}{6}\langle x-2a\rangle^3 - \frac{M}{2}\langle x-2a\rangle^2 + C_1 x + C_2$$

从边界条件 $v(a) = 0$ 得到

$$EIv(a) = -\frac{q}{24}a^4 + C_1 a + C_2 = 0 \qquad\qquad\text{(a)}$$

从边界条件 $v(3a) = 0$ 得到

$$EIv(3a) = -\frac{q}{24}(3a)^4 + \frac{1}{24}q(2a)^4 + \frac{F_B}{6}(2a)^3 - \frac{F}{6}a^3 - \frac{M}{2}a^2 + 3C_1 a + C_2 = 0 \qquad\text{(b)}$$

简化后得到

$$aC_1 + C_2 = \frac{1}{24}qa^4$$

$$3aC_1 + C_2 = \frac{3}{8}qa^4$$

解线性方程组可以求出

$$C_1 = \frac{1}{6}qa^3, \qquad C_2 = -\frac{1}{8}qa^4$$

所以

$$EI\theta(x) = -\frac{1}{6}q\langle x\rangle^3 + \frac{1}{6}q\langle x-a\rangle^3 + \frac{9qa}{8}\langle x-a\rangle^2$$

$$-\frac{qa}{2}\langle x-2a\rangle^2 - qa^2\langle x-2a\rangle^1 + \frac{1}{6}qa^3$$

$$EIv(x) = -\frac{q}{24}\langle x\rangle^4 + \frac{1}{24}q\langle x-a\rangle^4 + \frac{3qa}{8}\langle x-a\rangle^3$$

$$-\frac{qa}{6}\langle x-2a\rangle^3 - \frac{qa^2}{2}\langle x-2a\rangle^2 + \frac{1}{6}qa^3 x - \frac{1}{8}qa^4$$

A 点: $\qquad x = 0, \quad \theta_A = \theta(0) = \dfrac{qa^3}{6EI}, \quad v_A = v(0) = \dfrac{-qa^4}{8EI}$

C 点: $\qquad x = 2a, \quad \theta_C = \dfrac{qa^3}{8EI}, \quad v_C = \dfrac{-qa^4}{24EI}$

例 9 - 4　如图 9 - 6 所示为铰接外伸梁。A 端为固支，B 为中间铰，C 为动铰支座。AB 段有均布力 q 作用，D 端有集中力 $F = qa$ 作用。梁的抗弯刚度为 EI，求梁的转角和挠度的表达式。

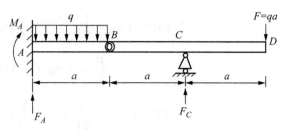

解：根据图 9 - 6 的分离体平衡关系容易得到 A 点支座反力为

$$M_A = \frac{qa^2}{2},\ F_A = 0,\ F_C = 2qa$$

挠度的微分方程为

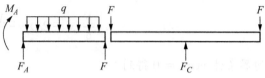

图 9 - 6

$$EI\frac{\mathrm{d}^2 v}{\mathrm{d}x^2} = M(x) = \frac{1}{2}qa^2 - \frac{1}{2}q\langle x\rangle^2 + \frac{1}{2}q\langle x-a\rangle^2 + 2qa\langle x-2a\rangle$$

上式的积分可以得到转角方程。应注意，在求转角方程时，铰连接处两侧的转角不连续，有一增量 $\Delta\theta_B$，需作为待定参数引入：

$$EI\theta(x) = \frac{1}{2}qa^2 x - \frac{1}{6}q\langle x\rangle^3 + EI\Delta\theta_B\langle x-a\rangle^0 + \frac{1}{6}q\langle x-a\rangle^3 + qa\langle x-2a\rangle^2 + C_1$$

$$EIv(x) = \frac{1}{4}qa^2 x^2 - \frac{1}{24}q\langle x\rangle^4 + EI\Delta\theta_B\langle x-a\rangle^1 +$$

$$\frac{1}{24}q\langle x-a\rangle^4 + \frac{qa}{3}\langle x-2a\rangle^3 + C_1 x + C_2$$

固支端的转角和挠度均为零，所以

$$\theta_A = \theta(0) = C_1 = 0,\ v_A = v(0) = C_2 = 0$$

C 点的挠度为零：

$$v_C = v(2a) = 0$$

可以得到

$$\Delta\theta_B = -\frac{3}{8EI}qa^3$$

转角和挠度分别为

$$EI\theta(x) = \frac{1}{2}qa^2 x - \frac{1}{6}q\langle x\rangle^3 - \frac{3}{8}qa^3\langle x-a\rangle^0 + \frac{1}{6}q\langle x-a\rangle^3 + qa\langle x-2a\rangle^2$$

$$EIv(x) = \frac{1}{4}qa^2 x^2 - \frac{1}{24}q\langle x\rangle^4 - \frac{3}{8}qa^3\langle x-a\rangle^1 + \frac{1}{24}q\langle x-a\rangle^4 + \frac{qa}{3}\langle x-2a\rangle^3$$

例 9 - 5　两端固支的梁 AC，在 B 点有一集中力 F 作用（见图 9 - 7）。B 点与两个端点的距离分别为 a 和 $b\ (a > b)$。已知梁的抗弯刚度为 EI。试求支座的约束反力，B 点的挠度以及最大挠度值。

解：(1) 求支座反力和力矩。

假设 A 点和 C 点的约束力矩为 M_A 和 M_C，约束反力为 F_A 和 F_C。这个问题有四个未知量，但是只有两个平衡方程：

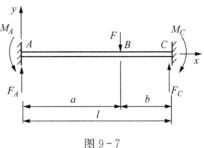

$$\sum m_A = 0: \qquad M_A + F_C l = M_C + Fa \qquad \text{(a)}$$

$$\sum F_y = 0: \qquad F_A + F_C = F \qquad \text{(b)}$$

图 9-7

所以是二次静不定问题。用奇异函数写出弯矩的表达式及挠曲微分方程：

$$EI \frac{\mathrm{d}^2 v}{\mathrm{d}x^2} = -M_A \langle x \rangle^0 + F_A \langle x \rangle^1 - F \langle x - a \rangle^1$$

积分一次得到

$$EI\theta = -M_A \langle x \rangle^1 + \frac{F_A}{2} \langle x \rangle^2 - \frac{F}{2} \langle x - a \rangle^2 + C_1$$

根据 A 点的转角为零的条件 $\theta(0) = 0$，得到 $C_1 = 0$。

再积分一次，得到

$$EIv = -\frac{M_A}{2} \langle x \rangle^2 + \frac{F_A}{6} \langle x \rangle^3 - \frac{F}{6} \langle x - a \rangle^3 + C_2$$

根据边界条件 $v(0) = 0$，得到 $C_2 = 0$。因此梁的转角和挠度曲线为

$$EI\theta = -M_A \langle x \rangle^1 + \frac{F_A}{2} \langle x \rangle^2 - \frac{F}{2} \langle x - a \rangle^2$$

$$EIv = -\frac{M_A}{2} \langle x \rangle^2 + \frac{F_A}{6} \langle x \rangle^3 - \frac{F}{6} \langle x - a \rangle^3$$

根据 C 点（$x = l$ 处）转角为零、挠度为零的条件，得到

$$-M_A l + \frac{F_A}{2} l^2 - \frac{F}{2} b^2 = 0 \qquad \text{(c)}$$

$$-\frac{M_A}{2} l^2 + \frac{F_A}{6} l^3 - \frac{F}{6} b^3 = 0 \qquad \text{(d)}$$

上述两个方程与平衡方程(a)和(b)联立求解，可以得到约束反力和反力矩：

$$F_A = \frac{Fb^2}{l^3}(3a + b), \quad F_C = \frac{Fa^2}{l^3}(a + 3b)$$

$$M_A = \frac{Fab^2}{l^2}, \quad M_C = \frac{Fa^2 b}{l^2}$$

（2）求 B 点的挠度和梁的最大挠度。

在挠度方程中令 $x = a$，得到 B 点的挠度

$$v_B = \frac{1}{EI}\left(-\frac{M_A}{2}a^2 + \frac{F_A}{6}a^3\right) = -\frac{Fa^3b^3}{3EIl^2}$$

由于 $a > b$，最大挠度应该在 AB 区间。AB 段的转角方程为

$$EI\frac{\mathrm{d}v}{\mathrm{d}x} = EI\theta = -M_A\langle x\rangle^1 + \frac{F_A}{2}\langle x\rangle^2$$

令上式等于零，可以得到最大挠度所在位置 $x_1 = \frac{2al}{3a+b}$。对应的挠度最大值为

$$v_{\max} = v(x_1) = -\frac{2Fa^3b^2}{3EI(3a+b)^2}$$

如果 F 力作用在中点，即 $a = b$，那么

$$v_{\max} = \frac{Fl^3}{192EI}$$

并且有

$$F_A = F_C = \frac{F}{2}, \quad M_A = M_C = \frac{Fl}{8}$$

例 9 - 6   如图 9 - 8 所示悬臂梁，自由端 B 由弹簧支承，弹簧刚度为 k。C 点有集中力 F 作用。假设梁的抗弯刚度为 EI，试求弹簧的支承反力。

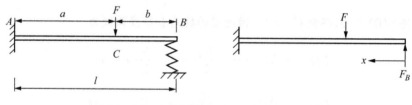

图 9 - 8

解：这是一次静不定问题。如果将 x 坐标的原点设在 B 点，x 正方向向左，可以避免 A 端的剪力和弯矩作为未知量出现。假设 B 端的弹簧约束力为 F_B。梁的挠曲方程为

$$EI\frac{\mathrm{d}^2v}{\mathrm{d}x^2} = M(x) = F_B\langle x\rangle - F\langle x-b\rangle$$

积分上式可以得到

$$EI\frac{\mathrm{d}v}{\mathrm{d}x} = \frac{1}{2}F_B\langle x\rangle^2 - \frac{1}{2}F\langle x-b\rangle^2 + C_1$$

再次积分可以得到

$$EIv(x) = \frac{1}{6}F_B\langle x\rangle^3 - \frac{1}{6}F\langle x-b\rangle^3 + C_1x + C_2 \tag{a}$$

从边界条件 $x = l$ 时 $\left.\dfrac{\mathrm{d}v}{\mathrm{d}x}\right|_{x=l} = 0$，可知

$$C_1 = \frac{1}{2}Fa^2 - \frac{1}{2}F_B l^2$$

从边界条件 $v\,|_{x=l} = 0$，可知

$$C_2 = \frac{1}{3}F_B l^3 + \frac{1}{6}Fa^2(a - 3l) \qquad\qquad (b)$$

根据式 (a) 可知 B 点的垂直位移

$$v_B = v(0) = \frac{C_2}{EI} = -\frac{F_B}{k}$$

将式 (b) 代入上式可得

$$F_B = \frac{a^2(3l - a)F}{2l^3 + \dfrac{6EI}{k}}$$

这个题目实际上是用积分法求出了自由端的挠度，并且利用该点的变形协调关系求得了支座反力。附录 C 列出了一些等截面简支梁和悬臂梁在简单载荷作用下的转角和挠度的表达式。对于一些简单的求梁的变形问题可以利用表中的公式，用叠加法的概念直接得到结果。下面我们介绍如何用叠加法求梁的转角和挠度。

9.3 叠加法计算梁的位移

在小变形条件下，梁内应力不超过材料的比例极限时，梁位移的基本微分方程是 [式 (9-3)]

$$\frac{\mathrm{d}^2 v}{\mathrm{d}x^2} = \frac{M(x)}{EI}$$

式中弯矩 $M(x)$ 为载荷 (集中力、分布力、力偶矩等) 的线性齐次函数。例如，例 9-3 的基本微分方程右端，是分布力 q、集中力 F_B 和 F 以及力偶矩 M 的线性齐次函数。当梁上同时有几个载荷作用时的转角和挠度，应该等于各载荷单独作用时的转角和挠度的线性组合。因此，当梁上有几个载荷同时作用时，可以利用附录 C 得到简单载荷下的转角和挠度，然后用叠加法计算总变形。下面用例题来说明叠加法的应用。

例 9-7　如图 9-9(a) 所示 AC 梁为等截面外伸梁，外伸长度为 a，AB 段长度为 l，抗弯刚度为 EI，C 端受 F 力的作用。试求 C 点的转角 θ_C 和挠度 v_C。

解：在外载荷作用下，梁的 AB 段和 BC 段都有弯矩，在弯矩作用下梁发生变形。C 点的位移是这两段梁变形的总结果。

(1) AB 段梁的变形。

如图 9-9(b) 所示，考虑 AB 段梁的变形时，可以将作用在 C 点的 F 力，用作用在 B 点的 F 力和力偶矩 $M = Fa$ 静力等效。力 F 直接由支座承受，对变形不起作用。力偶矩 M 使 AB 段梁产生向上拱起的弯曲变形。根据附录 C 中一端受力偶矩作用的简支梁的解可知 B 截面转角为

$$\theta_B = -\frac{Fal}{3EI}$$

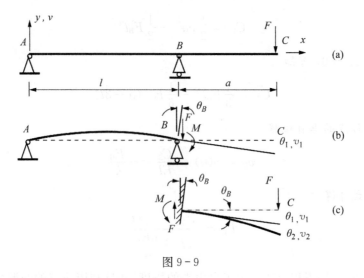

图 9 - 9

因此，由于 AB 段变形而使 C 点产生的转角和挠度分别为［见图 9 - 9(c)］

$$\theta_1 = \theta_B = -\frac{Fal}{3EI}, \quad v_1 = a \cdot \tan\theta_B \approx \theta_B a = -\frac{Fa^2 l}{3EI}$$

（2）BC 段的变形。

BC 段可以看成是固支于 B 截面的悬臂梁。根据附录 C 中悬臂梁端点受集中力作用时的解可知 BC 段梁的变形产生 C 点的相应的转角和挠度为

$$\theta_2 = -\frac{Fa^2}{2EI}, \quad v_2 = -\frac{Fa^3}{3EI}$$

（3）C 点的总的转角和挠度。

$$\theta_C = \theta_1 + \theta_2 = -\frac{Fa \cdot (2l + 3a)}{6EI}$$

$$v_C = v_1 + v_2 = -\frac{Fa^2}{3EI}(l + a)$$

事实上，在分析 AB 段变形时，可以将 BC 段视作刚性杆，在 C 端产生位移 v_1 和转角 θ_1；在分析 BC 段变形时，可以将 AB 段视作刚性杆，BC 段变形在 C 端产生位移 v_2 和转角 θ_2；C 端总位移为 $v_1 + v_2$，总转角为 $\theta_1 + \theta_2$。这种分析方法也称为逐段分析求和法。

在工程实际中，为了提高结构的刚度或可靠度，往往要增加约束，使之成为静不定结构。当支座约束数目与平衡方程数目相等时，梁是静定的。如果梁的支座约束数目多于平衡方程数目，即成为静不定梁。所增加的约束称为多余约束（redundant constraint）。与多余约束相对应的支座反力称为多余约束力。

为了求解静不定结构问题，可以假想将多余约束解除，使之成为静定结构。这一静定结构称为静定基。例如，悬臂梁原本是静定结构，如图 9 - 10 所示悬臂梁的右端增加了一个动铰约束，所以成了一次静不定结构。假想将多余约束（动铰）移去，用约束反力 F_B 代替动铰的作用，这时的悬臂梁 AB 称为静定基。将外载荷和多余约束力共同作用于静定基，得到与原静不定梁静力等效的系统，称为相当系统（equivalent system）。为了使相当系统的变形与原静不定梁一致,必须建立多余约束处的变形协调条件。具体地讲,必须使外载荷和多余约束力作用下 B 点的挠度为零($v_B = 0$)。这一补充方程与原平衡方程一起可以将所有未知力求出,从而完成静不定问题的求解。

例9-8 如图9-10所示的 AB 梁左端固支,右端为动铰支承,受均布力 q 作用。梁的抗弯刚度为 EI。试分别用叠加法和积分法求解这一静不定问题,并作内力图。

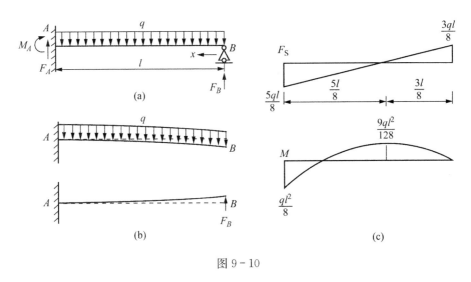

图9-10

解:(1)叠加法求解。

这个问题有三个约束反力:A 点的弯矩 M_A,剪力 F_A 和 B 端的支座反力 F_B。AB 梁的平衡条件只能提供两个方程,所以这是一次静不定问题。现在先暂时移去 B 端的动铰支座,移去动铰后的悬臂梁是静定的,称为静定基。如图9-10(b)所示,原问题可以分解为悬臂梁受外载荷 q 作用和悬臂梁受未知约束力 F_B 作用两个问题,这两个问题都可从附录C查到答案。它们在 B 点产生的挠度分别为

$$v_1 = -\frac{ql^4}{8EI} \tag{a}$$

$$v_2 = \frac{F_B l^3}{3EI} \tag{b}$$

事实上 B 点的垂直位移为零,也就是说,悬臂梁端点在外载荷作用下和在约束反力 F_B 作用下的总的位移为零:

$$v_B = v_1 + v_2 = 0 \tag{c}$$

将(a)和(b)两式代入(c),可以得到

$$F_B = \frac{3}{8}ql$$

另外两个约束反力可以通过平衡方程求出:

$$F_A + F_B = ql, \quad F_A = \frac{5}{8}ql$$

$$F_B l = M_A + \frac{ql^2}{2}, \quad M_A = -\frac{1}{8}ql^2$$

如图 9-10(c)所示为该梁的剪力图和弯矩图。

（2）这个问题也可以用积分法来求解。

以 B 为原点，x 坐标方向向左。挠度曲线基本方程为

$$EI \frac{\mathrm{d}^2 v}{\mathrm{d}x^2} = M(x) = F_B x - \frac{1}{2}qx^2$$

积分上式得到

$$EI \frac{\mathrm{d}v}{\mathrm{d}x} = \frac{1}{2}F_B x^2 - \frac{1}{6}qx^3 + C_1$$

根据边界条件 $\theta(l) = 0$ 可知 $C_1 = \frac{1}{6}ql^3 - \frac{1}{2}F_B l^2$。再次积分得到

$$EIv = \frac{1}{6}F_B x^3 - \frac{1}{24}qx^4 + C_1 x + C_2 \tag{a}$$

根据 B 端的位移边界条件 $v(0) = 0$ 可知 $C_2 = 0$。根据边界条件 $v(l) = 0$ 从式(a)可以得到

$$F_B = \frac{3}{8}ql$$

这个结果与叠加法得到的结果一致，但用叠加法求解比较简单。梁的剪力和弯矩分布如图 9-10(c)所示。

例 9-9 如图 9-11(a)所示两端固支的梁由 10 号工字钢制成。已知均布力 $q = 25\ \mathrm{kN/m}$，集中力 $F = 50\ \mathrm{kN}$，材料的弹性模量 $E = 200\ \mathrm{GPa}$，梁截面惯性矩 $I = 245\ \mathrm{cm}^4$。试求梁的内力。

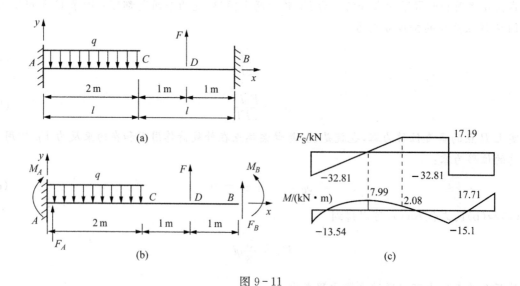

图 9-11

解: 这是二次静不定问题。以悬臂梁 AB 为静定基，用约束力 F_B 和约束力矩 M_B 来代替 B 端的约束[见图 9-11(b)]。将力 F_B 和力矩 M_B 产生的位移叠加，使 B 端的挠度和转角为

零,这样使 B 端的位移与固支条件一致。可以建立两个关于 F_B 和 M_B 的联立方程。

(1) 均布力 q 单独作用在静定基上,B 点的挠度和转角为

$$v_{Bq} = v_{Cq} + \theta_{Cq} \cdot l = -\frac{ql^4}{8EI} - \frac{ql^3}{6EI} \cdot l = -\frac{7}{24}\frac{ql^4}{EI}$$

$$\theta_{Bq} = \theta_{Cq} = -\frac{ql^3}{6EI}$$

(2) 力 F 单独作用在静定基上,B 点的挠度和转角为

$$v_{BF} = v_{DF} + \theta_{DF} \cdot 0.5l = \frac{F(1.5l)^3}{3EI} + \frac{F(1.5l)^2}{2EI} \cdot 0.5l = \frac{27}{16}\frac{Fl^3}{EI}$$

$$\theta_{BF} = \theta_{DF} = \frac{F(1.5l)^2}{2EI} = 1.125\frac{Fl^2}{EI}$$

根据边界条件 $v_B = 0$ 和 $\theta_B = 0$,得到

$$-\frac{7}{24}ql^4 + \frac{27}{16}Fl^3 + \frac{F_B(2l)^3}{3} + \frac{M_B(2l)^2}{2} = 0$$

$$-\frac{ql^3}{6} + 1.125Fl^2 + \frac{F_B(2l)^2}{2} + M_B(2l) = 0$$

解上面联立方程可以求出 B 点的约束力 $F_B = -32.81\,\mathrm{kN}$ 和约束力矩 $M_B = 17.71\,\mathrm{kN \cdot m}$。根据平衡条件可知 A 端支座反力 $F_A = 32.81\,\mathrm{kN}$,力矩 $M_A = -13.54\,\mathrm{kN \cdot m}$。剪力和弯矩的分布如图 $9-11(c)$ 所示。

9.4 梁的刚度条件

在按照强度条件选择了构件的截面后,对于有刚度要求的构件,还需要进行刚度校核,也就是校核构件的变形(挠度和转角)是否在设计所允许的范围内。对于杆件弯曲问题,限制其最大挠度、最大转角不超过许用值,以保证杆件的正常工作。这就是梁弯曲的刚度条件。用式子表示为

$$|v|_{max} \leqslant [v] \tag{9-4}$$

$$|\theta|_{max} \leqslant [\theta] \tag{9-5}$$

式中 $[v]$ 和 $[\theta]$ 分别为挠度和转角的许用值。

例如,长度为 l 的一般机械的轴,许用挠度为

$$[v] = (0.0003 \sim 0.0005)l$$

对于跨度为 l 的桥式起重机的梁,许用挠度

$$[v] = \left(\frac{1}{750} \sim \frac{1}{500}\right)l$$

在安装齿轮或滑动轴承处,轴的许用转角 $[\theta] = 0.001$ rad。在安装滚动轴承处,轴的许用转角 $[\theta] = 0.0016 \sim 0.005$ rad。

一般机械的各种零部件的挠度和转角的许用值可查阅有关机械设计手册。

例 9 - 10 例 9 - 2 所示简支梁受集中力 F 作用的问题(见图 9 - 4),假设梁由工字钢制成。已知 $F = 50$ kN,梁的长度 $l = 4$ m,$a = 3$ m,$b = 1$ m。钢的许用应力 $[\sigma] = 160$ MPa,梁的许用挠度 $[v] = l/500$,材料的弹性模量 $E = 200$ GPa。试选择工字钢的型号。

解:(1)按强度条件设计梁的截面。

梁的最大弯矩

$$M_{max} = \frac{Fab}{l} = \frac{50 \times 10^3 \text{ N} \times 3 \times 1 \text{ m}^2}{4 \text{ m}} = 37.5 \text{ kN} \cdot \text{m}$$

根据弯曲正应力强度条件,要求

$$W_z \geqslant \frac{M_{max}}{[\sigma]} = \frac{37.5 \times 10^3 \text{ N} \cdot \text{m}}{160 \times 10^6 \text{ Pa}} = 0.234 \times 10^{-3} \text{ m}^3 = 234 \text{ cm}^3$$

查型钢表可知 No.20a 工字钢的截面抗弯系数 $W_z = 237$ cm³,惯性矩 $I_z = 2\,370$ cm⁴,能满足强度要求。

(2)按刚度条件复核梁的截面尺寸。

根据附录 C 的简支梁受集中力作用时的挠度公式,可以得到梁的最大挠度

$$v_{max} = \frac{Fb(l^2 - b^2)^{3/2}}{9\sqrt{3}EIl}$$

刚度条件为 $v_{max} \leqslant [v]$,所以要求

$$I_z \geqslant \frac{Fb(l^2 - b^2)^{3/2}}{9\sqrt{3}EL[v]} = \frac{50 \times 10^3 \text{ N} \times 1 \text{ m} \times (4^2 - 1^2)^{3/2} \text{ m}^3}{9\sqrt{3} \times 200 \times 10^9 \text{ Pa} \times 4 \text{ m} \times \dfrac{1}{500} \times 4 \text{ m}}$$

$$= 29.11 \times 10^{-6} \text{ m}^4 = 2\,911 \text{ cm}^4$$

可见根据刚度条件需要选择惯性矩更大的工字钢。查型钢表得到 No.22a 工字钢,其截面惯性矩 $I_z = 3\,400$ cm⁴,抗弯截面系数 $W_z = 309$ cm³,可以同时满足强度条件和刚度条件。

结束语

弯曲变形是指杆件在弯矩作用下,变形前相邻的两个互相平行的横截面产生了相对转动,同时使轴线产生曲率,每一微段变形的累加使杆件的轴线产生了转角和挠度。通过对挠度的基本方程的积分,并且利用边界条件,可以求出杆件轴线的转角函数和挠度函数。奇异函数为挠度微分方程的积分提供了便捷的工具。叠加法是分析杆件变形的另一重要方法。基于小变形和线弹性的条件,挠度(转角)与载荷呈线性关系,所以总的变形可以用各个载荷分别作用下的变形叠加得到。弯曲变形分析为杆件的刚度校核提供了依据。

静不定梁的问题由于支座约束的数目多于平衡方程数目,需要补充方程才能求解所有的未知约束力。用积分法或叠加法计算出多余约束力所对应的(广义)位移,使其与实际位移一致,可以得到变形协调方程。这些方程与平衡方程一起就可以求出所有的支座约束力,使静不定问题得以求解。

思考题

9 - 1 什么是梁的轴线? 什么是挠曲轴? 什么是梁弯曲的挠度和转角? 挠度和转角有什么关系?

9 - 2 如何用积分法建立梁的挠度方程和转角方程? 如何利用边界条件确定积分常数?

9 - 3 在设计中,一受弯的碳素钢轴刚度不够,有人建议改用优质合金钢,此建议是否合理?

9 - 4 如何判断挠曲轴的凹、凸性与拐点的位置? 如何画出挠曲轴的大致形状?

9 - 5 什么是叠加原理? 在什么条件下可以应用叠加原理? 如何用叠加法求梁的挠度和转角?

9 - 6 什么是逐段分析求和法? 如何用逐段分析求和法分析梁的位移和转角?

9 - 7 如何判别静定梁和静不定梁? 什么是多余约束? 什么是多余约束力?

9 - 8 什么是静定基? 什么是相当系统? 如何求解静不定梁的问题?

习题

9 - 1 如图 9 - 12 所示各梁的弯曲刚度 EI 均为常数,试用积分法求截面 A 的转角及 C 点的挠度。

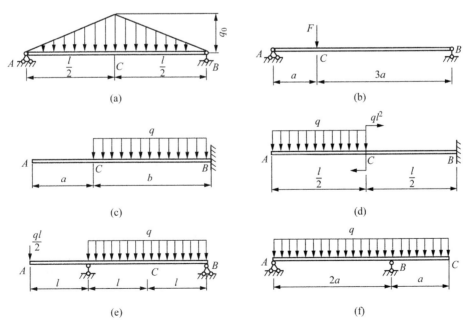

图 9 - 12

9-2 如图 9-13 所示试根据各梁的弯矩图与约束情况画出其挠度曲线的大致形状。弯曲刚度 EI 均为常数。

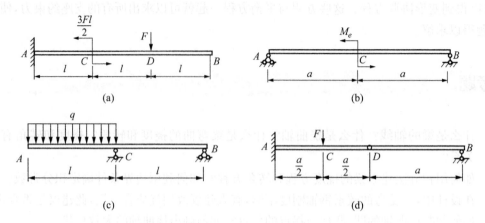

图 9-13

9-3 试用积分法求如图 9-14 所示各梁的最大挠度和最大转角，弯曲刚度 EI 为已知常数。

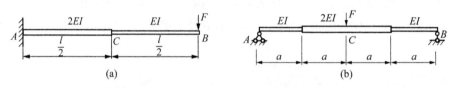

图 9-14

9-4 试用积分法计算如图 9-15 所示各梁的截面 A 的挠度与截面 C 的转角。弯曲刚度 EI 均为常数。

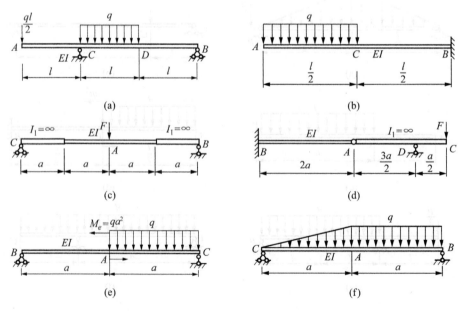

图 9-15

9-5 对图示带有中间铰的梁(EI 为常数),若集中力偶 m 作用在中间铰的左边[见图 9-16(a)]或右边[见图 9-16(b)]时,梁的变形是否相同? 为什么?

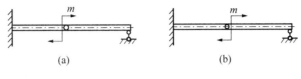

图 9-16

9-6 如图 9-17 所示梁的两种由支座提供的约束形式,试问在约束处它们所提供的位移边界条件或协调条件是否相同?

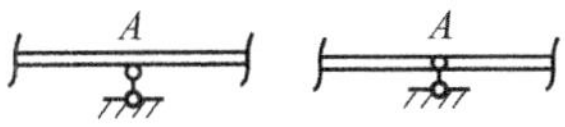

图 9-17

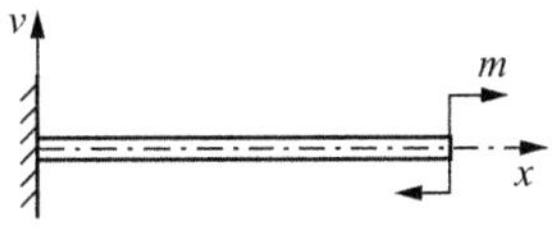

图 9-18

9-7 当梁上弯矩 M 为常量即纯弯曲时,由 $\dfrac{1}{\rho} = \pm \dfrac{M}{EI}$ 可知,ρ 为常数,即全梁的曲率不变,所以其挠度曲线是一条圆弧线。而对如图 9-18 所示悬臂梁,自由端受集中力偶 m 作用,亦为纯弯曲,却解得 $v = -\dfrac{mx^2}{2EI}$,即其挠度曲线是一条抛物线。为什么会有如此不同?

9-8 中国古代木结构建筑中,在上梁与立柱[见图 9-19(a)]的连接处,常采用一种独具风格的斗拱结构[见图 9-19(b)]。试分析这种世界上特有的结构形式的优点何在?

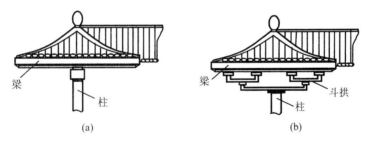

图 9-19

9-9 如欲使如图 9-20 所示简支梁挠度曲线的拐点位于离其左端 $l/3$ 处,则作用其上的力偶矩 M_1 与 M_2 应保持何种关系?

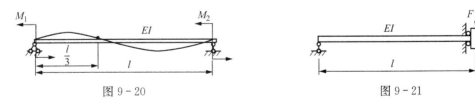

图 9-20

图 9-21

9-10 如图 9-21 所示梁的右端为一滑块约束,滑块可以自由上下滑动,但不能旋转和左右移动。设抗弯刚度 EI 为常数,试求滑块向下的位移。

9–11 如图9–22所示外伸梁，两端承受集中载荷 F 作用，弯曲刚度 EI 为常数。试问：(1)当 x/l 为何值时，梁跨度中点的挠度与自由端的挠度数值相等；(2)当 x/l 为何值时，梁跨度中点的挠度最大。

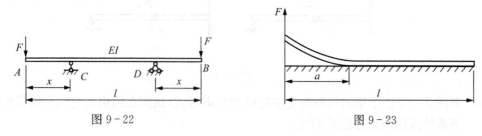

图9–22　　　　　　　　　图9–23

9–12 如图9–23所示，重量为 W 的等直梁放置在水平刚性平面上，当端部受集中力 $F = W/3$ 作用后，求提起部分的长度 a。假定未提起部分保持与平面密合。

9–13 试用叠加法计算如图9–24所示各梁截面 A 的转角及截面 C 的挠度。弯曲刚度 EI 均为常数。

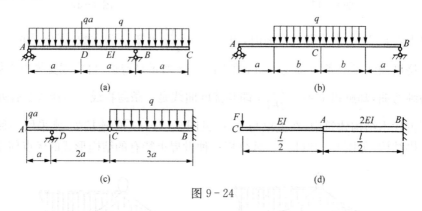

(a)　　　　　　　　　　　　　(b)

(c)　　　　　　　　　　　　　(d)

图9–24

9–14 变截面简支梁如图9–25所示，试求跨度中点截面 C 的挠度。已知材料的弹性模量 E。

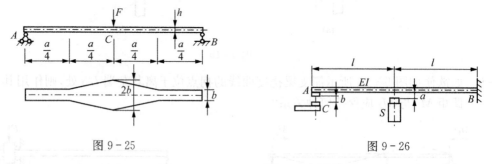

图9–25　　　　　　　　　图9–26

9–15 如图9–26所示电磁开关由铜片 AB 与磁铁 S 组成。为使端点 A 与触点 C 接触，试求电磁铁 S 所需吸力的最小值以及间距 a 的尺寸。已知 b,l 及铜片的弯曲刚度 EI。

9–16 试按叠加法求如图9–27所示平面折杆自由端 C 截面的铅垂位移和水平位移。已知该杆各段的横截面面积均为 A，抗弯刚度均为 EI。

9–17 试按叠加法求如图9–28所示结构中 B,C 间的相对位移。已知各段的抗弯刚度 EI。

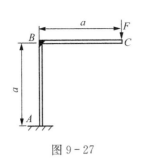

图9-27

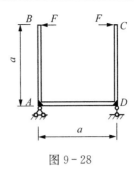

图9-28

9-18 如图9-29所示位于水平面内的折杆 ABC，$CB \perp BA$，B 处为轴承支撑，AB 杆的 B 端在轴承内可自由转动，但不能上下移动。试求截面 C 的铅垂位移。材料的弹性模量为 E。

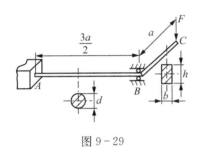

图9-29

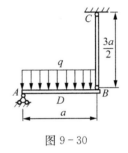

图9-30

9-19 如图9-30所示结构，木梁 AB 的抗弯刚度为 $E_1 I$，钢拉杆 CB 的抗拉刚度为 $E_2 A$。试求梁 AB 中点 D 沿铅垂方向的位移。

9-20 如图9-31所示激光光束通过外径 $D = 152\,\text{mm}$，壁厚 $\delta = 3\,\text{mm}$ 的钢管，材料的弹性模量 $E = 210\,\text{GPa}$，容重 $\gamma = 7.8 \times 10^{-3}\,\text{g/mm}^3$。由于管自重而使其跨中产生相当大的挠度，以致有一半光束因撞壁而受阻，未能射出。试问这时管长 l 为多少？

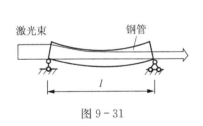

图9-31

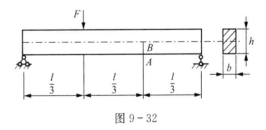

图9-32

9-21 如图9-32所示矩形截面简支梁受集中力作用，试求梁下边缘 A 点的轴向位移。已知材料的弹性模量 E。

9-22 如图9-33所示矩形截面悬臂梁，由于温度发生变化，使上表面温度为 T_1，下表面温度为 T_2，而且沿截面高度温度按线性分布。已知材料的线膨胀系数为 α。试确定由于温度变化引起的梁自由端的挠度和转角。

9-23 如图9-34所示悬臂梁固定端的下边缘与一刚性圆柱表面相接触。试求在载荷 F 作用下，自由端 B 的挠度。已知梁的抗弯刚度为 EI，圆柱面的半径为 R。

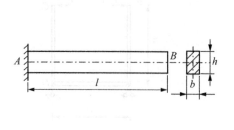

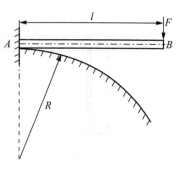

图 9 - 33　　　　　　　　　　　　图 9 - 34

9 - 24　如图 9 - 35 所示结构，由两根 No. 10 工字型钢梁组成。已知钢材料的弹性模量 $E =$ 200 GPa，在不受力的情况下，两根梁是平行的，且梁中点两梁间的空隙为 $\delta = 5$ mm。当顶梁承受 $q = 4.5$ kN/m 的均布载荷时，试求在 B 点处对顶梁的反力和顶梁中点的挠度。

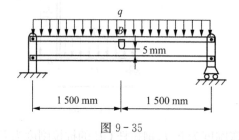

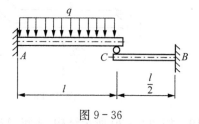

图 9 - 35　　　　　　　　　　　　图 9 - 36

9 - 25　如图 9 - 36 所示钢梁 AC 的惯性矩是铜梁 BC 的惯性矩的两倍，钢的弹性模量是铜的弹性模量的两倍，在施加载荷 q 前，C 点的反力为零。试求：(1) 梁 AC 在 C 点的反力；(2) 梁 BC 在 C 点的挠度。

9 - 26　变截面梁如图 9 - 37 所示，已知材料的弹性模量 E。试求梁上 A 点的挠度。

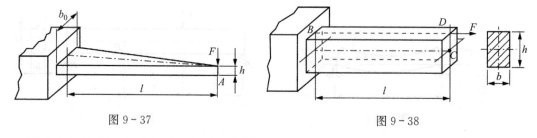

图 9 - 37　　　　　　　　　　　　图 9 - 38

9 - 27　如图 9 - 38 所示矩形截面杆，在 D 点受力 F 的作用。试求：(1) 杆的纤维 BD 的伸长量；(2) 形心 C 的铅垂位移和水平位移；(3) 自由端端面的转角。已知材料的弹性模量 E。

第 10 章

压杆稳定

　　杆件设计除了强度条件和刚度条件以外,需要考虑的另一种失效形式是失稳。工程结构为了减轻重量,需要采用薄壁的板、壳或细长杆桁架、网架等结构形式。这些结构受面内或轴向压力时,失稳破坏起主导作用。工程师和力学工作者始终致力于使结构减轻重量并且具有良好的稳定性。这一章将推导各种边界支承条件下确定细长压杆失稳时临界力的欧拉公式,建立压杆设计的稳定条件,介绍压杆稳定性分析的经验公式和折减系数法。

10.1　平衡的稳定性

　　前面我们讨论的所有问题,都假设系统处于平衡状态。事实上还应该指明物体都处于稳定平衡状态。因为有的平衡状态是不稳定的。平衡的稳定性取决于处于平衡状态的系统受到轻微扰动时,是趋向于恢复到原平衡状态,还是趋向于进一步偏离原平衡状态。图 10-1 中的小球,放置在三种不同的光滑表面上。如图 10-1(a)所示的小球受外界扰动离开平衡位置后,在重力和表面反力的作用下将趋于恢复原平衡位置。这种状态称为稳定平衡(stable equilibrium)。如图 10-1(c)所示的小球在曲面顶上也处于平衡状态,但受外界扰动离开平衡位置后,趋向于越来越远地偏离原位置,这种状态称为不稳定平衡(unstable equilibrium)。如图 10-1(b)所示的小球则介于前两者之间,受扰动后既不恢复原位,也不进一步远离,称为随遇平衡(neutral equilibrium)。

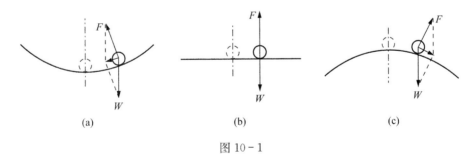

图 10-1

　　再看下面的例子。如图 10-2(a)所示垂直的刚性杆长度为 l。下端 A 点为铰支。在顶部由两个水平放置的弹簧侧向支承,弹簧刚度为 k。杆的顶端受垂直向下的 F 力作用。如果 B 点受到微小扰动 δ[见图 10-2(b)],力 F 对 A 点的力矩为 $F\delta$,这个力矩使杆件偏离原位置,称为倾覆力矩。两个弹簧产生的水平力对于 A 点形成的力矩为 $2k\delta \cdot l$,这个力矩使刚性杆回复到原位置,称为恢复力矩。当 $F < 2kl$ 时,$F\delta < 2kl\delta$,即恢复力矩大于倾覆力矩。弹簧可以使

杆恢复原平衡位置,系统处于稳定平衡状态。当 $F = 2kl$ 时,$F\delta = 2kl\delta$,恢复力矩与倾覆力矩相等,系统处于随遇平衡状态。理论上此时杆顶可以偏离原位处于任何微小的 δ 位置。当 $F > 2kl$ 时,$F\delta > 2kl\delta$。此时倾覆力矩大于恢复力矩,系统处于不稳定平衡,任何微小的扰动都会使杆子失稳。$F_{cr} = 2kl$ 称为系统的临界载荷(critical load)。

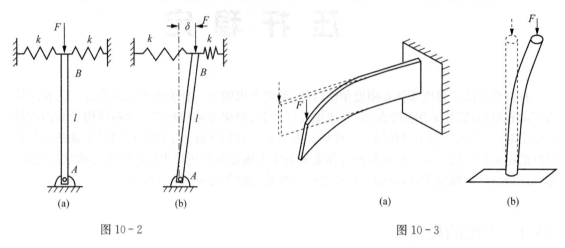

图 10 - 2   图 10 - 3

上面是一个很简单的弹性稳定的例子。这个例子中的恢复力矩是由外部的弹簧提供的。而许多实际情况中,弹性恢复作用是由构件本身提供的。工程中有很多可能引起结构失稳的实例。如图 10 - 3(a)所示悬臂薄腹深梁,在端部垂直力作用下可能发生侧向失稳;如图 10 - 3 (b)所示下端固支的细长杆,在垂直载荷作用下也可能失稳。还有桁架中的受压杆,受面内压力的薄板、薄壳都可能失稳。使这类构件失稳的临界载荷也称为屈曲载荷(buckling load)。

实际结构屈曲后会产生大变形,有些结构发生屈曲后能承受比临界载荷更高的载荷。结构虽然有大变形,但不会坍塌(collapse)。这种结构的后屈曲(post-buckling)状态是稳定的。另一些结构在达到临界载荷后,结构立即坍塌,其后屈曲状态是不稳定的。屈曲后的状态是否稳定需要用大变形理论作分析。

10.2 细长压杆的临界力

对于细长压杆,临界力是压杆保持原有直线状态稳定平衡的极限载荷。为了确定临界力,可以从研究偏离直线状态,产生微弯曲变形的梁的平衡入手。应用梁弯曲理论可以导出压杆的临界力的计算公式。临界力的大小与杆端支承条件有密切关系。

10.2.1 两端铰支压杆的临界力

如图 10 - 4 所示,一根两端铰支的细长杆,假定杆内的应力没有超过材料的比例极限。在沿轴向长度 x 处,截取分离体,截面上的内力矩与轴力 F 对截面中心形成的力矩平衡。根据梁的曲率与弯矩的关系可知

$$EI \frac{\mathrm{d}^2 v}{\mathrm{d}x^2} = M(x) \tag{10 - 1}$$

对于图中建立的坐标系,弯矩是正的,挠度是负的,所以

$$M(x) = -Fv$$

将上式代入式(10−1)得到

$$\frac{\mathrm{d}^2 v}{\mathrm{d}x^2} = -\frac{Fv}{EI}$$

上式可以改写为

$$\frac{\mathrm{d}^2 v}{\mathrm{d}x^2} + k^2 v = 0 \qquad (10-2)$$

式中 $k^2 = \dfrac{F}{EI}$。这是一个二阶线性常微分方程,其通解为

$$v = a \cdot \sin kx + b \cdot \cos kx \qquad (\text{a})$$

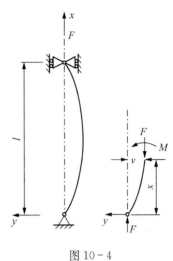

图 10−4

式中的待定常数 a 和 b 需要用杆端的边界条件来确定。利用
两端的挠度为零的边界条件:当 $x = 0$ 时,$v = 0$,代入式(a)得到

$$0 \cdot a + 1 \cdot b = 0 \qquad (\text{b})$$

所以 $b = 0$,并且

$$v(x) = a \cdot \sin kx$$

当 $x = l$ 时,$v = 0$,代入式(a)得到

$$\sin kl \cdot a + \cos kl \cdot b = 0 \qquad (\text{c})$$

式(b)和(c)是关于系数 a 和 b 的齐次方程。为了求出 v 的非零解,要求方程(b)和(c)的系数
行列式为零:

$$\begin{vmatrix} 0 & 1 \\ \sin kl & \cos kl \end{vmatrix} = 0 \quad \text{即} \quad \sin kl = 0$$

为满足上式,应该使

$$kl = n\pi \quad (n = 0, 1, 2, 3, \cdots)$$

因为 $k^2 = \dfrac{F}{EI}$,所以要求

$$\frac{F}{EI} = k^2 = \frac{n^2 \pi^2}{l^2} \quad \text{或} \quad F = \frac{n^2 \pi^2 EI}{l^2} \quad (n = 0, 1, 2, 3, \cdots)$$

上式 $n = 1$ 时对应的 F 值是最小非零解,即压杆屈曲的临界压力

$$F_{\mathrm{cr}} = \frac{\pi^2 EI}{l^2} \qquad (10-3)$$

这就是压杆稳定的欧拉公式,F_{cr} 表示两端铰支的压杆的临界承载力。相应的失稳模态为[见
图 10−5(a)]

$$v(x) = a \cdot \sin \frac{\pi x}{l} \qquad (10-4)$$

当 $n=2,3,\cdots$ 时,同样能满足 $\sin kl = \sin n\pi = 0$ 的条件。此时的失稳模态如图 $10-5$(b)和图 $10-5$(c)所示,对应的屈曲压力为

$$F_{cr} = \frac{(n\pi)^2 EI}{l^2}$$

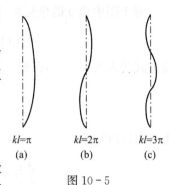

$kl=\pi$	$kl=2\pi$	$kl=3\pi$
(a)	(b)	(c)

图 $10-5$

理论上这些失稳形式可以存在,但是实际上当载荷达到最低临界力时杆件已经失稳,所以两端铰支的压杆临界力由式 $(10-3)$ 确定。

式 $(10-4)$ 表示的压杆屈曲模态为在 $(0,l)$ 区间的半个正弦波,其中 a 为杆中点 $(x=l/2)$ 处的挠度,它是一个不确定的系数。因为压杆微分方程 $(10-1)$ 式中的曲率使用的是小变形的近似公式,即

$$\frac{1}{\rho} \approx \frac{\mathrm{d}^2 v}{\mathrm{d}x^2}$$

这样得到的是二阶齐次常微分方程 $(10-2)$。作为特征值问题,方程的解是特征函数,其幅值是不确定的。如图 $10-6$ 中水平的虚线 AC 所示,失稳后挠度 a 增加,但临界力 F_{cr} 不变。小变形理论无法作后屈曲分析。如果曲率采用精确公式表示,将得到挠度的非线性方程

$$\frac{1}{\rho} = \frac{\mathrm{d}\theta}{\mathrm{d}s} = \frac{\mathrm{d}^2 v/\mathrm{d}x^2}{[1+(\mathrm{d}v/\mathrm{d}x)^2]^{3/2}} = \frac{M}{EI}$$

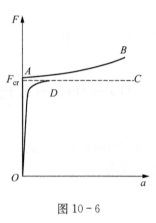

图 $10-6$

通过大挠度几何关系分析,可以求出屈曲后的压力与中点挠度 a 的关系如图 $10-6$ 中的曲线 OAB 所示。另一方面,实际的压杆,一般会有各种"缺陷"存在。例如,载荷作用的位置总会有微小的偏心,不可能像理论上要求的,正好作用在杆的形心上;杆由于加工精度问题,其轴线不可能是理论上的直线,等等。所以实验曲线将如图中曲线 OD 所示,一开始就有微小挠度,到接近临界值时,挠度迅速增加。

10.2.2　一端固支压杆的临界力

现在来考虑如图 $10-7$(a)所示的压杆,它的一端固定,另一端侧向支承在一个线性弹簧上,弹簧刚度为 α。坐标原点设在固定端。假定在微弯状态下自由端的挠度为 δ。坐标 x 处的弯矩为[见图 $10-7$(b)]

$$M(x) = F(\delta - v) - \alpha\delta(l - x)$$

微分方程 $(10-1)$ 成为

$$EI \frac{\mathrm{d}^2 v}{\mathrm{d}x^2} = F(\delta - v) - \alpha\delta(l - x) \qquad (a)$$

或写成

$$\frac{\mathrm{d}^2 v}{\mathrm{d}x^2} + k^2 v = k^2 \delta - \frac{\alpha \delta}{EI}(l - x) \tag{b}$$

式中 $k^2 = \dfrac{F}{EI}$。容易验证 $v = \delta\Big[1 - \dfrac{\alpha}{k^2 EI}(l-x)\Big]$ 是微分方程的特解，可以设

$$v = a \cdot \sin kx + b \cdot \cos kx + \delta\Big[1 - \frac{\alpha}{k^2 EI}(l-x)\Big] \tag{c}$$

边界条件：

$$x = 0 \text{ 时}, \qquad v(0) = 0, \qquad \frac{\mathrm{d}v}{\mathrm{d}x}\Big|_{x=0} = 0$$

$$x = l \text{ 时}, \qquad v(l) = \delta$$

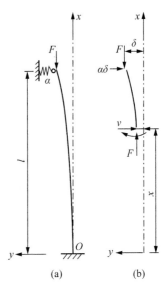

图 10-7

利用式(c)及边界条件可以得到关于 a, b, δ 的三个方程

$$0 \cdot a + 1 \cdot b + \Big(1 - \frac{\alpha l}{k^2 EI}\Big) \cdot \delta = 0 \tag{d1}$$

$$k \cdot a + 0 \cdot b + \frac{\alpha}{k^2 EI} \cdot \delta = 0 \tag{d2}$$

$$\sin kl \cdot a + \cos kl \cdot b + 0 \cdot \delta = 0 \tag{d3}$$

为了求得非零解，要求上述线性方程组的系数行列式为零：

$$\begin{vmatrix} 0 & 1 & 1 - \dfrac{\alpha l}{k^2 EI} \\ k & 0 & \dfrac{\alpha}{k^2 EI} \\ \sin kl & \cos kl & 0 \end{vmatrix} = 0$$

得到稳定方程为

$$\tan kl = kl - \frac{(kl)^3}{\alpha l^3} EI \tag{e}$$

这是关于 kl 的非线性方程，一般情况下可以用求解非线性方程的计算机程序求根。假设求得 kl 的最小根为 $(kl)_{\min}$，那么杆的临界力为

$$F_{\mathrm{cr}} = (kl)_{\min}^2 \frac{EI}{l^2} \tag{f}$$

失稳模态曲线由式(c)确定。根据式(d2)和式(d3)可知系数

$$a = -\frac{\alpha \delta}{k^3 EI}, \quad b = -\Big(1 - \frac{\alpha l}{k^2 EI}\Big)\delta \tag{g}$$

下面考虑两种特殊情况：

（1）弹簧刚度 $\alpha = 0$ 时，相当于上端自由下端固定的压杆[见图 10 - 8(a)]。此时稳定方程(e)成为 $\tan kl = -\infty$，其最小正根为 $(kl)_{\min} = \dfrac{\pi}{2}$，所以 $k^2 = \dfrac{\pi^2}{4l^2} = \dfrac{F}{EI}$，根据式(f)，临界力

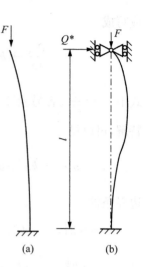

$$F_{\mathrm{cr}} = \frac{\pi^2 EI}{4l^2} \qquad (10 - 5)$$

由式(g)可知 $a = 0$，$b = -\delta$，所以模态曲线为 $v = \delta(1 - \cos kx)$。

（2）弹簧刚度 $\alpha = \infty$ 时，相当于上端铰支，下端固定的压杆[见图 10 - 8(b)]。稳定方程(e)成为 $\tan kl = kl$，最小根为 $(kl)_{\min} = 4.493$。所以临界力

$$F_{\mathrm{cr}} = (4.493)^2 \frac{EI}{l^2} \approx \frac{\pi^2 EI}{(0.7l)^2} \qquad (10 - 6)$$

$$(a) \qquad (b)$$

图 10 - 8

由于上端是固定铰支，即有 $\delta = 0$。假设上端由支座产生的侧向约束力为 Q^*。在式(g)和式(c)中令 $\delta = 0$，$\alpha\delta = Q^*$，可以导出模态曲线为

$$v(x) = \frac{Q^*}{k^2 EI}\left[-\frac{1}{k}\sin kx + l\cos kx - (l - x)\right]$$

10.2.3 两端固支压杆的临界力

考虑如图 10 - 9 所示两端固支的压杆。其上端的滑块使载荷 F 能传递给压杆，并保持杆端的侧向位移为零，转角也为零。当杆发生微弯变形时，假设上面固定端处的弯矩为 M^*。从长度为 $(l - x)$ 的一段分离体的平衡可知杆截面上的弯矩为

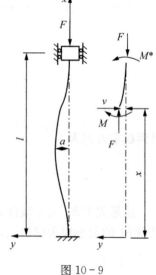

$$M(x) = M^* - Fv$$

所以式(10 - 1)成为

$$EI \frac{\mathrm{d}^2 v}{\mathrm{d}x^2} = M^* - Fv$$

或写成

$$\frac{\mathrm{d}^2 v}{\mathrm{d}x^2} + k^2 v = \frac{M^*}{EI}$$

式中 $k^2 = \dfrac{F}{EI}$。容易验证 $v = \dfrac{M^*}{k^2 EI}$ 是上述微分方程的特解，所以解的一般形式为

图 10 - 9

$$v = a \cdot \sin kx + b \cdot \cos kx + \frac{M^*}{k^2 EI}$$

从边界条件 $x = 0$ 时，$\dfrac{\mathrm{d}v}{\mathrm{d}x}\Big|_{x=0} = 0$ 可知 $a = 0$。从边界条件 $v(0) = 0$ 和 $v(l) = 0$ 得到

$$1 \cdot b + \frac{1}{k^2 EI} M^* = 0 \tag{a}$$

$$\cos kl \cdot b + \frac{1}{k^2 EI} M^* = 0 \tag{b}$$

这两个关于 b 和 M^* 的齐次线性方程组有非零解的条件是系数行列式为零:

$$\begin{vmatrix} 1 & \dfrac{1}{k^2 EI} \\ \cos kl & \dfrac{1}{k^2 EI} \end{vmatrix} = 0$$

由此得到稳定方程为 $\cos kl = 1$。

它的最小非零解是 $(kl)_{\min} = 2\pi$。所以两端固支压杆的临界力为

$$F_{\text{cr}} = \frac{4\pi^2 EI}{l^2} \tag{10-7}$$

可见,同样的杆件,如果是两端固支,其临界力为两端铰支时的四倍。另外从式(a)可知 $b = -\dfrac{M^*}{k^2 EI}$,所以失稳后的杆的挠度曲线为

$$v = b \cdot \cos kx + \frac{M^*}{k^2 EI} = \frac{M^*}{k^2 EI}(1 - \cos kx)$$

式中 $\dfrac{M^*}{k^2 EI}$ 是一个不确定的系数。假设杆的中点挠度为 f,从 $v\left(\dfrac{l}{2}\right) = f$ 的条件可知

$$\frac{M^*}{k^2 EI} = f \Big/ \left(1 - \cos \frac{kl}{2}\right) = \frac{f}{2}$$

所以模态曲线为 $v(x) = \dfrac{f}{2}(1 - \cos kx)$。

以上几种边界约束情况下的压杆临界力的公式可以用统一的形式表示为

$$F_{\text{cr}} = \frac{\pi^2 EI}{(\mu l)^2} \tag{10-8}$$

上式称为欧拉公式的普遍形式。其中 μl 称为杆的有效长度;μ 称为有效长度系数,它反映了杆端不同约束条件对临界力的影响。如图 10-10 所示列出了几种典型边界约束下的压杆的有效长度系数。以两端铰支压杆的失稳曲线为参照,其他边界条件的压杆,可以通过与两端铰支压杆失稳曲线形状的比较来推断有效长度系数。例如,对于两端固支的压杆,在距两个固支端 $l/4$ 处弯矩改变符号。这两点的弯矩为零,称为反弯点。在两个反弯点之间长度为 $l/2$ 的压杆相当于两端铰支的压杆,所以长度为 l 的两端固支的压杆相当于长度为 $l/2$ 的两端铰支压杆的临界力,这相当于在式(10-8)中取有效长度系数 $\mu = 0.5$。其他几种边界条件的压杆的有效长度系数也可以此类推。

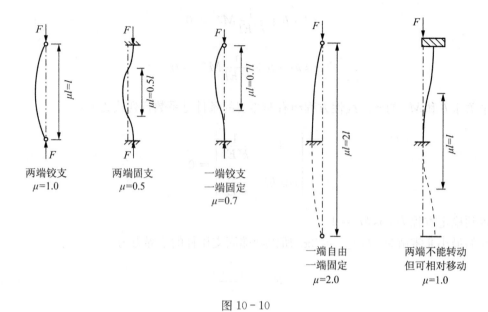

两端铰支
$\mu=1.0$

两端固支
$\mu=0.5$

一端铰支
一端固定
$\mu=0.7$

一端自由
一端固定
$\mu=2.0$

两端不能转动
但可相对移动
$\mu=1.0$

图 10 - 10

10.3 压杆的临界应力

前面讨论了细长压杆临界力的计算。当压杆不是很细长时,杆件失效的形式将发生变化,将从压杆稳定性问题转化为压应力下的材料屈服强度问题。为了能统一处理各种细长度的压杆失效问题,本节将引入柔度的定义,通过经验公式来处理中、小柔度杆的稳定或屈服问题。

10.3.1 柔度与临界应力

压杆失稳时杆件横截面上的平均压应力称为临界应力(critical stress)。根据式(10-8),细长压杆的临界应力为

$$\sigma_{cr} = \frac{F_{cr}}{A} = \frac{\pi^2 EI}{(\mu l)^2 A}$$

定义截面的惯性半径 i 为

$$i = \sqrt{\frac{I}{A}} \qquad (10-9)$$

并且令

$$\lambda = \frac{\mu l}{i} \qquad (10-10)$$

那么临界应力可以表示为

$$\sigma_{cr} = \frac{\pi^2 E}{\lambda^2} \qquad (10-11)$$

式中 λ 称为杆的柔度或长细比(slenderness ratio)。上式表明,细长杆的临界应力与柔度的平方成反比。柔度越大,临界应力越低。

10.3.2 欧拉公式的适用范围

欧拉公式是根据挠度曲线的近似微分方程导出的。这个方程限于材料处于线弹性的情况,所以,欧拉公式也只能在杆内压应力不超过比例极限 σ_p 时才适用。于是要求

$$\sigma_{cr} = \frac{\pi^2 E}{\lambda^2} \leqslant \sigma_p$$

或者是

$$\lambda \geqslant \pi \sqrt{\frac{E}{\sigma_p}}$$

引入记号 $\lambda_p = \pi \sqrt{\dfrac{E}{\sigma_p}}$,那么只有当杆的柔度足够大,即 $\lambda \geqslant \lambda_p$ 时,才能应用欧拉公式。此时的杆件称为大柔度压杆。以 Q235 钢为例,材料的 $E = 206$ GPa,$\sigma_p = 200$ MPa,$\lambda_p = \pi \sqrt{E/\sigma_p} \approx 100$。

10.3.3 临界应力的经验公式

工程中有些压杆,如内燃机的连杆、千斤顶的螺杆、液压缸的活塞杆等,它们的柔度往往小于 λ_p。对于这些杆件,根据其破坏形式的不同,还可以分成两种情况。当杆件足够短时,不存在失稳问题,破坏完全由材料的压缩强度决定。其临界应力就是屈服应力或强度极限

$$\sigma_{cr} = \sigma_s(\sigma_b) \qquad (10-12)$$

这种情况称为小柔度杆。当杆件的长细比介于大柔度和小柔度之间时,它存在失稳问题,但它失稳时杆内的应力已超过材料的比例极限,属于非弹性失稳。工程上常采用以实验结果为基础的经验公式来计算临界应力。常用的经验公式有直线公式和抛物线公式。

(1) 直线公式。

将临界应力表示为柔度 λ 的线性函数,即

$$\sigma_{cr} = a - b\lambda \qquad (10-13)$$

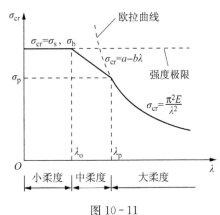

图 10-11

式中 a 和 b 是与材料有关的常数,单位为MPa。几种常用的材料的 a 和 b 数值列在表 $10-1$ 中。在式(10-13)中令 $\sigma_{cr} = \sigma_s$,可以求出区分中柔度和小柔度杆的柔度值 λ_0,例如 Q235 钢的材料参数 $\sigma_s = 235$ MPa,$a = 304$ MPa,$b = 1.12$ MPa,所以

$$\lambda_0 = \frac{a - \sigma_s}{b} = \frac{(304 - 235)\text{MPa}}{1.12 \text{ MPa}} = 61.6$$

柔度 $\lambda \geqslant \lambda_p$ 的大柔度压杆用欧拉公式求临界应力;$\lambda_0 \leqslant \lambda \leqslant \lambda_p$ 的中柔度杆用直线公式确定临

界应力；$\lambda \leqslant \lambda_0$ 的小柔度杆直接用屈服应力 $\sigma_{cr} = \sigma_s$。这三种压杆的临界应力随柔度变化可以用图 10 – 11 来表示，简称为临界应力总图。做压杆稳定分析时先要根据压杆的柔度值，判断它属于哪一种压杆，然后选用相应的公式计算临界应力。

表 10 – 1　直线公式的系数 a 和 b

材　料	a/MPa	b/MPa	λ_p	λ_0
Q235 钢，$\sigma_s = 235$	304	1.12	100	61.6
铸　铁	332	1.454		
铝合金	373	2.15		
木　材	28.7	0.19		

例 10 – 1　矩形截面压杆的截面宽和高分别为 $b = 12\,\mathrm{mm}$，$h = 20\,\mathrm{mm}$。杆长 $l = 300\,\mathrm{mm}$。材料为 Q235 钢，弹性模量 $E = 206\,\mathrm{GPa}$。试求此杆在(1)一端固支，一端自由；(2)两端铰支；(3)两端固支这三种情况下的临界力。

解：先计算截面的惯性半径。应注意矩形截面对两个主惯性轴的惯性矩不同，因而惯性半径也不同。杆将沿惯性矩较小的方向失稳。最小惯性半径

$$i_{\min} = \sqrt{\frac{I_{\min}}{A}} = \sqrt{\frac{hb^3}{12bh}} = \frac{b}{\sqrt{12}} = \frac{12 \times 10^{-3}\,\mathrm{mm}}{\sqrt{12}} = 3.46\,\mathrm{mm}$$

(1) 一端固定，一端自由的压杆

$$\lambda = \frac{\mu l}{i} = \frac{2 \times 300\,\mathrm{mm}}{3.46\,\mathrm{mm}} = 173.2 > \lambda_p$$

此杆属于大柔度，应该用欧拉公式计算临界力

$$F_{cr} = \frac{\pi^2 E}{\lambda^2} bh = \frac{\pi^2 \times 206 \times 10^9\,\mathrm{Pa}}{173.2^2} \times 12 \times 20 \times 10^{-6}\,\mathrm{m}^2 = 16.3\,\mathrm{kN}$$

(2) 两端铰支压杆

$$\lambda = \frac{\mu l}{i} = \frac{1 \times 300\,\mathrm{mm}}{3.46\,\mathrm{mm}} = 86.6$$

此时 $\lambda_0 < \lambda < \lambda_p$，属于中柔度杆。其临界应力为

$$\sigma_{cr} = a - b\lambda = 304\,\mathrm{MPa} - 1.12\,\mathrm{MPa} \times 86.6 = 207\,\mathrm{MPa}$$

杆的临界力为

$$F_{cr} = \sigma_{cr} A = 207 \times 10^6\,\mathrm{Pa} \times 12 \times 20 \times 10^{-6}\,\mathrm{m}^2 = 49.7\,\mathrm{kN}$$

(3) 两端固支的压杆

$$\lambda = \frac{\mu l}{i} = \frac{0.5 \times 300\,\mathrm{mm}}{3.46\,\mathrm{mm}} = 43.3 < \lambda_0 = 61.6$$

属于小柔度杆。临界应力就是屈服极限 $\sigma_{cr} = \sigma_s = 235\,\mathrm{MPa}$，临界力

$$F_{cr} = \sigma_{cr}A = 235 \times 10^6 \ \text{Pa} \times 12 \times 20 \times 10^{-6} \ \text{m}^2 = 56.4 \ \text{kN}$$

（2）抛物线公式。

结构钢或低合金结构钢等材料制成的非细长压杆，也可用抛物线公式计算临界应力。根据试验结果，考虑到压杆存在载荷偏心、初始缺陷等因素影响，抛物线公式采用如下形式：

$$\sigma_{cr} = a_1 - b_1\lambda^2 \qquad (10-14)$$

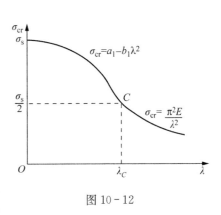

图 10-12

式中 a_1 为塑性材料的屈服极限或脆性材料的强度极限，b_1 为材料常数（见表 10-2）。如图 10-12 所示为抛物线公式的临界应力总图。假定式（10-14）表示的抛物线与欧拉公式表示的双曲线交于 C 点。一般取 $\sigma_{cr} = \sigma_s/2$ 时对应的柔度值为分界点，将 $\sigma_s/2$ 代替式（10-14）的 σ_{cr}，可以得到 C 点的横坐标 λ_C。例如 Q235 钢，$\sigma_s = 235$ MPa，从式（10-14）可计算出 $\lambda_C = 132$。当柔度 $\lambda > 132$ 时属于大柔度杆，要用欧拉公式确定临界应力。柔度 $\lambda < 132$ 时属于中小柔度杆，用抛物线公式计算临界应力。

表 10-2　抛物线公式的系数 a_1 和 b_1

材　　料	a_1/MPa	b_1/MPa	λ_C
Q235 钢	235	0.006 8	132
16 锰钢	343	0.001 61	109

10.4　压杆的稳定条件

压杆稳定的条件可以用下式表示：

$$F \leqslant \frac{F_{cr}}{n_{st}} = [F]_{st} \qquad (10-15a)$$

式中 F 是杆的计算压力，F_{cr} 是临界力，n_{st} 是稳定安全系数。或者用应力表示为

$$\sigma \leqslant \frac{\sigma_{cr}}{n_{st}} = [\sigma]_{st} \qquad (10-15b)$$

式中 σ 是工作应力，σ_{cr} 是临界压应力，$[\sigma]_{st}$ 是稳定许用应力。压杆稳定也常用安全系数法做稳定校核。临界应力是压杆工作时的极限应力，临界应力与工作应力之比是压杆的工作安全系数。为了使压杆有足够的安全度，必须使工作安全系数大于规定的稳定安全系数，即

$$n = \frac{F_{cr}}{F} = \frac{\sigma_{cr}}{\sigma} \geqslant n_{st} \qquad (10-16)$$

式（10-16）只是在形式上与式（10-15a）和式（10-15b）不同，实质上是一样的。

例 10 - 2 如图 10 - 13 所示支架由横梁 AC 和支杆 BD 构成,材料均为 Q235 钢。弹性模量 $E = 200\,\text{GPa}$,许用应力 $[\sigma] = 160\,\text{MPa}$。$C$ 端受垂直载荷 $F = 15\,\text{kN}$ 作用。已知 AC 梁是 14 号工字钢,其抗弯截面系数 $W_z = 102\,\text{cm}^3$,截面积 $A = 21.5\,\text{cm}^2$。BD 为直径 40 mm 的圆截面杆,$\lambda_p = 100$,稳定安全系数 $n_{st} = 2.5$。校核该结构的安全性。

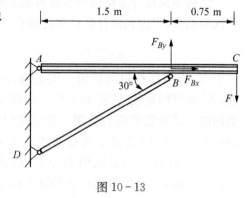

图 10 - 13

解:(1) AC 梁的强度校核。

AC 梁的 AB 段受拉和弯共同作用,BC 段受弯,B 点的弯矩最大

$$M_{max} = 15\,\text{kN} \times 0.75\,\text{m} = 11.25\,\text{kN} \cdot \text{m}$$

根据对 A 点的力矩平衡条件可知

$$F_{By} = 22.50\,\text{kN}, \quad F_{Bx} = 38.97\,\text{kN}$$

梁 AC 的最大正应力

$$\sigma_x = \frac{M_{max}}{W_z} + \frac{F_{Ax}}{A} = \frac{11.25 \times 10^3\,\text{N} \cdot \text{m}}{102 \times 10^{-6}\,\text{m}^3} + \frac{38.97 \times 10^3\,\text{N}}{21.5 \times 10^{-4}\,\text{m}^2}$$

$$= (110.29 + 18.13)\,\text{MPa}$$

$$= 129.10\,\text{MPa} < [\sigma] = 160\,\text{MPa}$$

所以梁 AC 的强度满足要求。

(2) BD 杆的稳定性校核。

BD 杆长度 $l = 1.732\,\text{m}$,两端铰接,$\mu = 1$。圆杆截面的惯性半径

$$i = \sqrt{\frac{I}{A}} = \sqrt{\frac{\pi d^4/64}{\pi d^2/4}} = \frac{d}{4} = 10\,\text{mm}$$

杆的柔度

$$\lambda = \mu l/i = 1 \times 1.732/0.01 = 173.2 > \lambda_p = 100$$

属于大柔度杆,须用欧拉公式做稳定性校核。杆 BD 的轴向力

$$F_{BD} = \frac{F_{By}}{\sin 30°} = 2 \times 22.50\,\text{kN} = 45.0\,\text{kN}$$

压杆的临界应力

$$\sigma_{cr} = \frac{\pi^2 E}{\lambda^2} = \frac{3.1416^2 \times 200 \times 10^9\,\text{Pa}}{173.2^2} = 65.8\,\text{MPa}$$

稳定许用应力

$$[\sigma]_{st} = \frac{\sigma_{cr}}{n_{st}} = \frac{65.8\,\text{MPa}}{2.5} = 26.32\,\text{MPa}$$

工作应力

$$\sigma = \frac{F_{BD}}{A} = \frac{4F_{BD}}{\pi d^2} = \frac{4 \times 45.0 \times 10^3\,\text{N}}{3.1416 \times 0.04^2\,\text{m}^2} = 35.81\,\text{MPa} > [\sigma]_{st} = 26.32\,\text{MPa}$$

结构不安全,应该增加压杆的直径。假如使圆杆直径增至 $d = 50$ mm,截面的惯性半径 $i = d/4 = 50$ mm$/4 = 12.5$ mm。杆的柔度

$$\lambda = \mu L / i = 1 \times 1.732 / 0.012\,5 = 138.6 > \lambda_p = 100$$

仍属于大柔度杆,用欧拉公式做稳定性校核。临界应力

$$\sigma_{cr} = \frac{\pi^2 E}{\lambda^2} = \frac{3.141\,6^2 \times 200 \times 10^9 \text{ Pa}}{138.6^2} = 102.8 \text{ MPa}$$

稳定许用应力

$$[\sigma]_{st} = \frac{\sigma_{cr}}{n_{st}} = \frac{102.8 \text{ MPa}}{2.5} = 41.12 \text{ MPa}$$

工作应力

$$\sigma = \frac{F_{BD}}{A} = \frac{4F_{BD}}{\pi d^2} = \frac{4 \times 45.0 \times 10^3 \text{ N}}{3.141\,6 \times 0.05^2 \text{ m}^2} = 22.92 \text{ MPa} < [\sigma]_{st} = 41.12 \text{ MPa}$$

将 BD 杆直径增至 50 mm 后,能够符合稳定性要求。

上式如果改用安全系数法的形式进行校核,工作安全系数

$$n = \frac{\sigma_{cr}}{\sigma} = \frac{102.8 \text{ MPa}}{22.92 \text{ MPa}} = 4.49 \geqslant n_{st} = 2.5$$

表明该压杆符合稳定性要求。

10.5 折减系数法

除了用直线公式或抛物线公式计算临界应力外,工程上还常用折减系数法建立稳定条件。如果将稳定许用应力通过下式与强度许用应力$[\sigma] = \sigma_s / n$ 直接联系起来:

$$[\sigma]_{st} = \frac{\sigma_{cr}}{n_{st}} = \frac{\sigma_{cr}}{[\sigma]} \frac{[\sigma]}{n_{st}} = \frac{\sigma_{cr}}{\sigma_s} \frac{n}{n_{st}} [\sigma] = \phi[\sigma] \tag{10-17}$$

式中 σ_s 是屈服极限,n 是强度安全系数,n_{st} 是稳定安全系数,$[\sigma]$是强度许用应力,那么稳定条件可以表示为

$$\sigma = \frac{F}{A} \leqslant [\sigma]_{st} = \phi[\sigma] \tag{10-18}$$

式中 σ 是工作应力,ϕ 称为折减系数。工程中一般将各种材料的 ϕ-λ 曲线制成图表供计算使用(见图 10-14)。

在校核压杆稳定性时,如果遇到截面有局部削弱的情形(例如开孔),可以不考虑这种削弱对稳定性的影响,仍使用毛面积(即没有削弱的面

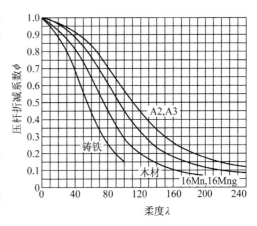

图 10-14

积)来计算工作应力,因为截面的局部削弱对杆件整体变形的影响很小,不会对杆件的临界载荷产生明显的影响。但如果截面的削弱较大,则需要对削弱的净截面做强度校核。

例 10 - 3 有一根两端铰支的圆截面的压杆。材料为 Q235 钢,杆长 $l = 2.2$ m,直径 $d = 80$ mm。已知工作压力 $F = 450$ kN,稳定安全系数 $n_{st} = 1.6$,强度许用应力 $[\sigma] = 170$ MPa。试用直线公式方法。抛物线公式方法和折减系数法校核压杆的稳定性。

解:对于圆截面杆,惯性半径

$$i = \frac{d}{4} = 20 \text{ mm}$$

柔度

$$\lambda = \frac{\mu l}{i} = \frac{220 \text{ cm}}{2 \text{ cm}} = 110$$

（1）直线公式方法的校核。

因为 $\lambda > \lambda_p = 100$,属于大柔度杆,用欧拉公式求临界应力

$$\sigma_{cr} = \frac{\pi^2 E}{\lambda^2} = \frac{\pi^2 210 \times 10^9 \text{ Pa}}{110^2} = 171.3 \text{ MPa}$$

工作应力

$$\sigma = \frac{F}{A} = \frac{450 \times 10^3 \text{ N}}{\pi \times 0.08^2 \text{ m}^2/4} = 89.5 \text{ MPa} \leqslant \frac{\sigma_{cr}}{n_{st}} = [\sigma]_{st} = \frac{171.3}{1.6} = 107.1 \text{ MPa}$$

压杆符合稳定性要求。

（2）抛物线公式方法的校核。

因为 $\lambda = 110 < 132 = \lambda_C$,所以用抛物线公式(10 - 14)计算临界应力

$$\sigma_{cr} = a_1 - b_1 \lambda^2 = 235 \text{ MPa} - 0.006\,8 \text{ MPa} \times 110^2 = 152.7 \text{ MPa}$$

工作应力

$$\sigma = \frac{F}{A} = 89.5 \text{ MPa} \leqslant \frac{\sigma_{cr}}{n_{st}} = [\sigma]_{st} = \frac{152.7}{1.6} = 95.4 \text{ MPa}$$

用抛物线公式校核,也符合稳定性要求。抛物线公式方法的许用临界应力比直线公式方法的小。

（3）折减系数法校核。

根据 $\lambda = 110$,查 Q235 钢的折减系数 $\phi = 0.54$。所以许用临界应力

$$[\sigma]_{st} = \phi[\sigma] = 0.54 \times 170 \text{ MPa} = 91.8 \text{ MPa}$$

工作应力

$$\sigma = 89.5 \text{ MPa} \leqslant [\sigma]_{st} = 91.8 \text{ MPa}$$

也满足稳定条件。

由以上结果可见三种方法的校核都表明压杆满足稳定条件。其中折减系数法给出的稳定许用应力最小。在这个例题里,这种方法的设计最保守。

例 10 - 4 某机械液压缸的圆截面活塞杆承受轴向推力 800 kN。活塞杆长 350 cm, 两端铰支。材料为 A3 钢, 许用应力 $[\sigma] = 160$ MPa。试用折减系数法设计活塞杆的直径 d。

解: 由于压杆的截面尺寸待定, 所以柔度 λ 未知。也不能查表得出折减系数 ϕ。因此无法直接应用稳定条件(10 - 18)。这个问题可以采用逐次试算的方法来求解。

(1) 初次估算, 先取 $\phi_1 = 0.5$, 利用式(10 - 18)计算截面积

$$A_1 \geqslant \frac{F}{\phi_1 [\sigma]} = \frac{800 \times 10^3 \text{ N}}{0.5 \times 160 \times 10^6 \text{ Pa}} = 100 \text{ cm}^2$$

直径

$$d_1 = \sqrt{4A_1/\pi} = \sqrt{4 \times 100 \text{ cm}^2/\pi} = 11.3 \text{ cm}$$

惯性半径 $i_1 = d_1/4 = 2.83$ cm, 柔度 $\lambda_1 = \mu l/i_1 = 1 \times 350 \text{ cm}/2.83 \text{ cm} = 123.5$。查图 10 - 14, 得到 $\phi'_1 = 0.44$, 校核稳定条件:

$$\sigma = \frac{F}{A_1} = \frac{800 \times 10^3 \text{ N}}{100 \times 10^{-4} \text{ m}^2} = 80 \text{ MPa} > [\sigma]_{\text{st}}$$

$$= \phi'_1 [\sigma] = 0.44 \times 160 \times 10^6 \text{ Pa} = 70.4 \text{ MPa}$$

不满足稳定条件, 需作进一步试算。

(2) 第二次试算, 取

$$\phi_2 = \frac{\phi_1 + \phi'_1}{2} = \frac{0.5 + 0.44}{2} = 0.47,$$

代入式(10 - 18):

$$A_2 \geqslant \frac{F}{\phi_2 [\sigma]} = \frac{800 \times 10^3 \text{ N}}{0.47 \times 160 \times 10^6 \text{ Pa}} = 106.4 \text{ cm}^2$$

$$d_2 = \sqrt{4A_2/\pi} = \sqrt{4 \times 106.4 \text{ cm}^2/\pi} = 11.64 \text{ cm}$$

$$i_2 = d_2/4 = 2.91 \text{ cm}, \quad \lambda_2 = \mu l/i_2 = 1 \times 350 \text{ cm}/2.91 \text{ cm} = 120.3$$

查图 10 - 14, 得到 $\phi'_2 = 0.46$。校核稳定条件:

$$\sigma = \frac{F}{A_2} = \frac{800 \times 10^3 \text{ N}}{106.4 \times 10^{-4} \text{ m}^2} = 75.2 \text{ MPa}$$

$$[\sigma]_{\text{st}} = \phi'_2 [\sigma] = 0.46 \times 160 \times 10^6 \text{ Pa} = 73.6 \text{ MPa}$$

工作应力略大于稳定许用应力, 但在 5% 之内, 所以满足稳定条件。可以设计压杆直径为 $d = 12$ cm。

结束语

前面的章节介绍了杆件设计的强度条件和刚度条件。失稳是结构失效的另一种重要形式。压杆的临界力是理想压杆从稳定平衡转化为不稳定平衡的最小临界载荷, 它取决于压杆

本身的几何尺寸、材料性质和边界约束条件。大柔度压杆的失效由稳定性条件确定,随着柔度从大到小的变化,压杆逐渐转化为承压强度的问题。学习了本章后应该掌握平衡稳定性的概念,掌握理想压杆临界压力的欧拉公式的推导,掌握用直线公式、抛物线公式和折减系数法对压杆进行稳定性校核的方法。应用稳定条件时首先需要知道杆的柔度。在做截面尺寸设计时,由于柔度的确定也需要截面尺寸数据,所以无法直接用稳定条件确定截面尺寸,需要用逐次试算的方法进行截面设计。

思考题

10-1 什么是失稳?什么是稳定平衡?什么是不稳定平衡?什么是临界载荷?

10-2 压杆失稳后产生弯曲变形,梁受横向力作用也会产生弯曲变形,两者在性质上有什么区别?从数学上来讲,两者的微分方程的性质以及求解方法有什么不同?

10-3 一根压杆的临界力(临界载荷)与杆的轴向作用载荷大小有关系吗?为什么?

10-4 什么是惯性半径?什么是柔度?如何区分大柔度杆、中柔度杆和小柔度杆?它们各自的临界应力是如何确定的?

10-5 对于中小柔度杆,你认为用直线公式与用抛物线公式设计,哪个方案更保守些?

10-6 计算中长杆的临界应力时,若误用了细长杆的欧拉公式,后果将如何?计算细长杆的临界应力时,若误用了中长杆的经验公式,后果又将如何?

10-7 工字型截面压杆的两端为圆柱形铰支座。为了得到最大的稳定性,将杆件的腹板垂直于圆柱铰的轴线放置,是否合适?为什么?

10-8 除了细长直杆受压失稳外,请举出其他薄壁承压构件弹性失稳的例子。

习题

10-1 如图 10-15 所示倒 T 型刚性构架,静止在相隔 $l = 150\,\text{mm}$ 的两根弹簧上。弹簧刚度均为 $k = 5\,\text{kN/m}$。试求使结构在竖直位置保持稳定平衡时的最大载荷 F。

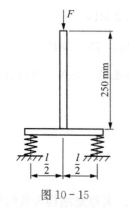

图 10-15

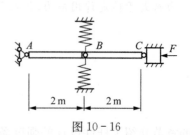

图 10-16

10-2 如图 10-16 所示刚性杆系的 AB 杆和 BC 杆在 B 点铰接,并在 B 点由两根弹簧约束。

C 铰与一滑块连接。系统在 AB 和 BC 两杆成一直线时保持平衡。弹簧刚度均为 $k = 3.5\,\mathrm{kN/m}$。试求使系统在两杆成一直线而保持稳定平衡时的最大载荷 F。

10-3 如图 10-17 所示结构，AB 为刚性杆，BC 为弯曲刚度为 EI 的弹性梁。刚性杆受铅垂载荷 F 作用，试求其临界值。

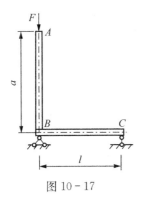

图 10-17

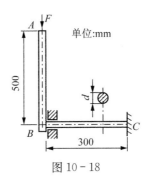

图 10-18

10-4 如图 10-18 所示结构，AB 为刚性杆，BC 为弹性圆轴，轴的 C 端固定，B 端可以在支承的孔内转动。轴的剪切弹性模量 $G = 79\,\mathrm{GPa}$。作用力 F 可能达到的最大值为 $F_{\max} = 10\,\mathrm{kN}$。为使刚性杆在图示铅垂位置保持稳定平衡，试确定轴 BC 的直径 d。

10-5 如图 10-19 所示各种截面形状的中心受压直杆的两端为球铰支承，试判断它们丧失稳定时会在哪一个或哪一些方向上屈曲。若压杆一端固定另一端自由，情况又会怎样？

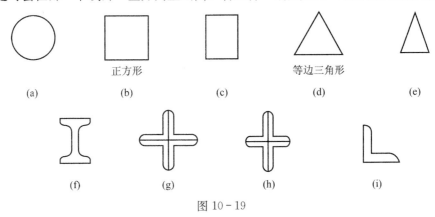

图 10-19

10-6 如图 10-20 所示两根细长压杆，其横截面皆为圆形，直径为 d，试求两杆的临界力之比。

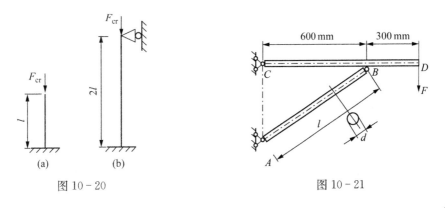

图 10-20

图 10-21

10-7 如图 10-21 所示托架中的 CD 杆视为刚性，AB 杆的直径 d = 40 mm，长度 l = 800 mm，两端可视为铰支，材料为 Q235 钢，弹性模量 E = 200 GPa，屈服极限 σ_s = 235 MPa。(1)试求托架的临界载荷 F_{cr}；(2)若已知 F = 70 kN，AB 杆的稳定安全系数为 2.0，而 CD 梁确保安全，试问此情况下托架是否安全？

10-8 如图 10-22 所示两根圆截面立柱，上下端分别与刚性块相连接后承受压力 F 作用。若将立柱按细长杆处理，试确定最小临界载荷 F_{cr}。

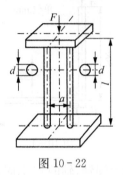

图 10-22

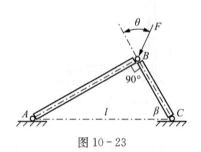

图 10-23

10-9 如图 10-23 所示铰接杆系由两根具有相同截面和相同材料的细长杆 AB 和 BC 组成。若失稳发生在 ABC 面内，试确定载荷 F 为最大时的 θ 角（假定 0°<θ<90°）。提示：当 AB 杆和 CB 杆的轴力同时达到临界值时，杆系的载荷最大。

10-10 如图 10-24 所示结构，已知 AB 为刚性杆，立柱 CD 材料为 A3 钢，σ_p = 200 MPa，σ_s = 240 MPa，E = 200 GPa，设计要求稳定安全系数 n_{st} = 3，强度安全系数 n = 2。

(1) 若 CD 为空心圆管，外径 D = 100 mm，内径 d = 80 mm，求许用载荷[F]。

(2) 在上面求出的许用载荷[F]力作用下，如果 CD 采用实心圆截面，试设计直径 d。

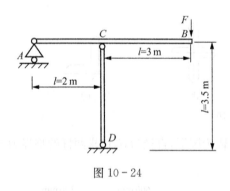

图 10-24

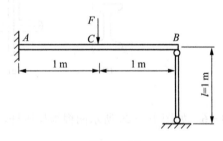

图 10-25

10-11 如图 10-25 所示结构，AB 梁为 16 号工字钢，BD 为直径 d=60 mm 的圆截面杆，材料与工字钢相同。已知材料的弹性模量 E = 205 GPa，屈服极限 σ_s = 275 MPa，中柔度杆稳定临界应力用直线公式 σ_{cr} = 338 - 1.21λ，λ_p = 90，λ_0 = 50，强度安全系数 n=2.0，稳定安全系数 n_{st} = 3.0。试求此结构的许用载荷 F。

10-12 如图 10-26 所示正方形桁架结构，由五根圆钢杆组成，各杆直径均为 d = 40 mm，桁架的边长 l=1 m，杆材料为 Q235 钢，[σ] = 160 MPa。(1)试求结构的许可载荷[F]；(2)若力 F 的方向改为向外，试问许可载荷是否改变？若有改变，应为多少？

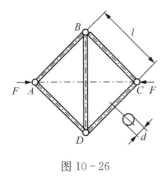

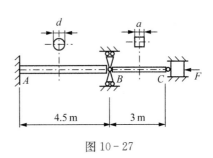

图 10 - 26 　　　　　　　　　　　图 10 - 27

10 - 13 如图 10 - 27 所示结构中,圆形截面杆 AB 的直径 $d = 80\,\text{mm}$, A 端为固定, B 端为铰支;正方形截面杆 BC,截面边长 $a = 70\,\text{mm}$, C 端亦为铰支,且与一滑块相连。 AB 和 BC 杆可以独自发生弯曲变形而互不影响。两杆的材料均为 Q235 钢,弹性模量 $E = 200\,\text{GPa}$。若规定稳定安全系数 $n_{\text{st}} = 2.5$,试求此结构的最大允许载荷 F。

10 - 14 如图 10 - 28 所示压杆,横截面为 $b \cdot h$ 的矩形。当压杆轴线在 x - y 平面内失稳时的边界条件可以看作两端铰支。当压杆在 x - z 平面内失稳时,可取长度因数 $\mu_y = 0.7$。试从稳定方面考虑, $\dfrac{h}{b}$ 为何值最佳?

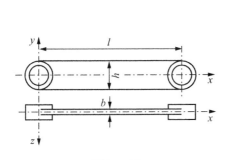

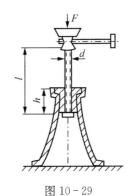

图 10 - 28 　　　　　　　　　　图 10 - 29

10 - 15 如图 10 - 29 所示,若千斤顶的最大起重量 $F = 150\,\text{kN}$,丝杠内径 $d = 52\,\text{mm}$,丝杠总长 $l = 600\,\text{mm}$,衬套高度 $h = 100\,\text{mm}$,稳定安全系数 $n_{\text{st}} = 2$。丝杠用 Q235 钢制成。中柔度杆的临界应力用抛物线公式: $\sigma_{\text{cr}} = 235\,\text{MPa} - (0.006\,69\,\text{MPa})\lambda^2$, $\lambda_c = 123$,试校核其稳定安全性。

10 - 16 一根长为 $2l$,下端固定,上端自由的等截面压杆,如图 10 - 30(a) 所示。为提高其承压能力,在长度中央增设肩撑如图 10 - 30(b) 所示,使其在横向不能移动。试求加固后压杆的临界力,并与加固前的临界力比较。

10 - 17 某种钢材 $\sigma_{\text{p}} = 230\,\text{MPa}$, $\sigma_{\text{s}} = 274\,\text{MPa}$, $E = 200\,\text{GPa}$,直线公式 $\sigma_{\text{cr}} = 338 - 1.22\lambda$,试计算该材料压杆的 λ_{p} 及 λ_0 值,并绘制 $0 \leqslant \lambda \leqslant 150$ 范围内的临界应力总图。

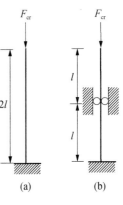

图 10 - 30

10-18 如图 10-31 所示,有一结构 $ABCD$,由 3 根直径均为 d 的圆截面钢杆组成,在 B 点铰支,在 C 点和 D 点固支,A 点为铰接。$l/d = 10\pi$。若此结构由于杆件在 $ABCD$ 平面内弹性失稳而丧失承载力,试确定作用于节点 A 处的载荷 F 的临界值。

10-19 如图 10-32 所示两端固支的钢管,长度 $l = 6$ m,内径 $d = 60$ mm,外径 $D = 70$ mm。在 $T = 20\,^\circ\text{C}$ 时安装,此时管子不受力,当温度升高到多少度时,管子将失稳? 已知钢材料的弹性模量 $E = 206\,\text{GPa}$,线膨胀系数 $\alpha = 12.5 \times 10^{-6}/^\circ\text{C}$。

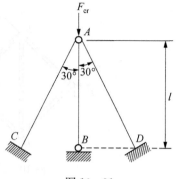

图 10-31

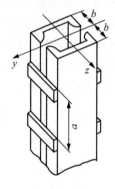

图 10-33

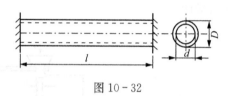

图 10-32

10-20 如图 10-33 所示两根槽钢由缀板连接组成立柱,柱的两端均为球铰支承,柱长度 $l = 4$ m,受轴向压力 $F = 800$ kN。槽钢材料为 Q235 钢,许用压应力 $[\sigma] = 120$ MPa。试从稳定条件考虑选择槽钢的型号,并求两槽钢间的距离 $2b$ 及缀板间的距离 a。

10-21 如图 10-34 所示塔架 AB 由四根 $56\times56\times5$ mm³ 的等边角钢和一些缀条组成,$b = 200$ mm,$l = 7$ m,材料为 A3 钢,$\sigma_\text{p} = 200$ MPa,$\sigma_\text{s} = 240$ MPa,$E = 200$ GPa,$F = 65$ kN,要求稳定安全系数 $n_\text{st} = 2 \sim 3$。单个角钢的数据如下:$b_1 = 56$ mm,面积 $A_1 = 5.415 \times 10^{-4}$ m²,$z_0 = 1.57 \times 10^{-2}$ m,惯性矩 $I_y = I_z = 16.02 \times 10^{-8}$ m⁴,最小惯性半径 $i_\text{min} = i_{y_0} = 1.11 \times 10^{-2}$ m。(1)校核该塔架的整体稳定性。(2)为了防止单根角钢局部失稳,试求连接缀条的最大间距 a。

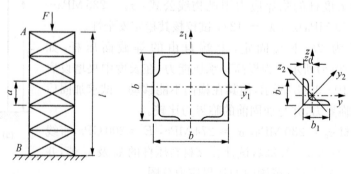

图 10-34

10 - 22 实际应用中的压杆不可能处于理想状态。如图 10 - 35 所示,一种可能的误差是两端压力作用点有微小的偏心。假如偏心距为 e,根据分离体的平衡分析可以得到微分方程为 $EI\dfrac{\mathrm{d}^2 v}{\mathrm{d}x^2}=-F(v+e)$。证明杆中点的挠度 f 与载荷 F 的关系可以表示为 $f=e\left[\sec\left(\dfrac{\pi}{2}\sqrt{\dfrac{F}{F_0}}\right)-1\right]$,式中 $F_0=\dfrac{\pi^2 EI}{l^2}$ 为两端铰支杆的欧拉临界力。定性地画出 $f(F)$ 的曲线。

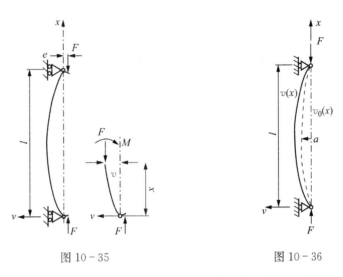

图 10 - 35　　　　　　　　　图 10 - 36

10 - 23 如图 10 - 36 所示另一种实际的缺陷形式是,杆件的中心线不可能是理想的直线。一般杆件会有初始挠度,假如用 $v_o(x)=a\cdot\sin\dfrac{\pi x}{l}$ 来表示它。当轴向力 F 作用时,杆的挠度从 $v_o(x)$ 增加到 $v(x)$,产生弯矩为 $-F(v_0+v)$,所以杆的微分方程为 $EI\dfrac{\mathrm{d}^2 v}{\mathrm{d}x^2}=-F\left(v+a\cdot\sin\dfrac{\pi x}{l}\right)$。证明在载荷 F 作用下杆的挠度曲线为 $v(x)=\dfrac{v_0(x)}{\dfrac{F_0}{F}-1}$,式中 F_0 为欧拉临界力。定性地画出中点挠度 $v(l/2)$ 随 F 变化的曲线。

第11章

能 量 法

弹性体在外力作用下发生变形时,载荷作用点也产生位移。外力在相应的位移上做了功。外力的功转化成为积蓄在弹性体内的变形能(或称为应变能,strain energy)。功和能在数值上相等,称为弹性体的功能原理。前面我们已给出了拉压杆和扭转圆轴的变形能的表达式。利用功和能的概念以及相关的原理求解杆件和杆系结构的位移、内力等问题,统称为能量法(energy method)。固体力学的发展中有两条主流。一条是依照牛顿力学为主导发展下来的,主要是以力、位移、应力、应变之间的三个基本原理建立微分方程,通过求解微分方程来解决问题。本书前面章节讲的大部分内容可以归为这一主流。另一条主流是依照拉格朗日力学为主导发展下来的,主要是以能量和能量原理直接求解力学问题。本章的内容归属于后一主流。

11.1 外力功与应变能的计算

11.1.1 外力功

弹性体在外力 f(广义力)作用下发生变形,外力的作用点随着发生位移 δ(广义位移)。外力最终达到 F,力的作用点产生相应的位移 Δ。如图 $11-1(a)$ 所示,外力做的功可以由 $f(\delta)$ 曲线下的面积来表示,其值为

$$W = \int_0^\Delta f(\delta)\mathrm{d}\delta \qquad (11-1)$$

因为弹性体的应变能 U 等于外力所做的功 W,所以

$$U = W = \int_0^\Delta f(\delta)\mathrm{d}\delta \qquad (11-2a)$$

如果弹性体上有 n 个力同时作用,并假定这些力以同一比例加载[见图 $11-1(b)$],那么弹性体的应变能为

$$U = W = \sum_{i=1}^n \int_0^{\Delta_i} f(\delta_i)\mathrm{d}\delta_i \qquad (11-2b)$$

如果弹性体服从线性弹性关系,而且变形很小,那么力与位移成比例关系 $f = k\delta$,最终的外力为 $F = k\Delta$,外力做的功为

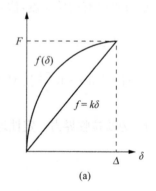

(a)

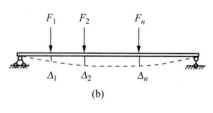

(b)

图 11-1

$$W = \int_0^\Delta f(\delta)\mathrm{d}\delta = \int_0^\Delta k\delta\mathrm{d}\delta = \frac{k\Delta^2}{2} \qquad (11-3a)$$

或者可以表示为

$$W = \frac{F\Delta}{2} = \frac{F^2}{2k} \qquad (11-3b)$$

下面从一个具体的例子来推导弹性体上有多个载荷作用时外力所做功的表达式。

例 11-1 如图 11-2 所示线弹性悬臂梁 AB，在 B 端作用有集中力 F 和力偶矩 M。梁的弯曲刚度为 EI。试计算外力做的总功。

解：外力作用点的位移可以用叠加法求出。在力 F 作用下 B 点的挠度和转角为

$$v_{B,F} = \frac{Fl^3}{3EI}, \; \theta_{B,F} = \frac{Fl^2}{2EI}$$

在力偶矩 M 作用下 B 点的挠度和转角为

$$v_{B,M} = \frac{Ml^2}{2EI}, \; \theta_{B,M} = \frac{Ml}{EI}$$

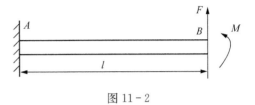

图 11-2

B 点的总的挠度是

$$v_B = v_{B,F} + v_{B,M} = \frac{Fl^3}{3EI} + \frac{Ml^2}{2EI}$$

B 点的总的转角是

$$\theta_B = \theta_{B,F} + \theta_{B,M} = \frac{Fl^2}{2EI} + \frac{Ml}{EI}$$

外力做的总功是

$$W = \frac{1}{2}F \cdot v_B + \frac{1}{2}M \cdot \theta_B = \frac{F^2l^3}{6EI} + \frac{FMl^2}{2EI} + \frac{M^2l}{2EI} \qquad (a)$$

注意外力做的总功并不等于力 F 单独作用的功与力偶矩 M 单独作用的功之和，即

$$W \neq \frac{1}{2}F \cdot v_{B,F} + \frac{1}{2}M \cdot \theta_{B,M} = \frac{F^2l^3}{6EI} + \frac{M^2l}{2EI}$$

式(a)可以看作是力 F 和力偶矩 M 同时按比例加载而得到的总功。假如不是按比例加载，例如分成两步加载：

(1) 先单独作用力 F，F 做功为

$$W_1 = \frac{1}{2}F \cdot v_{B,F} = \frac{F^2l^3}{6EI}$$

(2) 然后保持力 F 不变，加载力偶矩 M。这一步做功为

$$W_2 = F \cdot v_{B,M} + \frac{1}{2}M \cdot \theta_{B,M} = \frac{FMl^2}{2EI} + \frac{M^2l}{2EI}$$

注意，力偶矩是从零开始加载到 M 的，所以上式的第二项为 $\frac{1}{2}M \cdot \theta_{B,M}$。此间力 F 保持不变，

它跟随着在力偶矩 M 产生的挠度 $v_{B,M}$ 上做功,即为上式的第一项。最终的总功为

$$W = W_1 + W_2 = \frac{F^2 l^3}{6EI} + \frac{FM l^2}{2EI} + \frac{M^2 l}{2EI} \tag{b}$$

结果与式(a)相同。

以上的推导验证了克拉比埃龙原理(Clapeyron principle):不论用何种方式加载,作用在线弹性体上的所有的(广义)载荷 F_i 在力的作用方向的(广义)位移 Δ_i 上做的总功为

$$W = \frac{1}{2} \sum_{i=1}^{n} F_i \Delta_i \tag{11-4}$$

式中 Δ_i 是各个(广义)载荷 F_i 对应的最终状态的(广义)位移。弹性体的应变能 U 在数值上等于外力所做的功,所以有

$$U = W = \frac{1}{2} \sum_{i=1}^{n} F_i \Delta_i \tag{11-5}$$

11.1.2 线性弹性体的应变能

由第 4 章式(4-22)和式(4-23)推导了一般应力状态下单元体的应变能密度为

$$u = \frac{1}{2}(\sigma_x \varepsilon_x + \sigma_y \varepsilon_y + \sigma_z \varepsilon_z + \tau_{xy} \gamma_{xy} + \tau_{yz} \gamma_{yz} + \tau_{zx} \gamma_{zx})$$

储存在线弹性物体内的总的应变能可以表达为

$$U = \int_V u \mathrm{d}V = \frac{1}{2} \iiint (\sigma_x \varepsilon_x + \sigma_y \varepsilon_y + \sigma_z \varepsilon_{zz} + \tau_{xy} \gamma_{xy} + \tau_{yz} \gamma_{yz} + \tau_{zx} \gamma_{zx}) \mathrm{d}x \mathrm{d}y \mathrm{d}z$$

下面我们用应变能密度来推导各种变形形式下的杆件的应变能。

(1) 轴向拉压杆的应变能。

因为应力分量只有 $\sigma_x = F_N/A$,而且 $\varepsilon_x = \sigma_x/E$,轴向力 F_N 和截面积 A 只是 x 的函数,所以

$$U = \frac{1}{2} \iiint_V \frac{\sigma_x^2}{E} \mathrm{d}x \mathrm{d}y \mathrm{d}z = \frac{1}{2} \iiint_V \frac{F_N^2}{EA^2} \mathrm{d}x \mathrm{d}y \mathrm{d}z = \frac{1}{2} \int_l \frac{F_N^2}{EA^2} \left(\iint_A \mathrm{d}y \mathrm{d}z \right) \mathrm{d}x = \frac{1}{2} \int_l \frac{F_N^2}{EA} \mathrm{d}x$$

$$\tag{11-6}$$

如果轴向力 F_N 和截面积 A 都是常数,那么

$$U = \frac{F_N^2 l}{2EA} \tag{11-7}$$

(2) 圆轴扭转的应变能。

在圆柱坐标系里总应变能可以表示为

$$U = \frac{1}{2} \int (\sigma_x \varepsilon_x + \sigma_r \varepsilon_r + \sigma_\theta \varepsilon_\theta + \tau_{xr} \gamma_{xr} + \tau_{r\theta} \gamma_{r\theta} + \tau_{x\theta} \gamma_{x\theta}) \mathrm{d}V \tag{11-8}$$

在圆轴扭转问题中唯一非零的应力分量是 $\tau_{x\theta} = \dfrac{M_x r}{I_p}$，因此

$$U = \frac{1}{2}\int \tau_{x\theta}\gamma_{x\theta}\,\mathrm{d}V = \frac{1}{2G}\int \tau_{x\theta}^2\,\mathrm{d}V$$

将切应力表达式代入上式，得到

$$U = \frac{1}{2}\iiint_V \frac{M_x^2 r^2}{GI_p^2}\,\mathrm{d}V = \frac{1}{2}\int_l \frac{M_x^2}{GI_p^2}\Big(\iint_A r^2\,\mathrm{d}A\Big)\mathrm{d}x = \frac{1}{2}\int_l \frac{M_x^2}{GI_p}\,\mathrm{d}x \tag{11-9}$$

如果扭矩 M_x 和惯性矩 I_p 沿轴的长度方向为常数，那么

$$U = \frac{M_x^2}{2GI_p}l \tag{11-10}$$

（3）梁的弯曲应变能。

梁弯曲时的弯曲正应力为 $\sigma_x = \dfrac{-M_z y}{I_z}$，弯矩 M_z 和惯性矩 I_z 只是 x 的函数，所以

$$U = \frac{1}{2}\iiint_V \frac{\sigma_x^2}{E}\,\mathrm{d}x\mathrm{d}y\mathrm{d}z = \frac{1}{2}\iiint_V \frac{M_z^2 y^2}{EI_z^2}\,\mathrm{d}x\mathrm{d}y\mathrm{d}z$$

$$= \frac{1}{2}\int_L \frac{M_z^2}{EI_z^2}\Big(\iint_A y^2\,\mathrm{d}y\mathrm{d}z\Big)\mathrm{d}x = \frac{1}{2}\int_l \frac{M_z^2}{EI_z}\,\mathrm{d}x \tag{11-11}$$

如果弯矩 M_z 和惯性矩 I_z 沿轴的长度方向为常数，那么

$$U = \frac{M_z^2}{2EI_z}l \tag{11-12}$$

（4）梁弯曲时的剪切应变能。

梁的弯曲切应力为 $\tau_{xy} = \dfrac{F_S S(y)}{bI_z}$，切应变为 $\gamma_{xy} = \dfrac{\tau_{xy}}{G}$，所以

$$U = \frac{1}{2}\iiint_V \frac{\tau_{xy}^2}{G}\,\mathrm{d}x\mathrm{d}y\mathrm{d}z = \frac{1}{2}\iiint_V \frac{F_S^2 S(y)^2}{Gb^2 I_z^2}\,\mathrm{d}x\mathrm{d}y\mathrm{d}z$$

$$= \frac{1}{2}\int_L \frac{F_S^2}{GA}\Big(\frac{A}{I_z^2}\iint_A \frac{S(y)^2}{b^2}\,\mathrm{d}y\mathrm{d}z\Big)\mathrm{d}x = \frac{1}{2}\int_l \frac{k_S F_S^2}{GA}\,\mathrm{d}x \tag{11-13}$$

式中 $k_S = \dfrac{A}{I_z^2}\iint_A \dfrac{S^2}{b^2}\,\mathrm{d}y\mathrm{d}z$ 称为剪切形状系数（form factor for shear），它是一个无量纲的量。GA/k_S 称为剪切刚度。对于矩形截面梁，$k_S = 6/5$；圆截面梁的 $k_S = 10/9$；圆形薄壁截面梁的 $k_S = 2$；工字形梁的 $k_S = 2 \sim 5$。与弯曲应变能相比，梁弯曲的剪切应变能很小，一般可以忽略不计。

（5）同时有弯矩、轴力、扭矩和剪力作用的杆件系，弹性应变能的一般公式是

$$U = \frac{1}{2}\sum_{i=1}^n \Big(\int_{li} \frac{F_N(x)^2}{EA}\,\mathrm{d}x + \int_{li} \frac{M_z(x)^2}{EI_z}\,\mathrm{d}x + \int_{li} \frac{M_x(x)^2}{GI_p}\,\mathrm{d}x + \int_{li} \frac{k_S F_S(x)^2}{GA}\,\mathrm{d}x\Big)$$

$$\tag{11-14}$$

式中 n 是杆件的数目。

（6）在全部由铰接轴力杆件构成的桁架结构中，如果每根杆的轴力都为常数，则总应变能为

$$U = \sum_{i=1}^{n} \frac{1}{2} \frac{F_{Ni}^2 l_i}{E_i A_i} \tag{11-15}$$

例 11-2　如图 11-3 所示简支梁 AB 受集中力 F 作用。用能量原理计算集中力作用点 C 的垂直位移。

解：因为是求外力作用点的位移，可以用外力做功等于弹性体的应变能的原理求 C 点挠度 v_C。

如图 11-3 所示，将梁分成 AC 和 BC 两段，假设 AC 段的 x_1 坐标和 BC 段的 x_2 坐标分别以点 A 和点 B 为起点。它们的弯矩方程分别为

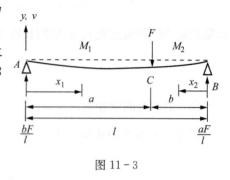

AC 段：$M(x_1) = \dfrac{Fb}{l} x_1$

BC 段：$M(x_2) = \dfrac{Fa}{l} x_2$

图 11-3

总的应变能

$$U = \frac{1}{2EI} \left[\int_0^a M^2(x_1)\,\mathrm{d}x_1 + \int_0^b M^2(x_2)\,\mathrm{d}x_2 \right] = \frac{1}{2EI} \left[\frac{F^2 b^2}{l^2} \frac{a^3}{3} + \frac{F^2 a^2}{l^2} \frac{b^3}{3} \right] = \frac{a^2 b^2}{6EIl} F^2$$

外力做功

$$W = \frac{1}{2} F v_C = U$$

所以

$$v_C = \frac{a^2 b^2}{3EIl} F$$

这个结果与例题 9-2 用积分法得到的结果一致。

11.1.3　余功和余能

当一个弹性体上作用力与位移的关系可以表示为 $f(\delta)$ 时，式（11-1）给出了外力做功的表达式，其数值等于 $f(\delta)$ 曲线以下图形的面积（见图 11-4）。事实上，$f(\delta)$ 曲线上方图形的面积表示了另一形式的功：

$$W_c = \int_0^F \delta(f)\,\mathrm{d}f$$

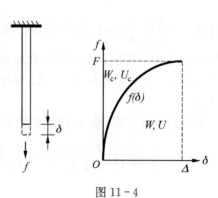

W_c 的积分以力 f 为自变量，称为余功。

这一积分在图上等于曲线上方的面积。余功没有明确的物理意义，其名称是因为有下列关系式而得：

图 11-4

$$W + W_c = F\Delta$$

因为弹性体的应变能等于外力做的功,所以弹性体的余能在数值上等于余功:

$$U_c = W_c = \int_0^F \delta(f)\mathrm{d}f \tag{11-16a}$$

如果弹性体上有 n 个外力作用[见图 $11-1$(b)],并假定这些力以同一比例加载,那么弹性体的应变余能为

$$U_c = W_c = \sum_{i=1}^n \int_0^{F_i} \delta_i \mathrm{d}f_i \tag{11-16b}$$

应变余能是物体上最终载荷 F_i 的函数。

与应变能密度的定义类似,单向拉伸应力状态的余能密度定义为

$$u_c = \int_0^\sigma \varepsilon \mathrm{d}\sigma \tag{11-17}$$

弹性体的余能为余能密度的体积分:

$$U_c = \int_V u_c \mathrm{d}V \tag{11-18}$$

余能与应变能是完全不同的两个物理量。对于线弹性体,两者的数值相等:

$$U_c = U \tag{11-19}$$

11.2 互等定理

对于线弹性体,其变形与载荷成线性关系。利用应变能与加载次序无关的原理,可以推导出功的互等定理和位移互等定理。这两个定理在结构分析中很有用。现以图 $11-5$ 所示简支梁为例来推导这两个定理。

设 $1,2$ 为梁上任意两点,如图 $11-5$(a)所示,如果在 1 作用集中力 F_1,它引起点 1 的位移为 δ_{11}(第一个下标表示点的位置,第二个下标表示力),引起点 2 的位移为 δ_{21}。如图 $11-5$(b)所示,如果在点 2 作用集中力 F_2,它引起点 1 的位移为 δ_{12},引起点 2 的位移为 δ_{22}。下面考虑两种不同的加载次序。

(1) 如图 $11-5$(c)所示,在梁上先作用 F_1,点 1 产生位移 δ_{11},F_1 在 δ_{11} 上做功为 $\frac{1}{2}F_1\delta_{11}$。

然后再作用 F_2,点 2 产生位移 δ_{22},F_2 在 δ_{22} 上做功为 $\frac{1}{2}F_2\delta_{22}$。与此同时,$F_2$ 在点 1 处产生位移 δ_{12},由于在 F_2 作用过程中 F_1 保持不变,所以 F_1 在 δ_{12} 上做功为 $F_1\delta_{12}$。梁的应变能等于外力做功,所以

$$U_1 = W_1 = \frac{1}{2}F_1\delta_{11} + \frac{1}{2}F_2\delta_{22} + F_1\delta_{12} \tag{a}$$

(2) 另一种加载次序如图 $11-5$(d)所示。在梁上先作用 F_2,点 2 产生位移 δ_{22}。F_2 在 δ_{22}

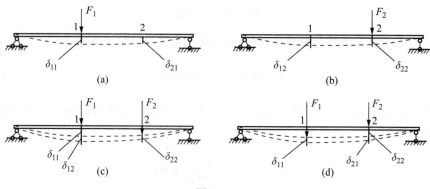

图 11 - 5

上做功为 $\frac{1}{2}F_2\delta_{22}$。然后再作用 F_1，它在点 1 产生位移 δ_{11}，F_1 在 δ_{11} 上做功为 $\frac{1}{2}F_1\delta_{11}$；与此同时，$F_1$ 在点 2 处产生位移 δ_{21}。由于在 F_1 作用过程中 F_2 保持不变，所以 F_2 在 δ_{21} 上做功为 $F_2\delta_{21}$；梁的应变能等于外力做功，所以有

$$U_2 = W_2 = \frac{1}{2}F_2\delta_{22} + \frac{1}{2}F_1\delta_{11} + F_2\delta_{21} \tag{b}$$

由于弹性体的应变能与加载次序无关，所以两种加载过程得到的应变能应该相等，即 $U_1 = U_2$，因此得到

$$F_1\delta_{12} = F_2\delta_{21} \tag{11-20}$$

上式表示，F_1（或第一组广义力）在由 F_2（或第二组广义力）所引起的位移上做的功，等于 F_2（或第二组广义力）在由 F_1（或第一组广义力）所引起的位移上做的功。这就是功的互等定理（reciprocal theorem of work）。

如果进一步假设 $F_1 = F_2$，那么得到

$$\delta_{12} = \delta_{21} \tag{11-21}$$

上式可以叙述为，一个力作用于点 2 时在点 1 引起的位移，等于同一个力作用于点 1 时在点 2 引起的位移。这也就是位移互等定理（reciprocal theorem of displacement）。

如图 11 - 6 所示简支梁 AB 为例。假设梁长为 l，抗弯刚度为 EI，梁中点 C 作用集中力 F 时，查附录 C 的简表可知 A 点的转角 $\theta_A = \dfrac{Fl^2}{16EI}$。而当梁端点 A 受力矩 m 作用时，在梁中点 C 产生挠度 $v_C = \dfrac{ml^2}{16EI}$。很明显

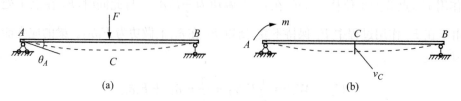

图 11 - 6

$$F \cdot \frac{ml^2}{16EI} = m \cdot \frac{Fl^2}{16EI}$$

上式表明

$$F \cdot v_C = m \cdot \theta_A$$

这正好验证了功的互等定理。

11.3　卡氏定理

假如弹性体(线性的或非线性的)上承受 n 个载荷 F_1，F_2，$\cdots$，F_n，产生相应的位移为 Δ_1，Δ_2，$\cdots$，Δ_n。F_i 和 Δ_i 表示广义力和广义位移的最终值。弹性体中的应变能和余能分别可以用式(11-2b)和式(11-16b)来计算。卡斯梯里亚诺(A. Castigliano)提出了可以用于计算位移和力的两个定理，它们分别称为卡氏第一定理和卡氏第二定理。

11.3.1　卡氏第一定理

我们先介绍卡氏第一定理。式(11-2b)表明，应变能 U 可以表示为最终位移 Δ_i 的函数[见图 11-1(b)]。现在假设第 k 个载荷相应的位移有一微小增量 $\mathrm{d}\Delta_k$，其他位移不变。那么弹性体的应变能的增量为

$$\mathrm{d}U = \sum_{i=1}^{n} \frac{\partial U}{\partial \Delta_i} \mathrm{d}\Delta_i = \frac{\partial U}{\partial \Delta_k} \mathrm{d}\Delta_k \tag{a}$$

因为只有第 k 个位移有变化，其他位移没有变化，所以外力功的增量

$$\mathrm{d}W = F_k \mathrm{d}\Delta_k \tag{b}$$

由于外力功在数值上等于应变能，那么两者的变化量也应相等。比较式(a)和(b)可知

$$F_k = \frac{\partial U}{\partial \Delta_k} \tag{11-22}$$

上式表明，应变能对于某一外力所对应的位移的变化率在数值上等于该外力。这称为卡氏第一定理。F_k 是广义力，它可以是一个力、一个力偶矩、一对力或一对力偶矩；与 F_k 相对应的广义位移 Δ_k 是广义力方向上的线位移、角位移、相对线位移或相对角位移。

例 11-3　试用卡氏第一定理求解第 5 章的例题 5-7。

解：这个问题中与外力 F 对应的是节点 C 的垂直位移 v_C，与节点 C 上的水平外力(数值为零)对应的是 C 点的水平位移 u_C。用 Δl_1 和 Δl_2 表示杆 1 的伸长和杆 2 的缩短。从几何关系分析可知

$$u_C = \Delta l_1$$

$$v_C = \Delta l_2 \sin 30° + (\Delta l_1 + \Delta l_2 \cos 30°)\cot 30° = 0.5\Delta l_2 + \sqrt{3} \times (\Delta l_1 + 0.5\sqrt{3} \times \Delta l_2)$$

杆件的伸长(缩短)量用节点位移可以表示为

$$\Delta l_1 = u_C$$

$$\Delta l_2 = 0.5 \times (v_C - \sqrt{3} u_C)$$

系统的应变能用杆件伸长(缩短)量可以表示为

$$U = \frac{E_1 A_1}{2l_1} \Delta l_1^2 + \frac{E_2 A_2}{2l_2} \Delta l_2^2 = \frac{E_1 A_1}{2l_1} u_C^2 + \frac{E_2 A_2}{2l_2} \times 0.5^2 \times (v_C - \sqrt{3} u_C)^2$$

应用卡氏第一定理,有

$$\frac{\partial U}{\partial u_C} = \frac{E_1 A_1}{l_1} u_C - \frac{E_2 A_2}{8l_2} \times 2\sqrt{3} \times (v_C - \sqrt{3} u_C) = 0 \tag{a}$$

$$\frac{\partial U}{\partial v_C} = \frac{E_2 A_2}{8l_2} \times 2 \times (v_C - \sqrt{3} u_C) = F \tag{b}$$

所以

$$u_C = \frac{\sqrt{3} F l_1}{E_1 A_1} = \frac{F_{N1} l_1}{E_1 A_1} = \Delta l_1 = 1.833 \text{ mm}$$

$$v_C = \sqrt{3} u_C + \frac{4F l_2}{E_2 A_2} = \sqrt{3} \times 1.833 + \frac{4 \times 30\,000 \times 4\,000}{10 \times 10^9 \times 0.2^2} = 4.375 \text{ mm}$$

结果与例题 5-7 完全相同。

事实上,式(a)和式(b)是关于节点位移 u_C 和 v_C 的联立线性方程组,它们表示力的平衡关系。这种以位移为基本未知量的求解方法也称为位移法(displacement method)。线性方程组中关于 u_C 和 v_C 的系数矩阵称为刚度矩阵(stiffness matrix)。位移法也称为刚度法(stiffness method)。

11.3.2　卡氏第二定理

结构的余能可以表示为载荷的函数 $U_c = U_c(F_1, F_2, \cdots, F_n)$[见图 11-1(b)]。现在假设第 k 个外力有一微小增量 dF_k,其他外力不变。那么弹性体的应变余能的增量为

$$dU_c = \sum_{i=1}^{n} \frac{\partial U_c}{\partial F_i} dF_i = \frac{\partial U_c}{\partial F_k} dF_k \tag{a}$$

因为只有第 k 个外力有变化,其他外力没有变化,所以余功的增量为

$$dW_c = \Delta_k dF_k \tag{b}$$

由于余功在数值上等于应变余能,那么两者的变化量也应相等。比较式(a)和(b)可知

$$\Delta_k = \frac{\partial U_c}{\partial F_k} \tag{11-23}$$

上式表明,应变余能对于某一外力的变化率在数值上等于该外力所对应的位移。这一结果称为余能定理。对于线弹性体,其应变能在数值上等于余能,所以有

$$\Delta_k = \frac{\partial U}{\partial F_k} \tag{11-24}$$

此式可以叙述为,线弹性体沿某外力方向的广义位移等于应变能对该力的变化率。这一结果称为卡氏第二定理。这个定理只适用于线弹性体小变形的情况。

下面将卡氏第二定理应用于有弯矩、轴力、扭矩作用的杆件。忽略剪切应变能,将应变能的一般表示式(11-14)代入式(11-24),可以得到在广义力 F_k 方向的广义位移 Δ_k 为

$$\Delta_k = \frac{\partial U}{\partial F_k} = \frac{\partial}{\partial F_k} \sum_{i=1}^{n} \left(\frac{1}{2} \int_{l_i} \frac{F_N(x)^2}{EA} \mathrm{d}x + \frac{1}{2} \int_{l_i} \frac{M_z(x)^2}{EI} \mathrm{d}x + \frac{1}{2} \int_{l_i} \frac{M_x(x)^2}{GI_p} \mathrm{d}x \right)$$

$$= \sum_{i=1}^{n} \left(\int_{l_i} \frac{F_N(x)}{EA} \frac{\partial F_N(x)}{\partial F_k} \mathrm{d}x + \int_{l_i} \frac{M_z(x)}{EI} \frac{\partial M_z(x)}{\partial F_k} \mathrm{d}x + \int_{l_i} \frac{M_x(x)}{GI_p} \frac{\partial M_x(x)}{\partial F_k} \mathrm{d}x \right)$$

$$(11-25)$$

例 11-4　试用卡氏第二定理求解例题 11-2。

解:仍然按图 11-3 对 AC 段和 BC 段分别给出弯矩的表达式

AC 段: $M_1(x_1) = \dfrac{Fb}{l} x_1$

BC 段: $M_2(x_2) = \dfrac{Fa}{l} x_2$

应用公式(11-25),有

$$\Delta_C = \int_0^a \frac{M_1}{EI} \frac{\partial M_1}{\partial F} \mathrm{d}x_1 + \int_0^b \frac{M_2}{EI} \frac{\partial M_2}{\partial F} \mathrm{d}x_2 = \int_0^a \frac{bFx_1}{EIl} \frac{bx_1}{l} \mathrm{d}x_1 + \int_0^b \frac{aFx_2}{EIl} \frac{ax_2}{l} \mathrm{d}x_2$$

$$= \frac{b^2 F}{EIl^2} \frac{a^3}{3} + \frac{a^2 F}{EIl^2} \frac{b^3}{3} = \frac{Fa^2 b^2}{3EIl}$$

结果与例题 11-2 一致。

例 11-5　试用卡氏第二定理求解例题9-8(见图 11-7)。

解:取悬臂梁作为静定基,几何协调条件是在外载荷 q 和 B 端支座反力 F_B 共同作用下,使 B 点的垂直位移为零。

设 x 以 B 点为起点,有

$$M(x) = F_B x - \frac{1}{2} q x^2$$

根据卡氏第二定理, B 点的垂直位移

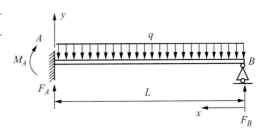

图 11-7

$$v_B = \int_L \frac{M}{EI} \frac{\partial M}{\partial F_B} \mathrm{d}x = \int_L \frac{F_B x - \frac{1}{2} q x^2}{EI} x \mathrm{d}x = \frac{1}{EI} \left(\frac{F_B l^3}{3} - \frac{1}{8} q l^4 \right) = 0$$

所以

$$F_B = \frac{3}{8} q l$$

求出约束反力 F_B 后,剪力图和弯矩图与例题 9-8 相同。

11.4 虚功原理

刚体静力学指出,处于静力平衡的充要条件是,作用在此刚体上所有的力在任意虚位移上所做的总虚功等于零。这一原理称为刚体的虚功原理(principle of virtual work)。对于变形体来说,虚位移是物体在满足给定的位移边界条件与变形连续条件时可能产生的任意位移。力在虚位移上做的功称为虚功。在应用虚功原理时,通常认为虚位移是很小的位移,这样使力在虚位移过程中大小和方向都不变。

上述虚功原理可以推广到可变形体的分析。对于变形体,不仅要考虑外力的虚功,还要考虑内力的虚功。如图 11-8 所示,长度为 $\mathrm{d}x$ 的一段杆件的分离体在外力作用下处于平衡。杆件上任意横截面可能存在轴力 F_N,弯矩 M_z,扭矩 M_x 和剪力 F_S。分离体的另一侧截面上各内力有一增量。

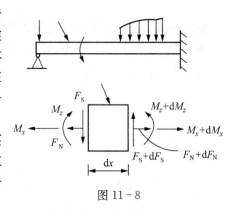

图 11-8

现在假定给杆件一个微小的虚位移。杆件在真实载荷下已经有了真实变形,这个虚位移是一种附加位移,与载荷和真实变形完全无关。对于虚位移的唯一限制是它要满足边界约束条件和变形几何协调条件。

考虑长度为 $\mathrm{d}x$ 的杆件单元。作用于单元上的所有力,包括外力和截面内力,将在虚位移上做虚功 $\mathrm{d}W_\mathrm{e}$。这一虚功包括两部分:(1)单元作为刚体平移和转动所做的功 $\mathrm{d}W_\mathrm{r}$;(2)内力在单元虚变形上做的功 $\mathrm{d}W_\mathrm{d}$:

$$\mathrm{d}W_\mathrm{e} = \mathrm{d}W_\mathrm{r} + \mathrm{d}W_\mathrm{d}$$

由于单元处于平衡状态,所有力在刚体位移上做的功为零,因此

$$\mathrm{d}W_\mathrm{e} = \mathrm{d}W_\mathrm{d}$$

整个杆件的虚功可以通过上式的积分来得到

$$\int \mathrm{d}W_\mathrm{e} = \int \mathrm{d}W_\mathrm{d}$$

上式左边积分时,作为虚位移上做功,由于每一单元的侧面与相邻单元的侧面经历相同的虚位移,而内力的方向相反,所以内力虚功相抵消,剩下的只有外力的虚功 W_e。上式右边积分时,仅有单元的内力在各自单元的虚变形上做功。等式右边将所有单元的虚功积分,得到杆件内力的虚功 W_i。所以

$$W_\mathrm{e} = W_\mathrm{i} \tag{11-26}$$

上式称为变形体的虚功原理。可以叙述为,如果给外力作用下处于平衡状态的结构一个微小的虚位移,那么外力做的虚功等于内力做的虚功。

上面的分析可用一简单例子作解释。如图 11-9 所示受轴向力 F 作用的杆,图中所示形

状表示杆件已处于实际平衡状态(已包括杆的实际伸长)。现假设它分为两段,长度分别为 $\mathrm{d}x_1$ 和 $\mathrm{d}x_2$(这与分为 n 段来分析的道理是一样的)。假设产生了轴向虚位移,使中间截面向右移了距离 δ_1,端面向右移了 $\delta_1 + \delta_2$。截面上的内力是一对轴力 F_1 和 F_2,大小相等,方向相反。因为截面两侧内力 F_1

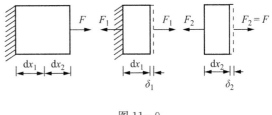

图 11-9

和 F_2 在虚位移 δ_1 上做的功互相抵消,外力 F 和截面内力在轴向位移上做的总功事实上就是外力 F 做的功 $W_e = F(\delta_1 + \delta_2)$。而内力 F_1 在伸长虚变形 δ_1 上做功 $F_1\delta_1$,内力 F_2 在伸长虚变形 δ_2 上做功 $F_2\delta_2$。内力在这两段单元体的虚变形上做的功为 $W_i = F_1\delta_1 + F_2\delta_2 = F(\delta_1 + \delta_2) = W_e$。从而验证了虚功原理。

　　虚功原理的推导过程并未涉及材料性质。虚功原理可应用于各种材料的结构,不论是线弹性材料、非线性弹性材料还是非弹性材料都适用。外力虚功是外力在力的作用方向的虚位移上做的功。内力虚功是微单元上的一对内力在截面的相对虚变形上做的功。这里力和位移都从广义角度上来理解。当产生虚位移时,这些外力和内力都以实际的最终值作用着,所以虚功为力与作用点虚位移之乘积。

　　内力虚功的计算可以参见图 11-10。对于长度为 $\mathrm{d}x$ 的微单元,设轴向、弯曲、剪切和扭转的虚位移分别为 $\mathrm{d}\delta$,$\mathrm{d}\theta$,$\mathrm{d}\lambda$ 和 $\mathrm{d}\varphi$。在单元体上内力做的虚功分别为 $F_N\mathrm{d}\delta$,$M_z\mathrm{d}\theta$,$F_S\mathrm{d}\lambda$ 和 $M_x\mathrm{d}\varphi$。以上表达式中,微单元两端内力增量在虚位移上做的功相对来说是高阶小量。例如对于轴力,$\mathrm{d}F_N\mathrm{d}\delta$ 与 $F_N\mathrm{d}\delta$ 相比较是高阶小量,可以忽略不计。所以微单元上的内力虚功可以表达为

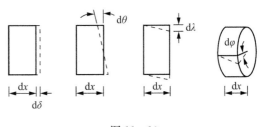

图 11-10

$$F_N\mathrm{d}\delta + M_z\mathrm{d}\theta + F_S\mathrm{d}\lambda + M_x\mathrm{d}\varphi$$

整个构件的内力虚功为

$$W_i = \int F_N\mathrm{d}\delta + \int M_z\mathrm{d}\theta + \int F_S\mathrm{d}\lambda + \int M_x\mathrm{d}\varphi \qquad (11-27)$$

在实际应用中,由于剪力做的功与其他项相比很小,一般在能量法中不计入。

11.5　单位载荷法

　　这一节将利用虚功原理建立一种计算结构位移的方法,即单位载荷法(dummy-load method),也称为莫尔积分法。

　　既然虚位移包括所有的约束条件许可的位移,那么实际载荷下产生的位移也是虚位移之一。

如图 11-11 所示，考虑作用于刚架上的两组力。第一组力是实际载荷[见图 11-11(a)]，其产生的内力记为 F_N，F_S，M_z，M_x。现在将第一组力产生的位移和变形($\mathrm{d}\delta$，$\mathrm{d}\theta$，$\mathrm{d}\lambda$，$\mathrm{d}\varphi$)看作是虚位移和虚变形。如果要求的是刚架自由端的垂直位移 Δ(实际载荷产生的位移，看作是虚位移)，可以人为地在该点施加向下的单位力[见图 11-11(b)]。所以第二组力是单位力 1(看作是实际载荷)。在单位力作用下产生的内力用上标为"o"的

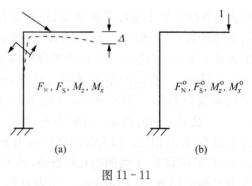

图 11-11

记号 F_N^o，F_S^o，M_z^o，M_x^o 表示(看作是实际内力)。根据虚功原理可知，单位力(第二组外力)在位移 Δ(看作虚位移)上做的功等于单位力产生的内力(第二组内力)在变形 $\mathrm{d}\delta$，$\mathrm{d}\theta$，$\mathrm{d}\lambda$，$\mathrm{d}\varphi$(看作虚变形)上做的功。外力的虚功为 $1 \cdot \Delta$。应用式(11-27)和虚功原理可以得到

$$1 \cdot \Delta = \sum \left\{ \int_0^l F_N^o(x)\mathrm{d}\delta + \int_0^l F_S^o(x)\mathrm{d}\lambda + \int_0^l M_z^o(x)\mathrm{d}\theta + \int_0^l M_x^o(x)\mathrm{d}\varphi \right\}$$

对于线弹性体，微单元梁的变形为

$$\mathrm{d}\delta = \frac{F_N(x)\mathrm{d}x}{EA}, \quad \mathrm{d}\lambda = \frac{k_S F_S(x)\mathrm{d}x}{GA}, \quad \mathrm{d}\theta = \frac{M_z(x)\mathrm{d}x}{EI_z}, \quad \mathrm{d}\varphi = \frac{M_x(x)\mathrm{d}x}{GI_p}$$

于是

$$\Delta = \sum \left[\int_0^l \frac{F_N^o(x)F_N(x)}{EA}\mathrm{d}x + \int_0^l \frac{k_S F_S^o(x)F_S(x)}{GA}\mathrm{d}x + \right.$$

$$\left. \int_0^l \frac{M_z^o(x)M_z(x)}{EI_z}\mathrm{d}x + \int_0^l \frac{M_x^o(x)M_x(x)}{GI_p}\mathrm{d}x \right] \tag{11-28}$$

这就是单位载荷法求位移的公式。公式右端对结构中各个杆件进行求和。一般情况下在有弯曲和扭曲变形的杆件中，与弯矩、扭矩相比，轴力和剪力的变形能可以忽略。所以有弯矩或扭矩的杆只需计算上式右端第三、四项积分。

例 11-6 (A)试用单位载荷法求解例题 11-2；(B)假定长度 $a = 2b$，AD 段长度为 b，用单位载荷法求 D 点挠度和转角。

解：A：将 AB 梁分成 AC 和 BC 两段来计算[见图 11-12(a)]。由外载荷 F 产生的弯矩 M_1，M_2 的表达式与例题 11-2 相同，即

$$M_1 = \frac{bF}{l}x_1, \quad M_2 = \frac{aF}{l}x_2$$

为了求 C 点的垂直位移，在 C 点施加虚拟的单位力[见图 11-12(b)]。由单位力产生的弯矩分别为

$$M_1^o = \frac{b}{l}x_1, \quad M_2^o = \frac{a}{l}x_2$$

根据公式(11-28)，有

$$v_C = \int_0^a \frac{M_1(x)M_1^o(x)}{EI}\mathrm{d}x_1 + \int_0^b \frac{M_2(x)M_2^o(x)}{EI}\mathrm{d}x_2$$

$$= \int_0^a \frac{bFx_1}{EIl}\frac{bx_1}{l}\mathrm{d}x_1 + \int_0^b \frac{aFx_2}{EIl}\frac{ax_2}{l}\mathrm{d}x_2$$

$$= \frac{b^2F}{EIl^2}\frac{a^3}{3} + \frac{a^2F}{EIl^2}\frac{b^3}{3} = \frac{Fa^2b^2}{3EIl}$$

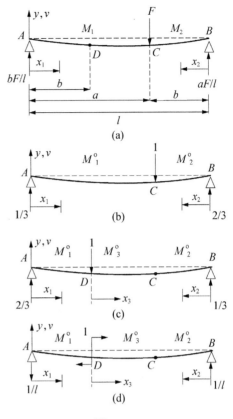

图 11-12

这个结果与例题 11-2 一致。

B:如图 11-12(c)和(d)所示,在区域 AD, BC 和 DC 分别以 A, B, D 为原点建立局部坐标 x_1、x_2 和 x_3。在外力 F 作用下,这三个区域的弯矩可以表示为

$$M_1^o(x_1) = \frac{1}{3}Fx_1, \quad M_2^o(x_2) = \frac{2}{3}Fx_2$$

$$M_3^o(x_3) = \frac{F}{3}(x_3 + b)$$

为了求 D 点位移,在 D 点作用单位力,由它产生的弯矩为

$$M_1^o(x_1) = \frac{2}{3}x_1, \quad M_2^o(x_2) = \frac{1}{3}x_2$$

$$M_3^o(x_3) = \frac{2}{3}(x_3 + b) - x_3$$

D 点的位移

$$v_D = \frac{1}{EI}\left\{\int_0^b \frac{2}{9}Fx_1^2\mathrm{d}x + \int_0^b \frac{2}{9}Fx_2^2\mathrm{d}x + \int_0^b \left[\frac{2}{9}F(x_3+b)^2 - \frac{Fx_3(x_3+b)}{3}\right]\mathrm{d}x\right\} = \frac{7b^3F}{18EI}(\text{向下})$$

为了求 D 点转角,在 D 作用单位力偶,由它产生的弯矩

$$M_1^o(x_1) = \frac{-1}{l}x_1, \quad M_2^o(x_2) = \frac{1}{l}x_2, \quad M_3^o(x_3) = \frac{-1}{l}(x_3+b)+1$$

D 点的转角

$$\theta_D = \frac{1}{EI}\left\{\int_0^b \frac{-F}{3l}x_1^2\mathrm{d}x + \int_0^b \frac{2}{3l}Fx_2^2\mathrm{d}x - \int_0^b \left[\frac{F}{3l}(x_3+b)^2 - \frac{F(x_3+b)}{3}\right]\mathrm{d}x\right\} = \frac{5b^2F}{18EI}$$

例 11-7 如图 11-13 所示,简支的桁架各杆的拉压刚度均为 EA。在 B 点受向下的力 F 作用。求 B 点的水平位移 u_B 和垂直位移 v_B。

解:各杆的内力通过节点力的平衡可以逐一求得。表 11-1 所示前三行依次为外力 F 作用下的各杆的轴力 F_{Ni},B 点在水平单位力作用下各杆的内力 F_{Nui}^o,在垂直单位力作用下

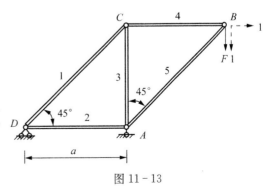

图 11-13

各杆的内力 F_{Nvi}°。应用单位载荷法，根据式(11-28)，B 点的水平位移和垂直位移分别为

$$u_B = \frac{1}{EA} \sum_{i=1}^{5} F_{Ni} F_{Nui}^{\circ} l_i = \frac{2(1+\sqrt{2})Fa}{EA}$$

$$v_B = \frac{1}{EA} \sum_{i=1}^{5} F_{Ni} F_{Nvi}^{\circ} l_i = \frac{(3+4\sqrt{2})Fa}{EA}$$

表 11-1　单位载荷法求桁架节点位移

杆　　号	1	2	3	4	5
F_{Ni}	$\sqrt{2}F$	$-F$	$-F$	F	$-\sqrt{2}F$
F_{Nui}°	$\sqrt{2}$	0	-1	1	0
F_{Nvi}°	$\sqrt{2}$	-1	-1	1	$-\sqrt{2}$
l_i	$\sqrt{2}a$	a	a	a	$\sqrt{2}a$
$F_{Ni}F_{Nui}^{\circ}l_i$	$2\sqrt{2}Fa$	0	Fa	Fa	0
$F_{Ni}F_{Nvi}^{\circ}l_i$	$2\sqrt{2}Fa$	Fa	Fa	Fa	$2\sqrt{2}Fa$

例 11-8　如图 11-14 所示 Γ 形刚架，在 C 端固支。其垂直部分 AB 受均布力 q 作用。已知刚架的抗弯刚度为 EI。试用(1)单位载荷法；(2)叠加法求 A 点的水平和垂直位移。

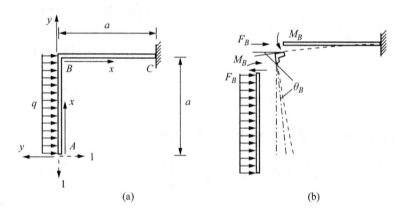

图 11-14

解：(1) 用单位载荷法求解。

如图 11-14(a)所示，在 AB 段和 BC 段建立局部坐标。AB 杆在外力作用下的弯矩为

$$M_1 = -\frac{1}{2}qx^2$$

在水平单位力和垂直向下单位力作用下的弯矩分别为

$$M_{1u}^{\circ} = -x, \quad M_{1v}^{\circ} = 0$$

B 端有力偶矩 $M_B = \frac{1}{2}qa^2$ 和力 $F_B = qa$ 作用。BC 杆的弯矩

$$M_2 = -\frac{1}{2}qa^2$$

在水平单位力和垂直单位力作用下的弯矩分别为

$$M_{2u}^\circ = -a, \quad M_{2v}^\circ = -x$$

所以，A 点的水平位移

$$u_A = \frac{1}{EI}\left(\int_0^a M_1 \cdot M_{1u}^0 dx + \int_0^a M_2 \cdot M_{2u}^\circ dx\right)$$

$$= \frac{1}{EI}\left(\int_0^a \frac{1}{2}qx^2 \cdot x dx + \int_0^a \frac{1}{2}qa^2 \cdot a dx\right) = \frac{5}{8EI}qa^4 \text{（向右）}$$

A 点的垂直位移

$$v_A = \frac{1}{EI}\left(\int_0^a M_1 \cdot M_{1v}^\circ \cdot dx + \int_0^a M_2 \cdot M_{2v}^\circ dx\right)$$

$$= \frac{1}{EI}\left(\int_0^a \frac{-1}{2}qx^2 \cdot 0 \cdot dx + \int_0^a \frac{1}{2}qa^2 \cdot x dx\right) = \frac{1}{4EI}qa^4 \text{（向下）}$$

（2）用叠加法求解。

如图 11-14(b) 所示，BC 杆的 B 端受力矩 M_B 和轴力 F_B 作用。力 F_B 的作用可以忽略。查附录 C 弯曲变形的简表，可知转角和挠度为

$$\theta_B = \frac{M_B a}{EI} = \frac{1}{2EI}qa^3$$

$$v_B = \frac{M_B a^2}{2EI} = \frac{1}{4EI}qa^4 \text{（向下）}$$

由于结构是小变形，所以 A 点的垂直位移等于 B 点的垂直位移，即

$$v_A = v_B = \frac{1}{4EI}qa^4$$

再查表中悬臂梁受均布力作用时端点挠度为 $\frac{1}{8EI}qa^4$，所以 A 点的水平位移

$$u_A = \theta_B \cdot a + \frac{qa^4}{8EI} = \frac{5}{8EI}qa^4$$

结果与前面用能量法得到的解一致。

例 11-9　如图 11-15 所示托架的 AC 梁受均布载荷 q 的作用。梁的抗弯刚度为 EI。支撑杆 BD 的抗拉（压）刚度为 EA。不考虑 BC 杆的失稳，试计算 C 点的挠度和转角。

解：（1）外载荷产生的内力。

对于 AC 梁，在外载荷 q 的作用下，由 $\sum m_A = 0$ 得到

$$F_{BD}\sin30° \cdot \sqrt{3}a = 2q\sqrt{3}a \cdot \sqrt{3}a$$

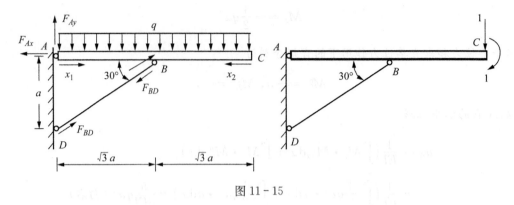

图 11 - 15

所以杆 BD 的轴力

$$F_{BD} = 4\sqrt{3}qa$$

根据垂直方向的平衡条件可知支座反力 $F_{Ay} = 0$。将 AC 梁分成 AB 和 CB 两段,坐标 x_1 和 x_2 分别以 A 和 C 为原点,弯矩为

$$M_1(x_1) = -\frac{1}{2}qx_1^2, \ M_2(x_2) = -\frac{1}{2}qx_2^2$$

AB 段梁上还有轴向力,但是与弯曲应变能相比,轴力的应变能可以忽略不计。

(2) 求 C 点的垂直位移。

假设在 C 点有向下的单位力作用,由 $\sum m_A = 0$ 得到 $F_{BD}\sin 30° \cdot \sqrt{3}a = 1 \cdot 2\sqrt{3}a$,所以轴力 $F_{BD}^\circ = 4$,支座反力 $F_{Ay}^\circ = -1$,弯矩为

$$M_1^\circ(x_1) = -x_1, \quad M_2^\circ(x_2) = -x_2$$

C 点的垂直位移为

$$\Delta_C = 2 \cdot \frac{1}{EI}\int_0^{\sqrt{3}a} \frac{1}{2}qx^2 \cdot x\,\mathrm{d}x + \frac{1}{EA} \cdot 4\sqrt{3}qa \cdot 4 \cdot 2a = \frac{9}{4EI}qa^4 + \frac{32\sqrt{3}}{EA}qa^2 (向下)$$

(3) 求 C 点的转角。

假设在 C 点有顺时针的单位力偶矩作用,由 $\sum m_A = 0$ 得到

$$F_{BD}^\circ \sin 30° \cdot \sqrt{3}a = 1$$

BD 杆的轴力 $F_{BD}^\circ = \dfrac{2}{\sqrt{3}a}$,支座反力 $F_{Ay}^\circ = -\dfrac{1}{\sqrt{3}a}$,弯矩为

$$M_1^\circ(x_1) = -\frac{1}{\sqrt{3}a}x_1, \ M_2^\circ(x_2) = -1$$

所以 C 点的转角为

$$\theta_C = \frac{1}{EI}\int_0^{\sqrt{3}a} \frac{1}{2}qx^2 \cdot \frac{1}{\sqrt{3}a}x\,\mathrm{d}x + \frac{1}{EI}\int_0^{\sqrt{3}a} \frac{1}{2}qx^2 \cdot 1\,\mathrm{d}x + \frac{1}{EA} \cdot 4\sqrt{3}qa \cdot \frac{2}{\sqrt{3}a} \cdot 2a$$

$$= \frac{7\sqrt{3}}{8EI}qa^3 + \frac{16}{EA}qa(顺时针)$$

上述计算所得的位移,如果是正的值,表示实际位移与单位力作用方向一致,否则表示实际位移与单位力作用方向相反。

例 11 - 10　如图 11 - 16(a)所示的细圆环,半径为 R,抗弯刚度为 EI,受一对拉力 F 作用。求:(1)圆环的弯矩;(2)力的作用点的相对位移。

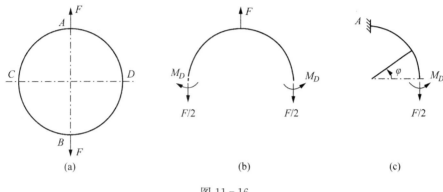

图 11 - 16

解:取上半个圆环为分离体[见图 11 - 16(b)]。由于上半圆环和下半圆环对 CD 轴的对称性,可知截面上剪力为零。由于圆环对 AB 轴的对称性,可知 C,D 处的轴力为 $F/2$。设截面上弯矩 M_D 为未知内力。这是一次静不定问题。又由于结构对 AB 轴的对称性,可知 A 点的转角应为零。可以将 A 点视为固定端,取四分之一圆环作为静定基进行分析[见图 11 - 16(c)]。变形协调条件为 D 点的转角为零:$\theta_D = 0$。

(1) 求未知内力矩 M_D。

由作用在 D 点的轴力和未知内力矩产生的弯矩为

$$M(\varphi) = M_D - \frac{F}{2}R(1 - \cos\varphi)$$

为了计算 D 截面的转角,在 D 截面上施加逆时针的单位力矩,它在环内形成的弯矩为

$$M^\circ(\varphi) = 1$$

变形协调条件为

$$\theta_D = \int_0^{\pi/2} \frac{1}{EI}\left[M_D - \frac{F}{2}R(1 - \cos\varphi)\right] \cdot 1 \cdot Rd\varphi = \frac{R}{EI}\left[M_D\frac{\pi}{2} - \frac{FR}{2}\frac{\pi}{2} + \frac{FR}{2}\right] = 0$$

从上式可以求出

$$M_D = \frac{FR}{2}\left(1 - \frac{2}{\pi}\right) \approx 0.182FR$$

所以任意截面上的弯矩为

$$M(\varphi) = \frac{FR}{2}\left(\cos\varphi - \frac{2}{\pi}\right) \tag{a}$$

（2）求 A，B 两点的相对位移。

式（a）为在外力 F 作用下圆环内的弯矩。为了求 A，B 点的相对位移,需在这两点施加一对单位力。在式（a）中令 $F = 1$，即得到一对单位力作用下圆环内的弯矩为

$$M^\circ(\varphi) = \frac{R}{2}\left(\cos\varphi - \frac{2}{\pi}\right)$$

由于对称性,只需计算四分之一圆环的积分。实际位移为此积分值的 4 倍。应用单位载荷法, A，B 两点的相对位移为

$$\Delta_{AB} = 4\int_0^{\pi/2} \frac{MM^\circ}{EI}R\,\mathrm{d}\varphi = \frac{FR^3}{EI}\int_0^{\pi/2}\left(\cos\varphi - \frac{2}{\pi}\right)^2\mathrm{d}\varphi = \left(\frac{\pi}{4} - \frac{2}{\pi}\right)\frac{FR^3}{EI}$$

例 11-11 用单位载荷法求解例题 9-6，并求 C 点的位移。

解：（1）求 B 点的弹簧约束反力 F_B。

如图 11-17 所示,取悬臂梁为静定基。在外力 F 和弹簧力 F_B 作用下, BC 段和 CA 段的弯矩分别为

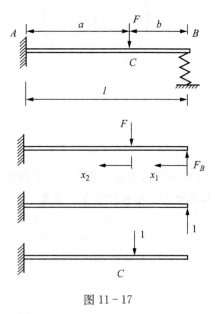

图 11-17

$$M_1(x_1) = F_B x_1$$
$$M_2(x_2) = F_B(x_2 + b) - Fx_2 \qquad \text{(a)}$$

为了求 B 点位移,在 B 点施加单位力。此时 BC 段和 CA 段的弯矩分别为

$$M_1^\circ(x_1) = x_1$$
$$M_2^\circ(x_2) = (x_2 + b)$$

在压力 F_B 作用下,弹簧上端的位移为 $-\dfrac{F_B}{k}$。其中 k 是弹簧刚度,这也是梁右端的位移。利用单位载荷法可知

$$v_B = \frac{1}{EI}\left\{\int_0^b F_B x \cdot x\,\mathrm{d}x + \int_0^a [F_B(x_2 + b) - Fx](x + b)\,\mathrm{d}x\right\} = -\frac{F_B}{k}$$

求解上式可以得到

$$F_B = \frac{a^2(3l - a)F}{2l^3 + \dfrac{6EI}{k}}$$

这个结果与例题 9-6 的答案一致。

（2）求 C 点的位移。

将 F 和 F_B 看作外力,它们产生的弯矩由式（a）给出。在 C 点作用向下的单位力,它产生弯矩

$$M_1^\circ(x_1) = 0$$
$$M_2^\circ(x_2) = -x_2$$

根据单位载荷法，C 点位移为（向下为正）

$$v_C = \frac{1}{EI}\left\{\int_0^a [F_B(x_2+b)-Fx_2](-x_2)\mathrm{d}x_2\right\}$$

$$= -\frac{a^2(3l-a)}{6EI}F_B + \frac{a^3}{3EI}F = \left(\frac{a^3}{3} - \frac{a^4(3l-a)^2}{12\left(l^3+\dfrac{3EI}{k}\right)}\right)\frac{F}{EI}$$

例 11-12　承受均布载荷的矩形截面悬臂梁（见图 11-18），截面的宽和高分别为 b 和 h，梁的长度为 l。试用 A 点的挠度分析剪切效应对梁变形的影响。

解：外力作用下的梁的弯矩和剪力分别为

$$M(x) = -qx^2/2, \quad F_S(x) = qx$$

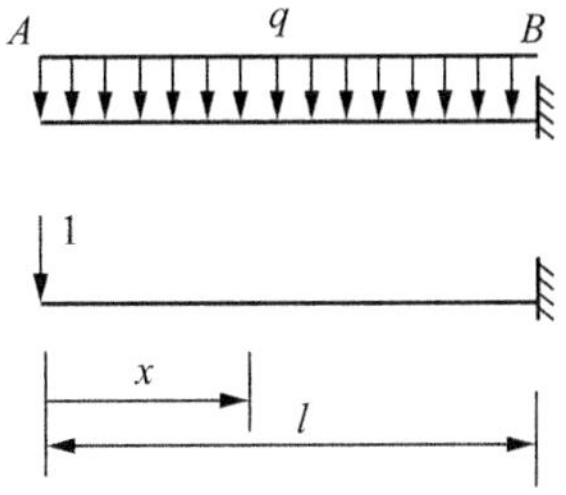

为了求 A 点的挠度，在 A 点施加单位力。产生的弯矩和剪力分别为

$$M^\circ(x) = -x, \quad F_S^\circ(x) = 1$$

矩形截面的剪切形状系数 $k_S = 6/5$。所以端点 A 的挠度为

图 11-18

$$v_A = \frac{1}{EI}\int_0^l (-qx^2/2)(-x)\mathrm{d}x + \frac{6}{5GA}\int_0^l qx\cdot 1\,\mathrm{d}x$$

$$= \frac{ql^4}{8EI} + \frac{3ql^2}{5GA} = \frac{ql^4}{8EI}\left(1+\frac{24EI}{5GAl^2}\right) = \frac{ql^4}{8EI}\left[1+\frac{16}{15}\left(\frac{h}{l}\right)^2\right]$$

上式的第二项为剪切变形对挠度的修正项。当 $h/l = 1/10$ 时，第二项的值为 0.0107，即剪切变形仅为弯曲变形的 1.07%，其影响可以忽略。

11.6　用力法解静不定问题

静不定问题根据其多余约束的特点，可以分为三个类型：（1）支座存在多余的约束，即支座反力是静不定的。如图 11-19（a）所示，支座 A 和 C 共有五个支座约束力，刚架 ABC 只有三个平衡方程，所以是二次静不定问题。（2）支座反力是静定的，但结构有多余的内力，即内力是静不定的。如图 11-19（b）所示铰接桁架 $ABCD$ 形成几何不变系统。外部支座的三个约束力，可以将桁架 $ABCD$ 看作一整体，由三个平衡条件求出。各杆件内力可以由节点平衡条件求出。所以是静定问题。如果增加一根 AC 杆[见图 11-19（c）]，则增加了一个内力，成为内力一次静不定问题。又如图 11-19（d）所示闭环的刚架 $ABCD$，外部的三个支座反力与外力形成平衡，支座反力是静定的。但从任何部位将闭环截开[见图 11-19（e）]，截面两侧都存在一对轴力 F_N，一对剪力 F_S，和一对弯矩 M，因此是内力三次静不定问题。（3）结构的支座反力和内力都是静不定的。

下面我们将用单位载荷法分析例题 11-5 的一次静不定问题，目的是引进力法正则方程的概念。

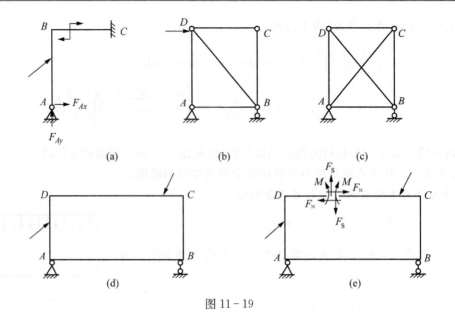

图 11 - 19

例 11 - 13　用单位载荷法分析例题 11 - 5［见图 11 - 20(a)］,并求中点 C 的挠度。

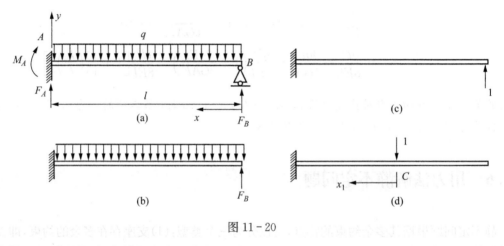

图 11 - 20

解：(1) 求 B 点的支座反力 F_B。

解除 B 支座约束,以悬臂梁为静定基,以外载荷和未知约束力 F_B 作用下的悬臂梁作为代替原来问题的相当系统［见图 11 - 20(b)］。

写出弯矩方程

$$M(x) = F_B x - \frac{1}{2} q x^2$$

这两项分别为未知约束力 F_B 产生的弯矩和外载荷产生的弯矩。将它们分开写成

$$M(x) = M_{F_B} + M_q$$

利用未知约束力作用点的位移建立补充方程。为此在 B 点沿未知约束力 F_B 方向施加单位力［见图 11 - 20(c)］。产生弯矩 $M^0 = x$。几何协调关系是 B 点的挠度为零。利用单位载荷法可以写出 B 点挠度的表达式为

$$v_B = \frac{1}{EI}\int_0^l M M^\circ \mathrm{d}x = \frac{1}{EI}\int_0^l (M_{F_B}M^\circ + M_q M^\circ)\mathrm{d}x = 0 \tag{a}$$

事实上,

$$M_{F_B} = F_B x = F_B M^\circ$$

所以式(a)可以写成

$$F_B \cdot \int_0^l M^\circ M^\circ \mathrm{d}x + \int_0^l M_q M^\circ \mathrm{d}x = 0$$

或者将上式写成

$$\delta \cdot F_B = -\Delta_q \tag{11-29}$$

式中

$$\delta = \frac{1}{EI}\int_0^l M^{\circ 2}\mathrm{d}x = \frac{1}{EI}\int_0^l x^2 \mathrm{d}x = \frac{l^3}{3EI}$$

$$\Delta_q = \frac{1}{EI}\int_0^l M_q M^\circ \mathrm{d}x = -\frac{1}{EI}\int_0^l \frac{1}{2}qx^2 \cdot x \mathrm{d}x = -\frac{1}{8EI}ql^4$$

所以

$$F_B = \frac{3}{8}ql$$

上述过程是以力为基本未知量的求解方法,所以也称为力法(force method)。方程(11-29)是用单位载荷法求解杆系结构静不定问题的典型形式,称为力法的正则方程。其中未知约束力 F_B 的系数 δ 为单位力作用下沿未知约束力作用方向产生的位移,称为柔度系数(compliance coefficient),或称为柔度(compliance)。其能量积分的被积函数为 $M^\circ \cdot M^\circ$。Δ_q 为外载荷作用下在未知约束力作用方向上产生的位移,其能量积分的被积函数为 M° 与外载荷弯矩 M_q 互乘。力法的正则方程实质上是变形协调方程。力法也称为柔度法(compliance method),式(11-29)也可称为结构的柔度方程。

(2) 求中点 C 的挠度。

求中点 C 的挠度时,在静定基上 q 和 F_B 都是已知力。在 C 点作用单位力[见图 11-20(d)],$M^\circ = -x_1$。自 C 开始的局部坐标 x_1 与 x 的关系为

$$x = x_1 + \frac{l}{2}$$

中点 C 的挠度为

$$v_C = \frac{1}{EI}\int_0^{\frac{l}{2}}(M_q + M_{F_B}) \cdot M^\circ \mathrm{d}x_1 = \frac{1}{EI}\int_0^{\frac{l}{2}}\left(-\frac{1}{2}qx^2 + F_B x\right) \cdot (-x_1)\mathrm{d}x_1$$

$$= \frac{1}{EI}\int_0^{\frac{l}{2}}\left[-\frac{1}{2}q\left(x_1 + \frac{l}{2}\right)^2 + F_B\left(x_1 + \frac{l}{2}\right)\right] \cdot (-x_1)\mathrm{d}x_1 = \frac{ql^4}{192EI}$$

例 11-14 如图 11-21(a)所示刚架,在 AB 段中点受水平力 F 作用。已知刚架的抗弯刚度为 EI。试求支座 C 的约束反力 F_{Cy},并求 B 点的水平位移、垂直位移和转角。

解:这是一次静不定问题。假设 C 点的垂直支座反力为未知约束力。

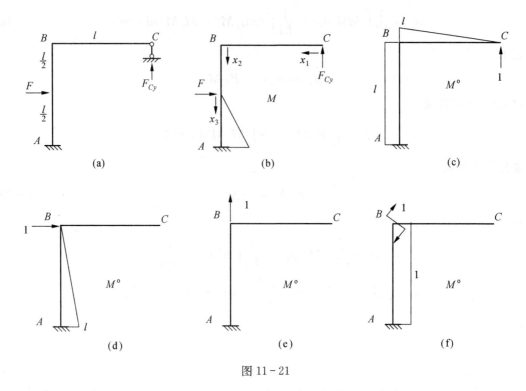

图 11-21

（1）求 C 点的支座反力 F_{Cy}。

将 C 点的支座反力 F_{Cy} 设为未知约束力。解除 C 点的约束，形成 A 端固支的刚架 ABC 为静定基。如图 11-21(b)所示为 F 作用下的弯矩图，如图 11-21(c)所示为 C 点单位力作用下的弯矩图。我们按常规约定将弯矩图画在杆的受压一侧。

力法的正则方程可以写成

$$\delta \cdot F_{Cy} = -\Delta_F$$

其中

$$\delta = \int M^{\circ 2} \mathrm{d}x = \int_0^l x_1^2 \mathrm{d}x_1 + \int_0^l l^2 \mathrm{d}x_2 = \frac{4}{3} l^3$$

$$\Delta_F = \int M_F M^{\circ} \mathrm{d}x = -\int_0^{l/2} F x_3 \cdot l \mathrm{d}x_3 = -\frac{1}{8} F l^3$$

所以

$$F_{Cy} = \frac{3}{32} F$$

（2）求 B 点的位移和转角。

将 F 和 F_{Cy} 作为已知力。如图 11-21(d)—(f)所示为 B 点在水平单位力、垂直单位力以及单位力矩作用下的弯矩图。将它们分别与如图 11-21(b)所示的弯矩互乘后求积分。

$$u_B = \frac{1}{EI}\left[-\int_0^l F_{Cy} l \cdot x_2 \mathrm{d}x_2 + \int_0^{l/2} F x_3 \left(\frac{l}{2} + x_3\right) \mathrm{d}x_3\right] = \frac{11}{192 EI} F l^3$$

$$v_B = 0$$

$$\theta_B = \frac{1}{EI}\left(-\int_0^l F_{Cy}l \cdot 1 \cdot \mathrm{d}x_2 + \int_0^{l/2} Fx_3 \cdot 1 \cdot \mathrm{d}x_3\right) = \frac{1}{32EI}Fl^2 \quad \text{（顺时针）}$$

例 11-15　如图 11-22 所示为二次静不定刚架，有水平均布力 q 作用于 AB 杆。已知各杆的抗弯刚度为 EI。试用力法求 A 点的支座反力。

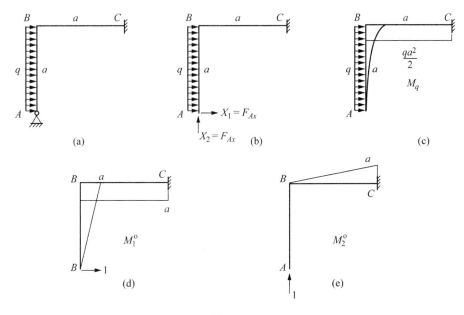

图 11-22

解：这是二次静不定问题，用 X_1 和 X_2 分别表示支座 A 的两个未知约束力 F_{Ax} 和 F_{Ay}。以 C 端固定的悬臂刚架为静定基。如图 11-22（c）所示是外力作用下的弯矩图，如图 11-22（d），（e）所示是 A 端水平单位力和垂直单位力作用下的弯矩图。这个问题可以用正则方程组表示为

$$\delta_{11}X_1 + \delta_{12}X_2 + \Delta_{q1} = 0$$
$$\delta_{21}X_1 + \delta_{22}X_2 + \Delta_{q2} = 0$$

或者用矩阵形式表示为

$$\begin{bmatrix} \delta_{11} & \delta_{12} \\ \delta_{21} & \delta_{22} \end{bmatrix} \begin{Bmatrix} X_1 \\ X_2 \end{Bmatrix} = \begin{Bmatrix} -\Delta_{q1} \\ -\Delta_{q2} \end{Bmatrix} \tag{11-30}$$

其中柔度矩阵的柔度系数为

$$EI\delta_{11} = \int M_1^{\circ 2}\,\mathrm{d}x = \int_0^a x^2\,\mathrm{d}x + \int_0^a a^2\,\mathrm{d}x = \frac{4}{3}a^3$$

$$EI\delta_{12} = EI\delta_{21} = \int M_1^\circ M_2^\circ\,\mathrm{d}x = -\int_0^a ax\,\mathrm{d}x = -\frac{1}{2}a^3$$

$$EI\delta_{22} = \int M_2^{\circ 2}\,\mathrm{d}x = \int_0^a x^2\,\mathrm{d}x = \frac{1}{3}a^3$$

方程右边项的系数为

$$EI\Delta_{q1} = \int M_q M_1^\circ\, \mathrm{d}x = \int_0^a \frac{qx^2}{2} x\,\mathrm{d}x + \int_0^a \frac{qa^2}{2} a\,\mathrm{d}x = \frac{5}{8}qa^4$$

$$EI\Delta_{q2} = \int M_q M_2^\circ\, \mathrm{d}x = -\int_0^a \frac{qa^2}{2} x\,\mathrm{d}x = -\frac{1}{4}qa^4$$

柔度系数 δ_{ij} 由单位力产生的弯矩自乘或互乘的积分得到。它表示第 j 个单位力在第 i 个单位力方向产生的位移。系数 Δ_i 由外载荷产生的弯矩与单位力产生的弯矩之乘积的积分得到。根据位移互等定理可知 $\delta_{21} = \delta_{12}$，所以柔度系数矩阵是对称矩阵。将求出的系数代入方程(11-30)，得到联立方程：

$$\frac{4}{3}X_1 - \frac{1}{2}X_2 = -\frac{5}{8}qa$$

$$-\frac{1}{2}X_1 + \frac{1}{3}X_2 = \frac{1}{4}qa$$

可以求出

$$F_{Ax} = X_1 = -\frac{3}{7}qa, \quad F_{Ay} = X_2 = \frac{3}{28}qa$$

在工程实际中很多结构具有对称性。利用结构的对称性可以简化计算。例题 11-10 圆环受拉问题的求解已经体现了这一优越性。作用在对称结构上的载荷，可能是对称载荷或反对称载荷，或一般的载荷。

如图 11-23(a) 所示 Ⅱ 形刚架是关于对称轴 $n-n$ 的对称结构。如果作用在对称位置的载荷数值相等，方向关于对称轴对称，则称为对称载荷。图中所示作用于两个角点的一对力偶矩 m 就是对称载荷。在对称载荷作用下，对称结构的变形和内力分布都对称于结构的对称轴。因此，在位于对称轴的截面上，由内力的对称性可知[见图 11-23(b)]，反对称的内力（剪力 F_S）为零。截面上只有对称内力（弯矩 M、轴力 F_N）存在。原刚架是三次静不定问题，利用对称性，降低为二次静不定问题。

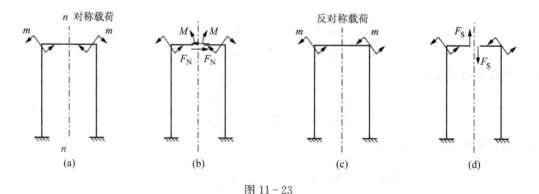

图 11-23

如果作用在对称结构的对称位置上的载荷数值相等，方向关于对称轴相反，则称为反对称载荷。如图 11-23(c) 所示就是反对称作用的力偶矩 m。在反对称载荷作用下，对称结构关于对称轴的变形和内力分布也反对称。这样，在位于对称轴的截面上，对称的内力（弯矩 M、轴力 F_N）为零，只有反对称内力（剪力 F_S）存在[见图 11-23(d)]。原来三次静不定的问题降低为一次静不定问题。

例 11 - 16 Ⅱ 形刚架在两个角点受反对称载荷 m 作用[见图 11 - 24(a)]。已知刚架的抗弯刚度为 EI。试求刚架的弯矩分布。

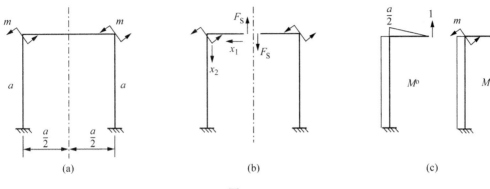

图 11 - 24

解：由于是对称结构受反对称载荷作用，可以假设位于对称轴的截面上只存在反对称的未知剪力 F_S[见图 11 - 24(b)]。变形协调条件是截开处的两侧截面在垂直方向的相对位移为零。计算时只需考虑半边刚架，因为整个刚架的计算值是半边刚架计算值的两倍。例如以力偶矩 m 作用下左半边刚架进行计算。Γ型静定基的弯矩图和单位力作用下的弯矩图如图 11 - 24(c)所示。应用力法正则方程，有

$$EI\delta = \int M^{\circ 2}\mathrm{d}x = \int_0^{a/2} x^2 \mathrm{d}x + \int_0^a \left(\frac{a}{2}\right)^2 \mathrm{d}x = \frac{7}{24}a^3$$

$$EI\Delta_m = \int M \cdot M^{\circ}\mathrm{d}x = \int_0^a m \cdot \frac{a}{2}\,\mathrm{d}x = \frac{m}{2}a^2$$

根据式(11 - 29)

$$F_S = -\frac{\delta}{\Delta_m} = -\frac{12}{7}\frac{m}{a}$$

整个刚架的弯矩分布如图 11 - 25 所示。

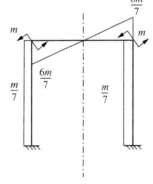

图 11 - 25

例 11 - 17 如图 11 - 26(a)所示圆截面 T 形杆，A 端固支，C，D 端置于滚珠轴承中，可以视为铰支。在 AB 杆中点 E 受扭矩 T 的作用。已知长度 $a = 20\,\mathrm{cm}$，圆杆直径 $d = 4\,\mathrm{cm}$，弹性模量 $E = 200\,\mathrm{GPa}$，剪切模量 $G = 80\,\mathrm{GPa}$，许用正应力 $[\sigma] = 120\,\mathrm{MPa}$，许用切应力 $[\tau] = 70$ MPa。求扭矩的许用值 $[T]$。

解：设支座 C 和 D 处的反力 F_C 和 F_D 为未知约束力。由于对称性，$F_D = F_C$，所以是一次静不定问题。以悬臂的 T 型杆为静定基。在 C 点和 D 点作用一对单位力。变形协调条件是 C 点和 D 点在垂直方向的相对位移为零。外力在静定基上产生的扭矩如图 11 - 26(b)所示，单位力产生的弯矩和扭矩如图 11 - 26(c)所示。

(1) 求解支座反力。

可以用力法的正则方程来解：

$$\delta \cdot F_C + \Delta_T = 0$$

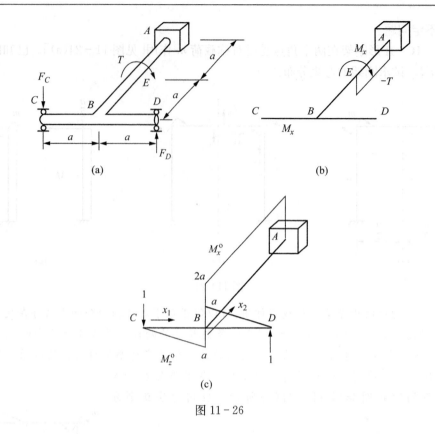

(a)

(b)

(c)

图 11-26

其中

$$\delta = \frac{2}{EI}\int_0^a M_z^{o2}\,\mathrm{d}x_1 + \frac{1}{GI_p}\int_0^{2a} M_x^{o2}\,\mathrm{d}x_2 = \frac{2}{EI}\int_0^a x_1^2\,\mathrm{d}x_1 + \frac{1}{GI_p}\int_0^{2a}(2a)^2\,\mathrm{d}x_2 = \frac{1}{EI}\frac{2}{3}a^3 + \frac{1}{GI_p}8a^3$$

$$\Delta_T = -\frac{1}{GI_p}\int_0^a M_x M_x^o\,\mathrm{d}x = -\frac{1}{GI_p}2Ta^2$$

所以

$$F_C = F_D = -\frac{\Delta_T}{\delta} = \frac{2Ta^2}{\frac{2GI_p}{3EI}a^3 + 8a^3} = 0.234\frac{T}{a}$$

（2）求许用载荷。

BE 段的扭矩为 $2F_C \cdot a = 0.468T$，AE 段的扭矩为 $2F_C \cdot a - T = -0.532T$，可见 AE 段扭矩（绝对值）最大。圆轴表面处于纯剪切状态,切应力强度条件为

$$\tau_{max} = \frac{0.532T}{W_p} \leqslant [\tau]$$

$$T \leqslant \frac{W_p[\tau]}{0.532} = \frac{\frac{\pi}{16}(0.04)^3 \times 70 \times 10^6}{0.532} = 1\,653\,\text{N}\cdot\text{m}$$

B 点最大弯矩为 $F_C \cdot a = 0.234T$，正应力强度条件为

$$\sigma_{max} = \frac{0.234T}{W_z} \leqslant [\sigma]$$

$$T \leqslant \frac{W_z[\sigma]}{0.234} = \frac{\frac{\pi}{32}(0.04)^3 \times 120 \times 10^6}{0.234} = 3\,222\,\text{N} \cdot \text{m}$$

所以许用力矩为 $[T] = 1\,653\,\text{N} \cdot \text{m}$。

例 11 - 18　如图 11 - 27(a)所示桁架梁由大梁 AB 与五根轴力杆件构成。AB 梁的抗弯刚度为 EI，轴力杆的抗拉(压)刚度为 EA。试求 CD 杆的轴力。

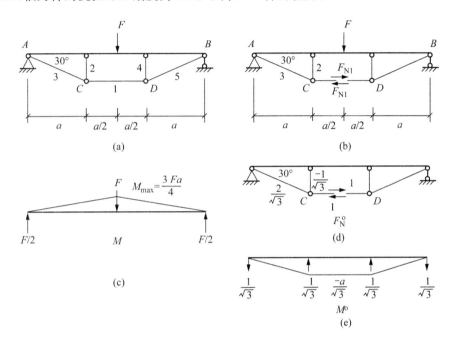

图 11 - 27

解：这是一次静不定系统。如图 11 - 27(b)所示，可以将杆 1 截开，设未知轴力为 F_{N1}。取这一结构为静定基。变形协调条件为截开的两截面相对位移为零。

在静定基上，如图 11 - 27(c)所示为外力 F 作用下的弯矩分布，外力 F 作用下所有杆件上都没有轴力。

在杆 1 的截开处施加一对单位力轴向力，由此产生的各杆轴力如图 11 - 27(d)所示，AB 梁弯矩如图 11 - 27(e)所示。此问题可用力法的正则方程求解。

$$\sum \int \frac{M^{o2}}{EI}\text{d}x = \frac{2}{EI}\left[\int_0^a \left(\frac{1}{\sqrt{3}}x\right)^2 \text{d}x + \int_a^{1.5a}\left(\frac{a}{\sqrt{3}}\right)^2 \text{d}x\right] = \frac{5}{9EI}a^3$$

$$\sum \frac{F_N^{o2}l_i}{EA} = \frac{2}{EA}\left[\left(\frac{2}{\sqrt{3}}\right)^2 \frac{2a}{\sqrt{3}} + \left(\frac{1}{\sqrt{3}}\right)^2 \frac{a}{\sqrt{3}} + 1^2 \cdot \frac{a}{2}\right] = \frac{(2\sqrt{3}+1)a}{EA}$$

所以

$$\delta = \frac{5}{9EI}a^3 + \frac{(2\sqrt{3}+1)}{EA}a$$

$$\sum \int \frac{MM^o}{EI}\text{d}x = \frac{-2}{EI}\left[\int_0^a \frac{F}{2}x \cdot \frac{1}{\sqrt{3}}x\text{d}x + \int_a^{1.5a}\frac{F}{2}x\frac{a}{\sqrt{3}}\text{d}x\right] = \frac{-23}{24\sqrt{3}EI}Fa^3$$

所以

$$\Delta_F = \frac{-23}{24\sqrt{3}\,EI}Fa^3$$

$$F_{N1} = \frac{-\Delta_F}{\delta} = \frac{23Fa^2}{24\sqrt{3}\cdot\left[\frac{5}{9}a^2 + \frac{I}{A}(2\sqrt{3}+1)\right]}$$

*11.7　连续梁与三弯矩方程

有三个或三个以上的支座，并且不中断的梁称为连续梁或多跨梁[见图 11-28(a)]。在建筑、船舶、桥梁等工程中经常可以见到这种结构形式。这样的梁可以看作静定梁增加若干中间支座而形成的静不定结构。在这样的布置下，中间支座的数目就等于多余约束的数目，也就是静不定次数。

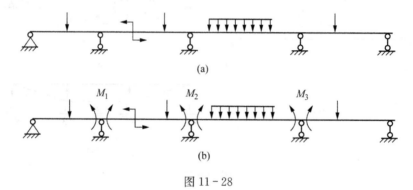

图 11-28

在求解连续梁问题时，一般不采用撤除中间支座来得到静定基的方法，而是将中间支座处的内力，即支座处梁的弯矩作为未知量。假设中间支座处断开并用铰连接，得到如图 11-28(b)所示的一系列简支梁，以此为静定基。中间支座处的内力矩为多余约束力。变形协调条件是中间铰两侧截面的相对转角为零。

如图 11-29(a)所示，选取相邻的两跨静定基进行分析。在支座 $i-1$ 和支座 i 之间的梁为第 i 跨，支座 i 和支座 $i+1$ 之间的梁为第 $i+1$ 跨。假设这两跨的长度和截面惯性矩分别为 l_i，I_i 和 l_{i+1}，I_{i+1}。第 i 跨梁在支座 i 处的转角 θ_{iL} 将由这一跨上的外力和梁的左、右端面上的力矩 M_{i-1}，M_i 共同产生。第 $i+1$ 跨梁在支座 i 处的转角 θ_{iR} 将由第 $i+1$ 跨上的外力和梁的左、右

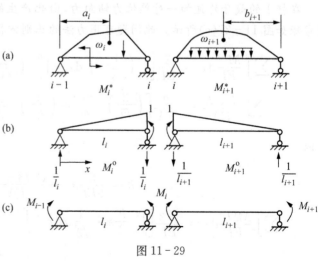

图 11-29

端面上的力矩 M_i，M_{i+1} 共同产生。

应用单位载荷法，以 M_i^* 和 M_{i+1}^* 表示这两跨简支梁上外力产生的弯矩。在支座 i 处施加一对单位力偶矩，得到单位力弯矩图 M_i° 和 M_{i+1}°［见图 11-29(b)］。由外力产生的第 i 跨梁在支座 i 处转角为

$$\theta_{iLF} = \frac{1}{EI_i}\int_0^{l_i} M_i^* \, M_i^\circ \, \mathrm{d}x = \frac{1}{EI_i}\int_0^{l_i} M_i^* \frac{x}{l_i}\mathrm{d}x = \frac{1}{EI_i l_i}\int_0^{l_i} M_i^* \cdot x \mathrm{d}x$$

上式右边的积分项事实上就是 M_i^* 的图形对点 $(i-1)$ 的面积矩，可将其写成

$$\int_0^{l_i} M_i^* \cdot x\mathrm{d}x = a_i\omega_i$$

式中 ω_i 是 M_i^* 图形的面积，a_i 为图形的形心与支座 $i-1$ 之距离。另一方面，查附录 C 的弯曲变形表可知，由支座弯矩 M_{i-1} 和 M_i 使第 i 跨梁在支座 i 产生的转角为［见图 11-29(c)］

$$\theta_{iLM} = \frac{M_{i-1}l_i}{6EI_i} + \frac{M_i l_i}{3EI_i}$$

所以第 i 跨梁在支座 i 的转角

$$\theta_{iL} = \theta_{iLF} + \theta_{iLM} = \frac{1}{EI_i}\left(\frac{a_i\omega_i}{l_i} + \frac{M_{i-1}l_i}{6} + \frac{M_i l_i}{3}\right) \tag{a}$$

同样可以求得第 $i+1$ 跨梁在支座 i 处的转角为

$$\theta_{iR} = \theta_{iRF} + \theta_{iRM} = -\frac{1}{EI_{i+1}}\left(\frac{b_{i+1}\omega_{i+1}}{l_{i+1}} + \frac{M_{i+1}l_{i+1}}{6} + \frac{M_i l_{i+1}}{3}\right) \tag{b}$$

根据变形协调条件，支座 i 处两侧梁截面相对转角为零，即 $\theta_{iL} = \theta_{iR}$，于是可以得到方程

$$\frac{M_{i-1}l_i}{I_i} + 2M_i\left(\frac{l_i}{I_i} + \frac{l_{i+1}}{I_{i+1}}\right) + \frac{M_{i+1}l_{i+1}}{I_{i+1}} = -6\left(\frac{a_i\omega_i}{I_i l_i} + \frac{b_{i+1}\omega_{i+1}}{I_{i+1}l_{i+1}}\right) \tag{11-31}$$

上式由于仅涉及相邻三个支座处的弯矩，所以称为三弯矩方程。这个式子表示连续梁的变形协调条件。如果连续梁是等截面梁，那么上式可以简化为

$$M_{i-1}l_i + 2M_i(l_i + l_{i+1}) + M_{i+1}l_{i+1} = -6\left(\frac{a_i\omega_i}{l_i} + \frac{b_{i+1}\omega_{i+1}}{l_{i+1}}\right) \tag{11-32}$$

显然，如果连续梁有 n 个中间支座，就可以建立 n 个三弯矩方程，由此求出 n 个支座弯矩。如果连续梁的一头为固支端［见图 11-30(a)］，对于这种问题，可以在固支端外侧延伸一跨虚拟梁，固支端由铰支座 i 代替［见图 11-30(c)］。由式(b)可知，因为 $\omega_{i+1} = 0$，$M_{i+1} = 0$，第 $i+1$ 跨梁在支座 i 的转角应该为

$$\theta_i = -\frac{M_i l_{i+1}}{3EI_{i+1}}$$

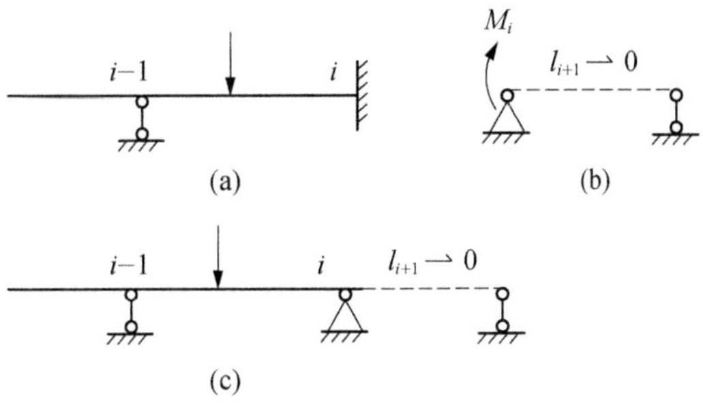

图 11-30

当虚拟梁的长度 l_{i+1} 趋于零时,θ_i 也趋于零。可见,相距无限近的两个铰支座具有固定端的约束性质。用三弯矩方程求解时,可在固支端建立一个补充方程。

例 11-19 如图 11-31 所示连续梁,已知 $q = 10\,\text{kN/m}$, $M = 10\,\text{kN·m}$, $F = 30\,\text{kN}$。试用三弯矩方程求解连续梁的支座反力,并绘制梁的弯矩图。

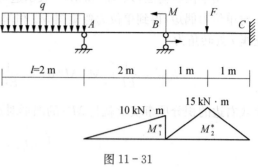

图 11-31

解:这是两次静不定梁。选择 B 和 C 为中间支座。M_B 和 M_C 为多余约束力。外伸段在均布力 q 作用下,在 A 点产生弯矩

$$M_A = -\frac{1}{2}ql^2 = -\frac{1}{2} \times 10\,\text{kN/m} \times (2\,\text{m})^2 = -20\,\text{kN·m}$$

根据式(11-32),对于节点 B 和 C 可以建立两个三弯矩方程。对于节点 B, M 看做是作用在 AB 段的外力,F 是作用在 BC 段的外力。$\omega_i = \frac{l}{2} \times 10\,\text{kN}$, $a_i = \frac{2l}{3}$, $\omega_{i+1} = \frac{l}{2} \times 15\,\text{kN}$, $b_{i+1} = l/2$。相应的三弯矩方程为

$$M_A l + 2M_B \cdot 2l + M_C \cdot l = -\frac{6}{l}\left(\frac{1}{2}l \times 10 \times \frac{2}{3}l + \frac{1}{2}l \times 15 \times \frac{l}{2}\right)$$

对于节点 C, F 是作用在 BC 段的外力。$\omega_i = \frac{l}{2} \times 15\,\text{kN}$, $a_i = l/2$。相应的三弯矩方程为

$$M_B l + 2M_C l = -\frac{6}{l}\left(\frac{1}{2}l \times 15 \times \frac{1}{2}l\right)$$

所以得到

$$4M_B + M_C = -22.5\,\text{kN·m}$$
$$M_B + 2M_C = -22.5\,\text{kN·m}$$

可以解出

$$M_B = -3.22\,\text{kN·m}, \quad M_C = -9.65\,\text{kN·m}(\text{内力方向见图 11-32})$$

已知道 $M_A = -20.0\,\text{kN·m}$。根据静定基上平衡关系可以求出

$$R_C = 18.22\,\text{kN}, \quad F_{SB+} = 11.78\,\text{kN}, \quad F_{SB-} = 13.39\,\text{kN}, \quad F_{SA+} = 13.39\,\text{kN}$$
$$F_{SA-} = 20.0\,\text{kN}$$

所以支座反力

$$R_A = 20.0\,\text{kN} + 13.39\,\text{kN} = 33.39\,\text{kN} \quad (\text{向上})$$
$$R_B = 11.78\,\text{kN} - 13.39\,\text{kN} = -1.61\,\text{kN} \quad (\text{向下})$$
$$R_C = 18.22\,\text{kN}$$

连续梁的剪力和弯矩分布如图 11-32(b),(c)所示。

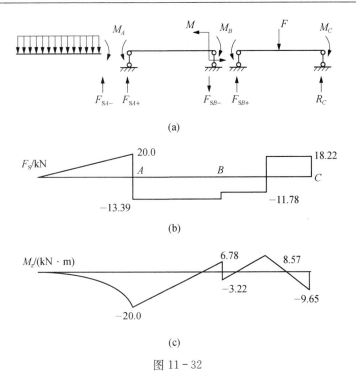

(a)

(b)

(c)

图 11 - 32

11.8　冲击载荷

前面讨论的问题都属于静载荷作用下力的分析。如果载荷施加到物体上去的速度非常快,这时施力的物体与承力结构之间产生很大的相互作用力,这一作用力称为冲击载荷(impact load)。在冲击载荷作用到结构上的瞬间,离开冲击部位一定距离的材料仍然保持原状。冲击载荷的作用以弹性波的形式在结构内传播。有时在冲击载荷作用的部位还会产生塑性变形。所以,冲击问题的分析非常复杂。本节将利用能量方法介绍冲击问题的一些简化的实用算法。

11.8.1　自由落体对线弹性体的冲击

如图 11 - 33 所示,有重量为 W 的物体,从高度 h 处自由下落到某弹性体上。弹性体在重物冲击下产生变形,下落物体的速度最终变为零。假设此时重物作用点的最大变形为 Δ_d,最大作用力为 F_d。设冲击物是刚体,被冲击弹性体的质量忽略不计。在这一过程中,重物的势能减少为

$$V = W(h + \Delta_d) \qquad (a)$$

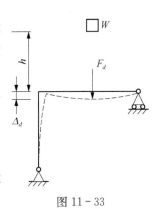

图 11 - 33

这部分能量转化为弹性体的应变能 $U = V$。而被冲击物的应变能等于冲击力做的功,即

$$U = \frac{1}{2}F_d \Delta_d \qquad \text{(b)}$$

所以有

$$F_d \Delta_d = 2W(h + \Delta_d) \qquad \text{(c)}$$

假设冲击力与冲击位移成正比,即有关系

$$F_d = k\Delta_d \qquad \text{(d)}$$

式中 k 为弹性体的刚度系数。当重物作为静载荷 W 作用在弹性体的同一位置上时,产生静位移 Δ_{st}。静载荷与静位移也以同一刚度系数成正比:

$$W = k\Delta_{\text{st}} \qquad \text{(e)}$$

式(e)和式(d)消去 k,得到

$$F_d = \frac{\Delta_d}{\Delta_{\text{st}}}W$$

将 F_d 代入式(c),得到

$$\Delta_d^2 - 2\Delta_{\text{st}}\Delta_d - 2\Delta_{\text{st}}h = 0$$

所以

$$\Delta_d = \Delta_{\text{st}}\left(1 + \sqrt{1 + \frac{2h}{\Delta_{\text{st}}}}\right) \qquad (11-33)$$

$$F_d = k\Delta_d = W\left(1 + \sqrt{1 + \frac{2h}{\Delta_{\text{st}}}}\right) \qquad (11-34)$$

这就是冲击位移和冲击力的计算公式。现在令

$$K_d = \frac{\Delta_d}{\Delta_{\text{st}}} = 1 + \sqrt{1 + \frac{2h}{\Delta_{\text{st}}}} \qquad (11-35)$$

式中 K_d 称为动荷系数。那么上面两个式子可以写成

$$\Delta_d = K_d\Delta_{\text{st}}, \ F_d = K_d W$$

上式表明冲击位移 Δ_d 和冲击力 F_d 分别等于重力 W 以静载荷方式作用于下落点时结构的静位移 Δ_{st} 和重量 W 乘以动荷系数 K_d。根据应力与载荷的线性关系可知,动应力也等于静载荷 W 作用下的应力 σ_{st} 乘以动荷系数 K_d,即

$$\sigma_d = K_d \sigma_{\text{st}} \qquad (11-36)$$

公式(11-35)表明,静载荷作用下的位移越大,动荷系数就越小。所以增加被冲击物体的柔性可以有效地降低冲击力。

例 11-20 如图 11-34 所示,10 号工字钢制成的简支梁,弹性模量为 $E = 200\,\text{GPa}$,重物 $W = 500\,\text{N}$,自 $h = 50\,\text{mm}$ 高处自由落下,击在梁的中点。求梁的最大挠度和最大弯曲正应力。如果将工字钢支承在两个弹簧上,弹簧刚度 $k = 200\,\text{kN/m}$,最大挠度和最大弯曲正应力将如何变化?

解:(1)刚性支承的简支梁。

静载荷 W 作用下梁中点的静挠度为

$$\Delta_{st} = \frac{Wl^3}{48EI}$$

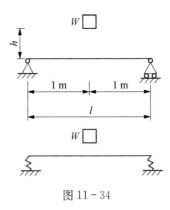

图 11 - 34

由型钢表查得 10 号工字钢的 $I_z = 245 \text{ cm}^4$，$W_z = 49 \text{ cm}^3$，

$$\Delta_{st} = \frac{500 \times (2)^3}{48 \times 200 \times 10^9 \times 245 \times 10^{-8}} = 0.17 \text{ mm}$$

最大静弯曲应力

$$\sigma_{max} = \frac{M_{max}}{W_z} = \frac{Wl}{4W_z} = \frac{500 \times 2}{4 \times 49 \times 10^{-6}} = 5.1 \text{ MPa}$$

动荷系数

$$K_d = 1 + \sqrt{1 + (2h)/\Delta_{st}} = 1 + \sqrt{1 + (2 \times 50)/0.17} = 25.27$$

所以在自由下落的重物冲击作用下，简支梁的最大动挠度

$$\Delta_d = K_d \Delta_{st} = 25.27 \times 0.17 \text{ mm} = 4.13 \text{ mm}$$

最大动应力

$$\sigma_d = K_d \sigma_{max} = 25.27 \times 5.1 \text{ MPa} = 128.9 \text{ MPa}$$

(2) 用弹簧支座支承的梁。

梁受静载荷 W 作用时，每一弹簧受静压力 $W/2$。梁中点的静挠度为

$$\Delta'_{st} = \Delta_{st} + \frac{W/2}{k} = 0.17 + \frac{500}{2 \times 200 \times 10^3} = 1.42 \text{ mm}$$

此时的动荷系数

$$K'_d = 1 + \sqrt{1 + (2h)/\Delta'_{st}} = 1 + \sqrt{1 + (2 \times 50)/1.42} = 9.45$$

最大动挠度

$$\Delta'_d = K'_d \Delta'_{st} = 9.45 \times 1.42 \text{ mm} = 13.42 \text{ mm}$$

最大动应力

$$\sigma'_d = K'_d \sigma_{max} = 9.45 \times 5.1 \text{ MPa} = 48.2 \text{ MPa}$$

可见由于弹簧支座梁的静挠度增加，使梁的动荷系数减小，所以动应力明显下降。在工程中经常采用把刚性支座改成弹性支座的方法来降低结构的冲击应力，提高结构抗冲击的能力。例如汽车和机车的车身，都通过弹簧与车轮连接，以降低行进中由于地面不平对车身产生的冲击力。

11.8.2 其他冲击问题

例 11 - 21 如图 11 - 35 所示圆轴 AB，长 $l = 1.5 \text{ m}$，直径 $d = 50 \text{ mm}$，材料的剪切模量 $G = 80 \text{ GPa}$。轴的转速为 2 r/s。轴的 B 端装有一飞轮，其回转半径 $\rho = 250 \text{ mm}$，重量 $W = 450 \text{ N}$。轴的 A 端装有制动器。试求：(1)用 10 s 时间制动飞轮，轴的最大切应力是多少；

（2）在瞬间制动飞轮，轴的最大切应力是多少。

解：（1）用 10 s 时间制动。

飞轮的角加速度（绝对值）

$$\varepsilon = \frac{\omega}{t} = \frac{2\pi \times 2}{10} = 1.257 \text{ rad/s}^2$$

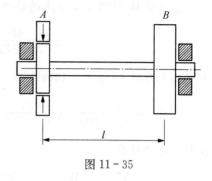

图 11-35

飞轮的转动惯量

$$J = \frac{W}{g}\rho^2 = \frac{450 \text{ N}}{9.8 \text{ m/s}^2}(0.25 \text{ m})^2 = 2.87 \text{ N} \cdot \text{m} \cdot \text{s}^2$$

惯性扭矩

$$M_x = J\varepsilon = 2.87 \text{ N} \cdot \text{m} \cdot \text{s}^2 \times 1.257 \text{ rad/s}^2 = 3.61 \text{ N} \cdot \text{m}$$

轴内最大切应力

$$\tau_{max} = \frac{M_x}{W_p} = \frac{16 \times 3.61 \text{ N} \cdot \text{m}}{\pi(0.05 \text{ m})^3} = 0.147 \text{ MPa}$$

（2）如果飞轮瞬间制动，飞轮的动能全部转化为 AB 轴的应变能。飞轮的动能

$$T_E = \frac{1}{2}J\omega^2 = \frac{1}{2} \times 2.87 \text{ N} \cdot \text{m} \cdot \text{s}^2 (2 \times 2\pi/\text{s})^2 = 226 \text{ N} \cdot \text{m}$$

圆轴的应变能

$$U = \frac{1}{2}\frac{M_x^2 l}{GI_p} = T_E$$

所以圆轴的冲击扭矩

$$M_x = \sqrt{\frac{2T_E GI_p}{l}}$$

轴内最大切应力

$$\tau_{max} = \frac{M_x}{W_p} = \sqrt{\frac{2T_E GI_p}{lW_p^2}} = \sqrt{\frac{4T_E G}{Al}} = \sqrt{\frac{4 \times 226 \text{ N} \cdot \text{m} \times 80 \times 10^9 \text{ Pa}}{(\pi/4)(0.05 \text{ m})^2 \times 1.5 \text{ m}}} = 157 \text{ MPa}$$

所以，飞轮瞬时制动时比 10 s 制动的应力高一千倍以上。

例 11-22 下端固定的长 l 的圆截面杆，在高度 a 处受重量为 W 的物体沿水平方向的冲击（见图 11-36）。物体与杆接触时的速度为 $\bar{v}$，杆的抗弯刚度为 EI，求杆内的最大冲击应力和杆的最大冲击变形。

解：根据能量守恒，冲击物的动能应该转化为杆的应变能。杆的动能

$$T_E = \frac{1}{2}\frac{W}{g}\bar{v}^2$$

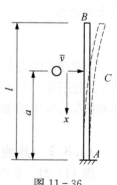

图 11-36

假设重物冲击处的冲击力为 F_d，弯矩 $M(x) = F_d x$。杆的应变能为

$$U = \frac{1}{2}\int_0^a \frac{M^2(x)}{EI}dx = \frac{1}{2}\int_0^a \frac{F_d^2 x^2}{EI}dx = \frac{F_d^2 a^3}{6EI} = T_E$$

所以

$$F_d = \bar{v}\sqrt{\frac{3WEI}{ga^3}}$$

A 截面处最大应力

$$\sigma_d = \frac{M_d}{W_z} = \frac{F_d \cdot a}{W_z} = \frac{4\bar{v}}{d\sqrt{\pi}}\sqrt{\frac{3WE}{ga}}$$

查附录 C 可知,B 点的最大冲击挠度

$$\Delta_{Bd} = \frac{F_d a^2}{6EI}(3l-a) = \frac{\bar{v}a(3l-a)}{6}\sqrt{\frac{3W}{gaEI}}$$

结束语

本章从有关应变能和余能的基本概念开始,介绍了线弹性杆件应变能的一般表达式,外力做功与加载次序无关的克拉比埃龙原理,功的互等定理和位移互等定理,卡氏第一定理和第二定理以及变形体的虚功原理,并且用虚功原理推导了用于位移计算的单位载荷法。然后介绍了求解静不定问题的力法正则方程,求解连续梁问题的三弯矩方程。能量方法以节点的位移或力为基本未知量,通过能量原理的应用得到关于基本未知量的代数方程,形成位移法或力法。应该注意到,位移法的基本方程是平衡方程,力法的基本方程是几何协调方程。应该掌握这些方法在求解静定和静不定杆系结构中的应用。本章还利用能量原理给出了一些典型的冲击载荷问题的实用计算方法。

思考题

11 - 1 什么是线性弹性体上外力做的功? 什么是应变能?

11 - 2 为什么应变能计算不能用叠加原理? 当杆件中同时存在轴力、扭矩和弯矩时,杆的总应变能可以用式(11 - 14)计算。这里是否用了叠加原理?

11 - 3 已知单元体的主应力和主应变分别为 σ_1,σ_2,σ_3 和 ε_1,ε_2,ε_3,则其比能 $u = \frac{1}{2}(\sigma_1\varepsilon_1 + \sigma_2\varepsilon_2 + \sigma_3\varepsilon_3)$,这是否应用了叠加原理?

11 - 4 在什么条件下构件的总变形能等于应变比能乘以构件的体积?

11 - 5 试问弹性体的变形能与载荷施加的次序是否有关? 如果力系中某一载荷引起了塑性变形,情况又将如何?

11 - 6 什么是虚位移? 什么是内力虚功? 什么是外力虚功?

11 - 7 什么是变形体的虚功原理?

11 - 8 变形体的虚功原理与刚体的虚功原理有什么区别和联系?

11 - 9 单位载荷法是如何应用虚功原理建立位移计算公式的?

11 - 10 试用虚功原理推导功的互等定理。

11 - 11 试用功的互等定理推导单位载荷法。

11 - 12 如何用单位载荷法求解静不定结构的位移？

11 - 13 更换静定结构中部分杆件的材料，而其他条件保持不变时，结构中的内力有无变化？静不定结构又将如何？

11 - 14 如何利用结构和载荷的对称性和反对称性来简化静不定问题的计算？

11 - 15 如何建立力法的正则方程？如何用力法求解静不定问题？为何说力法的正则方程实质上是变形协调方程？

11 - 16 如果梁受到冲击前已在静载荷作用下产生变形，试问在计算冲击动荷系数时是否要考虑先前的那部分静变形？

11 - 17 用能量法解决冲击问题时，忽略了被冲击物体的局部塑性变形所消耗的能量及其他如声、热等能量转化。试问这样做获得的结果是偏于安全还是偏于危险？为什么？

11 - 18 如果考虑被冲击物体的质量的影响，所得到的动荷系数比不考虑质量时的大还是小？为什么？

11 - 19 杆件受冲击时，为何刚度越大，越容易破坏？试举例说明采取什么措施可以有效地提高杆件的抗冲击能力。

11 - 20 试回答以下问题，并说明其共同的原因。（1）为什么安全帽和钢盔内部都设置有软带？（2）一般扁担的横截面为什么是扁的而不做成方形或圆形？（3）铁路路基为什么要用碎石子来铺垫？（4）为什么起重机的吊索多采用多股钢丝绳而不采用钢条？

习题

11 - 1 变截面梁如图 11 - 37 所示，已知抗弯刚度 EI。试计算梁的应变能，并求梁上 A 点的挠度。

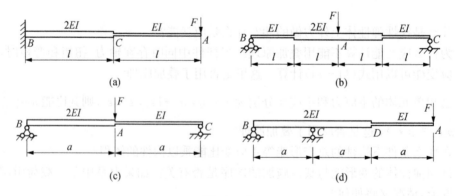

图 11 - 37

11 - 2 如图 11 - 38 所示简支梁，已知在 A 点作用力偶矩 M（顺时针）时梁中点挠度为 $Ml^2/(16EI)$，当梁中点作用集中力 F 时，用功的互等定理求端点 A 的转角 $\theta_{A,F}$。

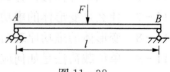

图 11 - 38

11-3 试用卡氏第二定理求如图 11-39 所示各梁上 A 点的挠度。梁的抗弯刚度 EI 为常数。

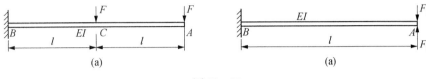

图 11-39

11-4 用卡氏第二定理求如图 11-40 所示杆上 D 点的水平位移。

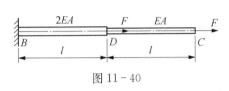

图 11-40

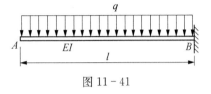

图 11-41

11-5 试用卡氏第二定理求如图 11-41 所示悬臂梁的挠度曲线 $v(x)$。

11-6 试用卡氏第二定理求如图 11-42 所示组合梁铰链 B 处左、右两截面的相对转角，并求 B 点的挠度。梁的抗弯刚度 EI 为常数。

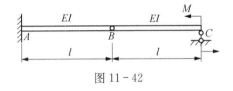

图 11-42

图 11-43

11-7 怎样用一个位置固定的挠度计，依次测量出图示悬臂梁上 A、B、C 和 D 截面处的挠度?

11-8 求如图 11-44 所示梁上 A 截面的转角 θ_A 和 A 截面相对于 B 截面的相对转角 θ_{AB}。梁的抗弯刚度 EI 为常数。

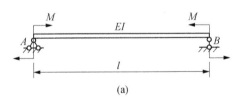

(a)

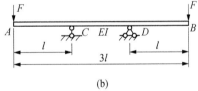

(b)

图 11-44

11-9 杆件系统如图 11-45 所示，两杆的长度 l 和抗拉(压)刚度 EA 均相同。试求 B 点的铅垂位移和水平位移。

11-10 如图 11-46 所示各桁架中各杆的抗拉(压)刚度 EA 相同。求各桁架中 B 点的铅垂位移和水平位移。

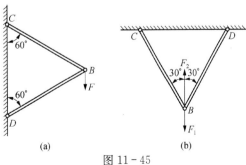

(a)

(b)

图 11-45

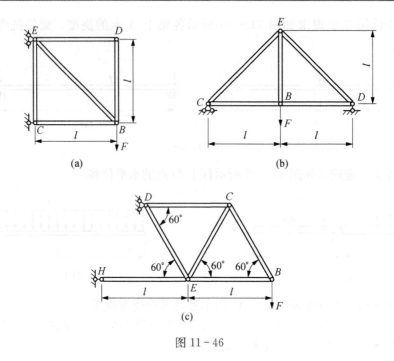

(a)　　　　　　　　　　　　　(b)

(c)

图 11-46

11-11 如图 11-47 所示各刚架,已知抗弯刚度 EI。试求 A 点的位移和截面 B 的转角。

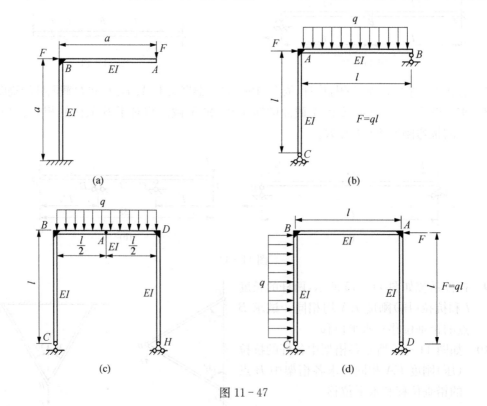

(a)　　　　　　　　　　　　　(b)

(c)　　　　　　　　　　　　　(d)

图 11-47

11-12 如图 11-48 所示等截面小曲率曲杆,已知抗弯刚度 EI。试求 A 点的位移和截面 C 的转角。

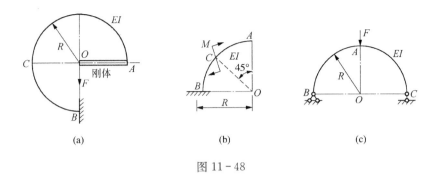

图 11 - 48

11 - 13　求如图 11 - 49 所示各结构上 B, C 两点间的相对位移 δ_{BC}。抗弯刚度 EI 和抗拉（压）刚度 EA 已知。

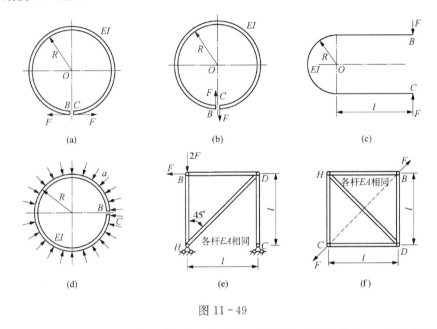

图 11 - 49

11 - 14　试求如图 11 - 50 所示各结构中 A 点的铅垂位移。抗弯刚度 EI 和抗扭刚度 GI_p 均为常数。

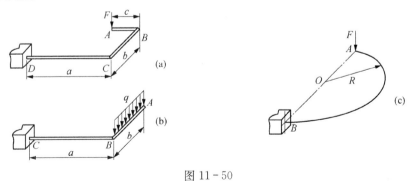

图 11 - 50

11 - 15　求如图 11 - 51 所示结构中 B 截面的铅垂位移和转角。抗弯刚度 EI 和抗拉（压）刚度 EA 为已知常数。

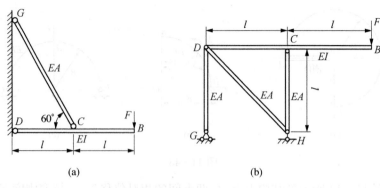

图 11−51

11−16 悬吊圆管足够长时,可以取其单位长度的一段作为圆环来处理。设此吊环处于如图 11−52 所示三种受力状态,它们各为几次静不定问题?

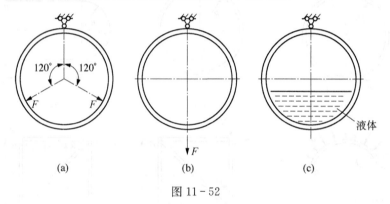

图 11−52

11−17 试判断如图 11−53 所示各结构的静不定次数。

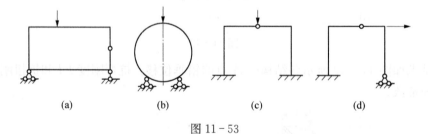

图 11−53

11−18 如图 11−54 所示一等刚度平面刚架,载荷 F 可在 AB 上移动。你有没有简便的方法,直接给出使节点 C 处的铅垂位移等于零的载荷 F 的位置 x?

11−19 如图 11−55 所示桁架各杆的抗拉(压)刚度均为 EA。试求其中杆 CD 的内力。

11−20 如图 11−56 所示桁架各杆的抗拉(压)刚度均为 EA。试求其中杆 CD 的角位移。

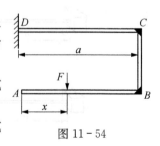

图 11−54

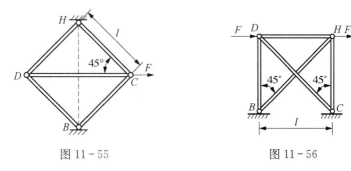

图 11-55　　　　　　　　　　图 11-56

11-21 如图 11-57 所示刚架各杆的抗弯刚度均为 EI，试画出弯矩图。

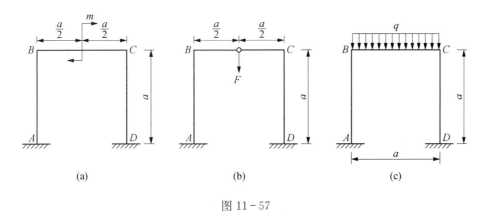

(a)　　　　　　　　　(b)　　　　　　　　　(c)

图 11-57

11-22 静不定刚架受力如图 11-58 所示，各杆抗弯刚度均为 EI，试求 A 点水平位移。

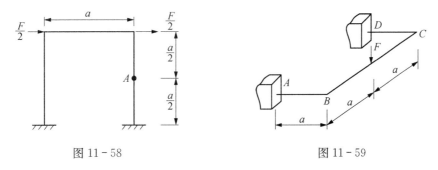

图 11-58　　　　　　　　　　图 11-59

11-23 如图 11-59 所示水平放置的刚架，截面为圆形，直径 $d = 2$ cm。在 A，D 两端固支，B，C 处为直角。在 BC 段中点承受垂直载荷 F。如果长度 $a = 25$ cm，材料的许用应力 $[\sigma] = 160$ MPa，试求许用载荷 F。已知刚架材料的弹性模量 $E = 200$ GPa，剪切模量 $G = 80$ GPa。

11-24 如图 11-60 所示小曲率圆环，弯曲刚度 EI 为常数。试计算约束反力。

11-25 如图 11-61 所示小曲率圆环，弯曲刚度 EI 为常数。试计算截面 A 与 B 沿 AB 连线方向的相对位移。

11-26 如图 11-62 所示小曲率圆环，材料的弹性模量为 E，泊松比为 μ。试计算截面 A 与 B 间的相对转角。

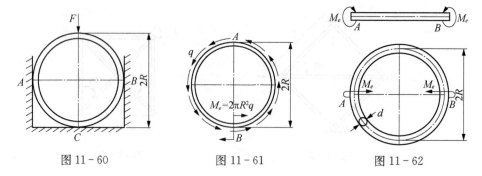

图 11-60　　　　　　图 11-61　　　　　　图 11-62

11-27　如图 11-63 所示薄壁圆环,弯曲刚度 EI 为常数。试作其弯矩图。

11-28　如图 11-64 所示桁架各杆的拉压刚度均为 EA。试求 C, D 两点间的相对位移。

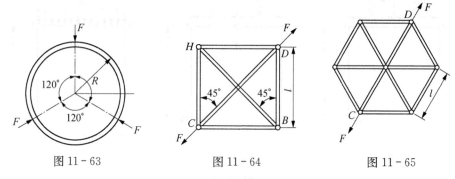

图 11-63　　　　　　图 11-64　　　　　　图 11-65

11-29　如图 11-65 所示桁架各杆的长度相等,拉压刚度均为 EA。试求 C, D 两点间的相对位移。

11-30　如图 11-66 所示杆系结构中各杆的拉压刚度均为 EA。试求各杆的内力。

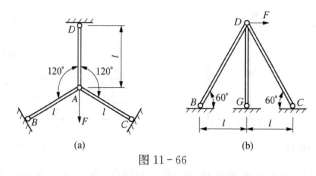

(a)　　　　　　　　(b)

图 11-66

11-31　求如图 11-67 所示结构中 BC 杆的轴力。已知杆的抗拉压刚度 EA 和梁的弯曲刚度 EI。

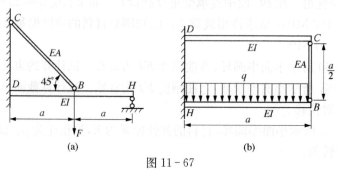

(a)　　　　　　　　(b)

图 11-67

11-32 求如图 11-68 所示刚架的弯矩。已知杆的弯曲刚度 EI 和弹簧的刚度系数 k。

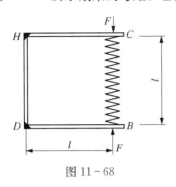

图 11-68

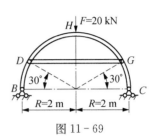

图 11-69

11-33 如图 11-69 所示半圆形曲杆上用铰链连接直杆 DG，曲杆与直杆的材料相同，曲杆与直杆的横截面为正方形，面积分别为 $A_c = 144\ \text{cm}^2$，$A_s = 36\ \text{cm}^2$。试求支座 B，C 处的反力及直杆的内力。

11-34 如图 11-70 所示两端固定的梁，试证明当它承受均布载荷时中点最大挠度为 $ql^4/384EI$，当它跨中承受集中载荷时中点最大挠度为 $Fl^3/192EI$。

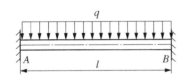

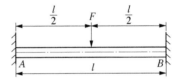

图 11-70

11-35 如图 11-71 所示钢梁 AB 上作用有均布载荷 $q = 6\ \text{kN/m}$，钢的弹性模量为 $E_s = 200\ \text{GPa}$，梁截面的惯性矩 $I = 30 \times 10^6\ \text{mm}^4$。梁中点用铰接的木撑杆 CD 和 CE 支承，每根木撑杆的横截面面积为 $A = 12\,000\ \text{mm}^2$，木材的弹性模量为 $E_w = 8\ \text{GPa}$。利用上题的结果，试求每根木撑杆的内力。

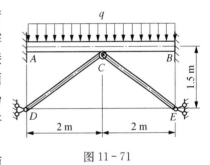

图 11-71

11-36 试用三弯矩方程求解如图 11-72 所示各等截面梁在支座处的弯矩和支座反力。

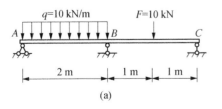

(a)

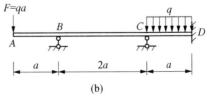

(b)

图 11-72

11-37 如图 11-73 所示重量为 W 的套环自 $H = 250\ \text{mm}$ 高度处下落到钢杆的下端，使杆中产生的最大拉应力为 $\sigma_{max} = 120\ \text{MPa}$，已知钢材料的弹性模量 $E = 200\ \text{GPa}$，试求如图 11-72(a)，(b)两种情况下套环 W 的重量。

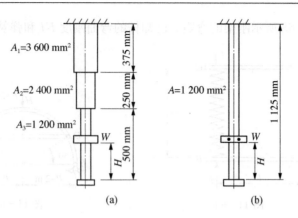

图 11-73

11-38 如图 11-74 所示钢梁的一端装有一螺旋弹簧。梁为 No. 22b 工字钢，截面惯性矩 $I_z = 35.7 \times 10^6$ mm^4，抗弯截面系数 $W_z = 0.325 \times 10^6$ mm^3，钢材的弹性模量 $E = 200$ GPa，弹簧刚度 $k = 500$ kN/m。试求重量为 $W = 1\,000$ N 的物块下落到弹簧上，使梁中正应力不超过 $\sigma = 100$ MPa 时的最大下落高度 H。

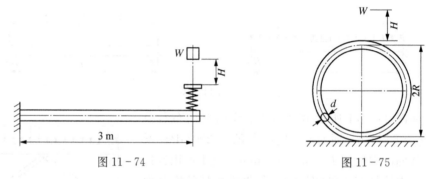

图 11-74   图 11-75

11-39 如图 11-75 所示小曲率圆环，材料的弹性模量为 E，泊松比为 μ。一重量为 W 的物体自高度 H 处自由下落，试计算圆环内的最大正应力（不计圆环的质量）。

11-40 如图 11-76 所示系统中，梁 AB 与刚臂 C 牢固地相连，AB 梁的抗弯刚度为 EI，螺旋弹簧的刚度为 $k = 6EI/l^3$。为了使动荷系数 $K_d = 3$，试求重量为 W 的物块所必须下落的高度 H。

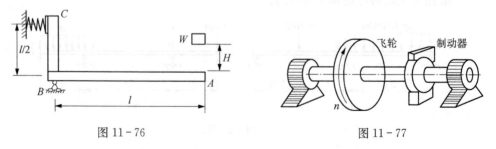

图 11-76   图 11-77

11-41 如图 11-77 所示在直径 $d = 100$ mm 的轴上，装有一个转动惯量 $J = 500$ N·m·s^2 的飞轮。轴的转速 $n = 300$ r/min，制动器制动时，将飞轮在 20 转内刹停（等减速）。试求轴内的最大切应力。

11-42 如图 11-78 所示钢索 AB 向上匀加速起吊一根 No.22a 工字钢梁,加速度 $a = 8\,\mathrm{m \cdot s^{-2}}$,钢索的横截面面积 $A = 60\,\mathrm{mm^2}$,不计钢索自重,仅考虑工字钢梁的重量。试求工字钢梁和钢索中的最大动应力。

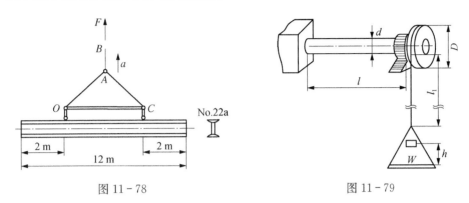

图 11-78　　　　　　　　　　图 11-79

11-43 如图 11-79 所示圆轴直径 $d = 6\,\mathrm{cm}$,长度 $l = 200\,\mathrm{cm}$,轴材料的剪切弹性模量 $G = 80\,\mathrm{GPa}$。其左端固定,右端装有直径 $D = 40\,\mathrm{cm}$ 的鼓轮,轮上绕以钢绳,绳的下端悬挂吊盘。绳长 $l_1 = 1\,000\,\mathrm{cm}$,横截面面积 $A_1 = 1.2\,\mathrm{cm^2}$,弹性模量 $E = 200\,\mathrm{GPa}$。重 $W = 800\,\mathrm{N}$ 的物块自 $h = 5\,\mathrm{cm}$ 高处落于吊盘上,试求轴内最大切应力和绳内的最大正应力。

11-44 如图 11-80 所示等截面刚架,一重量为 $W = 300\,\mathrm{N}$ 的物体,自高度 $h = 50\,\mathrm{mm}$ 处自由下落。试计算截面 A 的铅垂位移和刚架内的最大正应力。已知材料的弹性模量 $E = 200\,\mathrm{GPa}$(截面尺寸的单位:mm)。

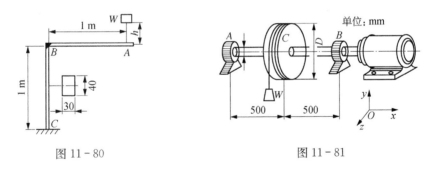

图 11-80　　　　　　　　　　图 11-81

11-45 如图 11-81 所示卷扬机开动时,鼓轮绕轴旋转,将重 $W = 40\,\mathrm{kN}$ 的物体以加速度 $a = 5\,\mathrm{m \cdot s^{-2}}$ 向上提升。鼓轮重 $W_1 = 4\,\mathrm{kN}$,直径 $D = 1.2\,\mathrm{m}$,其迴转半径 $\rho = 450\,\mathrm{mm}$。轴材料的许用应力 $[\sigma] = 100\,\mathrm{MPa}$,假定轴的两端 A,B 可视为铰支,试按第三强度理论设计轴的直径 d。

11-46 如图 11-82 所示杆的抗弯刚度 EI_z 及抗弯截面模量 W_z 均为已知,在 B 点受沿水平方向运动的物体的冲击,冲击物的重量为 W,当它与杆接触时的速度为 v。(1)试求杆所受到的最大冲击应力。(2)若在杆上受冲击点处安装一弹簧,其刚度为 $k(\mathrm{N/m})$,求杆所受到的最大冲击应力。

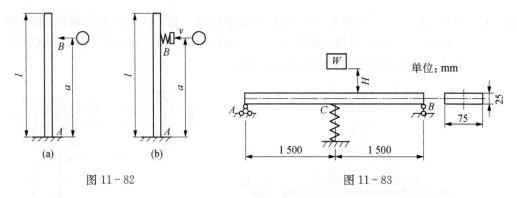

图 11 - 82   图 11 - 83

11 - 47   如图 11 - 83 所示简支梁 AB,跨中由螺旋弹簧支承,弹簧刚度 $k = 18\,\text{kN/m}$。梁未受力时,弹簧也不受力,但与梁保持接触。当重 $W = 250\,\text{N}$ 的物块自由下落 $H = 50\,\text{mm}$ 到梁顶面时,90%的能量被梁和弹簧系统弹性地吸收。如梁材料的弹性模量 $E = 70\,\text{GPa}$,试求:(1)梁内的最大动应力;(2)梁和弹簧所吸收的有效能量的比例。

第12章
构件的疲劳

疲劳(fatigue)是由应力不断变化引起的材料逐渐被破坏的现象。我们都有这种经验,用力拉一根铁丝很难拉断,反复地弯这根铁丝却能将它折断。疲劳破坏通常是从高应力区细微的裂纹处发展起来的。材料表面的擦痕、材料的缺陷处,在反复载荷作用下微裂纹逐渐扩展,直至剩余的连接材料不足以承受载荷,材料会突然断裂,这种破坏形式称为疲劳破坏。美国材料试验协会(American Society for Testing Materials, ASTM)将疲劳定义为"材料某一点或某一些点在承受交变应力和应变条件下,使材料产生局部的永久性的逐步发展的结构性变化过程。在足够多的交变次数后,它可能造成裂纹的积累或材料完全断裂"。

12.1 疲劳破坏

对于塑性材料,当材料即使是经受比屈服极限低的交变应力作用时,材料内部也会激发位错滑移(dislocation slip)。在一次加载时,这一塑性应变的量非常小,不会有什么影响。然而,在多次的应力循环下,在这滑移面附近会逐渐产生硬化。塑性应变逐渐积累,结果产生微裂缝。这些裂缝数量逐渐增加并扩展,最终达到临界大小,引起材料断裂。这一过程总在应力集中的地方开始,如材料的瑕疵、夹杂、晶界处或表面刻痕处,等等。所以疲劳的过程是微裂缝在局部高应力点形成,微裂缝扩展,最终引起破坏。微裂缝的发展过程占据了材料疲劳寿命的大部分。为了防止构件疲劳破坏,应该对构件进行定期检查,及时替换那些裂纹已接近临界大小的部件。

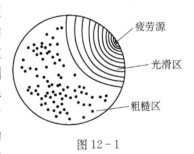

图 12-1

构件在交变应力下的疲劳破坏与在静力作用下的破坏有本质上的不同。疲劳破坏的主要特征是:第一,破坏时的最大应力远低于材料的抗拉强度极限,甚至低于材料的屈服极限。第二,不论是塑性材料还是脆性材料,疲劳破坏都呈脆性断裂的特征。破坏前无明显的塑性变形,破坏突然发生。所以疲劳破坏有很大的危险性。第三,从断口的形貌来看,先在构件的高应力区的表面缺陷处形成疲劳源(见图 12-1),随着应力循环次数的增加,裂纹逐渐扩展。在这一过程中,由于裂纹两侧表面的研磨,形成了光滑区。随着裂纹扩展,构件的截面逐渐削弱,直至不能承担载荷而突然断裂形成断口上的粗糙区。

12.2 循环应力

引起疲劳的基本因素是交变应力。如图 12-2 所示,最基本的交变应力可以用正弦函数来描述。图上 σ_m 是应力的平均值,σ_a 是应力幅值,最大和最小应力 σ_{max},σ_{min} 可以表示为

$$\left.\begin{array}{l} \sigma_{max} = \sigma_m + \sigma_a \\ \sigma_{min} = \sigma_m - \sigma_a \end{array}\right\} \tag{12-1}$$

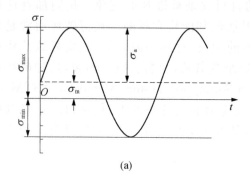
(a)

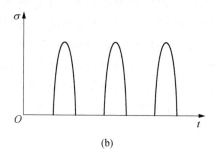
(b)

图 12-2

为了描述交变应力的特性,需要定义一个重要的参数——循环特征 r。它是应力峰绝对值的最小值与最大值之比:

$$r = \pm \frac{\left| \sigma_{peak} \right|_{min}}{\left| \sigma_{peak} \right|_{max}} \tag{12-2}$$

注意上式的分子是应力峰值绝对值的最小值,分母是应力峰值绝对值的最大值。因此,r 的范围是 $-1 \leqslant r \leqslant 1$。当 σ_{max} 与 σ_{min} 同号时 r 取正值,异号时 r 取负值。根据上面的定义,可以将交变应力分成对称循环和非对称循环两种情况。当 $\sigma_m = 0$ 时的循环应力称为对称循环,对称循环的循环特征 $r = -1$。否则称为非对称循环。如图 12-2(b)所示的应力循环称为脉动循环,它的循环特征 $r = 0$。

12.3 对称循环应力下的疲劳

这一节先分析对称循环的疲劳破坏现象。材料的疲劳强度需要通过大量试件的试验才能得到。如图 12-3 所示是疲劳试验装置的示意图。试件经滚动轴承在两端夹持,承受交变弯矩作用。改变载荷 F,作用于试件的弯矩 M 也随着变化。试件外表面的最大应力 $\sigma_{max} = M/W_z$。轴每旋转一圈,试件内各点的材料经历一次对称循环的交变应力。

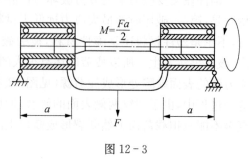

图 12-3

试件表面的应力幅值 $\sigma_a = \sigma_{max}$。试验一直进行到试件断裂。材料发生疲劳破坏所经历的应力循环次数 N 称为疲劳寿命（fatigue life）。将一批试件分别在不同的应力水平下进行试验，得到相应的 $\sigma_a - N$ 数据。以试件表面的交变应力幅值 σ_a 为纵坐标，疲劳寿命的对数值 $\lg N$ 为横坐标，作出应力幅值与疲劳寿命的关系曲线（见图 12-4），称为 $S-N$ 曲线。它表示被测材料的疲劳特性。

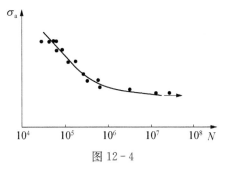

图 12-4

$S-N$ 曲线上每一点表示在幅值为 σ_a 的对称循环应力作用下，试件断裂所经历的循环次数。幅值越小的循环应力使材料疲劳破坏所需的循环次数越多，所以疲劳寿命随应力幅值 σ_a 减小而增加。$S-N$ 曲线最后趋向于水平的渐近线。如果材料的 $S-N$ 曲线表现出这种渐近趋势，这一应力值称为材料的持久极限（endurance limit）。钢材通常有清楚的水平渐近线。然而，有色金属及其合金的 $S-N$ 曲线一般呈连续下降趋势，不存在水平渐近线。对于这些材料可以指定某一寿命 N_0 所对应的应力为极限应力，称为材料的疲劳极限（fatigue limit）。N_0 一般取 $10^7 \sim 10^8$ 周。持久极限和疲劳极限也通称为疲劳极限，用记号 σ_{-1} 表示，其中下标 "-1" 表示对称循环的循环特征 $r = -1$。与屈服极限、强度极限一样，疲劳极限是材料强度的又一个重要指标。如果材料经受应力幅值小于 σ_{-1} 的循环应力作用，可以认为它不会疲劳破坏。

我们可以估算一下 10^8 周的含义。如果小轿车轮子的直径为 0.4 m，周长 1.26 m，前进 1 km 轮轴转 800 周。转动 10^8 周相当于轿车行驶 $125\,000$ km 的行程。

同样也可以通过试验来测量材料在拉压作用的交变正应力下，或者扭转作用的交变切应力下的疲劳极限。切应力的疲劳极限用 τ_{-1} 表示。从试验得知，对称循环下钢材的疲劳极限与强度极限之间存在如下的近似关系，在缺乏试验数据时可对疲劳极限做一粗略估计：

弯曲　　$\sigma_{-1} \approx 0.4\sigma_b$

拉压　　$\sigma_{-1} \approx 0.28\sigma_b$

扭转　　$\tau_{-1} \approx 0.23\sigma_b$

承受拉压交变应力试件的疲劳强度比承受弯曲交变应力的试件低。因为在相同的最大应力下，拉压试件的高应力区域比弯曲试件大，遇到缺陷使微裂缝形成和扩展的可能性也大。

12.4　影响构件疲劳极限的主要因素

以上所述的疲劳极限是用直径在 $6 \sim 10$ mm，表面磨光的小试件测得的。工程实际中的构件在外形、工作环境、尺寸、表面处理等方面与试件有很大不同。需要将试件的疲劳极限乘以各种影响系数来计入这些效应，才能反映构件的疲劳性能。

12.4.1　构件外形突变引起应力集中的影响

对同一种疲劳试验的试件，将一部分试件开一个小的凹槽。如果做静力试验，开槽试件与不开槽的试件的静强度相差无几。但是做疲劳试验,开有凹槽的试件的疲劳寿命将大大降低。在工程实际中,由于使用或者工艺上的需要,圆轴类零件常常设计有轴肩、小孔、键槽等,使构件的局部形状产生突变。这些地方存在应力集中,容易形成疲劳裂纹,使构件的疲劳极限明显降低。

构件外形突变引起的应力集中的影响是通过两组试件的试验结果对比而得到的。一组是原来的光滑试件,另一组是有应力集中的试件。如果光滑试件测得的疲劳极限为σ_{-1},有应力集中的试件测得的疲劳极限为σ_{-1K},那么两者的比值表示应力集中的影响。定义

$$K_\sigma = \frac{\sigma_{-1}}{\sigma_{-1K}} \tag{12-3}$$

K_σ称为有效应力集中系数。由于$\sigma_{-1} > \sigma_{-1K}$,所以$K_\sigma > 1$。同样,扭转时的有效应力集中系数定义为

$$K_\tau = \frac{\tau_{-1}}{\tau_{-1K}} \tag{12-4}$$

式中τ_{-1}和τ_{-1K}分别为光滑试件和有应力集中试件在扭转对称循环下的疲劳极限。

如图12-5(a)和(b)所示的曲线显示了钢制圆轴的直径有阶梯形突变时,在对称循环

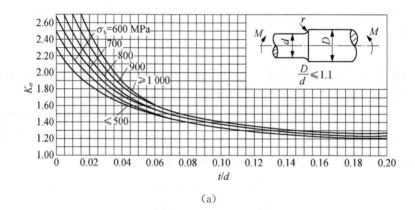

(a)

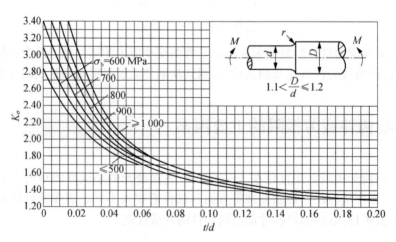

(b)

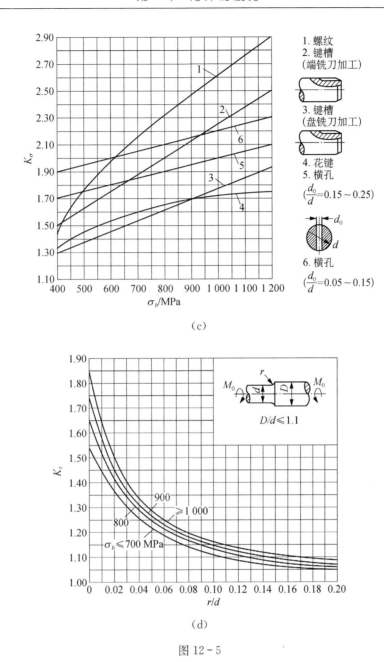

（c）

（d）

图 12 - 5

弯曲正应力作用下的有效应力集中系数。从图上可见：第一，钢的强度极限越高，应力集中系数就越大，也就是对应力集中越敏感；第二，轴肩处过渡圆角的半径越小，应力集中系数越大，构件的疲劳极限降低越显著。因此在设计中应增大过渡圆角半径，减小应力集中。如图 12 - 5（c）所示给出了有螺纹、油孔及键槽的圆轴在对称循环正应力作用下的有效应力集中系数。其他形式的应力集中的影响可以查阅有关资料或机械设计手册。如图 12 - 5（d）所示的曲线显示了钢制圆轴有阶梯形突变时，在对称循环扭转切应力作用下的有效应力集中系数。

12.4.2 构件尺寸的影响

弯曲和扭转的疲劳试验均表明,疲劳极限随构件尺寸的增加而下降。如果实际构件的尺寸比试件大,那么试件的疲劳寿命比构件要长。因为构件经受同样大应力的体积比试件要大,碰到有害损伤的概率也高。所以大尺寸构件的疲劳寿命比试件的疲劳寿命短,这就是尺寸效应。尺寸的影响也可通过对比试验测定。假如对称循环下大尺寸试件的弯曲和扭转疲劳极限分别为 $\sigma_{-1\varepsilon}$ 和 $\tau_{-1\varepsilon}$,则尺寸系数定义为

$$\varepsilon_\sigma = \frac{\sigma_{-1\varepsilon}}{\sigma_{-1}} \tag{12-5}$$

$$\varepsilon_\tau = \frac{\tau_{-1\varepsilon}}{\tau_{-1}} \tag{12-6}$$

由于 $\sigma_{-1\varepsilon} < \sigma_{-1}$,$\tau_{-1\varepsilon} < \tau_{-1}$,所以尺寸系数小于 1。如图 12-6 所示为钢制构件在弯曲和扭转疲劳时的尺寸系数。从图上曲线可见,构件尺寸越大,材料的强度越高,尺寸的影响就越严重。实验表明轴向拉压时尺寸大小的影响不大,可以认为 $\varepsilon_\sigma = 1.0$。

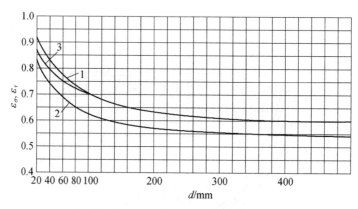

1—适用于 $\sigma_b = 500$ MPa 的低碳钢;
2—适用于 $\sigma_b = 1\,200$ MPa 的合金钢;
3—适用于各种钢的 ε_τ,$d > 100$ mm 时查曲线 1

图 12-6

12.4.3 构件表面状态的影响

由于构件工作时最大应力一般发生在外表面,同时构件表面经常有刻痕、擦伤等缺陷,因此,构件表面状态和加工情况对疲劳强度有很大影响。表面加工质量的影响可以用表面质量系数 β 来表示(见图 12-7)。它是某种方法加工的构件的疲劳极限 $\sigma_{-1\beta}$ 与光滑试件的疲劳极限 σ_{-1} 之比值

$$\beta = \frac{\sigma_{-1\beta}}{\sigma_{-1}} \tag{12-7}$$

由图 12-7 可见,除了抛光外,其他加工方法的影响系数都小于 1。而且材料的强度越高,疲劳极限受影响越大。所以,在交变应力作用下工作的重要构件应当采用高质量的表面加工。还应指出,因为疲劳裂纹大多源于构件表面,因此,提高构件表层材料的强度,例如进行渗

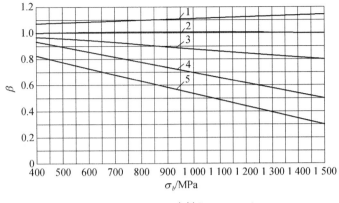

1—抛光 Ra 0.050 μm 以上；2—磨削 Ra 0.1~0.2 μm；

3—精车 Ra 0.4~1.6 μm；4—粗车 Ra 3.2~12.5 μm；5—轧制

图 12-7

碳、渗氮、高频淬火、表层滚压、喷丸等，都是提高构件疲劳强度的重要措施。这些提高表面质量的措施对疲劳强度的有利影响可以用附加的影响系数计入。另外，当构件在腐蚀性气体、海水等腐蚀性的介质中工作时，对疲劳强度有不利影响，这些因素也可以用附加的影响系数计入。

12.5 构件的疲劳强度条件

12.5.1 对称循环下构件的疲劳强度条件

当考虑了应力集中、构件尺寸、表面加工等因素的影响后，构件在对称循环交变应力下的许用正应力为

$$[\sigma_{-1}] = \frac{(\sigma_{-1})_{构件}}{n_f} = \frac{\varepsilon_\sigma \beta}{n_f K_\sigma} \sigma_{-1} \qquad (12-8)$$

式中 n_f 是规定的疲劳设计安全系数，$(\sigma_{-1})_{构件}$ 为构件的正应力疲劳极限。因此，构件在对称循环交变应力作用下的强度条件为

$$\sigma_{a,\,max} \leqslant [\sigma_{-1}] = \frac{(\sigma_{-1})_{构件}}{n_f} = \frac{\varepsilon_\sigma \beta}{n_f K_\sigma} \sigma_{-1} \qquad (12-9)$$

在机械设计中，往往采用比较安全系数的方法进行强度校核。要求构件在工作中的实际安全系数（或称为工作安全系数）不小于规定的安全系数（设计安全系数）。根据式(12-9)，对称循环下正应力工作安全系数可以表示为

$$\bar{n}_\sigma = \frac{(\sigma_{-1})_{构件}}{\sigma_{a,\,max}} = \frac{\varepsilon_\sigma \beta}{\sigma_{a,\,max} K_\sigma} \sigma_{-1} \qquad (12-10)$$

所以疲劳强度条件可以写成

$$\bar{n}_\sigma \geqslant n_f \qquad (12-11)$$

同样,圆轴在对称循环扭转切应力下的疲劳强度条件为

$$\tau_{a,\,max} \leqslant [\tau_{-1}] = \frac{\varepsilon_\tau \beta}{n_f K_\tau} \tau_{-1} \tag{12-12}$$

用比较安全系数的形式可以将疲劳强度条件写成

$$\tilde{n}_\tau = \frac{\varepsilon_\tau \beta}{\tau_{a,\,max} K_\tau} \tau_{-1} \geqslant n_f \tag{12-13}$$

疲劳安全系数 n_f 可从有关设计手册得到。

例 12-1 如图 12-8 所示,转动的车轮轴在弯矩作用下产生对称循环的交变应力。已知弯矩 $M = 540\,\mathrm{N \cdot m}$,轴的材料为合金钢,它的抗拉强度 $\sigma_b = 900\,\mathrm{MPa}$,疲劳极限 $\sigma_{-1} = 400\,\mathrm{MPa}$,轴颈经磨削加工。疲劳安全系数 $n_f = 2$。试作疲劳强度校核。

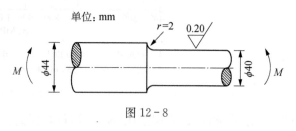

图 12-8

解:(1) 确定工作应力。

轴的较细部分的外表面,循环应力幅值为

$$\sigma_a = \frac{32M}{\pi d^3} = \frac{32 \times 540\,\mathrm{N \cdot m}}{\pi \times 40^3 \times 10^{-9}\,\mathrm{m}^3} = 85.94\,\mathrm{MPa}$$

(2) 确定有效应力集中系数。

$$\frac{D}{d} = \frac{44\,\mathrm{mm}}{40\,\mathrm{mm}} = 1.1, \quad \frac{r}{d} = \frac{2\,\mathrm{mm}}{40\,\mathrm{mm}} = 0.05$$

材料的抗拉强度 $\sigma_b = 900\,\mathrm{MPa}$,根据以上参数查图 12-5(a)得到 $K_\sigma = 1.68$。

(3) 确定尺寸系数。

从图 12-6 可知,当 $d = 40\,\mathrm{mm}$ 时,对于 $\sigma_b = 500\,\mathrm{MPa}$ 的钢材,$\varepsilon_\sigma = 0.84$;对于 $\sigma_b = 1\,200\,\mathrm{MPa}$ 的钢材,$\varepsilon_\sigma = 0.73$。利用内插法,对于 $\sigma_b = 900\,\mathrm{MPa}$ 的钢材,有

$$\varepsilon_\sigma = 0.73 + \frac{1\,200 - 900}{1\,200 - 500}(0.84 - 0.73) = 0.77$$

(4) 因为该轴颈处经过磨削加工,取表面加工系数 $\beta = 1$。

(5) 根据式(12-10),工作安全系数

$$\tilde{n}_\sigma = \frac{(\sigma_{-1})_{构件}}{\sigma_{a,\,max}} = \frac{\varepsilon_\sigma \beta}{\sigma_{a,\,max} K_\sigma} \sigma_{-1} = \frac{0.77 \times 1.0}{85.94\,\mathrm{MPa} \times 1.68} \times 400\,\mathrm{MPa} = 2.13 > n_f = 2$$

轴的疲劳强度满足要求。

12.5.2 非对称循环下构件疲劳的强度条件

非对称循环时,平均应力 σ_m 不等于零。可以对材料在不同的平均应力下做疲劳强度试验,测定相应循环特征 r 的疲劳极限 σ_r 或 τ_r。根据试验结果的分析,在非对称循环下正应力

疲劳强度条件可以用工作安全系数形式表示为

$$\tilde{n}_\sigma = \frac{\sigma_{-1}}{\sigma_a \dfrac{K_\sigma}{\varepsilon_\sigma \beta} + \sigma_m \psi_\sigma} \geqslant n_f \tag{12-14}$$

在非对称循环下扭转切应力疲劳强度条件可以表示为

$$\tilde{n}_\tau = \frac{\tau_{-1}}{\tau_a \dfrac{K_\tau}{\varepsilon_\tau \beta} + \tau_m \psi_\tau} \geqslant n_f \tag{12-15}$$

上式中，$\sigma_m(\tau_m)$ 为平均应力，$\sigma_a(\tau_a)$ 为应力幅，K_σ、ε_σ（K_τ、ε_τ）和 β 为对称循环时的有效应力集中系数、尺寸系数和表面质量系数，ψ_σ 和 ψ_τ 为材料对于应力循环非对称性的敏感系数，它们可以从有关设计手册中查到。

实践表明，循环特征 $r < 0$ 时，构件通常发生疲劳破坏。但在 $r < 0$ 并且接近于 0，到 $r = +1$ 的范围内，构件的疲劳极限有可能高于屈服极限。这样，构件内的最大应力有可能在疲劳破坏之前已先达到屈服极限而产生塑性变形。因此还需要做屈服强度的校核。如果用安全系数的形式进行校核，屈服的工作安全系数为

$$\tilde{n}_{\sigma s} = \frac{\sigma_s}{|\sigma|_{max}} \tag{12-16}$$

$$\tilde{n}_{\tau s} = \frac{\tau_s}{|\tau|_{max}} \tag{12-17}$$

屈服强度条件为

$$\tilde{n}_{\sigma s} \geqslant n_s \quad 或 \quad \tilde{n}_{\tau s} \geqslant n_s \tag{12-18}$$

式中 n_s 是规定的屈服安全系数。

例 12-2　某柴油机活塞杆，直径 $d = 60\ mm$，表面抛光，气缸点火时活塞杆受轴压力 $520\ kN$，吸气时受轴拉力 $120\ kN$。材料的对称循环疲劳极限 $\sigma_{-1} = 290\ MPa$，材料的抗拉强度 $\sigma_b = 700\ MPa$。材料的循环非对称性敏感系数 $\psi_\sigma = 0.1$，疲劳安全系数 $n_f = 2.0$，静强度安全系数 $n_s = 1.5$。试校核活塞杆的强度。

解：（1）确定非对称应力循环特征。

这是在拉压交变应力下的疲劳，最大和最小应力为

$$\sigma_{max} = \frac{4 \times 120 \times 10^3\ N}{\pi \times 6^2 \times 10^{-4}\ m^2} = 42.5\ MPa$$

$$\sigma_{min} = \frac{-4 \times 520 \times 10^3\ N}{\pi \times 6^2 \times 10^{-4}\ m^2} = -184.0\ MPa$$

平均应力

$$\sigma_m = \frac{1}{2}[42.5 + (-184)]\ MPa = -70.8\ MPa$$

应力幅值

$$\sigma_a = \frac{1}{2}[42.5 - (-184)]\ \text{MPa} = 113.2\ \text{MPa}$$

循环特征

$$r = -\frac{42.5\ \text{MPa}}{184.0\ \text{MPa}} = -0.23$$

（2）确定各项折减系数。

活塞杆为等截面杆，无应力集中，所以 $K_\sigma = 1.0$。由于是轴向拉压，所以 $\varepsilon_\sigma = 1.0$。零件的表面经抛光处理，由图 12-7 查得 $\beta = 1.095$。

（3）计算构件的工作安全系数。

根据式（12-14），疲劳强度校核的工作安全系数为

$$\tilde{n}_\sigma = \frac{\sigma_{-1}}{\sigma_a \dfrac{K_\sigma}{\varepsilon_\sigma \beta} + \sigma_m \psi_\sigma} = \frac{290\ \text{MPa}}{113.2\ \text{MPa} \times \dfrac{1.0}{1.0 \times 1.095} + 70.8\ \text{MPa} \times 0.1} = 2.63 > n_f$$

由于循环特征 r 接近于 0，应同时校核静屈服强度。

$$\tilde{n}_{\sigma s} = \frac{\sigma_s}{|\sigma|_{max}} = \frac{\sigma_s}{|\sigma_{min}|} = \frac{500\ \text{MPa}}{184\ \text{MPa}} = 2.72 > n_s$$

疲劳强度和静强度均满足要求。

12.5.3　组合交变应力下构件的疲劳强度条件

工程中的构件除了受单纯的交变正应力或者单纯的交变切应力作用外，也可能同时受它们的组合作用。对于塑性材料，可以按第三强度理论求出其相当应力作为最大工作应力。根据第三强度理论，材料的剪切屈服应力与拉压屈服应力之间有关系

$$\tau_s = \frac{1}{2}\sigma_s$$

如果将这一关系推广到交变应力下的疲劳极限，就有

$$\tau_{-1} = \frac{1}{2}\sigma_{-1} \tag{12-19}$$

于是，弯扭组合交变应力下构件的工作安全系数

$$\tilde{n}_\sigma = \frac{(\sigma_{-1})_{构件}}{\sigma_{r3}} = \frac{(\sigma_{-1})_{构件}}{\sqrt{\sigma^2 + 4\tau^2}} = \frac{1}{\sqrt{\left[\dfrac{\sigma}{(\sigma_{-1})_{构件}}\right]^2 + \left[\dfrac{\tau}{(\tau_{-1})_{构件}}\right]^2}} = \frac{1}{\sqrt{\dfrac{1}{\tilde{n}_\sigma^2} + \dfrac{1}{\tilde{n}_\tau^2}}}$$

即

$$\tilde{n}_{\sigma\tau} = \frac{\tilde{n}_\sigma \tilde{n}_\tau}{\sqrt{\tilde{n}_\sigma^2 + \tilde{n}_\tau^2}} \tag{12-20}$$

式中 $\bar{n}_\sigma$ 和 $\bar{n}_\tau$ 是纯交变正应力和纯交变切应力下构件的工作安全系数,由式(12-10)和式(12-13)式确定。在非对称循环交变组合应力作用下,式(12-20)也可适用,此时的 $\bar{n}_\sigma$ 和 $\bar{n}_\tau$ 由式(12-14)和式(12-15)确定。

例 12-3　如图 12-9 所示为曲柄离合器轴的一部分,在轴肩部位承受对称循环交变弯矩 $M = 12\,\mathrm{kN \cdot m}$ 的作用,同时承受脉动循环的交变扭矩 $T = 15\,\mathrm{kN \cdot m}$ 作用。轴的材料为 45 号钢,$\sigma_b = 750\,\mathrm{MPa}$,非对称切应力的敏感系数 $\psi_\tau = 0.05$,疲劳极限 $\sigma_{-1} = 350\,\mathrm{MPa}$,$\tau_{-1} = 210\,\mathrm{MPa}$。轴的表面经过磨削。规定疲劳安全系数 $n_\mathrm{f} = 1.5$。试校核该轴的疲劳强度。

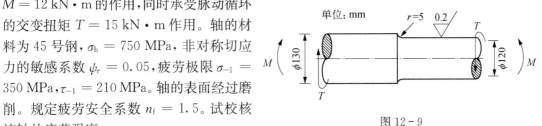

图 12-9

解:(1) 确定交变正应力和交变切应力幅值。

轴的较细部分的外表面,弯矩产生对称循环正应力幅值为

$$\sigma_a = \frac{32M}{\pi d^3} = \frac{32 \times 12 \times 10^3\,\mathrm{N \cdot m}}{\pi \times 120^3 \times 10^{-9}\,\mathrm{m}^3} = 70.74\,\mathrm{MPa}$$

扭矩产生脉动循环切应力最大值为

$$\tau_{\max} = \frac{16T}{\pi d^3} = \frac{16 \times 15 \times 10^3\,\mathrm{N \cdot m}}{\pi \times 120^3 \times 10^{-9}\,\mathrm{m}^3} = 44.21\,\mathrm{MPa}$$

脉动循环切应力平均值 $\tau_m = 22.10\,\mathrm{MPa}$,幅值 $\tau_a = 22.10\,\mathrm{MPa}$。

(2) 确定影响系数。

因为 $D/d = 1.083$,$r/d = 0.042$。查表可知有效应力集中系数 $K_\sigma = 1.72$,$K_\tau = 1.27$。尺寸系数

$$\varepsilon_\sigma = 0.61 + \frac{1\,200 - 750}{1\,200 - 500}(0.68 - 0.61) = 0.655$$

$$\varepsilon_\tau = 0.68$$

由于轴经过磨削,取表面状态系数 $\beta = 1.0$。

(3) 确定工作安全系数。

$$\bar{n}_\sigma = \frac{\sigma_{-1}}{\sigma_a \dfrac{K_\sigma}{\varepsilon_\sigma \beta}} = \frac{350\,\mathrm{MPa}}{70.74\,\mathrm{MPa} \times \dfrac{1.72}{0.655 \times 1.0}} = 1.88$$

$$\bar{n}_\tau = \frac{\tau_{-1}}{\tau_a \dfrac{K_\tau}{\varepsilon_\tau \beta} + \psi_\tau \tau_m} = \frac{210\,\mathrm{MPa}}{22.1\,\mathrm{MPa} \times \dfrac{1.27}{0.68 \times 1.0} + 0.05 \times 22.1\,\mathrm{MPa}} = 4.96$$

$$\bar{n}_{\sigma\tau} = \frac{\bar{n}_\sigma \bar{n}_\tau}{\sqrt{\bar{n}_\sigma^2 + \bar{n}_\tau^2}} = \frac{1.88 \times 4.96}{\sqrt{1.88^2 + 4.96^2}} = 1.76 > n_\mathrm{f} = 1.5$$

所以构件符合疲劳强度要求。

结束语

疲劳是极其复杂的物理现象。工程中有很多部件的断裂是由疲劳引起的。它们往往在没有明显预兆的情况下突然发生,从而造成严重后果。时至今日,由于机械零件或结构部件疲劳破坏而导致的空难事件或其他运载工具的灾难仍时有发生。根据现有的知识,我们只能"估算"承受交变载荷的构件的疲劳强度。结构的疲劳寿命仍然是固体力学研究的前沿课题。我们必须重视材料的疲劳问题,按规定时限对交变应力作用下的机械进行检修,避免超负荷超期限使用,以防止重大事故的发生。

习题

12 - 1 柴油机连杆螺钉,工作时受最大拉力 $F_{max} = 8.71$ kN,最小拉力 $F_{min} = 0.58$ kN 的作用,螺纹根部最小直径 $d = 8.5$ mm,试求其平均应力 σ_m,应力幅 σ_a,循环特征 r。

12 - 2 一个中面直径为 20 cm、壁厚为 5 mm 的圆柱形薄壁压力容器,材料的对称循环疲劳极限 $\sigma_{-1} = 210$ MPa,容器内充气后的压强为 $p_{max} = 3$ MPa,放气后压强 $p_{min} = 0$。已知材料的非对称循环敏感系数 $\psi_\sigma = 0.36$,容器的有效应力集中系数 $K_\sigma = 2.5$,表面质量系数 $\beta = 1.0$,要求疲劳安全系数 $n_f = 3.0$,试校核容器的疲劳安全性。

12 - 3 一个螺纹钢杆承受的平均拉应力为 60 MPa,材料的对称循环疲劳极限 $\sigma_{-1} = 190$ MPa,已知材料的非对称循环敏感系数 $\psi_\sigma = 0.36$,螺纹部分的有效应力集中系数 $K_\sigma = 2.3$,螺杆的表面加工系数 $\beta = 1.0$,疲劳安全系数 $n_f = 1.5$,试求螺杆能承受的交变拉压应力幅值。

12 - 4 如图 12 - 10 所示阶梯形圆轴,承受不变的弯矩 $M = 2.5$ kN·m 作用,材料为碳钢,$\sigma_b = 500$ MPa,$\sigma_{-1} = 220$ MPa,直径 $D = 9$ cm,$d = 8$ cm,过渡圆角半径 $r = 1$ cm,规定疲劳安全系数 $n_f = 2$,轴表面抛光,在干燥空气中运转。试校核其疲劳强度。

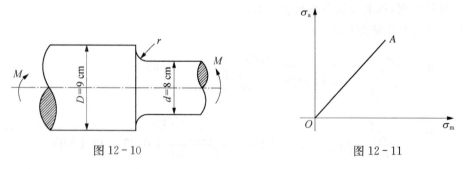

图 12 - 10   图 12 - 11

12 - 5 试证明 σ_m - σ_a 坐标系中(见图 12 - 11)任一通过原点的直线 OA 上各点所对应的交变应力具有相同的循环特征 r。

12 - 6 阶梯形旋转轴受不变的弯矩 M 作用,材料为碳钢,$\sigma_b = 500$ MPa,$\sigma_s = 300$ MPa,$\sigma_{-1} = 220$ MPa,尺寸如图 12 - 12 所示。若将圆角半径从 $r = 1$ mm 增大为 $r = 6$ mm,规定的安全系数不变,试问圆角增大后轴承受的弯矩比原来提高多少?

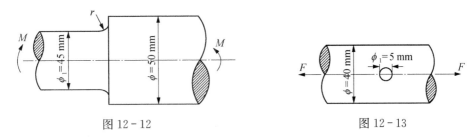

图 12 - 12   图 12 - 13

12 - 7 如图 12 - 13 所示圆杆,表面精车,径向有开孔。圆杆受到 $F = \pm 50$ kN 交变轴向力作用,材料为碳钢,$\sigma_b = 500$ MPa,$\sigma_s = 260$ MPa,$\sigma_{-1} = 170$ MPa,规定疲劳安全系数 $n_f = 1.7$,拉压强度安全系数 $n_s = 1.5$,试校核杆的强度。

*附录 A 应力张量

A-1 指标记号（indicial notation）

先引进一种指标记号系统，或符号规则，可以用来简化方程的表达式。例如，我们写出 A_i，B_{ij}，或 $E_{mn}F_n$，字母 i，j，m，n 称为指标（index）。A_i 中 i 只出现一次，定义为自由指标（free subscript）。B_{ij} 中，i 和 j 分别只出现一次，它们也都是自由指标。在 $E_{mn}F_n$ 中 m 出现一次，因此是自由指标，n 出现两次，定义为哑标（dummy subscript）。

例如，三维直角坐标系的应力分量可以用式（3-3）表示。如果用 1，2，3 来表示坐标 x，y，z，那么应力分量可以写成 σ_{ij}，i，j 的取值范围是 1，2，3。σ_{11} 表示 σ_{xx}，σ_{23} 表示 τ_{yz}，等等。如果是平面应力问题，i，j 的取值范围是 1，2。三维空间的矢量 $\boldsymbol{A}$ 可以用分量形式表示为 $A_i(i=1, 2, 3)$。表达式 B_{ij} 代表九个量，可以用矩阵的形式表示为

$$\begin{bmatrix} B_{11} & B_{12} & B_{13} \\ B_{21} & B_{22} & B_{23} \\ B_{31} & B_{32} & B_{33} \end{bmatrix}$$

爱因斯坦求和规则规定，在用指标记号写的表达式里，出现两次的指标表示对取值范围的所有指标数求和。例如 $A_{ij}B_j$ 表示需对 $j=1, 2, 3$ 自动求和：

$$A_{ij}B_j = \sum_{j=1}^{3} A_{ij}B_j = A_{i1}B_1 + A_{i2}B_2 + A_{i3}B_3$$

自由指标 i 表示对应于 $i=1, 2, 3$ 有三个表达式。事实上 $A_{ij}B_j$ 表示如下三个表达式：

$$A_{11}B_1 + A_{12}B_2 + A_{13}B_3$$
$$A_{21}B_1 + A_{22}B_2 + A_{23}B_3$$
$$A_{31}B_1 + A_{32}B_2 + A_{33}B_3$$

符号 P_{mnkk} 表示九个表达式。每一个表达式有三项求和。例如，P_{23kk} 为

$$P_{23kk} = P_{2311} + P_{2322} + P_{2333}$$

$A_i B_{ik} C_k$ 表示 $\displaystyle\sum_{i=1}^{3} \Big(\sum_{k=1}^{3} A_i B_{ik} C_k \Big) = \sum_{i=1}^{3} (A_i B_{i1} C_1 + A_i B_{i2} C_2 + A_i B_{i3} C_3)$

$$\begin{aligned} &= A_1 B_{11} C_1 + A_2 B_{21} C_1 + A_3 B_{31} C_1 + \\ &\quad A_1 B_{12} C_2 + A_2 B_{22} C_2 + A_3 B_{32} C_2 + \\ &\quad A_1 B_{13} C_3 + A_2 B_{23} C_3 + A_3 B_{33} C_3 \end{aligned}$$

除了求和规则外，还规定：（1）同一个指标符号不能出现两次以上；（2）只有具有相同自由指标的项才可以相加或相减。例如：

$A_i + B_i$ 表示三个表达式，$A_1 + B_1$，$A_2 + B_2$，$A_3 + B_3$。

$A_{ij}B_j + C_i$ 也表示三个表达式，i 是自由指标。

$A_{ij}x_j = C_i$ 表示三个方程,即

$$A_{11}x_1 + A_{12}x_2 + A_{13}x_3 = C_1$$

$$A_{21}x_1 + A_{22}x_2 + A_{23}x_3 = C_2$$

$$A_{31}x_1 + A_{32}x_2 + A_{33}x_3 = C_3$$

它们是三个联立线性代数方程。

A-2 标量、矢量和张量

标量(scalar)可以用一个数字表示。例如温度、距离等物理量都是标量。标量的特征是,与用来描述它的坐标系的变化无关。如图 A-1 所示,如果 A 点的温度是 20℃,可以用 $x-y$ 坐标系以函数 $T(A) = T(5, 4) = 20$ 来描述它,也可以用 $x'-y'$ 坐标系以函数 $T'(A) = T'(2, 2) = 20$ 来描述。

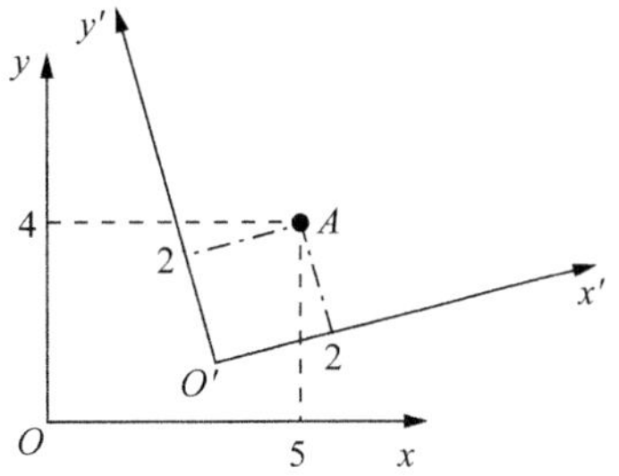

有大小、有方向的量,可能是矢量,也可能不是矢量。如果这个量还满足平行四边形求和法则,那么这个量就是矢量(vector)。力、位移、速度都是矢量。

一个矢量 $\boldsymbol{A}$ 可以用坐标轴上的三个单位矢量 $\boldsymbol{i}$, $\boldsymbol{j}$, $\boldsymbol{k}$ 来表示:

$$\boldsymbol{A} = A_x\boldsymbol{i} + A_y\boldsymbol{j} + A_z\boldsymbol{k}$$

或者将单位矢量用 $\boldsymbol{i}_1$, $\boldsymbol{i}_2$, $\boldsymbol{i}_3$ 表示,矢量 $\boldsymbol{A}$ 可以写成

$$\boldsymbol{A} = A_1\boldsymbol{i}_1 + A_2\boldsymbol{i}_2 + A_3\boldsymbol{i}_3 \tag{A-1}$$

矢量 $\boldsymbol{A}$ 的大小,或模(norm)为

$$A = \sqrt{A_1^2 + A_2^2 + A_3^2}$$

沿 $\boldsymbol{A}$ 方向的单位矢量 $\boldsymbol{n}_A$ 为

$$\boldsymbol{n}_A = \frac{\boldsymbol{A}}{A} = \frac{A_1}{A}\boldsymbol{i}_1 + \frac{A_2}{A}\boldsymbol{i}_2 + \frac{A_3}{A}\boldsymbol{i}_3 \tag{A-2}$$

式中三个坐标分量分别为矢量 $\boldsymbol{A}$ 的方向余弦。

现在考虑两个坐标系,原坐标系 x_1, x_2, x_3,经旋转后得到新坐标系 x'_1, x'_2, x'_3。如图 A-2 所示,用 α_{ij} 表示两个坐标系的坐标轴之间的夹角。其中第一个下标表示新坐标系轴

图 A-1

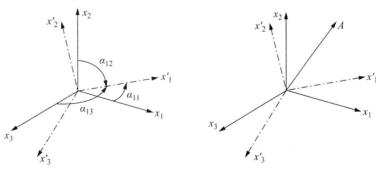

图 A-2

的编号,第二个下标表示原坐标系轴的编号。用符号 n_{ij} 记方向余弦

$$n_{ij} = \cos \alpha_{ij} \qquad (A-3)$$

沿新的坐标轴 x'_1,x'_2,x'_3 的三个单位矢量用原坐标的单位矢量可以表示为

$$\boldsymbol{i}'_1 = n_{11}\boldsymbol{i}_1 + n_{12}\,\boldsymbol{i}_2 + n_{13}\boldsymbol{i}_3$$
$$\boldsymbol{i}'_2 = n_{21}\boldsymbol{i}_1 + n_{22}\,\boldsymbol{i}_2 + n_{23}\boldsymbol{i}_3$$
$$\boldsymbol{i}'_3 = n_{31}\boldsymbol{i}_1 + n_{32}\,\boldsymbol{i}_2 + n_{33}\boldsymbol{i}_3$$

或可以用指标记号表示为

$$\boldsymbol{i}'_i = n_{ij}\boldsymbol{i}_j \qquad (A-4)$$

现在考虑一个矢量 $\boldsymbol{A}$,在原坐标系里可以表示为

$$\boldsymbol{A} = A_1\boldsymbol{i}_1 + A_2\boldsymbol{i}_2 + A_3\boldsymbol{i}_3 = A_i\boldsymbol{i}_i$$

假设它在新坐标系里的表达式为

$$\boldsymbol{A} = A'_1\boldsymbol{i}'_1 + A'_2\boldsymbol{i}'_2 + A'_3\boldsymbol{i}'_3 = A'_i\boldsymbol{i}'_i$$

矢量 $\boldsymbol{A}$ 在原坐标系里的分量 $A_i = (A_1,A_2,A_3)$ 与它在新坐标系里的分量 $A'_i = (A'_1,A'_2,A'_3)$ 是不同的,因为它与两个坐标系的坐标轴的夹角不同。比如从不同的角度去看同一个物体,所看到的形象是不同的,但是这个物体本身是不变的。下面要设法找到 A_i 与 A'_i 的关系。

因为 $\boldsymbol{A} = A_i\boldsymbol{i}_i = A'_i\boldsymbol{i}'_i$,用式(A-4)式代入:

$$A_i\boldsymbol{i}_i = A'_i\boldsymbol{i}'_i = A'_i n_{ij}\boldsymbol{i}_j = A'_j n_{ji}\boldsymbol{i}_i$$

所以

$$A_i = n_{ji}A'_j \qquad (A-5)$$

同样可以证明

$$A'_i = n_{ij}A_j \qquad (A-6)$$

式(A-6)给出了矢量的分量在坐标变换时的变换公式。矢量除了可以定义为满足平行四边形求和法则的,具有大小和方向的物理量以外,另一等价的定义是,矢量是在给定的直角坐标系中由三个分量唯一确定的物理量,并且当坐标系变换时,这三个分量的变换规则由式(A-6)给出。从这个意义上讲,矢量是一阶张量(first order tensor)。

将这个定义推广,下面我们给出二阶张量(second order tensor)的定义。在给定的三维直角坐标系中,二阶张量 A_{ij} 是由 3×3 个分量唯一确定的物理量,并且当坐标系旋转时,这些分量按下式的规律变化:

$$A'_{ij} = n_{im}n_{jn}A_{mn} \qquad (A-7)$$

上式的 i,j 是自由标。式(A-7)代表九个表达式,每个式子的右边有九项求和。

标量是零阶张量。标量是与坐标变换无关的量。我们可以将零阶、一阶、二阶张量的分量变换规律归结为

零阶张量：
$$A' = A$$

一阶张量：
$$A'_i = n_{ij}A_j$$

二阶张量：
$$A'_{ij} = n_{im}n_{jn}A_{mn}$$

应该注意，一阶和一阶以上的张量的分量不是标量，因为它们随坐标系变化而变。

A-3　应力张量

式(3-9)给出了平面应力状态下，应力分量随坐标变换的变化关系。现在可以验证，由式(3-9)所表示应力是二阶张量。由于平面应力是二维的问题，指标取值范围为 1，2，它们分别代表 x，y。

如图 A-3 所示，坐标轴的方向余弦为

$$n_{11} = n_{22} = \cos\alpha$$

$$n_{12} = \cos(90° - \alpha) = \sin\alpha$$

$$n_{21} = \cos(90° + \alpha) = -\sin\alpha$$

需要验证 σ_{ij} 的变换满足式(A-7)：

$$\sigma'_{ij} = n_{im}n_{jn}\sigma_{mn}$$

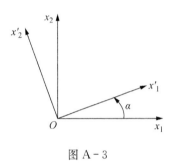

图 A-3

将应力分量逐一展开：

$$\begin{aligned}
\sigma'_{11} &= n_{1m}n_{1n}\sigma_{mn} = n_{1m}n_{11}\sigma_{m1} + n_{1m}n_{12}\sigma_{m2}\\
&= n_{11}n_{11}\sigma_{11} + n_{12}n_{11}\sigma_{21} + n_{11}n_{12}\sigma_{12} + n_{12}n_{12}\sigma_{22}\\
&= \cos^2\alpha\sigma_{11} + \sin\alpha\cos\alpha\sigma_{21} + \cos\alpha\sin\alpha\sigma_{12} + \sin^2\alpha\sigma_{22}\\
&= \frac{\sigma_{11} + \sigma_{22}}{2} + \frac{\sigma_{11} - \sigma_{22}}{2}\cos 2\alpha + (\sigma_{12} + \sigma_{21})\frac{\sin 2\alpha}{2}
\end{aligned}$$

$$\begin{aligned}
\sigma'_{12} &= n_{1m}n_{2n}\sigma_{mn} = n_{1m}n_{21}\sigma_{m1} + n_{1m}n_{22}\sigma_{m2}\\
&= n_{11}n_{21}\sigma_{11} + n_{12}n_{21}\sigma_{21} + n_{11}n_{22}\sigma_{12} + n_{12}n_{22}\sigma_{22}\\
&= -\cos\alpha\sin\alpha\sigma_{11} - \sin^2\alpha\sigma_{21} + \cos^2\alpha\sigma_{12} + \sin\alpha\cos\alpha\sigma_{22}\\
&= -\frac{\sigma_{11} - \sigma_{22}}{2}\sin 2\alpha + (\sigma_{12} + \sigma_{21})\frac{\cos 2\alpha}{2}
\end{aligned}$$

$$\begin{aligned}
\sigma'_{22} &= n_{2m}n_{2n}\sigma_{mn} = n_{2m}n_{21}\sigma_{m1} + n_{2m}n_{22}\sigma_{m2}\\
&= n_{21}n_{21}\sigma_{11} + n_{22}n_{21}\sigma_{21} + n_{21}n_{22}\sigma_{12} + n_{22}n_{22}\sigma_{22}\\
&= \sin^2\alpha\sigma_{11} - \cos\alpha\sin\alpha\sigma_{21} - \sin\alpha\cos\alpha\sigma_{12} + \cos^2\alpha\sigma_{22}\\
&= \frac{\sigma_{11} + \sigma_{22}}{2} - \frac{\sigma_{11} - \sigma_{22}}{2}\cos 2\alpha - (\sigma_{12} + \sigma_{21})\frac{\sin 2\alpha}{2}
\end{aligned}$$

上面的 $\sigma_{11} = \sigma_x$，$\sigma_{22} = \sigma_y$，$\sigma_{12} = \sigma_{21} = \tau_{xy}$。这三个式子与式(3-9)完全一致。我们在平面应力情况下验证了应力是二阶张量。

附录 B 截面图形的几何性质

B-1 面积矩、惯性矩与极惯性矩

1. 面积矩与形心

假设杆件截面图形如图 B-1 所示，其面积为 A，c 点为形心。图形的微单元面积与该面积的坐标之乘积的积分

$$S_z = \int_A y \mathrm{d}A \qquad\qquad \text{(B-1a)}$$

$$S_y = \int_A z \mathrm{d}A \qquad\qquad \text{(B-1b)}$$

分别定义为图形对 z 轴、y 轴的面积矩，或称为静矩、一次矩。面积矩的量纲是长度的三次方。

在 y-z 坐标系中，如果图形的形心坐标为 $c(y_c, z_c)$，那么根据形心的定义，有

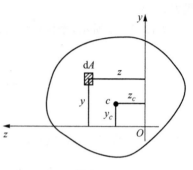

图 B-1

$$y_c = \frac{\int_A y \mathrm{d}A}{A}, \; z_c = \frac{\int_A z \mathrm{d}A}{A} \qquad\qquad \text{(B-2)}$$

或者

$$y_c = \frac{S_z}{A}, \; z_c = \frac{S_y}{A}$$

2. 极惯性矩、惯性矩、惯性积

如图 B-2 所示，积分

$$I_\mathrm{p} = \int_A \rho^2 \mathrm{d}A \qquad\qquad \text{(B-3)}$$

定义为截面图形的极惯性矩。

外径为 D 的实心圆截面的极惯性矩

$$I_\mathrm{p} = \int_A \rho^2 \mathrm{d}A = \int_0^{D/2} \rho^2 2\pi\rho \mathrm{d}\rho = \frac{\pi D^4}{32}$$

内径和外径分别为 d 和 D 的空心圆截面的极惯性矩

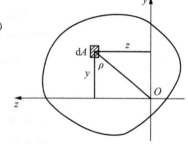

图 B-2

$$I_\mathrm{p} = \int_{d/2}^{D/2} \rho^2 2\pi\rho \mathrm{d}\rho = \frac{\pi D^4}{32}(1 - \alpha^4)$$

式中 $\alpha = d/D$ 为空心圆截面的内径与外径之比。

薄壁圆截面的极惯性矩近似地等于

$$I_{\mathrm{p}} = \int_A \rho^2 \mathrm{d}A \approx R_0^2 A = 2\pi R_0^3 t \qquad (\mathrm{B}\text{-}4)$$

式中 t 为薄壁圆截面的壁厚，R_0 为薄壁圆截面的平均半径。

截面图形对 z 轴和对 y 轴的惯性矩定义为

$$I_z = \int_A y^2 \mathrm{d}A \qquad (\mathrm{B}\text{-}5\mathrm{a})$$

$$I_y = \int_A z^2 \mathrm{d}A \qquad (\mathrm{B}\text{-}5\mathrm{b})$$

惯性积定义为

$$I_{yz} = \int_A yz\,\mathrm{d}A \qquad (\mathrm{B}\text{-}6)$$

由于乘积 yz 可以是正的，也可以为负，因此惯性积可能为正或为负，而惯性矩永远是正的。如图 B-3 所示，当截面具有一根对称轴时（例如 y 轴），在坐标 (z,y) 处的微面积的积分项 $zy\mathrm{d}A$，与其关于 y 轴对称的微面积的积分项 $-zy\mathrm{d}A$ 互相抵消。此时该图形的惯性积 $I_{zy}=0$。

因为 $\rho^2=y^2+z^2$，所以极惯性矩与惯性矩之间的下列关系成立：

$$I_{\mathrm{p}}=\int_A \rho^2 \mathrm{d}A = \int_A y^2 \mathrm{d}A + \int_A z^2 \mathrm{d}A = I_z + I_y \quad (\mathrm{B}\text{-}7)$$

图 B-3

极惯性矩、惯性矩和惯性积的量纲均为长度的四次方。

（1）圆截面的惯性矩。

由于圆截面对于通过圆心的任何一根轴的惯性矩都相等，所以 $I_y=I_z$。对于实心圆截面

$$I_y = I_z = \frac{I_{\mathrm{p}}}{2} = \frac{\pi D^4}{64}$$

空心圆截面的惯性矩

$$I_y = I_z = \frac{\pi D^4}{64}(1-\alpha^4)$$

（2）矩形截面对形心轴的惯性矩（见图 B-4）。

$$I_z = \int_A y^2 \mathrm{d}A = \int_{-h/2}^{h/2} y^2 b\,\mathrm{d}y = \frac{bh^3}{12}$$

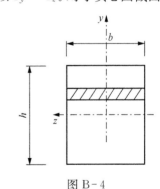

图 B-4

例 B-1 工字型截面图形（图中阴影部分）的尺寸如图 B-5(a)所示。试计算工字形截面对 z 轴的惯性矩。

解：边长为 $B \cdot H$ 的矩形[图(b)]可以看作工字型图形[图(a)]与两个边长为 $(b/2) \cdot h$ 的小矩形[图(c)]组合而成。由于惯性矩在总体面积上的积分等于各个区域上积分之和，所以

$$I_z^{(\mathrm{b})} = I_z^{(\mathrm{a})} + I_z^{(\mathrm{c})}$$

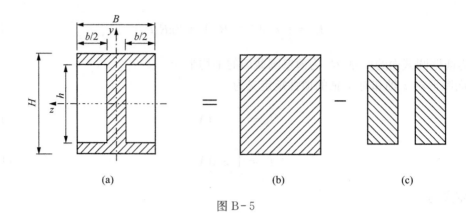

图 B-5

于是

$$I_z^{(a)} = I_z^{(b)} - I_z^{(c)} = \frac{BH^3}{12} - \frac{bh^3}{12}$$

B-2 惯性矩的平移轴公式

由惯性矩的定义可知,同一截面图形对于不同的坐标轴的惯性矩一般不相同。如图 B-6 所示,设图形的形心为 c,通过形心建立 $y'-z'$ 坐标系。y', z' 称为形心轴。通过平面上任一点 O 建立与 y', z' 轴平行的 $y-z$ 坐标系。它们有关系

$$y = a + y'$$

$$z = b + z'$$

式中 a 和 b 为形心 c 在 $y-z$ 坐标系中的坐标。根据定义,图形对 z 轴之惯性矩

$$I_z = \int_A y^2 dA = \int_A (a + y')^2 dA$$

$$= a^2 A + 2a \int_A y' dA + \int_A y'^2 dA$$

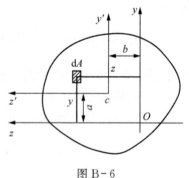

图 B-6

上式右边第二项之积分为图形对 z' 轴的面积矩,由于 z' 轴通过形心,该面积矩为零。所以

$$I_z = a^2 A + I_{zc} \qquad (B-8a)$$

式中 I_{zc} 是图形对于过形心的 z' 轴的惯性矩。同理有

$$I_y = b^2 A + I_{yc} \qquad (B-8b)$$

$$I_{xy} = abA + I_{xyc} \qquad (B-8c)$$

式中 I_{yc} 是截面图形对于过形心的 y' 轴的惯性矩;I_{xyc} 是截面图形对 y', z' 轴的惯性积。

例 B-2 如图 B-7 所示,直径为 40 cm 的圆板,挖去一个直径为 20 cm 的圆孔。孔的中心距离原圆板中心为 $d = 5$ cm。试确定开孔圆板形心的位置,并且求开孔圆

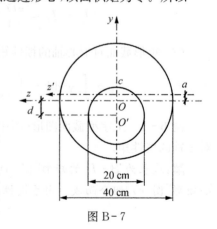

图 B-7

板对其形心轴之惯性矩。

解：设大圆的圆心为 O，圆孔的圆心为 O'。过大圆的圆心作 z 轴。设开孔板的形心为 c，z' 轴通过开孔板形心。z' 轴与 z 轴的间距为 a。

（1）确定开孔板的形心位置。

设 A，A_1 和 A_2 分别为原大圆板，开孔圆板和孔的面积。对 z 轴取面积矩：

$$0 \cdot A = a \cdot A_1 + (-d) \cdot A_2$$

注意上式中 A_2 的形心坐标为负值。于是

$$a = \frac{A_2}{A_1}d = \frac{\frac{\pi}{4}20^2}{\frac{\pi}{4}(40^2 - 20^2)} \times 5 = 1.666\,7\ \text{cm}$$

（2）求开孔板对其形心轴（z' 轴）的惯性矩。

设 I，I_1 和 I_2 分别为原大圆板，开孔板及圆孔对 z' 轴的惯性矩，

$$I = I_1 + I_2$$

$$I_1 = \frac{\pi \cdot 40^4}{64} + 1.666\,7^2 \cdot \frac{\pi}{4} \cdot 40^2 = 129\,154.5\ \text{cm}^4$$

$$I_2 = \frac{\pi \cdot 20^4}{64} + (5 + 1.666\,7)^2 \cdot \frac{\pi}{4} \cdot 20^2 = 21\,816.8\ \text{cm}^4$$

所以开孔板对其形心轴的惯性矩为

$$I_1 = I - I_2 = 107\,337\ \text{cm}^4$$

B-3　惯性矩的转轴公式与主惯性矩

过截面图形上 O 点建立 y-z 坐标系。假设图形对 y 和 z 轴的惯性矩和惯性积分别为 I_y，I_z 和 I_{yz}。当坐标轴逆时针旋转 α 角以后，成为 y'-z' 坐标系。现在来分析惯性矩和惯性积如何随 α 角的变化而变化。

如图 B-8 所示，两个坐标系的坐标之间的转换关系为

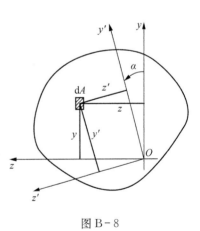

$$\left. \begin{aligned} y' &= y\cos\alpha + z\sin\alpha \\ z' &= z\cos\alpha - y\sin\alpha \end{aligned} \right\} \qquad (B-9)$$

图 B-8

所以惯性矩

$$I_{y'} = \int_A z'^2 \mathrm{d}A = \int_A (z\cos\alpha - y\sin\alpha)^2 \mathrm{d}A = \cos^2\alpha \int_A z^2 \mathrm{d}A + \sin^2\alpha \int_A y^2 \mathrm{d}A -$$
$$\sin 2\alpha \int_A yz\,\mathrm{d}A = \cos^2\alpha I_y + \sin^2\alpha I_z - \sin 2\alpha I_{yz}$$

经整理得到

$$I_{y'} = \frac{I_y + I_z}{2} + \frac{I_y - I_z}{2}\cos 2\alpha + (-I_{yz})\sin 2\alpha$$

同理,

$$I_{z'} = \frac{I_y + I_z}{2} - \frac{I_y - I_z}{2}\cos 2\alpha - (-I_{yz})\sin 2\alpha \tag{B-10}$$

$$(-I_{y'z'}) = -\frac{I_y - I_z}{2}\sin 2\alpha + (-I_{yz})\cos 2\alpha$$

将以上三个量写成矩阵形式:

$$\begin{bmatrix} I_y & -I_{yz} \\ -I_{zy} & I_z \end{bmatrix}$$

上述变换公式中 I_y, I_z 和 $-I_{yz}$ 关于旋转坐标轴的变换规律与二维的应力分量的变换规律,以及二维的应变分量的变换规律是完全一样的。将 I_y, I_z, $-I_{yz}$ 与 σ_x, σ_y, τ_{xy} 或 ε_x, ε_y, ε_{xy} 一一对应,惯性矩(惯性积)具有与应力、应变相同的重要特征。例如,惯性矩之和是个不变量,即 $I_y + I_z = I_p$ 这个量在坐标变换时不变。在某一方位,I_y, I_z 达到最大和最小值,它们称为主惯性矩,此时的惯性积 I_{yz} 为零。这时的坐标轴称为主惯性轴。如果主惯性轴的原点通过形心,则称为形心主惯性轴。

与求主应力的方位一样,为确定主惯性矩的方位,可以用公式

$$\tan 2\alpha_0 = \frac{2(-I_{yz})}{I_y - I_z} \tag{B-11}$$

此时的主惯性矩为

$$\left.\begin{matrix} I_{y0} \\ I_{z0} \end{matrix}\right\} = \frac{I_y + I_z}{2} \pm \sqrt{\left(\frac{I_y - I_z}{2}\right)^2 + (I_{yz})^2} \tag{B-12}$$

例 B-3 试确定图 B-9 所示截面图形的形心主惯性轴的位置和形心主惯性矩之值。

解:通过图形的形心建立 y-z 坐标系。将图形分成三块:A_1, A_2 和 A_3。

第 1 块图形的面积为

$$A_1 = 2 \times 32 = 64 \text{ cm}^2$$

它对于 y-z 坐标的惯性矩和惯性积为

$${}^1I_z = \frac{2 \times 32^3}{12} = 5\,461.3 \text{ cm}^4$$

$${}^1I_y = \frac{32 \times 2^3}{12} = 21.3 \text{ cm}^4$$

$${}^1I_{yz} = 0$$

第 2 块面积

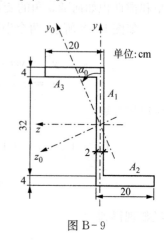

图 B-9

$$A_2 = 20 \times 4 = 80 \text{ cm}^2$$

对于 $y\text{-}z$ 坐标的惯性矩和惯性积为

$$^2I_z = \frac{20 \times 4^3}{12} + 18^2 \times 80 = 26\,026.7 \text{ cm}^4$$

$$^2I_y = \frac{4 \times 20^3}{12} + 9^2 \times 80 = 9\,146.7 \text{ cm}^4$$

$$^2I_{yz} = 0 + 9 \times 18 \times 80 = 12\,960 \text{ cm}^4$$

第 3 块面积的数据与第 2 块相同。整个图形的惯性矩和惯性积为

$$I_z = {}^1I_z + 2{}^2I_z = 57\,515 \text{ cm}^4$$

$$I_y = {}^1I_y + 2{}^2I_y = 18\,315 \text{ cm}^4$$

$$I_{yz} = {}^1I_{yz} + 2{}^2I_{yz} = 25\,920 \text{ cm}^4$$

形心主轴的方位

$$\tan 2\alpha_0 = \frac{-2I_{yz}}{I_y - I_z} = \frac{-2 \times 25\,920}{18\,315 - 57\,515} = 1.322\,4$$

$$2\alpha_0 = 52.90°, \quad \alpha_0 = 26.45°$$

形心主惯性矩的大小为

$$\left.\begin{matrix}I_{z0}\\I_{y0}\end{matrix}\right\} = \left.\begin{matrix}I_{max}\\I_{min}\end{matrix}\right\} = \frac{I_y + I_z}{2} \pm \sqrt{\left(\frac{I_y - I_z}{2}\right)^2 + I_{yz}^2} = \begin{cases}70\,411 \text{ cm}^4\\5\,419 \text{ cm}^4\end{cases}$$

例 B-4　试证明如果图形对某点有一对以上不相重合的主惯性轴，则通过该点的所有的轴都是主惯性轴。

证明：如图 B-10 所示，假设 $y\text{-}z$ 为通过该图形 O 点的一对主惯性轴，$u\text{-}v$ 是通过 O 点的另一对主惯性轴，并且与 $y\text{-}z$ 轴的夹角为 α。根据式（B-10）有

$$(-I_{uv}) = -\frac{I_y - I_z}{2}\sin 2\alpha + (-I_{yz})\cos 2\alpha$$

现在已知 $I_{yz} = 0$，$I_{uv} = 0$，因为 $\sin 2\alpha \neq 0$，所以必定有 $I_y = I_z$。于是，对于过 O 点的任一对轴 $u'\text{-}v'$，根据上式可知 $I_{u'v'} = 0$。所以任何一对轴都是主惯性轴。

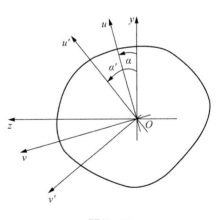

图 B-10

根据上式还可以得到以下推论：

（1）当截面图形过某一点的一对主惯性轴上的惯性矩相等（$I_y = I_z$），那么过该点的任何一对轴都是主惯性轴。

（2）任何具有三个或三个以上对称轴的图形，它所有的形心轴都是主惯性轴，而且惯性矩相等。例如正三角形、正方形、正多边形都是如此。如果只有两个对称轴，以上结论不一定成立，例如矩形截面。

习 题

B-1 求下列图形对 z 轴的面积矩和形心位置。

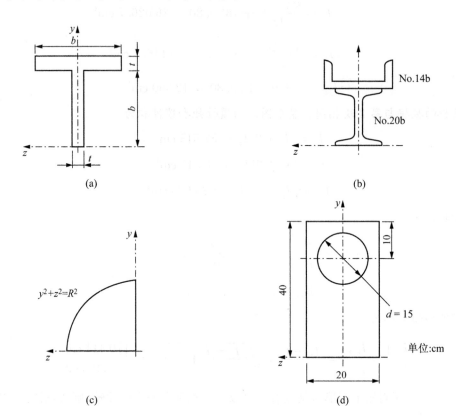

(a)

(b)

(c)

(d)

图 B-11

B-2 求下列图形对水平形心轴 z 的惯性矩。

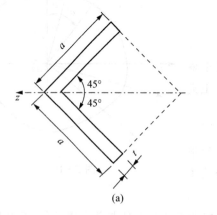

(a)

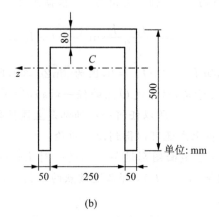

(b)

图 B-12

B-3 试确定下列图形形心位置和形心主惯性矩。

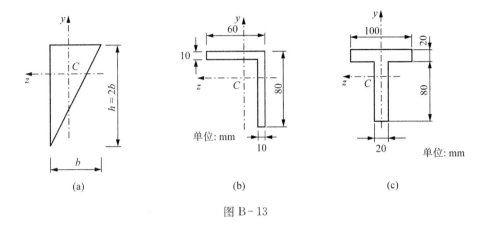

图 B-13

附录 C　简单等截面梁的挠度和转角

	$v=-\dfrac{Fx^2}{6EI}(3L-x)$	$v_{max}=-\dfrac{FL^3}{3EI}$	$\theta_{max}=-\dfrac{FL^2}{2EI}$
	$v=-\dfrac{F}{6EI}(\langle x-a\rangle^3$ $-x^3+3x^2a)$	$v_{max}=-\dfrac{Fa^2}{6EI}\cdot$ $(3L-a)$	$\theta_{max}=-\dfrac{Fa^2}{2EI}$
	$v=-\dfrac{qx^2}{24EI}(x^2+$ $6L^2-4Lx)$	$v_{max}=-\dfrac{qL^4}{8EI}$	$\theta_{max}=-\dfrac{qL^3}{6EI}$
	$v=-\dfrac{Mx^2}{2EI}$	$v_{max}=-\dfrac{ML^2}{2EI}$	$\theta_{max}=-\dfrac{ML}{EI}$
	$v=-\dfrac{F}{48EI}\big[8\langle x-\dfrac{L}{2}\rangle^3$ $-4x^3+3L^2x\big]$	$v_{max}=-\dfrac{FL^3}{48EI}$	$\theta_1=-\theta_2=-\dfrac{FL^2}{16EI}$
	$v=-\dfrac{Fb}{6LEI}\Big[\dfrac{L}{b}\langle x-a\rangle^3$ $-x^3+(L^2-b^2)x\Big]$	$x=\sqrt{\dfrac{L^2-b^2}{3}}$: $v_{max}=-\dfrac{Fb(L^2-b^2)^{3/2}}{9\sqrt{3}LEI}$	$\theta_1=\dfrac{Fab(2L-a)}{6LEI}$ $\theta_2=-\dfrac{Fab(2L-b)}{6LEI}$
	$v=-\dfrac{qx}{24EI}(L^3-2Lx^2$ $+x^3)$	$v_{max}=-\dfrac{5qL^4}{384EI}$	$\theta_1=-\theta_2=-\dfrac{qL^3}{24EI}$
	$v=-\dfrac{MLx}{6EI}\Big(1-\dfrac{x^2}{L^2}\Big)$	$x=\dfrac{L}{\sqrt{3}}$: $v_{max}=-\dfrac{ML^2}{9\sqrt{3}EI}$	$\theta_1=-\dfrac{ML}{6EI}$ $\theta_2=\dfrac{ML}{3EI}$

附录 D　截面剪力、切应力和切应变的符号

物理量符号的选取只是一种人为的约定。纵观众多的材料力学教材,关于截面剪力、切应力和切应变采用了多种符号规定方式。

1. 截面剪力的正负号规定,材料力学教材采用了两种方案。

A 方案:截面剪力相对于截面内任一点成逆时针方向为正,反之为负,如图 D-1 所示。

图 D-1

B 方案:截面剪力相对于截面内任一点成顺时针方向为正,反之为负,如图 D-2 所示。

图 D-2

在这两种符号方案下,截面弯矩的符号规定相同,如图 D-3 所示。

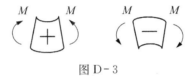

图 D-3

以简支梁受集中力作用为例,两种方案的剪力图和弯矩图如图 D-4 所示。

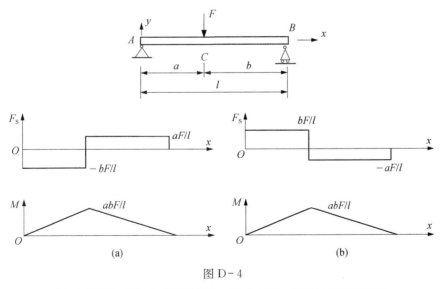

图 D-4

(a) A 方案剪力图(上)和弯矩图(下);(b) B 方案剪力图(上)和弯矩图(下)

2. 截面上切应力的正负号规定

A 方案：相对于所作用截面内任一点成逆时针方向的切应力为正，如图 D-5 所示。

斜截面上应力：

$$\sigma_\alpha = \frac{\sigma_x + \sigma_y}{2} + \frac{\sigma_x - \sigma_y}{2}\cos 2\alpha + \tau_{xy}\sin 2\alpha$$

$$\tau_\alpha = -\frac{\sigma_x - \sigma_y}{2}\sin 2\alpha + \tau_{xy}\cos 2\alpha$$

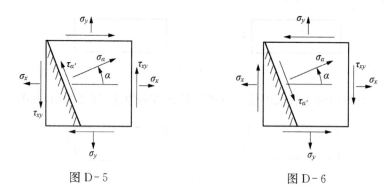

图 D-5　　　　　　　图 D-6

B 方案：相对于所作用截面内任一点成顺时针方向的切应力为正，如图 D-6 所示。

斜截面上应力：

$$\sigma_\alpha = \frac{\sigma_x + \sigma_y}{2} + \frac{\sigma_x - \sigma_y}{2}\cos 2\alpha - \tau_{xy}\sin 2\alpha$$

$$\tau_\alpha = \frac{\sigma_x - \sigma_y}{2}\sin 2\alpha + \tau_{xy}\cos 2\alpha$$

A 方案的应力圆有两种表示法：

（1）τ 坐标正方向向下，如图 D-7(a) 所示；

（2）τ 坐标正方向向上，应力圆上点的纵坐标改变符号，如图 D-7(b) 所示。

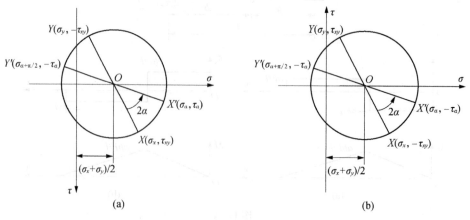

(a)　　　　　　　(b)

图 D-7

B 方案的应力圆，τ 坐标正方向向上，如图 D-8 所示。

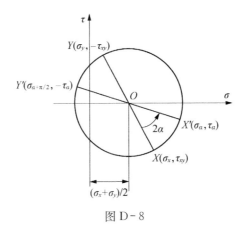

图 D-8

3. 应变符号

A 方案：使直角变小的切应变为正，如图 D-9 所示。

B 方案：使直角变大的切应变为正，如图 D-10 所示。

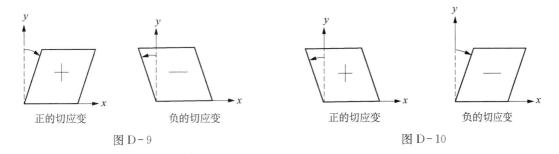

| 正的切应变 | 负的切应变 | 正的切应变 | 负的切应变 |

图 D-9　　　　　　　　　　　　　　　　　　图 D-10

表 D-1 列出了几本国内外材料力学教材关于截面剪力、切应力和切应变的符号规定方案。

表 D-1

教　材	截面剪力符号	切应力符号	切应变符号	应力变换和应力圆
铁摩辛柯等[2]	B	B	A	B
单辉祖[5]	B	B	B	B
孙训方等[7]	B	B	A	B
张少实[8]	A	A	A	A
Hibbeler[9]	B	A	A	A
本教材	A	A	A	A

铁摩辛柯[2]的材料力学教材里，为了用通常的莫尔应力圆（B 方案）表示应力变换关系，斜截面切应力采用顺时针方向作用于截面材料时为正（B 方案）的符号规定。国内外多数材料力学教材也沿用了这一规定。本教材用张量分量随坐标旋转的变换公式给出斜截面上正应力和切应力的表达式，切应力符号采用 A 方案，这样的规定与弹性力学一致。作应力圆时将 τ 坐

标正方向朝下,或 τ 坐标仍然取正方向朝上,而应力圆上点的纵坐标为 $-\tau_{xy}$,这样解决了应力圆作图问题。有些切应力采取 B 方案的教材,为了保持应力应变的符号一致,应变的符号采用了 B 方案。

为了与横截面切应力的符号一致,本教材截面剪力符号采用了 A 方案。

附录E 型钢表

表 E‑1　热轧等边角钢(GB 9787—88)

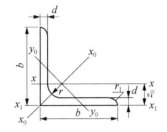

符号意义: b——边宽度; $\quad\quad\quad\quad$ I——惯性矩;

$\quad\quad\quad\quad\quad\quad$ d——边厚度; $\quad\quad\quad\quad$ i——惯性半径;

$\quad\quad\quad\quad\quad\quad$ r——内圆弧半径; $\quad\quad$ W——抗弯截面系数;

$\quad\quad\quad\quad\quad\quad$ r_1——边端内圆弧半径; $\quad$ z_0——重心距离。

| 角钢号数 | 尺寸/mm | | | 截面面积/cm² | 理论重量/(kg/m) | 外表面积/(m²/m) | 参 考 数 值 | | | | | | | | | | | z_0/cm |
| | | | | | | | $x-x$ | | | x_0-x_0 | | | y_0-y_0 | | | x_1-x_1 | |
	b	d	r				I_x/cm⁴	i_x/cm	W_x/cm³	I_{x0}/cm⁴	i_{x0}/cm	W_{x0}/cm³	I_{y0}/cm⁴	i_{y0}/cm	W_{y0}/cm³	I_{x1}/cm⁴	
2	20	3	3.5	1.132	0.889	0.078	0.40	0.59	0.29	0.63	0.75	0.45	0.17	0.39	0.20	0.81	0.60
		4		1.459	1.145	0.077	0.50	0.58	0.36	0.78	0.73	0.55	0.22	0.38	0.24	1.09	0.64
2.5	25	3		1.432	1.124	0.098	0.82	0.76	0.46	1.29	0.95	0.73	0.34	0.49	0.33	1.57	0.73
		4		1.859	1.459	0.097	1.03	0.74	0.59	1.62	0.93	0.92	0.43	0.48	0.40	2.11	0.76
3.0	30	3		1.749	1.373	0.117	1.46	0.91	0.68	2.31	1.15	1.09	0.61	0.59	0.51	2.71	0.85
		4		2.276	1.786	0.117	1.84	0.90	0.87	2.92	1.13	1.37	0.77	0.58	0.62	3.63	0.89
3.6	36	3	4.5	2.109	1.656	0.141	2.58	1.11	0.99	4.09	1.39	1.61	1.07	0.71	0.76	4.68	1.00
		4		2.756	2.163	0.141	3.29	1.09	1.28	5.22	1.38	2.05	1.37	0.70	0.93	6.25	1.04
		5		3.382	2.654	0.141	3.95	1.08	1.56	6.24	1.36	2.45	1.65	0.70	1.09	7.84	1.07
4.0	40	3		2.359	1.852	0.157	3.58	1.23	1.23	5.69	1.55	2.01	1.49	0.79	0.96	6.41	1.09
		4		3.086	2.422	0.157	4.60	1.22	1.60	7.29	1.54	2.58	1.91	0.79	1.19	8.56	1.13
		5		3.791	2.976	0.156	5.53	1.21	1.96	8.76	1.52	3.10	2.30	0.78	1.39	10.74	1.17
4.5	45	3	5	2.659	2.088	0.177	5.17	1.40	1.58	8.20	1.76	2.58	2.14	0.89	1.24	9.12	1.22
		4		3.486	2.736	0.177	6.65	1.38	2.05	10.56	1.74	3.32	2.75	0.89	1.54	12.18	1.26
		5		4.292	3.369	0.176	8.04	1.37	2.51	12.74	1.72	4.00	3.33	0.88	1.81	15.25	1.30
		6		5.076	3.985	0.176	9.33	1.36	2.95	14.76	1.70	4.64	3.89	0.88	2.06	18.36	1.33
5	50	3	5.5	2.971	2.332	0.197	7.18	1.55	1.96	11.37	1.96	3.22	2.98	1.00	1.57	12.50	1.34
		4		3.897	3.059	0.197	9.26	1.54	2.56	14.70	1.94	4.16	3.82	0.99	1.96	16.69	1.38
		5		4.803	3.770	0.196	11.21	1.53	3.13	17.79	1.92	5.03	4.64	0.98	2.31	20.90	1.42
		6		5.688	4.465	0.196	13.05	1.52	3.68	20.68	1.91	5.85	5.42	0.98	2.63	25.14	1.46
5.6	56	3	6	3.343	2.624	0.221	10.19	1.75	2.48	16.14	2.20	4.08	4.24	1.13	2.02	17.56	1.48
		4		4.390	3.446	0.220	13.18	1.73	3.24	20.92	2.18	5.28	5.46	1.11	2.52	23.43	1.53
		5		5.415	4.251	0.220	16.02	1.72	3.97	25.42	2.17	6.42	6.61	1.10	2.98	29.33	1.57
		6		8.367	6.568	0.219	23.63	1.68	6.03	37.37	2.11	9.44	9.89	1.09	4.16	46.24	1.68

(续表)

角钢号数	尺寸/mm			截面面积/cm²	理论重量/(kg/m)	外表面积/(m²/m)	参 考 数 值										
							x－x			x₀－x₀			y₀－y₀			x₁－x₁	z₀/cm
	b	d	r				I_x/cm⁴	i_x/cm	W_x/cm³	I_{x0}/cm⁴	i_{x0}/cm	W_{x0}/cm³	I_{y0}/cm⁴	i_{y0}/cm	W_{y0}/cm³	I_{x1}/cm⁴	
6.3	63	4	7	4.978	3.907	0.248	19.03	1.96	4.13	30.17	2.46	6.78	7.89	1.26	3.29	33.35	1.70
		5		6.143	4.822	0.248	23.17	1.94	5.08	36.77	2.45	8.25	9.57	1.25	3.90	41.73	1.74
		6		7.288	5.721	0.247	27.12	1.93	6.00	43.03	2.43	9.66	11.20	1.24	4.46	50.14	1.78
		8		9.515	7.469	0.247	34.46	1.90	7.75	54.56	2.40	12.25	14.33	1.23	5.47	67.11	1.85
		10		11.657	9.151	0.246	41.09	1.88	9.39	64.85	2.36	14.56	17.33	1.22	6.36	84.31	1.93
7	70	4	8	5.570	4.372	0.275	26.39	2.18	5.14	41.80	2.74	8.44	10.99	1.40	4.17	45.74	1.86
		5		6.875	5.397	0.275	32.21	2.16	6.32	51.08	2.73	10.32	13.34	1.39	4.95	57.21	1.91
		6		8.160	6.406	0.275	37.77	2.15	7.48	59.93	2.71	12.11	15.61	1.38	5.67	68.73	1.95
		7		9.424	7.398	0.275	43.09	2.14	8.59	68.35	2.69	13.81	17.82	1.38	6.34	80.29	1.99
		8		10.667	8.373	0.274	48.17	2.12	9.68	76.37	2.68	15.43	19.98	1.37	6.98	91.92	2.03
7.5	75	5	9	7.412	5.818	0.295	39.97	2.33	7.32	63.30	2.92	11.94	16.63	1.50	5.77	70.56	2.04
		6		8.797	6.905	0.294	46.95	2.31	8.64	74.38	2.90	14.02	19.51	1.49	6.67	84.55	2.07
		7		10.160	7.976	0.294	53.57	2.30	9.93	84.96	2.89	16.02	22.18	1.48	7.44	98.71	2.11
		8		11.503	9.030	0.294	59.96	2.28	11.20	95.07	2.88	17.93	24.86	1.47	8.19	112.97	2.15
		10		14.126	11.089	0.293	71.98	2.26	13.64	113.92	2.84	21.48	30.05	1.46	9.56	141.71	2.22
8	80	5	9	7.912	6.211	0.315	48.79	2.48	8.34	77.33	3.13	13.67	20.25	1.60	6.66	85.36	2.15
		6		9.397	7.376	0.314	57.35	2.47	9.87	90.98	3.11	16.08	23.72	1.59	7.65	102.50	2.19
		7		10.860	8.525	0.314	65.58	2.46	11.37	104.07	3.10	18.40	27.09	1.58	8.58	119.70	2.23
		8		12.303	9.658	0.314	73.49	2.44	12.83	116.60	3.08	20.61	30.39	1.57	9.46	136.97	2.27
		10		15.126	11.874	0.313	88.43	2.42	15.64	140.09	3.04	24.76	36.77	1.56	11.08	171.74	2.35
9	90	6	10	10.637	8.350	0.354	82.77	2.79	12.61	131.26	3.51	20.63	34.28	1.80	9.95	145.87	2.44
		7		12.301	9.656	0.354	94.83	2.78	14.54	150.47	3.50	23.64	39.18	1.78	11.19	170.30	2.48
		8		13.944	10.946	0.353	106.47	2.76	16.42	168.97	3.48	26.55	43.97	1.78	12.35	194.80	2.52
		10		17.167	13.476	0.353	128.58	2.74	20.07	203.90	3.45	32.04	53.26	1.76	14.52	244.07	2.59
		12		20.306	15.940	0.352	149.22	2.71	23.57	236.21	3.41	37.12	62.22	1.75	16.49	293.76	2.67
10	100	6	12	11.932	9.366	0.393	114.95	3.10	15.68	181.98	3.90	25.74	47.92	2.00	12.69	200.07	2.67
		7		13.796	10.830	0.393	131.86	3.09	18.10	208.97	3.89	29.55	54.74	1.99	14.26	233.54	2.71
		8		15.638	12.276	0.393	148.24	3.08	20.47	235.07	3.88	33.24	61.41	1.98	15.75	267.09	2.76
		10		19.261	15.120	0.392	179.51	3.05	25.06	284.68	3.84	40.26	74.35	1.96	18.54	334.48	2.84
		12		22.800	17.898	0.391	208.90	3.03	29.48	330.95	3.81	46.80	86.84	1.95	21.08	402.34	2.91
		14		26.256	20.611	0.391	236.53	3.00	33.73	374.06	3.77	52.90	99.00	1.94	23.44	470.75	2.99
		16		29.267	23.257	0.390	262.53	2.98	37.82	414.16	3.74	58.57	110.89	1.94	25.63	539.80	3.06

（续表）

角钢号数	尺寸/mm b	d	r	截面面积/cm²	理论重量/(kg/m)	外表面积/(m²/m)	I_x/cm⁴	i_x/cm	W_x/cm³	I_{x0}/cm⁴	i_{x0}/cm	W_{x0}/cm³	I_{y0}/cm⁴	i_{y0}/cm	W_{y0}/cm³	I_{x1}/cm⁴	z_0/cm
							x-x			x0-x0			y0-y0			x1-x1	
11	110	7	12	15.196	11.928	0.433	177.16	3.41	22.05	280.94	4.30	36.12	73.38	2.20	17.51	310.64	2.96
		8		17.238	13.532	0.433	199.46	3.40	24.95	316.49	4.28	40.69	82.42	2.19	19.39	355.20	3.01
		10		21.261	16.690	0.432	242.19	3.39	30.60	384.39	4.25	49.42	99.98	2.17	22.91	444.65	3.09
		12		25.200	19.782	0.431	282.55	3.35	36.05	448.17	4.22	57.62	116.93	2.15	26.15	534.60	3.16
		14		29.056	22.809	0.431	320.71	3.32	41.31	508.01	4.18	65.31	133.40	2.14	29.14	625.16	3.24
12.5	125	8	14	19.750	15.504	0.492	297.03	3.88	32.52	470.89	4.88	53.28	123.16	2.50	25.86	521.01	3.37
		10		24.373	19.133	0.491	361.67	3.85	39.97	573.89	4.85	64.93	149.46	2.48	30.62	651.93	3.45
		12		28.912	22.696	0.491	423.16	3.83	41.17	671.44	4.82	75.96	174.88	2.46	35.03	783.42	3.53
		14		33.367	26.193	0.490	481.65	3.80	54.16	763.73	4.78	86.41	199.57	2.45	39.13	915.61	3.61
14	140	10	14	27.373	21.488	0.551	514.65	4.34	50.58	817.27	5.46	82.56	212.04	2.78	39.20	915.11	3.82
		12		32.512	25.522	0.551	603.68	4.31	59.80	958.79	5.43	96.85	248.57	2.76	45.02	1 099.28	3.90
		14		37.567	29.490	0.550	688.81	4.28	68.75	1 093.56	5.40	110.47	284.06	2.75	50.45	1 284.22	3.98
		16		42.539	33.393	0.549	770.24	4.26	77.46	1 221.81	5.36	123.42	318.67	2.74	55.55	1 470.07	4.06
16	160	10	16	31.502	24.729	0.630	779.53	4.98	66.70	1 237.30	6.27	109.36	321.76	3.20	52.76	1 365.33	4.31
		12		37.441	29.391	0.630	916.58	4.95	78.98	1 455.68	6.24	128.67	377.49	3.18	60.74	1 639.57	4.39
		14		43.296	33.987	0.629	1 048.36	4.92	90.95	1 665.02	6.20	147.17	431.70	3.16	68.24	1 914.68	4.47
		16		49.067	38.518	0.629	1 175.08	4.89	102.63	1 865.57	6.17	164.89	484.59	3.14	75.31	2 190.82	4.55
18	180	12	16	42.241	33.159	0.710	1 321.35	5.59	100.82	2 100.10	7.05	165.00	542.61	3.58	78.41	2 332.80	4.89
		14		48.896	38.383	0.709	1 514.48	5.56	116.25	2 407.42	7.02	189.14	621.53	3.56	88.38	2 723.48	4.97
		16		55.467	43.542	0.709	1 700.99	5.54	131.13	2 703.37	6.98	212.40	698.60	3.55	97.83	3 115.29	5.05
		18		61.955	48.634	0.708	1 875.12	5.50	145.64	2 988.24	6.94	234.78	762.01	3.51	105.14	3 502.43	5.13
20	200	14	18	54.642	42.894	0.788	2 103.55	6.20	144.70	3 343.26	7.82	236.40	863.83	3.98	111.82	3 734.10	5.46
		16		62.013	48.680	0.788	2 366.15	6.18	163.65	3 760.89	7.79	265.93	971.41	3.96	123.96	4 270.39	5.54
		18		69.301	54.401	0.787	2 620.64	6.15	182.22	4 164.54	7.75	294.48	1 076.74	3.94	135.52	4 808.13	5.62
		20		76.505	60.056	0.787	2 867.30	6.12	200.42	4 554.55	7.72	322.06	1 180.04	3.93	146.55	5 347.51	5.69
		24		90.661	71.168	0.785	3 338.25	6.07	236.17	5 294.97	7.64	374.41	1 381.53	3.90	166.65	6 457.16	5.87

注:截面图中的 $r_1 = d/3$ 及表中 r 值,用于孔型设计,不作为交货条件。

表 E-2　热轧槽钢(GB 707—88)

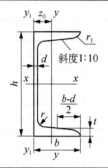

符号意义:h——高度;　　　　　r_1——腿端圆弧半径;
　　　　　b——腿宽度;　　　　I——惯性矩;
　　　　　d——腰厚度;　　　　W——抗弯截面系数;
　　　　　t——平均腿厚度;　　i——惯性半径;
　　　　　r——内圆弧半径;　　z_0——y-y轴与y_1-y_1轴间距。

型号	尺寸/mm						截面面积 /cm²	理论重量 /(kg/m)	参 考 数 值							
									x—x			y—y			y_1—y_1	z_0 /cm
	h	b	d	t	r	r_1			W_x /cm³	I_x /cm⁴	i_x /cm	W_y /cm³	I_y /cm⁴	i_y /cm	I_{y1} /cm⁴	
5	50	37	4.5	7	7.0	3.5	6.928	5.438	10.4	26.0	1.94	3.55	8.30	1.10	20.9	1.35
6.3	63	40	4.8	7.5	7.5	3.8	8.451	6.634	16.1	50.8	2.45	4.50	11.9	1.19	28.4	1.36
8	80	43	5.0	8	8.0	4.0	10.248	8.045	25.3	101	3.15	5.79	16.6	1.27	37.4	1.43
10	100	48	5.3	8.5	8.5	4.2	12.748	10.007	39.7	198	3.95	7.8	25.6	1.41	54.9	1.52
12.6	126	53	5.5	9	9.0	4.5	15.692	12.318	62.1	391	4.95	10.2	38.0	1.57	77.1	1.59
14a	140	58	6.0	9.5	9.5	4.8	18.516	14.535	80.5	564	5.52	13.0	53.2	1.70	107	1.71
14b	140	60	8.0	9.5	9.5	4.8	21.316	16.733	87.1	609	5.35	14.1	61.1	1.69	121	1.67
16a	160	63	6.5	10	10.0	5.0	21.962	17.240	108	866	6.28	16.3	73.3	1.83	144	1.80
16	160	65	8.5	10	10.0	5.0	25.162	19.752	117	935	6.10	17.6	83.4	1.82	161	1.75
18a	180	68	7.0	10.5	10.5	5.2	25.699	20.174	141	1 270	7.04	20.0	98.6	1.96	190	1.88
18	180	70	9.0	10.5	10.5	5.2	29.299	23.000	152	1 370	6.84	21.5	111	1.95	210	1.84
20a	200	73	7.0	11	11.0	5.5	28.837	22.637	178	1 780	7.86	24.2	128	2.11	244	2.01
20	200	75	9.0	11	11.0	5.5	32.837	25.777	191	1 910	7.64	25.9	144	2.09	268	1.95
22a	220	77	7.0	11.5	11.5	5.8	31.846	24.999	218	2 390	8.67	28.2	158	2.23	298	2.10
22	220	79	9.0	11.5	11.5	5.8	36.246	28.453	234	2 570	8.42	30.1	176	2.21	326	2.03
25a	250	78	7.0	12	12.0	6.0	34.917	27.410	270	3 370	9.82	30.6	176	2.24	322	2.07
25b	250	80	9.0	12	12.0	6.0	39.917	31.335	282	3 530	9.41	32.7	196	2.22	353	1.98
25c	250	82	11.0	12	12.0	6.0	44.917	35.260	295	3 690	9.07	35.9	218	2.21	384	1.92
28a	280	82	7.5	12.5	12.5	6.2	40.034	31.427	340	4 760	10.9	35.7	218	2.33	388	2.10
28b	280	84	9.5	12.5	12.5	6.2	45.634	35.823	366	5 130	10.6	37.9	242	2.30	428	2.02
28c	280	86	11.5	12.5	12.5	6.2	51.234	40.219	393	5 500	10.4	40.3	268	2.29	463	1.95
32a	320	88	8.0	14	14.0	7.0	48.513	38.083	475	7 600	12.5	46.5	305	2.50	552	2.24
32b	320	90	10.0	14	14.0	7.0	54.913	43.107	509	8 140	12.2	59.2	336	2.47	593	2.16
32c	320	92	12.0	14	14.0	7.0	61.313	48.131	543	8 690	11.9	52.6	374	2.47	643	2.09
36a	360	96	9.0	16	16.0	8.0	60.910	47.814	660	11 900	14.0	63.5	455	2.73	818	2.44
36b	360	98	11.0	16	16.0	8.0	68.110	53.466	703	12 700	13.6	66.9	497	2.70	880	2.37
36c	360	100	13.0	16	16.0	8.0	75.310	59.118	746	13 400	13.4	70.0	536	2.67	948	2.34
40a	400	100	10.5	18	18.0	9.0	75.068	58.928	879	17 600	15.3	78.8	592	2.81	1 070	2.49
40b	400	102	12.5	18	18.0	9.0	83.068	65.208	932	18 600	15.0	82.5	640	2.78	1 140	2.44
40c	400	104	14.5	18	18.0	9.0	91.068	71.488	986	19 700	14.7	86.2	688	2.75	1 220	2.42

表 E-3　热轧工字钢(GB 706—88)

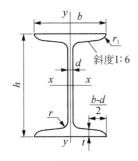

符号意义: h——高度; $\qquad$ r_1——腿端圆弧半径;
$\qquad$ b——腿宽度; $\qquad$ I——惯性矩;
$\qquad$ d——腰厚度; $\qquad$ W——抗弯截面系数;
$\qquad$ t——平均腿厚度; $\qquad$ i——惯性半径;
$\qquad$ r——内圆弧半径; $\qquad$ S——半截面的静力矩。

型号	尺寸/mm						截面面积 /cm²	理论重量 /(kg/m)	参 考 数 值						
									$x-x$				$y-y$		
	h	b	d	t	r	r_1			I_x /cm⁴	W_x /cm³	i_x /cm	$I_x:S_x$ /cm	I_y /cm⁴	W_y /cm³	i_y /cm
10	100	68	4.5	7.6	6.5	3.3	14.345	11.261	245	49.0	4.14	8.59	33.0	9.72	1.52
12.6	126	74	5.0	8.4	7.0	3.5	18.118	14.223	488	77.5	5.20	10.8	46.9	12.7	1.61
14	140	80	5.5	9.1	7.5	3.8	21.516	16.890	712	102	5.76	12.0	64.4	16.1	1.73
16	160	88	6.0	9.9	8.0	4.0	26.131	20.513	1 130	141	6.58	13.8	93.1	21.2	1.89
18	180	94	6.5	10.7	8.5	4.3	30.756	24.143	1 660	185	7.36	15.4	122	26.0	2.00
20a	200	100	7.0	11.4	9.0	4.5	35.578	27.929	2 370	237	8.15	17.2	158	31.5	2.12
20b	200	102	9.0	11.4	9.0	4.5	39.578	31.069	2 500	250	7.96	16.9	169	33.1	2.06
22a	220	110	7.5	12.3	9.5	4.8	42.128	33.070	3 400	309	8.99	18.9	225	40.9	2.31
22b	220	112	9.5	12.3	9.5	4.8	46.528	36.524	3 570	325	8.78	18.7	239	42.7	2.27
25a	250	116	8.0	13.0	10.0	5.0	48.541	38.105	5 020	402	10.2	21.6	280	48.3	2.40
25b	250	118	10.0	13.0	10.0	5.0	53.541	42.030	5 280	423	9.94	21.3	309	52.4	2.40
28a	280	122	8.5	13.7	10.5	5.3	55.404	43.492	7 110	508	11.3	24.6	345	56.6	2.50
28b	280	124	10.5	13.7	10.5	5.3	61.004	47.888	7 480	534	11.1	24.2	379	61.2	2.49
32a	320	130	9.5	15.0	11.5	5.8	67.156	52.717	11 100	692	12.8	27.5	460	70.8	2.62
32b	320	132	11.5	15.0	11.5	5.8	73.556	57.741	11 600	726	12.6	27.1	502	76.0	2.61
32c	320	134	13.5	15.0	11.5	5.8	79.956	62.765	12 200	760	12.3	26.3	544	81.2	2.61
36a	360	136	10.0	15.8	12.0	6.0	76.480	60.037	15 800	875	14.4	30.7	552	81.2	2.69
36b	360	138	12.0	15.8	12.0	6.0	83.680	65.689	16 500	919	14.1	30.3	582	84.3	2.64
36c	360	140	14.0	15.8	12.0	6.0	90.880	71.341	17 300	962	13.8	29.9	612	87.4	2.60
40a	400	142	10.5	16.5	12.5	6.3	86.112	67.598	21 700	1 090	15.9	34.1	660	93.2	2.77
40b	400	144	12.5	16.5	12.5	6.3	94.112	73.878	22 800	1 140	16.5	33.6	692	96.2	2.71
40c	400	146	14.5	16.5	12.5	6.3	102.112	80.158	23 900	1 190	15.2	33.2	727	99.6	2.65
45a	450	150	11.5	18.0	13.5	6.8	102.446	80.420	32 200	1 430	17.7	38.6	855	114	2.89
45b	450	152	13.5	18.0	13.5	6.8	111.446	87.485	33 800	1 500	17.4	38.0	894	118	2.84
45c	450	154	15.5	18.0	13.5	6.8	120.446	94.550	35 300	1 570	17.1	37.6	938	122	2.79
50a	500	158	12.0	20.0	14.0	7.0	119.304	93.654	46 500	1 860	19.7	42.8	1 120	142	3.07
50b	500	160	14.0	20.0	14.0	7.0	129.304	101.504	48 600	1 940	19.4	42.4	1 170	146	3.01
50c	500	162	16.0	20.0	14.0	7.0	139.304	109.354	50 600	2 080	19.0	41.8	1 220	151	2.96
56a	560	166	12.5	21.0	14.5	7.3	135.435	106.316	65 600	2 340	22.0	47.7	1 370	165	3.18
56b	560	168	14.5	21.0	14.5	7.3	146.635	115.108	68 500	2 450	21.6	47.2	1 490	174	3.16
56c	560	170	16.5	21.0	14.5	7.3	157.835	123.900	71 400	2 550	21.3	46.7	1 560	183	3.16
63a	630	176	13.0	22.0	15.0	7.5	154.658	121.407	93 900	2 980	24.5	54.2	1 700	193	3.31
63b	630	178	15.0	22.0	15.0	7.5	167.258	131.298	98 100	3 160	24.2	53.5	1 810	204	3.29
63c	630	180	17.0	22.0	15.0	7.5	179.858	141.189	102 000	3 300	23.8	52.9	1 920	214	3.27

注:截面图和表中标注的圆弧半径 r 和 r_1 值,用于孔型设计,不作为交货条件。

附录 F 习题答案

第 2 章 静定系统的内力

2-1 $F_{Dx} = -2.67\,\text{kN}$, $F_{Ax} = 2.67\,\text{kN}$, $F_{Ay} = 3\,\text{kN}$

2-2 $F_{Ay} = \dfrac{1}{3}F$, $F_{Cy} = 1.5F$, $F_{Dy} = \dfrac{1}{6}F$, $F_B^- = \dfrac{2}{3}F$

2-3 (1) 支座反力 $F_{By} = 5\,\text{kN}$, $M_B = -12.5\,\text{kN} \cdot \text{m}$

    (2) 1-1: $M = 2.5\,\text{kN} \cdot \text{m}$(顺时针), $F_S = 5\,\text{kN}$(向上);

        2-2: $M = 7.5\,\text{kN} \cdot \text{m}$(顺时针), $F_S = 5\,\text{kN}$(向上);

        3-3: $M = 10\,\text{kN} \cdot \text{m}$(顺时针), $F_S = 5\,\text{kN}$(向上)

2-4 1-1: $M = \dfrac{\sqrt{3}}{2}FR$(顺时针), $F_N = \dfrac{\sqrt{3}}{2}F$(正法向), $F_S = \dfrac{1}{2}F$(向心);

    2-2: $M = FR$(顺时针), $F_N = F$(向上), $F_S = 0$;

    3-3: $M = Fa$, (逆时针)$F_N = 0$, $F_S = F$(向上)

2-5 $F_{N1} = \dfrac{h}{a}F$(拉力), $F_{N2} = \dfrac{\sqrt{a^2+h^2}}{a}F$(拉力), $F_{N3} = 2\dfrac{h}{a}F$(压力)

2-6 $F_{Ax} = 20\,\text{kN}$(向左), $F_{Ay} = F$(向下), $F_{Dx} = 2F$(向右), $F_{Dy} = F$(向上),

    $F_{Bx} = F$(向左), $F_{By} = 0$

2-7 $F_1 = 125\,\text{kN}$(拉), $F_2 = 75\,\text{kN}$(压), $F_3 = 100\,\text{kN}$(拉), $F_4 = 75\,\text{kN}$(压), $F_5 = 125\,\text{kN}$(拉)

2-8 $c = 1.5a$

2-9 (1) $F_B = \dfrac{Fxa}{a^2 - k_3\left(\dfrac{1}{k_1} + \dfrac{1}{k_2}\right)}$; (2) $\theta_A = \dfrac{F_B a - Fx}{k_3}$

2-10 $F_{N,\,max} = 50\,\text{kN}$; 图略

2-11 $F_{N,\,1-1} = 0.4\,\text{kN}$, $F_{N,\,2-2} = 0.7\,\text{kN}$, $F_{N,\,3-3} = 1.05\,\text{kN}$, $F_{N,\,4-4} = 0.7\,\text{kN}$, $F_{N,\,5-5} = 0.45\,\text{kN}$

2-12 $F_{N,\,1-1} = -100\,\text{kN}$, $F_{N,\,2-2} = 200\,\text{kN}$; 图略

2-13 (1) AB 杆:剪切与弯曲变形;BC 杆:压缩与弯曲变形;$F_{S,\,1-1} = -F$, $M_{1-1} = -Fa$,

    $F_{N,\,2-2} = -F$, $M_{2-2} = -2Fa$。

    (2) AB 杆:剪切与弯曲变形;BC 杆:剪切、弯曲与扭转变形;$|F_{S,\,1-1}| = F$, $|M_{1-1}| = Fa$, $|F_{S,\,2-2}| = F$, $|M_{2-2}| = Fb$, $|M_x| = 2Fa$

2-14 $F_N = 0.5pbD$

2-15 $F_N = 323.2\,\text{N} > F_o = 305\,\text{N}$, 绳索被拉断

2-16 $F_{S,\,1-1} = 17\,\text{kN}$, $M_{1-1} = 5.44\,\text{kN} \cdot \text{m}$

2-17 (a) $F_{S1} = -\dfrac{M}{2l}$, $M_1 = \dfrac{M}{2}$; $F_{S2} = -\dfrac{M}{2l}$, $M_2 = M_o$; $F_{S3} = 0$, $M_3 = M_o$。

(b) $F_{S1} = -\dfrac{q_o a}{3}$，$M_1 = 0$；$F_{S2} = -\dfrac{q_o a}{12}$，$M_2 = \dfrac{q_o a^2}{4}$；$F_{S3} = \dfrac{2q_o a}{3}$，$M_3 = 0$。

(c) $F_{S1} = 0.75qa$，$M_1 = -qa^2$；$F_{S2} = -qa$，$M_2 = -qa^2$；$F_{S3} = -qa$，$M_3 = 0$。

(d) $F_{S1} = 0.5qa$，$M_1 = 0$；$F_{S2} = 0.5qa$，$M_2 = 0$；$F_{S3} = -0.5qa$，$M_3 = 0$。

(e) $F_{S1} = -ql$，$M_1 = -1.5ql^2$；$F_{S2} = -ql$，$M_2 = -0.5ql^2$；$F_{S3} = -ql$，$M_3 = -0.5ql^2$。

(f) $F_{S1} = -F$，$M_1 = -Fa$；$F_{S2} = -F$，$M_2 = 0$；$F_{S3} = -F$，$M_3 = 0$

2-18 以梁左端为 x 轴原点，x 轴向右。

(a) $0 \leqslant x < a$：$F_S(x) = qx$，$M(x) = -\dfrac{qx^2}{2}$；

$a \leqslant x < 2a$：$F_S(x) = -\dfrac{3}{4}qa$，$M(x) = qa\left(\dfrac{3}{4}x - \dfrac{5}{4}a\right)$；

$2a \leqslant x \leqslant 3a$：$F_S(x) = \dfrac{1}{4}qa$，$M(x) = \dfrac{qa}{4}(3a - x)$。

(b) $F_S(x) = qx - \dfrac{ql}{4}$，$M(x) = -\dfrac{qx^2}{2} + \dfrac{qlx}{4}$。

(c) $0 \leqslant x < l$：$F_S(x) = qx$，$M(x) = -\dfrac{qx^2}{2}$；

$l \leqslant x \leqslant 2l$：$F_S(x) = ql$，$M(x) = ql\left(\dfrac{3}{2}l - x\right)$。

(d) $0 \leqslant x < a$：$F_S(x) = -\dfrac{qa}{4}$，$M(x) = \dfrac{qax}{4}$；

$a \leqslant x \leqslant 2a$：$F_S(x) = qx - \dfrac{3}{4}qa$，$M(x) = q\left(-\dfrac{x^2}{2} + \dfrac{3}{4}ax + \dfrac{1}{2}a^2\right)$。

(e) $0 \leqslant x < l$：$F_S(x) = qx - \dfrac{5}{4}ql$，$M(x) = -\dfrac{qx^2}{2} + \dfrac{5qlx}{4}$；

$l \leqslant x \leqslant 2l$：$F_S(x) = -\dfrac{1}{4}ql$，$M(x) = ql\left(\dfrac{3}{2}l - \dfrac{1}{4}x\right)$。

(f) $0 \leqslant x < l$：$F_S(x) = 0$，$M(x) = ql^2$；

$l \leqslant x \leqslant 3l$：$F_S(x) = qx - \dfrac{3}{2}ql$，$M(x) = \dfrac{3}{2}qlx - \dfrac{1}{2}qx^2$。

图略

2-19 除题(b)外，均以梁左端为 x 轴原点，x 轴向右。

(a) $0 \leqslant x < l$：$F_S(x) = 0$，$M(x) = ql^2$；

$l \leqslant x \leqslant 2l$：$F_S(x) = qx$，$M(x) = \dfrac{q}{2}(3l^2 - x^2)$。

(b) 以梁右端为 x 轴原点，x 轴向左。

$0 \leqslant x < a$：$F_S(x) = -qx$，$M(x) = -qa^2 - \dfrac{1}{2}qx^2$；

$a \leqslant x \leqslant 2a$：$F_S(x) = \dfrac{1}{2}qa - qx$，$M(x) = \dfrac{q}{2}(-3a^2 + ax - x^2)$。

(c) $0 \leqslant x < a$：$F_S(x) = -\dfrac{7}{4}qa + 2qx$，$M(x) = \dfrac{7}{4}qax - qx^2$；

$a \leqslant x \leqslant 2a$：$F_S(x) = -\dfrac{3}{4}qa + qx$，$M(x) = \dfrac{q}{2}\left(a^2 + \dfrac{3}{2}ax - x^2\right)$。

(d) $0 \leqslant x < a$：$F_S(x) = -\dfrac{3}{2}qa$，$M(x) = \dfrac{3}{2}qax$；

$a \leqslant x < 4a$：$F_S(x) = qx - \dfrac{5}{2}qa$，$M(x) = -\dfrac{q}{2}(x^2 - 5ax + a^2)$；

$4a \leqslant x \leqslant 5a$：$F_S(x) = \dfrac{3}{2}qa$，$M(x) = \dfrac{3qa}{2}(5a - x)$。

(e) $0 \leqslant x < l$：$F_S(x) = qx$，$M(x) = -\dfrac{1}{2}qx^2$；

$l \leqslant x < 2l$：$F_S(x) = qx - \dfrac{3}{2}ql$，$M(x) = -\dfrac{q}{2}(x^2 - 3lx + 3l^2)$；

$2l \leqslant x \leqslant 3l$：$F_S(x) = \dfrac{1}{2}ql$，$M(x) = \dfrac{ql}{2}(l - x)$。

(f) $0 \leqslant x < l$：$F_S(x) = qx$，$M(x) = -\dfrac{1}{2}qx^2$；

$l \leqslant x < 2l$：$F_S(x) = -\dfrac{1}{2}ql$，$M(x) = ql\left(\dfrac{1}{2}x - l\right)$；

$2l \leqslant x < 3l$：$F_S(x) = \dfrac{1}{2}ql$，$M(x) = ql\left(l - \dfrac{1}{2}x\right)$；

$3l \leqslant x \leqslant 4l$：$F_S(x) = -q(4l - x)$，$M(x) = -\dfrac{1}{2}q(4l - x)^2$。

图略

2-20 除题(b)外,均以梁左端为 x 轴原点, x 轴向右。

(a) $F_S(x) = ql\langle x - l\rangle^0 + q\langle x - l\rangle$；

$M(x) = ql^2\langle x - 0\rangle^0 - ql\langle x - l\rangle - \dfrac{1}{2}q\langle x - l\rangle^2$。

(b) 以梁右端为 x 轴原点, x 轴向左。

$F_S(x) = -q\langle x - 0\rangle + \dfrac{qa}{2}\langle x - a\rangle^0$；

$M(x) = -qa^2\langle x - 0\rangle^0 - \dfrac{q}{2}\langle x - 0\rangle^2 + \dfrac{1}{2}qa\langle x - a\rangle$。

(c) $F_S(x) = -\dfrac{7}{4}qa\langle x - 0\rangle^0 + 2q\langle x - 0\rangle - q\langle x - a\rangle$；

$M(x) = \dfrac{7qa}{4}\langle x - 0\rangle - q\langle x - 0\rangle^2 + \dfrac{q}{2}\langle x - a\rangle^2$。

(d) $F_S(x) = \dfrac{3qa}{2}\langle x - 0\rangle^0 + q\langle x - a\rangle - q\langle x - 4a\rangle$；

$M(x) = \dfrac{3qa}{2}\langle x - 0\rangle - \dfrac{1}{2}q\langle x - a\rangle^2 + \dfrac{1}{2}q\langle x - 4a\rangle^2$。

(e) $F_S(x) = q\langle x - 0\rangle - \dfrac{3}{2}ql\langle x - l\rangle^0 - q\langle x - 2l\rangle$；

$M(x) = -\dfrac{q}{2}\langle x - 0\rangle^2 + \dfrac{3}{2}ql\langle x - l\rangle + \dfrac{q}{2}\langle x - 2l\rangle^2$。

(f) $F_S(x) = q\langle x-0 \rangle - q\langle x-l \rangle - \dfrac{3}{2}ql\langle x-l \rangle^0 + ql\langle x-2l \rangle^0 - \dfrac{3}{2}ql\langle x-3l \rangle^0 +$

$q\langle x-3l \rangle$;

$M(x) = -\dfrac{1}{2}q\langle x-0 \rangle^2 + \dfrac{1}{2}q\langle x-l \rangle^2 + \dfrac{3}{2}ql\langle x-l \rangle - ql\langle x-2l \rangle + \dfrac{3}{2}ql\langle x-3l \rangle -$

$\dfrac{1}{2}q\langle x-3l \rangle^2$

2-21 $M(x) = F_{Ay}x + \dfrac{\kappa_1}{6}x^3 + \dfrac{\kappa_2}{6}\left[x - \dfrac{l}{2}\right]^3 = \dfrac{q_0 l}{4}x - \dfrac{q_0}{3l}x^3 + \dfrac{2q_0}{3l}\left[x - \dfrac{l}{2}\right]^3$

2-22 (a) $F_{S,\,max} = qa$，$|M|_{max} = qa^2$；(b) $F_{S,\,max} = 2F$，$M_{max} = Fl$；图略

2-23 桥中点

2-24 (1) $|M_x|_{max} = 2.006\ kN\cdot m$；

(2) 轮 2 与轮 3 位置对换后，轴的最大扭矩降低，对轴的受力有利

2-25 $M_{x,\,max} = 0.39\ kN\cdot m$；图略

2-26 (a) $M_{x,\,max} = 3M$；(b) $M_{x,\,max} = M$；图略

2-27 (1) $x = 0.5l - 0.25a$，$M_{max} = \dfrac{F(2l-a)^2}{8l}$；(2) $x = 0$，$|F_S|_{max} = F\left(2 - \dfrac{a}{l}\right)$

2-28 $F_{S,\,max} = 20\ kN$，$|M|_{max} = 80\ kN\cdot m$

2-29 $x = 0.207l$

2-30 (1) 均布载荷时，$M_{max} = 0.125Fl$；(2) 集中载荷 n 为奇数时，$M_{max} = 0.125Fl(1 + 1/n)$，$n$ 为偶数时，$M_{max} = 0.125Fl\left(1 + \dfrac{2}{n}\right) \Big/ \left(1 + \dfrac{1}{n}\right)$

2-31 $|F_S|_{max} = 0.5ql$，$M_{max} = 0.144\,3ql^2$，$|F_N|_{max} = 0.577\,4\,ql$；图略

2-32 $F_{S,\,max} = 0.433F$，$M_{max} = 0.25Fl$，$|F_N|_{max} = 0.25F$；图略

2-33 $\dfrac{dM}{dx} = m(x) - F_S$

2-34 $F_S = 0$，$M_{max} = 0.5hql$，$|F_N|_{max} = ql$；图略

2-35 (a) $|F_S|_{max} = 2qa$，$|M|_{max} = 3.5qa^2$，$F_{N,\,max} = qa$；(b) $F_{S,\,max} = F$，$M_{max} = Fl$，$F_{N,\,max} = F$；(c) $|F_S|_{max} = F$，$M_{max} = 3Fl$，$|F_N|_{max} = F$；(d) $|F_S|_{max} = qa$，$|M|_{max} = 0.5qa^2$，$|F_N|_{max} = 0.5qa$；(e) $|F_S|_{max} = qa$，$|M|_{max} = 0.5qa^2$，$|F_N|_{max} = 0.5qa$；(f) $F_{S,\,max} = qa$，$|M|_{max} = qa^2$，$|F_N|_{max} = qa$；图略

2-36 (a) $|F_S|_{max} = F$，$|M|_{max} = FR$，$|F_N|_{max} = F$；(b) $|F_S|_{max} = F$，$|M|_{max} = FR$，$|F_N|_{max} = F$；图略

2-37 $x = 0.2l$

2-38 (1) 正确；(2) $W = 0.25F\left(\dfrac{l}{2a} - 1\right)$

2-39 $F_{N,\,AD} = 0.678F$(拉)，$F_{N,\,BE} = 0.574F$ (压)，$F_{N,\,CH} = 0.88F$(拉)

2-40 $F_{N,\,AC} = -0.75F$ (压)，$F_{N,\,EH} = 0$

2-41 证明略

2-42 (a) $F_S = F$，$M_x = FR$；(b) $F_S = F$，$M_x = 2FR$，$M = FR$

2-43 危险截面 B，剪力 $F_S = 2.55\ kN$，扭矩 $M_x = 0.136\ kN\cdot m$，弯矩 $M = 0.627\ kN\cdot m$；

图略

2-44　A：$T_{\max} = WR$，$M_{\max} = WR$，在固支端；

　　　B：$T_{\max} = 2WR$，在固支端；$M_{\max} = WR$，在 A 点；

　　　C：$T_{\max} = 2WR$，在 A 点；$M_{\max} = WR$，在 B 点和固支端

第3章　应力和应变

3-1　(a) $\sigma = 47.7\,\mathrm{MPa}$，$\tau = -36\,\mathrm{MPa}$；(b) $\sigma = 17\,\mathrm{MPa}$，$\tau = -24.8\,\mathrm{MPa}$；(c) $\sigma = 30.2\,\mathrm{MPa}$，$\tau = 31.65\,\mathrm{MPa}$；(d) $\sigma = 35\,\mathrm{MPa}$，$\tau = -8.7\,\mathrm{MPa}$；(e) $\sigma = -25\,\mathrm{MPa}$，$\tau = -15\,\mathrm{MPa}$；(f) $\sigma = -33.7\,\mathrm{MPa}$，$\tau = -24.7\,\mathrm{MPa}$

3-2　(a) $\sigma = 25.7\,\mathrm{MPa}$，$\tau = -59\,\mathrm{MPa}$；(b) $\sigma = -17.7\,\mathrm{MPa}$，$\tau = -23\,\mathrm{MPa}$；(c) $\sigma = 98.7\,\mathrm{MPa}$，$\tau = 66.5\,\mathrm{MPa}$；(d) $\sigma = -34.2\,\mathrm{MPa}$，$\tau = -79.5\,\mathrm{MPa}$

3-3　(a) $\sigma_1 = 170\,\mathrm{MPa}$，$\sigma_2 = 70\,\mathrm{MPa}$，$\sigma_3 = 0$，$\alpha = -71.6°$；(b) $\sigma_1 = 180\,\mathrm{MPa}$，$\sigma_2 = 80\,\mathrm{MPa}$，$\sigma_3 = 0$，$\alpha = 63.4°$；(c) $\sigma_1 = 0$，$\sigma_2 = -17\,\mathrm{MPa}$，$\sigma_3 = -53\,\mathrm{MPa}$，$\alpha = -16.85°$；(d) $\sigma_1 = 160.5\,\mathrm{MPa}$，$\sigma_2 = 0$，$\sigma_3 = -30.5\,\mathrm{MPa}$，$\alpha = -23.6°$；(e) $\sigma_1 = 36.3\,\mathrm{MPa}$，$\sigma_2 = 0$，$\sigma_3 = -176.3\,\mathrm{MPa}$，$\alpha = 65.6°$；(f) $\sigma_1 = 18.1\,\mathrm{MPa}$，$\sigma_2 = 0$，$\sigma_3 = -138.1\,\mathrm{MPa}$，$\alpha = -19.9°$；

图略

3-4　(a) $\sigma_1 = 50\,\mathrm{MPa}$，$\sigma_2 = \sigma_3 = 0$，$\tau_{\max} = 25\,\mathrm{MPa}$；

　　　(b) $\sigma_1 = 80\,\mathrm{MPa}$，$\sigma_2 = 50\,\mathrm{MPa}$ $\sigma_3 = -20\,\mathrm{MPa}$，$\tau_{\max} = 50\,\mathrm{MPa}$；

　　　(c) $\sigma_1 = 50\,\mathrm{MPa}$，$\sigma_2 = -50\,\mathrm{MPa}$ $\sigma_3 = -60\,\mathrm{MPa}$，$\tau_{\max} = 55\,\mathrm{MPa}$；

　　　(d) $\sigma_1 = 80\,\mathrm{MPa}$，$\sigma_2 = 0$，$\sigma_3 = -80\,\mathrm{MPa}$，$\tau_{\max} = 80\,\mathrm{MPa}$；

　　　(e) $\sigma_1 = 57.7\,\mathrm{MPa}$，$\sigma_2 = 50\,\mathrm{MPa}$ $\sigma_3 = -27.7\,\mathrm{MPa}$，$\tau_{\max} = 42.7\,\mathrm{MPa}$；

　　　(f) $\sigma_1 = 80\,\mathrm{MPa}$，$\sigma_2 = 0$，$\sigma_3 = -20\,\mathrm{MPa}$，$\tau_{\max} = 50\,\mathrm{MPa}$；图略

3-5　$\sigma_y = 20\,\mathrm{MPa}$，$\tau_{xy} = -34.64\,\mathrm{MPa}$

3-6　(1) $F = 80\,\mathrm{kN}$；(2) $\beta = -30°$，$\alpha = -120°$

3-7　$\sigma_1 = 100\,\mathrm{MPa}$，$\sigma_2 = 0$，$\sigma_3 = -100\,\mathrm{MPa}$，$\tau_{\max} = 100\,\mathrm{MPa}$

3-8　图略

3-9　$\sigma_1 = 86.6\,\mathrm{MPa}$，$\sigma_2 = 0$，$\sigma_3 = -86.6\,\mathrm{MPa}$

3-10　证明略

3-11　证明略

3-12　$\sigma_1 = 69.7\,\mathrm{MPa}$，$\sigma_2 = 9.86\,\mathrm{MPa}$，$\alpha_0 = -23.7°$

3-13　$\tau_{30°} = 0.183\,\mathrm{MPa}$，满足要求

3-14　$\tau_{xy} = 40\,\mathrm{MPa}$

3-15　略

3-16　略

3-17　$\sigma_1 = 140\,\mathrm{MPa}$，$\sigma_2 = 30\,\mathrm{MPa}$，$\alpha = 75°$

3-18　$\sigma_y = 44.3\,\mathrm{MPa}$，$\tau_{xy} = -2.33\,\mathrm{MPa}$

3-19　$\sigma_1 = 0.12\,\dfrac{\rho r^2}{t}$，$\sigma_2 = 0.38\,\dfrac{\rho r^2}{t}$

3 - 20 证明略

3 - 21 (1) $\varepsilon_1 = 1\,000 \times 10^{-6}$, $\varepsilon_2 = 0$; (2) $\varepsilon_1 = 1\,245 \times 10^{-6}$, $\varepsilon_2 = 15 \times 10^{-6}$

3 - 22 $\varepsilon_1 = 982 \times 10^{-6}$, $\varepsilon_2 = -82 \times 10^{-6}$, $\alpha = -24.4°$

3 - 23 $\varepsilon_1 = 738 \times 10^{-6}$, $\varepsilon_3 = -21.8 \times 10^{-6}$, $\alpha = -48°15'$, $\gamma_{\max} = 47.8 \times 10^{-6}$

3 - 24 $\varepsilon_1 = 457 \times 10^{-6}$, $\varepsilon_3 = -147 \times 10^{-6}$, $\alpha = -21°45'$, $\gamma_{\max} = 151 \times 10^{-6}$

3 - 25 (1) $\varepsilon_x = 50.3 \times 10^{-6}$, $\varepsilon_y = 2.7 \times 10^{-6}$, $\gamma_{xy} = 41.2 \times 10^{-6}$;

(2) $\varepsilon_x = 143 \times 10^{-6}$, $\varepsilon_y = 14.85 \times 10^{-6}$, $\gamma_{xy} = 111.7 \times 10^{-6}$

3 - 26 (1) $\varepsilon_1 = 8.236 \times 10^{-4}$, $\varepsilon_2 = 3.764 \times 10^{-4}$, $\alpha = -13.28°$;

(2) $\varepsilon_1 = 9.18 \times 10^{-4}$, $\varepsilon_3 = -13.18 \times 10^{-4}$, $\alpha = 13.28°$;

(3) $\varepsilon_1 = 12 \times 10^{-4}$, $\varepsilon_3 = -12 \times 10^{-4}$, $\alpha = 0.069°$

3 - 27 $\varepsilon_x = 300 \times 10^{-6}$, $\varepsilon_y = -33.3 \times 10^{-6}$, $\gamma_{xy} = -346.4 \times 10^{-6}$, $\varepsilon_{\max} = 373.6 \times 10^{-6}$

3 - 28 从理论上讲, $\varepsilon_{135°}$ 可以由其余的三个线应变计算得出, 计算结果为 $\varepsilon_{135°} = 350 \times 10^{-6}$, 与测试结果不符, 故上述测试结果不可靠

3 - 29 $\varepsilon = \dfrac{1}{\lambda}(u_A \cos\theta - v_A \sin\theta)$

3 - 30 $\varepsilon_x = 4.419 \times 10^{-3}$, $\varepsilon_{x'} = 8.839 \times 10^{-3}$, $\gamma_A = 8.78 \times 10^{-3}$

3 - 31 $b = 2.45D$

第4章　应力应变关系

4 - 1 $E = 210\,\text{GPa}$, $\sigma_p = 200\,\text{MPa}$, $\sigma_s = 230\,\text{MPa}$, $\sigma_b = 430\,\text{MPa}$, $\delta = 28\% > 5\%$, 属塑性材料

4 - 2 (1) $\sigma_{0.2} = 280\,\text{MPa}$; (2) $\varepsilon = 683 \times 10^{-5}$, $\varepsilon^e = 200 \times 10^{-5}$, $\varepsilon^p = 483 \times 10^{-5}$

4 - 3 $\delta_{AB} = \dfrac{\mu F}{4tE}$

4 - 4 $\alpha = 20.3°$, $\varepsilon_1 = 193.8 \times 10^{-6}$

4 - 5 $E = 70\,\text{GPa}$, $\mu = 0.33$

4 - 6 $\sigma_{0.3} = 1.822\,\text{MPa}$

4 - 7 略

7 - 8 略

4 - 9 $\Delta_{bd} = 9.25 \times 10^{-3}\,\text{cm}$

4 - 10 $\sigma_1 = \sigma_2 = \dfrac{\mu}{1-\mu} \cdot \dfrac{4F}{\pi d^2}$, $\sigma_3 = -\dfrac{4F}{\pi d^2}$

4 - 11 $\Delta\delta = -0.563 \times 10^{-2}\,\text{mm}$, $\Delta V = 2.8\,\text{cm}^3$

4 - 12 (1) $\varepsilon_x = 380 \times 10^{-6}$, $\varepsilon_y = 250 \times 10^{-6}$, $\gamma_{xy} = -650 \times 10^{-6}$; (2) $\varepsilon_{30°} = 66.1 \times 10^{-6}$

4 - 13 $\varepsilon_{45°} = -\dfrac{\tau}{E}(1+\mu)$, $\varepsilon_{-45°} = \dfrac{\tau}{E}(1+\mu)$, $\varepsilon_z = 0$

4 - 14 $\varepsilon = \dfrac{F}{2bhE}(1-\mu)$, $\mu = 0.3$

4 - 15 (1) 变为椭圆形, 其长轴半径 $a = \dfrac{d}{2}\left[1 + \dfrac{\tau}{E}(1+\mu)\right]$, 短轴半径 $a = \dfrac{d}{2}\left[1 + \dfrac{\tau}{E}(1+\mu)\right]$;

(2) $\Delta V = 0$

4－16 变为椭圆形，$\Delta S = 33\pi R^2 \times 10^{-5}$

4－17 $\varepsilon_1 = 0.937 \times 10^{-3}$，$\varepsilon_2 = -0.727 \times 10^{-3}$，$\varepsilon_3 = -0.09 \times 10^{-3}$，$\alpha_0 = 19.3°$（逆时针）

4－18 $\sigma_y = 30\,\mathrm{MPa}$

4－19 $\mu = 0.212$

4－20 $n = 1\,072\,\mathrm{r/min}$

4－21 $\sigma_1 = \dfrac{pD}{4t}$，$\sigma_2 = \dfrac{\mu pD}{4t}$，$\varepsilon_x = \dfrac{pD}{4tE}(1-\mu^2)$

4－22 $F = \dfrac{\pi pD^2}{4}(1-2\mu)$

4－23 $0.944\pi R^2 \sigma_s$，$\pi R^2 \sigma_s$

4－24 $E = 200\,\mathrm{GPa}$，$G = 80\,\mathrm{GPa}$

4－25 $\Delta\varepsilon_1 = 135 \times 10^{-6}$

4－26 $d_{\max} = 50.045\,\mathrm{mm}$，$d_{\min} = 50.007\,\mathrm{mm}$，最大主应力方向与 x 轴正向夹角为 $-58.62°$

4－27 (a) $\sigma_x = -\alpha E \Delta T$；(b) $\sigma_x = \sigma_y = -\alpha E \Delta T / (1-\mu)$；(c) $\sigma_x = \sigma_y = \sigma_z = -\alpha E \Delta T / (1-2\mu)$

4－28 $p = 4\,\mathrm{MPa}$

4－29 证明略

第5章　轴向受力杆件

5－1 $\sigma_{AB} = -23.9\,\mathrm{MPa}$，$\sigma_{BC} = -14.1\,\mathrm{MPa}$，$\sigma_{CD} = -63.7\,\mathrm{MPa}$

5－2 $u_D = \dfrac{Fl}{3EA}$　（向右）

5－3 略

5－4 略

5－5 $\Delta l = 0.198\,\mathrm{mm}$，图略

5－6 $\Delta l = 0.693\dfrac{Fl}{Ebt}$

5－7 (a) $u_A = \dfrac{Fl}{EA}$（向右），$v_A = \dfrac{Fl}{EA}$（向下）；(b) $u_A = 0$，$v_A = 4.83\dfrac{Fl}{EA}$（向下）

5－8 略

5－9 $v_D = 2.61\,\mathrm{mm}$

5－10 (1) $\Delta_{BC} = (2+\sqrt{2})\dfrac{Fa}{EA}$；(2) $\Delta_{BC} = 1.414\alpha\Delta Ta$

5－11 (1) $\sigma_1 = 127.3\,\mathrm{MPa}$，$\sigma_2 = 254.6\,\mathrm{MPa}$；(2) $v_C = 5.09\,\mathrm{mm}$（向下）

5－12 $x = 0.92\,\mathrm{m}$

5－13 $u_B = 4.12\,\mathrm{mm}$，$v_B = 7.47\,\mathrm{mm}$

5－14 $v_C = \dfrac{Fl}{4}\left(\dfrac{1}{E_1 A_1} + \dfrac{1}{E_3 A_3}\right)$，$u_C = \dfrac{Fl}{2E_1 A_1}$

5－15 $\Delta l = \dfrac{\rho\omega^2 l^3}{12E}$

5-16 $\Delta l = \dfrac{\rho \omega^2}{6E}(2R_0^3 + R_1^3 - 3R_0^2 R_1) + \dfrac{W\omega^2 R_0}{EAg}(R_0 - R_1)$

5-17 $W = 1.545 \text{ kN}$

5-18 $\sigma_1 = \sigma_2 = -150 \text{ MPa}, F_1 = -135 \text{ kN}, F_2 = -22.5 \text{ kN}(压力), F = 121.5 \text{ kN}(向上)$

5-19 (1) $F_{DE} = 2F$; (2) $v_G = \dfrac{6 + 8\sqrt{2}}{EA} FL$

5-20 (1) $F = 12 \text{ kN}$; (2) $v_B = 4.145 \text{ mm}(向下)$

5-21 略

5-22 $[F] = 52 \text{ kN}$

5-23 $W = 2.45 \text{ kN}$

5-24 (1) $\theta = 54°44'$; (2) $\dfrac{S_{AB}}{S_{BC}} = 0.577$

5-25 $\sigma_{AC} = 47.5 \text{ MPa} < [\sigma], \sigma_{CD} = 38 \text{ MPa} < [\sigma]$,强度足够

5-26 AC 杆截面型号为 $40 \times 40 \times 5$ 的等边角钢,AD 杆截面型号为 $25 \times 25 \times 3$ 的等边角钢

5-27 $[W] = 19.5 \text{ kN}$

5-28 $\sigma_{AB} = 225.8 \text{ MPa} > [\sigma] = 210 \text{ MPa}$,且$\dfrac{\sigma_{AB} - [\sigma]}{[\sigma]} \times 100\% = 7.5\% > 5\%$,故 AB 杆

强度不够

5-29 (1) $\sigma = 78.4 \text{ MPa}, n = 3.8$; (2) 15 个

5-30 $F = 0.5 p D s$

5-31 $x = 0.208l$,或 $x = 0.292l$;$F = 15.59 \text{ kN}$

5-32 $\Delta l = 6.67 \text{ mm}, \sigma = 115.47 \text{ MPa} < [\sigma]$,强度足够

5-33 $A = 417 \text{ mm}^2$

5-34 $W = 200.6 \text{ kN}, W_1 = 10.03 \text{ kN}$

5-35 (1) $F_{N3} = F_{N4} = 0, F_{N1} = F_{N2} = \dfrac{2M}{l}$; (2) $\Delta_x = \dfrac{2M}{EA} \cdot \dfrac{1}{\tan \theta}$(向右)

5-36 $\delta = \dfrac{Fl}{EA} \cdot \dfrac{1}{2a^2}(3x^2 - 4ax + 2a^2)$

5-37 $e = \dfrac{b}{2} \cdot \dfrac{E_1 - E_2}{E_1 + E_2}$

5-38 略

5-39 (a) $\sigma = 131 \text{ MPa}$; (b) $\sigma = 78.8 \text{ MPa}$

5-40 (1) 螺栓:$F_N = 60 \text{ kN}(拉)$;铜管:$F_N = 60 \text{ kN}(压)$; (2) 螺栓:$F_N = 120 \text{ kN}(拉)$;铜管:$F_N = 40 \text{ kN}(压)$; (3) 螺栓:$F_N = 12 \text{ kN}(拉)$;铜管:$F_N = 12 \text{ kN}(压)$

5-41 $F_{NGD} = F_{NHD} = 0.139 \dfrac{EA}{l}\Delta(压)$;

$F_{NGC} = F_{NBC} = F_{NHC} = 0.241 \dfrac{EA}{l}\Delta(拉), v_D = 0.278\Delta$(向上)

5-42 $\sigma_{铝} = 17.9 \text{ MPa}, \sigma_{钢} = 121.6 \text{ MPa}, \Delta l_{钢} = 1.78 \text{ mm}$

5-43 $F = 331.2 \text{ kN}$

5-44 $[F] = 741.8 \text{ kN}$

5 - 45 $F_{Ns} = 2.5 \text{ kN}$, $F_{Nc} = 7.5 \text{ kN}$

5 - 46 (1) $\sigma_{铝} = 22.5 \text{ MPa}$, $\sigma_{钢} = 67.6 \text{ MPa}$；(2) $\sigma_{铝} = 4.67 \text{ MPa}$，$\sigma_{钢} = 14 \text{ MPa}$

5 - 47 $F_{NB} = 13.98 \text{ kN}$

5 - 48 $F = 75.6 \text{ kN}$

5 - 49 强度符合要求

第6章　强度理论

6 - 1 略

6 - 2 （a)比(b)危险

6 - 3 (b)最危险,其 $\sigma_{r3} = 100 \text{ MPa}$

6 - 4 $p = 3.39 \text{ MPa}$, $[p] = 7.39 \text{ MPa}$

6 - 5 (1) $\sigma_a = 126 \text{ MPa}$, $\sigma_b = 84 \text{ MPa}$；(2) $p = 1.69 \text{ MPa}$；(3) 主应力分别为 140 MPa 和 70 MPa；(4) 由第三强度理论考虑，$n = 2.57$，由第四强度理论考虑，$n = 2.98$

6 - 6 $\delta = 3.25 \text{ mm}$, 安全

6 - 7 (1) $\delta = 1.58 \text{ mm}$；(2) $\delta = 1.34 \text{ mm}$

6 - 8 $\delta = \dfrac{pd}{4[\sigma]}$

6 - 9 $\sigma_{r2} = 20.1 \text{ MPa} < [\sigma]$, 强度足够

6 - 10 $p = \dfrac{4Et\varepsilon_{0°}}{d(1-2\mu)}$, $T = \dfrac{\pi Etd^2}{2(1+\mu)}\left[\varepsilon_{45°} - \dfrac{3(1-\mu)\varepsilon_{0°}}{2(1-2\mu)}\right]$

6 - 11 (1) $\sigma_{r3} = \dfrac{\sqrt{17}\,pd}{4\delta} \leqslant [\sigma]$；(2) $\Delta l = \dfrac{pdl(1-2\mu)}{4\delta E}$

6 - 12 当 $y \leqslant \dfrac{H}{2}$ 时,$\sigma_{r3} = \dfrac{\gamma Hd}{4t}$；当 $y > \dfrac{H}{2}$ 时,$\sigma_{r3} = \dfrac{\gamma d}{2t}x$

第7章　扭　转

7 - 1 $\tau_{max} = 48.9 \text{ MPa}$, $\varphi = 0.0213 \text{ rad}$

7 - 2 $\tau_{max} = 71.3 \text{ MPa}$, $\varphi_{AB} = -3.79 \times 10^{-3} \text{ rad}$

7 - 3 略

7 - 4 $\varphi = \dfrac{32Ml}{3\pi G} \cdot \dfrac{d_1^2 + d_1 d_2 + d_2^2}{d_1^3 d_2^3}$

7 - 5 (1) $d = 21.7 \text{ mm}$；(2) $W = 1.12 \text{ kN}$

7 - 6 (1) $d_2 = 33 \text{ mm}$；(2) $\varphi_{AD} = 0.0402 \text{ rad}$

7 - 7 $\tau_{AB, max} = 17.82 \text{ MPa} < [\sigma]$, $\tau_{AH, max} = 17.41 \text{ MPa} < [\sigma]$, $\tau_{C, max} = 16.5 \text{ MPa} < [\sigma]$

7 - 8 $T = 384.5 \text{ N} \cdot \text{m}$

7 - 9 $d = 4.5 \text{ cm}$, $D_1 = 4.5 \text{ cm}$

7 - 10 (1) $T = 15.03 \text{ kN} \cdot \text{m}$；(2) $n = 5.77$

7 - 11 (1) $d = 23.35 \text{ mm}$；(2) $d = 22.4 \text{ mm}$, $D = 28 \text{ mm}$；(3) $\dfrac{W_{实心}}{W_{空心}} = 1.786$

7 - 12　$T = \dfrac{\pi d^3}{16} \cdot \dfrac{E}{1+\mu} \cdot \varepsilon_{45°}$

7 - 13　$T = 10.89 \text{ kN} \cdot \text{m}$

7 - 14　$T = 6.14 \text{ kN} \cdot \text{m}$

7 - 15　$\tau_{\max} = 73.34 \text{ MPa}$

7 - 16　$N = 34.7 \text{ kW}$

7 - 17　$d = 10.1 \text{ cm}$

7 - 18　$\varepsilon_{30°} = 332 \times 10^{-6}$

7 - 19　$T_1 = 7T_2$

7 - 20　$\tau_c = \dfrac{T \cdot \rho}{I_{pc} + \dfrac{G_s}{G_c} \cdot I_{ps}}$, $0 \leqslant \rho \leqslant \dfrac{d}{2}$;

$\qquad \tau_s = \dfrac{T \cdot \rho}{I_{ps} + \dfrac{G_c}{G_s} \cdot I_{pc}}$, $\dfrac{d}{2} \leqslant \rho \leqslant \dfrac{D}{2}$; $\varphi = \dfrac{T \cdot l}{G_s \cdot I_{ps} + G_c \cdot I_{pc}}$

7 - 21　(1) $\tau_{\max} = 24.14 \text{ MPa}$;　(2) $\varphi_{AB} = 11.5°$

7 - 22　(1) $n = 3$;　(2) AB 段强度条件不满足;　(3) A 轮与 B 轮对换

7 - 23　$\varphi = \dfrac{64Tl}{3G\pi d^4}$

7 - 24　$T_{左} = \dfrac{T}{3}$, $T_{右} = \dfrac{2T}{3}$

7 - 25　$\tau_{\max} = \dfrac{7T}{4\pi R^3}$, $\varphi = \dfrac{49}{16\pi^2} \dfrac{klT}{R^3}$

7 - 26　$\tau_{\max} = 17.0 \text{ MPa}$, $\varphi = 0.076\,1 \text{ rad}$

7 - 27　$F_S = \dfrac{Tl}{2\pi R_0^2 n}$

7 - 28　最大切应力之比 $1 : 0.889 : 0.698$;
$\qquad$ 扭转角之比 $1 : 0.790 : 0.487$

第 8 章　梁的弯曲应力

8 - 1　$x = l$;　$(\sigma_x)_{\max} = \dfrac{3}{4} \cdot \dfrac{Fl}{bd^2}$

8 - 2　36.67 MPa

8 - 3　$R = 1 \text{ m}$

8 - 4　$\sigma = \dfrac{Ed}{2R}$

8 - 5　$\sigma_{\max} = \dfrac{Ey_2}{R_2}$, $\sigma_{\min} = -\dfrac{Ey_1}{R_2}$

8 - 6　略

8 - 7　略

8 - 8　$\tau_x = \dfrac{3}{2} \dfrac{qx}{bh}$

8－9 $I = 0.564 \times 10^{-3}$ m^4，$\sigma_{\max} = 7.02$ MPa，顺纹：$\tau_{\max} = 0.511$ MPa，胶合缝处：$\tau = 0.243$ MPa

8－10 略

8－11 $s = 7.47$ cm

8－12 $[q] = 15.68$ kN/m

8－13 选两个 No. 25b 工字钢

8－14 $s = \dfrac{l}{2} + \dfrac{d}{8}\tan\alpha$

8－15 $\sigma_1 = 252$ MPa，$\sigma_2 = 0$，$\sigma_3 = 2$ MPa，$\tau_{\max} = 127$ MPa

8－16 $M = \dfrac{2bhlE}{3(1+\mu)}\varepsilon_{45°}$

8－17 $\varepsilon_x = 44.3 \times 10^{-6}$，$\varepsilon_y = -13.3 \times 10^{-6}$，$\varepsilon_{45°} = 88.7 \times 10^{-6}$

8－18 K 点：$\sigma_x = 50$ MPa，$\tau_{xz} = -49$ MPa；H 点：纯剪切应力状态，$\tau = 49$ MPa

8－19 $M_A : M_B = 6$

8－20 略

8－21 (1) $\dfrac{4}{3}$ m $\leqslant x \leqslant 2$ m；(2) $x = 2$ m 时 $M_{\max} = 300$ kN·m，$W_z > 1\,875$ cm^3，选 No. 50b 工字钢

8－22 梁：$\sigma_{\max} = 38.8$ MPa，钢板：$\sigma_{\max} = 139.9$ MPa；$a_{\min} = 5.22$ m

8－23 $n = 1.76$ r/s

8－24 $\sigma_{t,\max} = 39.2$ MPa，$\sigma_{c,\max} = 108$ MPa

8－25 $y_1 = 52$ mm，$y_2 = 88$ mm，$I_z = 7.64 \times 10^6$ mm^4，$\sigma_{t,\max} = 27.2$ MPa，$\sigma_{c,\max} = 46.1$ MPa

8－26 略

8－27 $d = 0.109$ m

8－28 $a_{\min} = 1.385$ m

8－29 $d_{\min} = 0.227$ m

8－30 $n = 3.71$

8－31 $F = 4.54$ kN

8－32 (1) 按图(b)放置；(2) 增大，$h = \dfrac{\sqrt{2}}{18}a$ 时，W_z 最大

8－33 略

8－34 减小了 41%

8－35 (1) 圆形：$d = 78.2$ mm；矩形：$h = 83$ mm，$b = 41.5$ mm；工字型：No. 10；(2) 工字型截面最为经济；(3) 圆形：$\tau_{\max} = 4.2$ MPa；矩形：$\tau_{\max} = 6.55$ MPa；工字型：$\tau_{\max} = 39.2$ MPa

8－36 $b(x) = 0.132\,6x$ mm

8－37 $l_1 = 0.5l$，$h_1 = 2h_2 = l\sqrt{\dfrac{3q}{b[\sigma]}}$

8－38 $\sigma_{\max} = 6.67$ MPa，$\tau_{\max} = 1.0$ MPa

8 − 39 $h(x) = \sqrt{\dfrac{3Fx}{b[\sigma]}}$, $h_{\min} = \dfrac{3F}{4b[\tau]}$

8 − 40 (1) $E_s(1-k)hA_s - E_c\dfrac{b(kh)^2}{2} = 0$;

(2) $\sigma_s = \dfrac{E_s(1-k)h}{S}M_z$, $|\sigma_c|_{\max} = \dfrac{E_c kh}{S}M_z$, 其中 $S = bE_c\dfrac{(kh)^3}{3} + E_s A_s h^2 (1-k)^2$

8 − 41 $M_{\max} = 65\,\text{kN} \cdot \text{m}$

8 − 42 $m = 2.04\,\text{kN} \cdot \text{m}$

8 − 43 $\sigma_{1,\max} = 3.575\,\text{MPa}$, $\sigma_{2,\max} = 10.725\,\text{MPa}$

8 − 44 $\sigma_{s,\max} = 74\,\text{MPa}$, $\sigma_{w,\max} = 3.7\,\text{MPa}$

8 − 45 $\sigma_{s,\max} = 63.33\,\text{MPa}$, $\sigma_{w,\max} = 3.04\,\text{MPa}$

8 − 46 略

8 − 47 略

8 − 48 $F = 788\,\text{N}$

8 − 49 20a 工字钢, $\tau_{\max} = 58.14\,\text{MPa}$, $\sigma_{r3} = 144.29\,\text{MPa}$

8 − 50 (1) $\sigma_{r3} = 76.26\,\text{MPa}$; (2) 略

8 − 51 $\sigma_{t,\max} = 5.09\,\text{MPa}$, $\sigma_{c,\max} = 5.29\,\text{MPa}$

8 − 52 $h = 67.4\,\text{mm}$

8 − 53 $d = 55\,\text{mm}$

8 − 54 (1) 危险点 $\sigma_x = 33.4\,\text{MPa}$, $\sigma_\theta = 66.7\,\text{MPa}$, $\tau_{xy} = 3.1\,\text{MPa}$;

(2) $\sigma_{r3} = 67.0\,\text{MPa} < [\sigma]$, 安全

8 − 55 $\sigma_{r3} = 89.4\,\text{MPa} < 130\,\text{MPa}$, 强度足够

8 − 56 $W = 578.5\,\text{N}$

8 − 57 $d = 76.4\,\text{mm}$

8 − 58 $[F] = 2.9\,\text{kN}$

8 − 59 $\sigma_{r3} = 84.5\,\text{MPa} < 100\,\text{MPa}$, 强度足够

8 − 60 $\sigma_{r3} = 133\,\text{MPa} < 160\,\text{MPa}$, 强度足够

8 − 61 $[F] = 159\,\text{N}$

8 − 62 方截面杆 $\theta = 0.2865°$, 圆截面杆 $\theta = 0.215°$

8 − 63 $\sigma_{\max} = 25.72\,\text{MPa}$

8 − 64 B 截面: $\sigma_{r4} = 76\,\text{MPa}$; C 截面: $\sigma_{r4} = 123\,\text{MPa}$

8 − 65 选 No.22a 槽钢

8 − 66 $F = 18.38\,\text{kN}$, $e = 1.785\,\text{mm}$

8 − 67 $\sigma_{r3} = \dfrac{5.54}{d^3}M$

8 − 68 $\sigma_{d,\max} = 12.73\,\text{MPa}$

8 − 69 $\sigma_{\max} = 79.1\,\text{MPa}$

8 − 70 $\sigma_{\max} = 71.27\,\text{MPa}$

8 − 71 $\sigma_{\max} = 11.97\,\text{MPa} < 12\,\text{MPa}$, 强度足够

8 − 72 中性轴与 z 轴的夹角 $\varphi = 41.15°$, $[F] = 25.07\,\text{kN}$

8 - 73 $\sigma_{\max} = 0.28 \dfrac{F}{a^2}$

8 - 74 略

8 - 75 (a) $2R_0$,圆心左侧;(b)-(d)两板中心线交点

第 9 章 弯曲变形

9 - 1 (a) $\theta_A = -\dfrac{5q_0 l^3}{192EI}$, $v_C = -\dfrac{q_0 l^4}{120EI}$; (b) $\theta_A = -\dfrac{7Fa^2}{8EI}$, $v_C = -\dfrac{3Fa^3}{4EI}$;

(c) $\theta_A = \dfrac{qb^3}{6EI}$, $v_C = -\dfrac{qb^4}{8EI}$; (d) $\theta_A = -\dfrac{17ql^3}{48EI}$, $v_C = \dfrac{17ql^4}{192EI}$;

(e) $\theta_A = \dfrac{ql^3}{4EI}$, $v_C = -\dfrac{ql^4}{12EI}$; (f) $\theta_A = -\dfrac{qa^3}{6EI}$, $v_C = -\dfrac{qa^4}{8EI}$

9 - 2 略

9 - 3 (a) $\theta_{\max} = -\dfrac{5Fl^2}{16EI}$, $v_{\max} = -\dfrac{3Fl^3}{16EI}$;

(b) $\theta_{\max} = \dfrac{5Fa^2}{8EI}$, $v_{\max} = -\dfrac{3Fa^3}{4EI}$

9 - 4 (a) $v_A = -\dfrac{5ql^4}{16EI}$, $\theta_C = \dfrac{7ql^3}{48EI}$;

(b) $v_A = -\dfrac{41ql^4}{384EI}$, $\theta_C = \dfrac{ql^3}{8EI}$;

(c) $v_A = -\dfrac{7Fa^3}{6EI}$, $\theta_C = -\dfrac{3Fa^2}{4EI}$;

(d) $v_A = \dfrac{8Fa^3}{9EI}$, $\theta_C = -\dfrac{16Fa^2}{27EI}$;

(e) $v_A = -\dfrac{5qa^4}{48EI}$, $\theta_C = \dfrac{5qa^3}{48EI}$;

(f) $v_A = -\dfrac{17qa^4}{84EI}$, $\theta_C = -\dfrac{2qa^3}{7EI}$

9 - 5 略

9 - 6 略

9 - 7 略

9 - 8 略

9 - 9 $M_2 = 2M_1$

9 - 10 $v = -\dfrac{Fl^3}{3EI}$

9 - 11 (1) $\dfrac{x}{l} = 0.152$; (2) $\dfrac{x}{l} = \dfrac{1}{6}$

9 - 12 $a = \dfrac{2}{3}l$

9 - 13 (a) $\theta_A = -\dfrac{5qa^3}{12EI}$, $v_C = \dfrac{qa^4}{8EI}$;

(b) $\theta_A = -\dfrac{qb(a+b)^2}{2EI} + \dfrac{qb^3}{6EI}$，$v_C = -\dfrac{qb(a+b)^3}{3EI} - \dfrac{qb^4}{8EI} - \dfrac{qab^3}{6EI}$;

(c) $\theta_A = -\dfrac{79qa^3}{48EI}$，$v_C = -\dfrac{-45qa^4}{8EI}$;

(d) $\theta_A = \dfrac{3Fl^2}{16EI}$，$v_C = -\dfrac{3Fl^3}{16EI}$

9－14 $v_C = -\dfrac{11Fa^3}{64Ebh^3}$

9－15 $F_{\min} = \dfrac{6EIb}{5l^3}$，$a = 0.4b$

9－16 $u_C = \dfrac{Fa^3}{2EI}$（向右），$v_C = -\dfrac{4Fa^3}{3EI}$（向下）

9－17 $\delta_{BC} = \dfrac{5Fa^3}{3EI}$（间隔加大）

9－18 $v_C = -\dfrac{48Fa^3}{G\pi d^4} - \dfrac{4Fa^3}{Ebh^3}$

9－19 $v_D = -qa^2\left(\dfrac{3}{2E_2A} + \dfrac{5a^2}{24E_1I}\right)$

9－20 $l = 14.38 \text{ m}$

9－21 $u_A = \dfrac{5Fl^2}{27Ebh^2}$（向左）

9－22 $v_B = -\dfrac{\alpha(T_1 - T_2)l^2}{2h}$，$\theta_B = -\dfrac{\alpha(T_1 - T_2)l}{h}$

9－23 $v_B = -\dfrac{l^2}{2R} + \dfrac{(EI)^2}{6F^2R^3}$

9－24 $R_C = 2.041 \text{ kN}$，$v_B = -7.34 \text{ mm}$

9－25 (1) $F_C = \dfrac{ql}{4}$; (2) $v_C = -\dfrac{ql^4}{96EI}$

9－26 $v_A = -\dfrac{6Fl^3}{Eb_0h^3}$

9－27 (1) $\Delta l_{BD} = \dfrac{4Fl}{Ebh}$; (2) $v_C = -\dfrac{3Fl^2}{Ebh^2}$，$u_C = -\dfrac{Fl}{Ebh}$; (3) $\theta = \dfrac{6Fl}{Ebh^2}$

第 10 章　压杆稳定

10－1 $F_{\max} = 0.225 \text{ kN}$

10－2 $F_{\max} = 7 \text{ kN}$

10－3 $F_{cr} = \dfrac{3EI}{al}$

10－4 $I = \dfrac{\pi d^4}{32} \geqslant \dfrac{F_{\max}}{l_{AB}l_{BC}G}$，$d \geqslant 0.2097\sqrt[4]{F_{\max}} \text{ cm} = 2.097 \text{ cm}$

10－5 略

10－6 0.49

10－7 (1) $F_{cr} = 118.8 \text{ kN}$; (2) $n_{工作} = 1.7 < n_w = 2.0$，不安全

10 - 8 $F_{cr} = \dfrac{\pi^3 E d^4}{128 l^2}$

10 - 9 $\theta = \arctan(\cot^2\beta)$

10 - 10   (1) $[F] = 62.8 \text{ kN}$; (2) $d = 88 \text{ mm}$

10 - 11 $[F] = 51.7 \text{ kN}$

10 - 12   (1) $[F] = 201.06 \text{ kN}$; (2) $[F] = 127.8 \text{ kN}$

10 - 13 $[F] = 160 \text{ kN}$

10 - 14 $h/b = 1.429$

10 - 15 $n = 2.77 > n_{st} = 2$

10 - 16 $F_{cr} = (\pi^2 EI)/(2.51 l)^2$

10 - 17 $\lambda_p = 92.6$，$\lambda_0 = 52.5$

10 - 18 $F_{cr} = 36.1 EI/l^2$

10 - 19 $T = 66.7℃$

10 - 20   选 No. 22 槽钢，$b = 10.16 \text{ cm}$，$a = 1.05 \text{ cm}$

10 - 21   (1) $F_{cr} = 161 \text{ kN} > 65 \text{ kN}$，稳定；(2) $a = 180.7 \text{ cm}$

第 11 章　能　量　法

11 - 1   (a) $v_A = -\dfrac{3Fl^3}{2EI}$（向下）; (b) $v_A = -\dfrac{3Fl^3}{4EI}$（向下）;

       (c) $v_A = -\dfrac{Fa^3}{8EI}$（向下）; (d) $v_A = -\dfrac{13Fa^3}{6EI}$（向下）

11 - 2 $\theta_{A,F} = -\dfrac{Fl^2}{16EI}$

11 - 3   (a) $v_A = -\dfrac{7Fl^3}{2EI}$（向下）; (b) $v_A = -\dfrac{(F_1 - F_2)l^3}{3EI}$（向下）

11 - 4 $u_D = \dfrac{Fl}{EA}$

11 - 5 $v(x) = -\dfrac{q}{EI}\left[\dfrac{l^4 - x^4}{8} - \dfrac{x(l^3 - x^3)}{6}\right] = -\dfrac{q}{EI}\left[\dfrac{l^4}{8} + \dfrac{x^4}{24} - \dfrac{l^3 x}{6}\right]$，$x$ 轴原点在悬臂梁自

       由端

11 - 6 $\theta_{B\text{-}B} = \dfrac{2Ml}{3EI}$，$v_B = -\dfrac{Ml^2}{3EI}$（向下）

11 - 7   略

11 - 8   (a) $\theta_A = -\dfrac{Ml}{2EI}$，$\theta_{AB} = \dfrac{Ml}{EI}$; (b) $\theta_A = \dfrac{Fl^2}{EI}$，$\theta_{AB} = \dfrac{2Fl^2}{EI}$

11 - 9   (a) $u_B = 0$，$v_B = -\dfrac{2Fl}{EA}$（向下）; (b) $u_B = 0$，$v_B = \dfrac{2(F_1 - F_2)l}{3EA}$（向下）

11 - 10   (a) $u_B = \dfrac{Fl}{EA}$（向左），$v_B = \dfrac{Fl}{EA}(1 + 2\sqrt{2})$（向下）;

       (b) $u_B = 0$，$v_B = \dfrac{Fl}{2EA}(3 + 2\sqrt{2})$（向下）;

(c) $u_B = -\dfrac{4\sqrt{3}\,Fl}{3EA}$（向左），$v_B = \dfrac{26Fl}{3EA}$（向下）

11 - 11　(a) $u_A = \dfrac{5Fa^3}{6EI}$（向右），$v_A = \dfrac{11Fa^3}{6EI}$（向下），$\theta_B = \dfrac{3Fa^2}{2EI}$（顺时针）;

(b) $u_A = \dfrac{17ql^4}{24EI}$（向右），$v_A = 0$，$\theta_B = \dfrac{5ql^3}{24EI}$（逆时针）;

(c) $u_A = \dfrac{ql^4}{24EI}$（向左），$v_A = \dfrac{5ql^4}{384EI}$（向下），$\theta_B = \dfrac{ql^3}{24EI}$（顺时针）;

(d) $u_A = \dfrac{ql^4}{12EI}$（向右），$v_A = 0$，$\theta_B = \dfrac{ql^3}{6EI}$（逆时针）

11 - 12　(a) $u_A = \dfrac{FR^3}{2EI}$，$v_A = 3.36\dfrac{FR^3}{EI}$（向下），$\theta_C = \dfrac{FR^2}{EI}$（顺时针）;

(b) $v_A = \dfrac{\sqrt{2}}{2}\dfrac{MR^2}{EI}$（向下），$u_A = \left(\dfrac{\pi}{4} - 1 + \dfrac{\sqrt{2}}{2}\right)\dfrac{MR^2}{EI}$，$\theta_C = \dfrac{\pi MR}{4EI}$（顺时针）;

(c) $u_A = \dfrac{FR^3}{4EI}$，$v_A = \left(\dfrac{3\pi}{8} - 1\right)\dfrac{FR^3}{EI}$（向下），$\theta_C = \dfrac{(\pi - 2)FR^2}{4EI}$（逆时针）

11 - 13　(a) $\delta_{BC} = \dfrac{3\pi FR^3}{EI}$;

(b) $\delta_{BC} = \dfrac{\pi FR^3}{EI}$;

(c) $\delta_{BC} = \dfrac{2F}{EI}\left[\dfrac{l^3}{3} + R\left(\dfrac{\pi l^2}{2} + \dfrac{\pi}{4}R^2 + 2Rl\right)\right]$;

(d) $\delta_{BC} = \dfrac{\pi^2 qR^4}{EI}\ \updownarrow$，$\theta_{BC} = \dfrac{qR^3}{EI}(\pi^2 - 4)$;

(e) $u_B = \dfrac{2(1 + \sqrt{2})Fl}{EA}$（向左），$v_B = \dfrac{2Fl}{EA}$（向下）;

(f) $\delta_{BC} = (2 + \sqrt{2})\dfrac{Fl}{EA}$

11 - 14　(a) $v_A = \dfrac{F(a^3 + b^3 + c^3)}{3EI} + \dfrac{2Fa^2 c}{EI} + \dfrac{F(ab^2 + bc^2)}{GI_{\text{p}}}$（向下）;

(b) $v_A = \dfrac{qb^4}{8EI} + \dfrac{qba^3}{3EI} + \dfrac{qab^3}{2GI_{\text{p}}}$（向下）;

(c) $v_A = \dfrac{\pi FR^3}{2}\left(\dfrac{1}{EI} + \dfrac{3}{GI_{\text{p}}}\right)$（向下）

11 - 15　(a) $v_B = \dfrac{2Fl^3}{3EI} + \dfrac{32Fl}{3EA}$（向下），$\theta_B = \dfrac{5Fl^2}{6EI} + \dfrac{16F}{3EA}$（顺时针）;

(b) $v_B = \dfrac{2Fl^3}{3EI} + \dfrac{5Fl}{EA}$（向下），$\theta_B = \dfrac{5Fl^2}{6EI} + \dfrac{3F}{EA}$（顺时针）

11 - 16　略

11 - 17　略

11 - 18　$x = a/3$

11 - 19　$F_{\text{N},\,CD} = \dfrac{F}{2 + \sqrt{2}}$

11－20 $\theta_{CD} = \dfrac{F(1-\sqrt{2})}{EA}$

11－21 (a) $M_A = \dfrac{m}{28}$(顺时针)；

(b) $M_A = \dfrac{Fa}{4}$(顺时针)；

(c) $x_A = \dfrac{qa}{12}$(向右)，$y_A = \dfrac{qa}{2}$(向上)，$M_A = \dfrac{qa^2}{36}$(顺时针)

11－22 $u_A = \dfrac{17Fa^3}{672EI}$

11－23 $[F] = 0.982\ \text{kN}$

11－24 $F_A = F_B = 0.918F$，$F_C = F$

11－25 $\delta_{AB} = 0$

11－26 $\varphi_{AB} = \dfrac{16M_eR}{Ed^4}(2+\mu)$

11－27 图略

11－28 $\delta_{CD} = \dfrac{Fl}{EA}$

11－29 $\delta_{CD} = \dfrac{5Fl}{3EA}$

11－30 (a) $F_{\text{N},AB} = F_{\text{N},AC} = -\dfrac{F}{3}$(压)，$F_{\text{N},AD} = \dfrac{2F}{3}$(拉)；

(b) $F_{\text{N},BD} = -F_{\text{N},DC} = F$，$F_{\text{N},DG} = 0$

11－31 (a) $F_{\text{N},BC} = \dfrac{14FAa^2}{7\sqrt{2}Aa^2+384I}$(拉)；(b) $F_{\text{N},BC} = \dfrac{qa^3}{\left(\dfrac{16a^2}{3}+\dfrac{4I}{A}\right)}$(拉)

11－32 弹簧受力：$F_{BC} = \dfrac{Fl^3}{l^3+\dfrac{3EI}{5k}}$(压)，图略

11－33 $F_{Bx} = F_{Cx} = -1.4\ \text{kN}$，$F_{By} = F_{Cy} = 10\ \text{kN}$，直杆的轴力：$F_{\text{N}} = 12.7\ \text{kN}$(拉)

11－34 证明略

11－35 $F_{\text{N},CD} = F_{\text{N},CE} = 5.28\ \text{kN}$(压)

11－36 (a) $M_B = -4.375\ \text{kN} \cdot \text{m}$；(b) $M_B = \dfrac{15}{44}qa^2$，$M_C = -\dfrac{13}{44}qa^2$

11－37 (a) $W = 0.129\ \text{kN}$；(b) $W = 0.194\ \text{kN}$

11－38 $H = 0.156\ \text{m}$

11－39 $\sigma_{\max} = \dfrac{3.24WR}{d^3}\left(1+\sqrt{1+\dfrac{0.66Ed^4H}{WR^3}}\right)$

11－40 $H = \dfrac{3Wl^3}{2EI}$

11－41 $\tau_{\text{d},\max} = 10\ \text{MPa}$

11－42 工字梁：$\sigma_{\text{d},\max} = 11.41\ \text{MPa}$；吊索：$\sigma_{\text{d},\max} = 117.51\ \text{MPa}$

11 - 43　钢绳：$\sigma_d = 142.5$ MPa；轴：$\tau_{d,\,max} = 80.7$ MPa

11 - 44　$y_A = 74.4$ mm，$\sigma_{d,\,max} = 167.5$ MPa

11 - 45　$d = 167.5$ mm

11 - 46　(1) $\sigma_{d,\,max} = \dfrac{Wav}{W_z}\sqrt{\dfrac{3EI}{Wga^3}}$；(2) $\sigma_{d,\,max} = \dfrac{Wav}{W_z}\sqrt{\dfrac{1}{g\left(\dfrac{W}{k} + \dfrac{Wa^3}{3EI}\right)}}$

11 - 47　(1) $\sigma_{dmax} = 41.8$ MPa；(2) $U_{梁} : U_{弹簧} = 0.676$

第 12 章　构件的疲劳

12 - 1　$\sigma_m = 161.2$ MPa，$\sigma_a = 7.65$ MPa，$r = 0.91$

12 - 2　$\tilde{n}_\sigma = 2.45 < n_f$，不满足疲劳强度条件

12 - 3　$\sigma_a = 45.68$ MPa

12 - 4　$\tilde{n}_\sigma = 2.27 > n_f = 2$，满足疲劳强度条件

12 - 5　证明略

12 - 6　提高 58%

12 - 7　$\tilde{n}_\sigma = 1.77 > n_f = 1.7$，满足疲劳强度条件；$\tilde{n}_s = 5.5 > n_s = 1.5$，强度条件也满足

附录 B　截面图形的几何性质

B - 1　(a) $S_z = \dfrac{bt}{2}(3b + t)$，$y_c = \dfrac{1}{4}(3b + t)$；

　　　(b) $S_z = 856.8$ cm^3，$y_c = 14.1$ cm；

　　　(c) $S_z = R^3/3$，$y_c = \dfrac{4R}{3\pi}$；

　　　(d) $S_z = 10\,699$ cm^3，$y_c = 17.2$ cm

B - 2　(a) $I_z = \dfrac{a^4 - (a - t)^4}{12}$；

　　　(b) $I_z = 1.73 \times 10^9$ mm^4

B - 3　(a) 形心主惯性矩 $I_{y_0} = 0.125\,8b^4$，$I_{z_0} = 0.152\,0b^4$，方位角 $\alpha_0 = -24.4°$。

　　　(b) 形心主惯性矩 $I_{y_0} = 2.13 \times 10^{-8}$ m^4，$I_{z_0} = 9.83 \times 10^{-7}$ m^4，方位角 $\alpha_0 = 28.5°$。

　　　(c) 形心主惯性矩 $I_{y_0} = 1.72 \times 10^{-6}$ m^4，$I_{z_0} = 3.142 \times 10^{-6}$ m^4

参 考 文 献

［1］ Crandall，Dahl，Lardner. An Introduction to the Mechanics of Solids ［M］. 诸关炯等译. 北京：人民教育出版社，1980.

［2］ 铁摩辛柯，盖尔. 材料力学［M］. 胡人礼译. 北京：科学出版社，1978.

［3］ 金忠谋. 材料力学［M］. 北京：机械工业出版社，2005.

［4］ 许本安，李秀治. 材料力学［M］. 上海：上海交通大学出版社，1988.

［5］ 单辉祖. 材料力学［M］. 北京：高等教育出版社，1999.

［6］ 范钦珊，施燮琴，孙汝劼. 工程力学（静力学和材料力学）［M］. 北京：高等教育出版社，1989.

［7］ 孙训方，方孝淑，陆耀洪. 材料力学（第三版）［M］. 北京：高等教育出版社，1994.

［8］ 张少实. 新编材料力学［M］. 北京：机械工业出版社，2002.

［9］ Hibbeler. Mechanics of Materials (Fifth Edition) ［M］. 北京：高等教育出版社，2004.